遥感图像解译————

邵振峰　编著

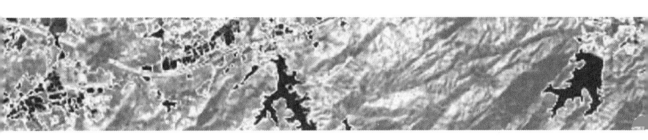

WUHAN UNIVERSITY PRESS

武汉大学出版社

图书在版编目(CIP)数据

遥感图像解译/邵振峰编著．—武汉：武汉大学出版社,2022.5
ISBN 978-7-307-22947-1

Ⅰ.遥… Ⅱ.邵… Ⅲ.遥感图像—研究 Ⅳ.TP72

中国版本图书馆 CIP 数据核字(2022)第 038714 号

责任编辑:王 荣 责任校对:李孟潇 版式设计:马 佳

出版发行:**武汉大学出版社** (430072 武昌 珞珈山)
 (电子邮箱:cbs22@whu.edu.cn 网址:www.wdp.com.cn)
印刷:武汉市宏达盛印务有限公司
开本:787×1092 1/16 印张:24.5 字数:578 千字
版次:2022 年 5 月第 1 版 2022 年 5 月第 1 次印刷
ISBN 978-7-307-22947-1 定价:75.00 元

前　言

本书根据当前遥感图像解译理论和实践的发展，对不同类型遥感图像解译和不同应用场景下遥感图像解译等内容进行了详细阐述。为了反映本学科的最新发展，增加了基于深度学习的遥感图像解译内容。

在参阅了国内外有关遥感图像解译的教材、专著和论文的基础之上，考虑测绘科学与技术、遥感科学与技术等相关学科的课程设置，本书力求将遥感图像解译的基础理论、遥感信息特征描述的技术方法和图像解译的实践应用三者融为一体，使读者在学习遥感图像处理系统技术方法的同时，掌握与遥感图像处理系统的技术实现和方法应用有关的基础理论，从而能够真正领会和把握遥感图像解译的科学性、技术性和实践性。

本书可供摄影测量与遥感专业本科师生使用。在实际教学中，可根据各专业不同的需求和学时数，对各章节内容做出必要的选择。

本书由邵振峰编著。李德仁院士和詹庆明教授审阅了全书，提出了许多宝贵意见，谨此表示感谢。

限于编写时间和作者水平，书中难免存在不足之处，恳请读者批评指正。

编著者

2022 年 3 月

目　　录

第 1 章　遥感图像解译概述

遥感图像是地物电磁波谱特征的瞬时记录。人们可以根据记录在图像上的影像特征——地物的光谱特征、空间特征、时间特征等，来推断地物的电磁波性质。不同地物的上述特征和性质存在差异，在遥感图像上有不同的表现，因此可根据这些变化和差异进行识别和区分。也就是说，遥感图像解译是对遥感图像上各种特征进行综合分析、比较、推理和判断，最后提取出各种地物目标信息的过程。

遥感图像解译过程，本质上是遥感成像的逆过程，即从遥感对地面实况的影像中提取遥感信息、反演地面原型的过程。遥感信息的提取主要有三种途径：一是目视解译；二是计算机数字图像处理，即半自动解译；三是应用多种技术的遥感图像自动解译。不同方法各有利弊，人工目视解译浪费人力和时间，目前的发展趋势以计算机人工智能自动解译为主，虽然面临很多困难，但是遥感信息获取手段已经取得巨大进步。遥感技术的核心难点是遥感图像解译的自动化与智能化。

1.1　遥感图像解译概念

遥感图像解译，也称为遥感图像判读或判释，是对遥感图像所提供的各种识别目标的特征信息进行分析、推理与判断，最终达到识别目标或现象的目的。当人们或计算机系统能够从遥感图像数据中发现或者挖掘出信息，并将此信息分析、整理、传递给他人的时候，就是在进行图像解译(关泽群等，2007)。

目视解译是指专业人员通过直接观察或借助判读仪器在遥感图像上获取特定目标地物信息的过程；计算机解译是以计算机系统为支撑环境，利用模式识别技术与人工智能技术，根据遥感图像中地物目标的各种影像特征，结合专家知识库中目标物的成像规律和解译经验，来进行分析、推理的解译方式。遥感图像目视解译的一般原则是总体观察、综合分析、对比分析、观察方法正确、尊重影像客观实际、解译图像耐心认真和重点分析有价值的地方。遥感图像目视解译的一般顺序是从已知到未知，先易后难。

遥感图像解译的质量要求有四个标准：解译的完整性、解译的可靠性、解译的及时性和解译结果的明显性。

遥感图像解译的基本过程包括利用各种解译标志，根据相关理论和知识经验，在遥感图像上识别、分析地物或现象，揭示其性质、运动状态及成因联系，并编制有关图件等一系列工作过程。遥感图像解译标志，也称遥感图像判读标志，是指在遥感图像上，能识别、区分地物或现象，并能说明它们的性质及相互关系的图像特征。解译标志是地物目标的空间信息和波谱信息的图形显示。其中解译标志包括两种：直接解译标志和间接解译标志。直接解译标志是地物自身有关属性在遥感图像上直接表现出的图像特征，如形状、大小、色调等。间接解译标志是与地物目标的属性有内在联系，通过相关分析能够识别、推断目标物性质的图像特征，如地质岩性/构造解译中的水系和地形地貌等标志。

1.2 遥感图像解译的任务

遥感图像解译既是一门学科，又是图像处理的一个过程。作为一门学科，遥感图像解译是对从遥感图像上得到的地物信息所进行的基础理论和实践方法研究。作为一个过程，它完成地物信息的传递并起到解释遥感图像内容的作用，其目的是获取地物各组成部分和存在于其他地物的内涵信息。从以上两方面出发，可以引出遥感图像解译的需求和实施方法。

1.2.1 图像解译的需求

1. 根据应用领域划分

遥感图像解译按照应用领域划分体系，可分为普通地学解译和专业解译。普通地学解译主要为了取得一定地球圈层范围内的综合性信息，常见的是地理基础信息解译和景观解译。地理基础信息一般由地形信息、居民地、道路、水系、独立地物、植被、地貌和土质等构成。景观主要指一定区域内多个地学要素有规律地组合成的综合体。在地理基础信息解译中，地形解译的数据被广泛应用于编译普通地地理图。地形解译是编制和更新地图工艺流程中的重要环节之一。景观解译以区域性或分类性的地表区域规划为目的，对地球表面的研究具有重要意义。

专业解译可分为很多类，主要是为解决各部门的任务，用于提取特定要素或概念的信息。专业解译主要包括地质、林业、农业、军事等方面(图 1-1)。

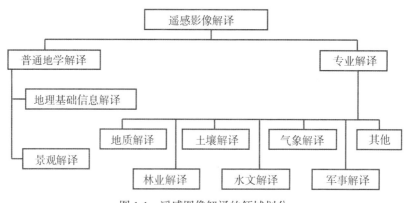

图 1-1 遥感图像解译的领域划分

2. 根据应用范围划分

（1）为国家的重要经济领域提供信息服务。

（2）为制订国民经济发展计划提供资源与环境动态基础数据。

（3）为国家重大的资源、环境突发性事件提供及时、准确的监测评估数据，保证国家对这些重大问题做出正确、快速的反应。

（4）生物量估测。包括农作物产量、产草量、水面初级生产力预估和评价。

按各种遥感目的对空间分辨率的要求不同，遥感图像解译的任务可分为：巨型地物与现象、大型地物与现象、中型地物与现象、小型地物与现象等一些类型的解译。第一类，

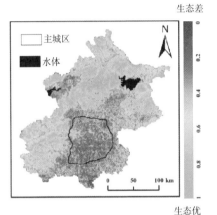

（a）城市生态环境质量监测

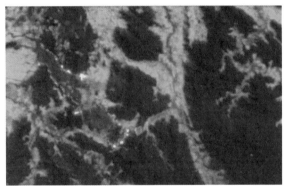

（b）森林火灾信息解译

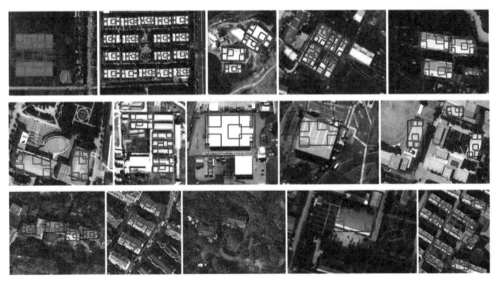

（c）建筑物提取

图 1-2　不同应用需求的遥感图像解译

巨型地物与现象：要求的图像空间分辨率很低，但涉及的范围很大，通常会涉及很多国家，有些会是世界范围，这一类遥感任务一般需要在国际组织协调下进行，如对地壳、大陆框架和自然地带等的解译。第二类，大型地物与现象：涉及的范围比较大，对遥感图像的空间分辨率的要求不是很高，主要用于较大范围内的区域调查，如地热资源、海洋资源、环境质量评价［图 1-2(a)］和沙尘暴监测等。第三类，中型地物与现象：与人们的生产、生活已经比较密切，特别是与各种资源调查关系密切，因而对遥感图像空间分辨率的要求较高，如作物估产、洪水灾害、森林火灾监测［图 1-2(b)］和湖泊(水库)监测等。第四类，小型地物与现象：通常会涉及各种人工地物或较小的人类活动区域，因而对图像空间分辨率的要求很高，这方面的遥感监测与调查的商业用途也比较广泛，如对建筑物［图 1-2(c)］和道路等遥感调查。

1.2.2 图像解译的实施

具体遥感图像解译的组织和实施见图 1-3。按照遥感解译的组织方法，可分为四种方式：野外解译、飞行器目视解译、室内解译和综合解译。

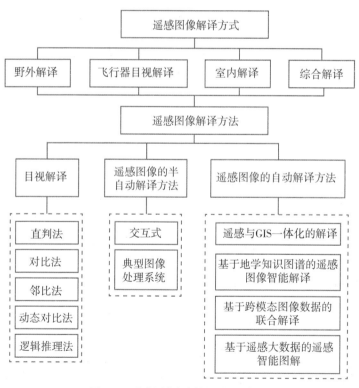

图 1-3 遥感图像解译的组织和实施

(1)图像野外解译直接在实地完成。获取的结果可以揭示所有指定的地物，其中包括图像上没有显示的地物。

(2)飞行器目视解译通常是在有人飞机上或无人飞机等飞行器上识别地物的图像。

（3）室内解译是一种无需去野外，只需要研究遥感图像性质，以便识别地物并获取地物特性的方法。

（4）综合解译指以上两种或两种以上方式的结合。在一般情况下，找出和识别地物的主要工作在室内条件下完成，而野外或飞行解译可以查明那些在室内难以识别的地物或它们的特性。

遥感图像解译方式的解译方法包括：目视法、机器法（自动法）和人机交互法（半自动法）。遥感图像解译的目视方法的特点是人工作业。在目视解译中，图像信息的认识和处理，是由解译员的眼睛和大脑完成的。遥感图像解译的半自动和自动解译方法是借助专门的设备和技术完成所有的解译步骤，这是一种正在发展的图像解译方法（图1-3）。

1.3　遥感图像解译的对象

遥感图像是多源的，由天、空、地基的多平台、多传感器获取，具有"时空谱角"的不一致性，它由平台的高低、视场角大小、波段的多少和时间频率的长短等多种因素决定。这些信息的变化造成遥感信息本身具有不同的物理属性。对应于遥感信息本身的这些属性，遥感研究的对象也存在几个方面的属性：空间分布、波谱反射和辐射特征及时相变化（陈述彭等，1990）。

1.3.1　空间分布

任何地学研究对象，均有一定的空间分布特征。根据空间分布的平面形态，把地面对象分为三类：面状、线状和点状。从以下几个方面确定地面对象空间分布特征：空间位置、大小（对于面状目标）、形状（对于面状和线状目标）和相互关系。前面三个特征是就单个目标而言，可以通过一些数据来表示。

（1）面状对象：空间位置由表示界限的一组(x, y)坐标确定，并可以相应地求得其大小和形状参数。面状对象又可分为：①连续而布满整个研究区域，如高度、地物类型、地貌、地质、气温等；②间断而成片分布于大片区域上，如森林、湖泊、沙地、各类矿物分布区等；③在研究区域较大面积上分散分布，如果园、石林、残丘等。

（2）线状对象：空间位置由表示线形轨迹的一组(x, y)坐标确定，在空间上呈线状或带状分布，如道路、河流、海岸等。

（3）点状对象：空间位置由其实际位置或中心位置的(x, y)坐标确定，实地上分布面积较小或呈点状分布，如独立树、单个建筑等。

（4）相互关系（空间结构）是某个区域内地物目标的空间分布特征。往往地面目标受某种空间分异规律的影响，其分布呈现一定的空间组合形式，这种形式仅通过单一目标是难以反映出来的。

地面对象的空间分布既可以是自然形成的，也可以是人为影响的结果。不同的地面对象有着不同的空间分布特征。在遥感应用研究中，一方面，要分析探测对象的空间分布特征以选择具有适当空间分辨率的遥感图像；另一方面，探测对象的空间分布特征又是在遥感图像上识别目标的参考依据。

1.3.2　时间特征

地面对象的时间特征包括两方面含义：一是自然变化过程，即其发生、发展和演化；二是节律，即事物的发展在时间序列上表现出某种周期性重复的规律。如太阳黑子活动 11 年为一个周期，植物生长有物候特征。节律有长有短，并不是所有的地面对象都具有这一特征。任何一个遥感对象都处于一定的时态之中，有它的时相变化过程。遥感信息是瞬间记录，在分析遥感资料时必须考虑研究对象本身所处的时态，不能超越一个瞬时信息所能反映的范围。

遥感研究时相变化，主要反映为地物目标光谱特征随时间的变化而变化。处于不同生长期的作物，光谱特征不同，即光谱响应的时间效应，可以通过动态监测了解它的变化过程和变化范围。充分认识地物的时间变化特征以及光谱特征的时间效应，有利于确定识别目标的最佳时间，提高识别目标的能力。

1.3.3　解译对象的划分

遥感图像解译对象的划分涉及被揭示地物的组成，特别是观察角度的不同，会产生很大的区别。根据遥感的物理特性(电磁波谱特性)、地物的变化过程，有多种不同的解译对象划分方法。

(1)最常见的解译对象划分方法是根据解译对象的专题特性划分，包括地理基础信息与专题信息的提取。地理基础信息指所有的地表要素，包括居民点、水系、高程、道路等。专题信息指与特定的要素或与解译任务有关，图像解译将会涉及相关要素内部的完整特性，例如对农田的调查。

(2)根据地物的形成状态划分：包括自然形成地物和人工构成地物。自然形成地物的轮廓有随意性，在空间分布上不存在严格的次序性。同样一种自然地物表面的外观是类似的。形状要素对自然地物来说也是固有的，如河床、湖盆、森林界限等。但形状要素一般不固定，远不是规则形状，在识别中价值较小。人工构成地物的特点是特殊的或标准的外形，组成的不变形，典型的尺寸，以及与周围环境清晰、明确的相互关系等。尺寸对形状差不多相同的人工地物来讲，是主要揭示标志。例如，在明确地物的尺寸以后，可以区分不同种类的道路、居民地中建筑物的性质等。

(3)根据地物的线性尺寸划分：根据尺寸绝对值和相对比把所有地物分成三个类别：密集(点状)、线状(延伸的)和面状(图 1-4)。密集地物有特别小的尺寸，这个尺寸小到可与高空间分辨率图像的像元相比，包括独立建筑和设施、不大的桥梁等。大部分密集地物是另外一些地物组合的细部。线状地物：长度比宽度大 3 倍以上的物体，如河流、道路、街道、长的桥梁等。线性尺寸的绝对值在解译中起着重要的作用。面状地物有大的尺寸，包括林地、草地、居民点、机场等。

(4)根据地物复杂程度划分：包括简单地物和复杂地物。简单地物是复杂地物的一部分，它是复杂地物的个别要素，如建筑物、设施、树木、机场跑道等。复杂地物是以统一的用途或按照地域联合起来的简单地物的有次序的总和。

(5)根据地物的组成划分：物体细部(图案)的性质和数量提供了有关复杂物体的特

 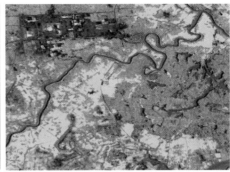

（a）人为改造的阶地　　　　　　　　　　（b）居民点和林地

图 1-4　线状地物（a）和面状地物（b）

征，能将该物体与其他相似者区别开来。如路堤、路堑、桥梁和道口等的性质资料有助于道路的分类；而生产厂房和辅助建筑、原料库和成品库等的数量和组成都有助于判断企业的种类。因此，物体细部是直接的揭示和解译标志。一些物体（简单物体）的细部可能是带有自己细部特征的独立的物体。居民点的此类要素包括小区、街区、公园等。

　　（6）根据地物的结构（纹理）划分：物体表面的结构（纹理）和它的图像是一些标志（形状、尺寸、色调、相互位置等）的组成要素表象的总和。例如，树冠组成了森林表象的外部形态。在图像上，森林看起来是颗粒结构的形态，其性质主要取决于树冠的形状、尺寸和密集程度（图 1-5）。

图 1-5　地物的结构（纹理）

　　（7）根据物体图像的结构划分。遥感图像结构包括几何特性、电磁波谱特性、自然形成状态。几何特性分类：基于物体点、线、面的组织及其在图像上的相互位置。根据结构的几何种类不同（点的、线的、面的、综合的），则采用相应的结构名称（颗粒状的、条纹状的、斑点状的、斑点等）。电磁波谱特性分类：以组成结构的辐射特性（如树冠、灌木丛、草丛等)为基础。自然形成状态分类:强调结构的自然起源特性,如果园、人工林、天然林等。

(8)根据地物的色调划分:遥感波段有可见光、近红外、热红外和微波等,其揭示的地物信息各有不同(图 1-6)。物体图像的色调对目标能否在周围背景中分辨出来起重要作用,但地物色调是可变的。

图 1-6　地物的色调

(9)根据地物的颜色划分:多光谱图像中,地面要素和其他物体以假定的(人为的)颜色表示(图 1-7)。同一物体在不同的图像上可能有完全不同的颜色,与每一个波段的图像在显示时出现的次序有关。颜色之间的关系有着重要的意义,特别是在植被解译、小面积水网解译等情形中更为突出。物体图像的颜色是很重要的解译标志。

图 1-7　假彩色图像

(10)根据地物的阴影划分:对反射辐射而言,阴影分为本影和落影(图 1-8)。根据阴影的尺寸可以确定物体的高度,有一些物体(如高压线支架、电线杆等)经常靠阴影识别。阴影经常将其投影的地物遮盖起来,致使对遮盖地物的解译困难。

(11)根据物体的位置和物体的相互关系划分:为间接揭示标志,在一些物体对另一

图 1-8 阴影

些物体的依附性中有所体现。在图像上揭示一个物体时，往往必须寻找另一些"伴生"的地学要素和专门的物体。物体的相互关系作为间接揭示标志，在物体的直接标志受另外一些物体的作用而变化时常应用间接揭示标志。物体的位置标志和相互关系标志经常一并出现，被作为另外物体的指示器。

（12）根据活动的痕迹划分：活动的痕迹也是间接标志，对确定工业企业、道路、军事目标等人工物体的性质最有意义。常涉及某些天然物体，如根据水和岸的相互关系可以确定河流方向和土的性质。按照地物存在的持续期和特点可分为运动的和固定的地物。运动地物：那些变化着自己性质的地物；或是在比较短的时间内，如几小时、几昼夜、几星期之内就消失的地物。固定地物：相对而言，也变化着自己的特性，但这种变化要在一个季节、几年或更长时间才发生。这种分类对获取海冰在海洋中的位置、获取云量以及道路网等方面的信息尤为重要。

1.4 遥感图像解译的技术进展

遥感图像解译技术是随着遥感技术的产生而诞生的。传感器获取的数据必须经过处理和解译才能成为有用的信息。所谓遥感图像解译，就是对遥感图像上的各种特征进行综合分析、比较、推理和判断，最后提取出各种地物目标信息的过程。遥感解译技术经历了从人工解译到半自动解译，正在向全智能化解译的方向发展。

1.4.1 人工解译

遥感图像人工解译也叫目视解译，目视解译是利用图像的影像特征和空间特征，与多种非遥感信息资料相组合，运用生物学相关规律，进行由此及彼、由表及里、去伪存真的综合分析和逻辑推理的思维过程。长期以来，目视解译是地学专家获得区域地学信息的主要手段。至今目视解译仍然是很重要的解译方式，例如第三次全国土地调查，仍然采用目视解译的方式。陈述彭等(1990)曾肯定了目视解译方法，认为"目视解译不是遥感应用领域的初级阶段，或者是可有可无的，相反，它是遥感应用中无可替代的组成部分，它将与地学分析方法长期共存、相辅相成"。

由于目视判读能综合利用地物色调或色彩、形状、大小、阴影、纹理、图案、位置和布局等影像特征知识，以及有关地物的专家知识，并结合其他非遥感数据资料进行综合分析和逻辑推理，从而能达到较高的专题信息提取精度，尤其在提取较强纹理结构特征的地物时更是如此。然而，目视解译工作也存在一定的局限性，主要包括：①目视解译方法要求解译员具有各种丰富的知识，在心理上和生理上对解译工作具有一定的悟性和经验；②费时费力，工作效率低；③主观因素作用大，容易产生误判；④不能完全实现定量描述，很难适应数字时代定量化、模型化、系统化的现实情况；⑤无法实现遥感与 GIS 的集成，不能把遥感信息提供给 GIS 实时更新和编辑。因此，遥感影像智能解译是实现将遥感信息转换成资源环境信息，再形成可持续发展的决策信息，最终转化为生产力的关键。

1.4.2　遥感图像半自动解译

对于遥感影像信息提取来说，最大的问题在于自动化提取精度不高，需要做大量人工后期检查，而纯人工的信息提取的效率低下。近年来，随着国内外各类不同分辨率的遥感卫星发射日益增多，无论是从传感器的种类，还是影像采集量都呈现出爆发式的增长。但在高分辨率影像自动及半自动解译方面，与实际应用还存在非常大的差距。如何更好地进行高度复杂性和多样性地物信息的快速、精确化提取，是需要迫切解决的问题。

影像中的地物(道路、房屋、水体、植被等)是制图和 GIS 数据库的基本要素，能够应用到很多行业，土地调查、地理国情普查等。从目前技术水平来看，从影像上提取地物是一件耗时、成本高的工作。通过研究，与传统人工目视解译、全自动地物提取方法相比，半自动信息提取方法既充分利用了人的认知、识别、检测能力，提高识别的准确性，又发挥了计算机强大的运算能力，被认为是当前遥感影像地物信息提取最实用的方法。

遥感图像半自动解译，也称为人机交互解译，是一种结合遥感与地理信息系统(RS/GIS)、地学知识及信息技术等计算机手段和个人与专家经验的解译方法。从本质上分析，人机交互解译是人工目视解译和自动解译两种图像解译方法的结合体，即先利用遥感图像自动解译方法对图像进行解译，然后通过人工目视解译的方法对计算机自动解译结果中达不到用户解译要求的地方进行修改和编辑，实现人机交互式解译。遥感影像半自动提取典型图像处理系统包括 Photoshop、ENVI、ERDAS、MapGIS 和 ArcGIS 等。

1.4.3　遥感图像自动解译方法

1. 基于机器学习的遥感图像解译

近年来，随着人工智能技术的飞速发展，采用机器学习方法实现高分辨率遥感影像自动、快速、精确的解译已经成为主流的研究方向。

机器学习是对利用经验提高系统自身性能的计算机算法的研究。机器学习的一般流程是通过学习算法，让计算机从数据中训练模型，并预测未知数据。大体来说，高分辨率遥感图像解译的机器学习范式主要包括全监督学习、半监督学习、弱监督学习和无监督学习(周培诚等，2021)。

全监督学习是高分辨率遥感图像解译最常用的机器学习方法。全监督学习是指在全部训练数据都给定准确标注信息的情况下，进行特征表示和分类器训练的机器学习方法。在全监督学习中，良好的特征表示对训练高性能的分类器非常重要，特征表示经历了从手工设计特征到深度学习特征的发展过程。分类器的选择与设计也是非常关键的一个环节。常见的分类器包括支持向量机、K-最近邻、决策树、随机森林、概率图模型等。

通常情况下，全监督学习需要大量的标注数据，而标注数据数量不足会带来模型训练不充分和性能退化等问题。在高分辨率遥感图像解译中，数据标注需要消耗大量的人力、物力，样本获取成本较大，而大量未标注数据却很容易获得。如何利用少量的有标注数据和大量的未标注数据来有效地训练模型，提升模型的预测性能，已经成为高分辨率遥感图像解译的一个研究热点问题。

半监督学习是解决这一问题的一种常见方法。半监督学习是在有标注数据量不足的情况下，通过引入大量未标注数据，使得模型性能达到与全监督学习接近，甚至更好的机器学习方法(周志华，2016，2013)。半监督学习主要包括纯半监督学习、直推学习和主动学习 3 种类型。

在全监督学习和半监督学习中，标注数据都具有强监督信息。而在高分辨率遥感图像解译任务中，人工标注训练数据需要具备专业知识，数据标注耗时、代价高，且噪声、人为失误等因素会造成标注不准确。为了在弱标注条件下训练性能较好的预测模型，弱监督机器学习应运而生。

弱监督学习是指在监督信息较弱的情况下训练预测模型的机器学习方法。弱监督信息是指粗粒度的标注信息。例如，在高分辨率遥感图像目标检测任务中，图像级标注信息(是否含有某类地物目标)相对于目标级标注信息(目标边界框)是弱标注信息；而在高分辨率遥感图像语义分割中，图像级或目标级标注信息相对于像素级标注信息(目标分割轮廓)均是弱标注信息。弱监督学习可以转化为多示例学习来完成高分辨率遥感图像解译任务。

无监督学习是指在样本没有任何标注信息的情况下训练模型的一种机器学习方法。在高分辨率遥感图像解译中，无监督学习主要作为数据降维、特征选择和特征学习的手段，用于提取遥感影像的特征，来辅助完成高分辨率遥感图像解译任务。常用的无监督学习方法包括聚类、主成分分析、稀疏表达等。

2. 基于深度学习的遥感图像智能解译

2006 年，Geoffrey Hinton 及其学生发表的有关深度学习(Deep Learning，DL)的论文，成为深度学习快速发展的标志。此后，DL 越来越多地被应用到各个领域。在遥感图像解译领域，2010 年，Mnih 等从航空影像中提取道路信息并在两个数据集上进行实验，首次在遥感研究中应用深度学习技术。人工智能的热潮是从深度学习方法成功用于图像识别等领域开始，人脸识别技术等已得到广泛应用。遥感图像作为一种特殊的图像，早在 2013 年国内外学者就开始用深度学习的方法进行智能遥感解译的研究，涵盖目标与场景检索、目标检测、地物分类、变化检测、三维重建等多个应用场景，并取得了诸多研究成果。

随着大规模标注数据、高性能计算能力和先进的机器学习算法的出现，深度学习在图像分析与理解等众多领域中取得了里程碑式的进展，成为目前非常流行的一种机器学习方法。深度学习的实质，是通过构建具有很多隐层的机器学习模型和海量的训练数据，来学习更加抽象的含有语义信息的高层特征，从而最终提升分类或预测的准确性。所以"深度模型"是手段，"特征学习"是目的。典型的深度学习方法包括堆栈自编码机 SAE（Stacked Autoencoder）（Vincent et al.，2010）、深度信念网络 DBN（Deep Belief Network）（Hinton，Salakhutdinov，2006）、卷积神经网络 CNN（Convolutional Neural Network）（Krizhevsky et al.，2012）、循环神经网络 RNN（Recurrent Neural Network）（Mou et al.，2017）和生成对抗网络 GAN（Generative Adversarial Network）。在高分辨率遥感图像解译中，除了以上几种深度学习模型，也出现一些其他的神经网络学习方法，如宽度学习（Kong et al.，2019）、深度森林（Boualleg et al.，2019）、极限学习机（Tang et al.，2015）等。

随着遥感技术的不断发展，遥感影像数据呈现出海量化、复杂化的特点，高分辨率遥感图像解译的机器学习方法将趋向于使用少量标注数据学习，甚至直接从无标注数据中自动学习，这将给高分辨率遥感图像解译带来极大便利，推动遥感技术进一步发展。未来的研究方向有如下几种：小样本学习算法研究、无监督深度学习算法研究和强化学习算法研究。

◎ **思考题**

  1. 遥感图像解译有哪些方法？
  2. 请结合一个实际应用分析人工目视解译的流程。
  3. 遥感图像自动解译面临哪些技术难点？
  4. 遥感图像人工解译和半自动解译方法各有什么特点？结合实例说明目前这两种方法有哪些实际应用？

◎ **本章参考文献**

［1］Boualleg Y, Farah M, Farah I R. Remote sensing scene classification using convolutional features and deep forest classifier［J］. IEEE Geoscience and Remote Sensing Letters, 2019, 16（12）：1944-1948.

［2］Hinton G E, Salakhutdinov R R. Reducing the dimensionality of data with neural networks ［J］. Science, 2006, 313（5786）：504.

［3］Kong Y, Cheng Y H, Chen C L P, et al. Hyperspectral image clustering based on unsupervised broad learning［J］. IEEE Geoscience and Remote Sensing Letters, 2019, 16（11）：1741-1745.

［4］Krizhevsky A, Sutskever I, Hinton G E. ImageNet classification with deep convolutional neural networks［C］//The 25th International Conference on Neural Information Processing Systems. Red Hook，United states：ACM，2012：1097-1105.

［5］Mou L C, Ghamisi P, Zhu X X. Deep recurrent neural networks for hyperspectral image classification［J］. IEEE Transactions on Geoscience and Remote Sensing, 2017, 55（7）: 3639-3655.

［6］Tang J X, Deng C W, Huang G B, et al. Compressed-domain ship detection on spaceborne optical image using deep neural network and extreme learning machine［J］. IEEE Transactions on Geoscience and Remote Sensing, 2015, 53（3）: 1174-1185.

［7］Vincent P, Larochelle H, Lajoie I, et al. Stacked denoising autoencoders: learning useful representations in a deep network with a local denoising criterion［J］. The Journal of Machine Learning Research, 2010, 11（12）: 3371-3408.

［8］陈述彭，赵英时. 遥感地学分析［M］. 北京：测绘出版社，1990.

［9］关泽群，刘继琳. 遥感图像解译［M］. 武汉：武汉大学出版社，2007.

［10］周培诚，程塨，姚西文，等. 高分辨率遥感图像解译中的机器学习范式［J］. 遥感学报，2021，25（1）：16.

［11］周志华. 基于分歧的半监督学习［J］. 自动化学报，2013，39（11）：1871-1878.

［12］周志华. 机器学习［M］. 北京：清华大学出版社，2016.

第 2 章　遥感图像时空谱角特性

遥感平台和传感器的组合形成了不同的遥感系统,如 Landsat 5/MSS 扫描仪和 TM 专题制图仪、SPOT-5/VI 扫描仪、CBERS/CCD 相机和 IR 红外扫描仪等。不同遥感平台具有不同的运行轨道特征,不同的传感器有不同的结构构造,传感器的差异表现在成像波段、成像方式等方面。遥感系统不同,所获得的遥感数据特征也不一样,每种遥感系统均有自身的优势和局限性,并在数据传输过程中伴随不同的几何和辐射畸变。

可见,由硬件及相关软件组成的遥感技术系统所代表的过程是一个从地表实体原型到遥感信息模型的过程,也就是成像和信息处理的过程。这个过程中每个环节的变化都会造成遥感数据具有不同的成像性能,即不同的空间分辨率(地面分辨率)、辐射分辨率、波谱分辨率、时间分辨率。遥感的各种应用都必须考虑遥感数据这几方面的成像性能。

2.1　地物的辐射特性

遥感技术是根据电磁波理论,应用各种传感器对远距离目标所辐射和反射的电磁波信息,进行收集、处理,并最后成像,从而对地面各种景物进行探测和识别的一种综合技术(孙家抦等,1999)。遥感数据记录了地物的辐射特性,本节将详细介绍地物的辐射特性。

1. 光谱亮度系数

地物具有对投射到它上面的电磁波(一般为日光)进行反射的性能,它们类似通信系统调制装置的作用。在给定方向上,地物反射的光谱段辐射的特性,可用光谱亮度系数来表示:

$$r_\lambda = \frac{B_{\lambda 0}}{B_{\lambda i}} \tag{2-1}$$

式中,$B_{\lambda 0}$ 为地物光谱亮度;$B_{\lambda i}$ 为绝对白板光谱亮度。

2. 辐射传输方程

正是由于地物表面对投到它上面的太阳辐射反射作用的结果,使地物具有一定亮度。由地物反射的光通量到达作为辐射能接受器的传感器时,会受到包括大气层在内的多种因素的影响,给后续成像的几何和辐射特性带来变化。一般来说,传感器从高空探测地面物体时,所接收到的电磁波能量包括:① 太阳光经大气衰减后照射地面,经地物反射后,又经大气第二次衰减进入传感器的能量;② 地面物体本身辐射的能量经大气后进入传感器;③ 大气散射和辐射的能量等。综合起来可以用以下函数式表达:

$$L_\lambda = K_\lambda \left[\tau_\lambda \left(\int N_\lambda \sin\theta \rho_\lambda \, \mathrm{d}\Omega + W'_{e\lambda} \cdot \varepsilon_\lambda \right) + b_\lambda \right] \tag{2-2}$$

式中，L_λ 为传感器接收的电磁辐射能量；K_λ 为传感器光谱响应系数；τ_λ 为大气光谱透过率；N_λ 为太阳光入射的光谱能量；θ 为太阳高度角；ρ_λ 为地物光谱反射率；Ω 为与立体角有关；$W'_{e\lambda}$ 为一定的地面温度时的黑体光谱辐射能量密度；ε_λ 为地物光谱发射率；b_λ 为大气散射和辐射的能量。

3. 辐射分辨率

通过传感器或摄影系统获得数字图像或像片的过程，类似通信系统的反调制过程。判断从图像中是否可以得到相关的地面信息，其影响因素除了传感器的几何特性外，辐射特性也相当重要。对于摄影系统而言，其辐射特性主要体现为像片的感光层黑度（密度）D 的总和，它在显影中形成，并且与到达感光层上的光通量强度保持一定比例关系。对于通过光学机械扫描系统获取的数字图像而言，其辐射特性主要体现为辐射分辨率。

所谓辐射分辨率，是指传感器能区分两种辐射强度最小差别的能力。传感器的输出包括信号和噪声两大部分。如果信号小于噪声，则输出的是噪声；如果两个信号之差小于噪声，则在输出的记录上无法分辨这两个信号。噪声是一种随机电压起伏，其算术平均值（以时间取平均）为 0，应用平方和之根计算噪声电压 N，并由此求出等效噪声功率：

$$P_E = \frac{P}{\dfrac{S}{N}} = \frac{N}{R} \tag{2-3}$$

式中，P 为输入功率；S 为输出电压；N 为噪声电压；R 为探测率。

只有当信号功率大于等效噪声功率 P_E 时，才能显示出信号。实际输入信号功率要大于或等于 2～6 倍等效噪声功率时，才能分辨出信号。

对于热红外图像，等效噪声功率应换算成等效噪声温度：

$$\Delta T_E = \sqrt[4]{\frac{P_E}{\varepsilon \sigma}} \tag{2-4}$$

同样，当地面温度大于或等于 2～6 倍等效噪声温度时，热红外图像上才能分辨出信号。

太阳是遥感电磁辐射的最主要能量来源。但所有物体当其温度在绝对零度（-273℃）以上时，均会持续发射电磁辐射。所以，也可以说大地上的万物都是辐射源，当然，与太阳相比，无论在量值和波谱构成上差异都很大。

4. 地物的辐射特征

对于某一个波段的图像，地物特征的识别主要依赖它们的光谱响应及其变化。如地物的形状与大小，仍然依赖它的辐射特征与周围物体的不同（即色调的变化）来反映。至于空间特征中的纹理结构，也是通过较小区域内光谱响应特征（色调）的变化频率来反映。

地物的辐射功率与温度和发射率成正比，其中与温度的关系更密切。在热红外图像上，其灰度与辐射功率成函数关系，因此就与温度和发射率的大小有直接的关系。且温度（自然状态下)和发射率都与地物的热特性有关。物体的热特性包括物体的热容量、热传导率和热惯量等。热传导率大的物体，其发射率一般较小，如金属比岩石的热传导率快得多。热惯量大的物体比热惯量小的物体，在白天和夜间的整个期间有更均匀一致的表面温度。

侧视雷达图像上色调的特性，与可见光、近红外及热红外的图像都不同，它与地物的以下一些特性有关。

(1)入射角。由于地形起伏和坡向不同，造成雷达波入射地面单元的角度不同。朝向飞机方向的坡面反射强烈，朝天顶方向就弱些，背向飞机方向的反射雷达波很弱，甚至没回波。没回波的地区称为雷达盲区。

(2)地面粗糙程度。地物微小起伏如果小于雷达波波长，则可看成"镜面"，镜面反射雷达波很少返回到雷达接收机中，因此显得很暗；当地物微小起伏大于或等于发射波长时会产生漫反射，雷达接收机接收的信号比镜面反射强。另外一种反射称为角隅反射，其反射波强度更大。

(3)地物的电特性。一切物体的电特性量度是复合介电常数。这个参数是各种不同物质的反射率和导电率的指标。一般，金属物体导电率很高，反射雷达波很强，如金属桥梁、铁轨、铝金属飞机等。水的介电常数为 80，对雷达波反射也较强，地面物体不同的含水量将反映出不同的反射强度。含不同矿物的岩石有不同的介电常数，在雷达影像上能区分开来。当然，地物的电特性应与其他引起色调变化的因素结合起来分析。

(4)极化面。对于极化的雷达图像而言，某些目标物在不同的极化雷达图像上的色调是不一样的。例如，在平行极化(HH)和垂直极化(HV)的图像上，草地和沼泽的色调是不一样的，而水体和树林则相同。

(5)侧视雷达图像的其他特征。微波对云层和树木的穿透能力较强，受到天气和昼夜的影响很小。例如，在热带地区(印度尼西亚)，全年绝大部分时间有浓厚的云层，地面森林覆盖率高，但由于雷达能穿过云层和树木，得到的是地面图像，图像上火山迹象明显，好似刚喷发产生的。

另一方面，微波在物体内会产生体散射，因此能将地下的一些状况反映出来。如发现雷达波能穿透干燥的沙子，触及基岩后反射回来。这些图像提示了沙层底下沉睡着古代干涸河谷、纵横交错的河流、扇形的冲积特征、阶地、断层和其他崎岖不平的地形。

2.2　多源遥感数据

以城市遥感为例，城市是一个高度异构的场景，从高分辨率的城市场景遥感影像来看，城市中的地物种类丰富、分布密集、碎片化严重(图 2-1)。而由于高层建筑和树木的遮挡，城市地物的信息严重缺失。此外，在人类活动和自然过程的双重影响下，城市土地覆盖变化迅速，变化轨迹复杂。例如，城市遥感面临以下问题：

(1)如何构建有效的城市复杂场景遥感观测模型？

(2)如何提高阴影城市信息的自动提取水平？

(3)如何提取城市快速变化的信息(包括时间敏感的目标)？

有效的解决方案就是需要进行多源遥感数据融合，因此，遥感数据是多源的，这体现在以下几个方面：多层次的平台和载体，不同的波长，多平台协作观测。

图 2-1　上海高空间分辨率谷歌地球遥感影像

2.2.1　平台和载体的多层次

遥感平台可分为如下一些类型：地球同步轨道卫星（又称地球同步静止卫星，36000km），太阳同步轨道卫星（又称太阳同步极轨卫星，500~1000km），航天飞机（240~350km），高度航空飞机（10000~12000m），中低高度航空飞机（500~8000m），直升飞机（100~2000m），无人机（800m以下），地面车辆（0~30m）。

主要的对地观测系统有三大类：美国国家航空航天局（NASA）的对地观测系统（图2-2）、中国的对地观测系统（图2-3）、欧洲航天局的对地观测系统（图2-4）。

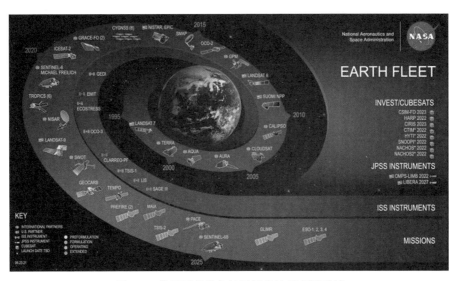

图 2-2　美国国家航空航天局的地球观测系统

美国国家航空航天局的地球观测系统(EOS)是一组协调的极轨和低倾角卫星，用于对陆地表面、生物圈、固体地球、大气和海洋进行长期的全球观测。作为 NASA 科学任务理事会地球科学部的主要组成部分，地球观测系统使人们能够更好地了解地球这个综合系统。EOS 项目科学办公室(EOSPSO)致力于将项目信息和资源带给地球科学研究界和普通公众。

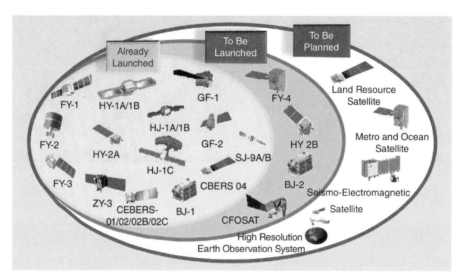

图 2-3　中国对地观测系统发展概况

中国对地观测卫星系列的发展经历了三个阶段：①致力于解决用户迫切需求的用户部门主导阶段；②旨在提供空间-地面集成系统解决方案的部委主导阶段；③以不断创新为

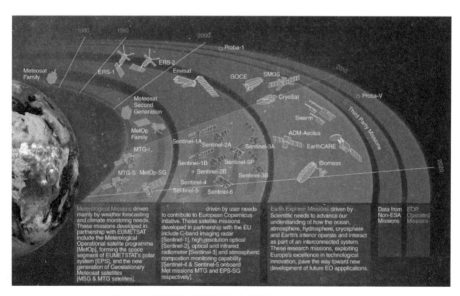

图 2-4　欧洲航天局的地球观测(Desnos，2014)

主题的开放合作、市场化、大规模应用阶段。第一阶段主要用于土地资源调查、环境灾害监测、海洋资源监测和动态环境、天气和气候变化相关因素监测等。第二阶段以高空间分辨率、高光谱分辨率和高时间分辨率为探索创新的突破点。第三阶段的特点是系统化、综合性观察和系统性操作。

欧洲航天局(欧空局,European Space Agency,ESA)自 1977 年发射第一颗气象卫星以来一直在管理一项地球观测方案。在第一次任务成功之后,随后的一系列气象卫星、两颗地球遥感卫星(ERS-1、ERS-2)和 Envisat 任务提供了关于地球及其气候和不断变化的环境的大量宝贵数据。因此,欧空局已成为地球观测数据的主要提供者,并促进了地球科学界及其他领域的建立。

其中卫星系统(科学试验卫星、军事卫星除外)大体上可分为三种类型:气象卫星、资源卫星和制图卫星,其成像性能取决于所提供图像的空间分辨率、光谱分辨率以及立体成像能力等。

1. 小气象卫星

按照轨道位置的不同,气象卫星主要分为两种:地球同步静止气象卫星和太阳同步极轨气象卫星。静止气象卫星是作为联合国世界气象组织(WMO)全球气象监测计划的内容而发射的,主要由 GMS、GEOS-E、GEOS-W、METEOSAT、INSAT 五颗卫星组成,它们以约 70° 的间隔配置在赤道上空,轨道高度为 36000km。我国的风云二号(FY-2)也属于静止气象卫星,位于经度为 135° 的轨道上,主要用于我国的气象监测。静止气象卫星每半个小时提供一幅空间分辨率为 5km 的卫星图像。

广泛使用的 NOAA 气象卫星等属于太阳同步极轨卫星(图 2-5、图 2-6),轨道高度在 800km 左右。每颗卫星每天至少可以对同一地区进行两次观测,图像空间分辨率为 1km。极轨气象卫星图像主要用于全球及区域气象预报,并适用于全球自然和人工植被监测。

图 2-5　NOAA 气象卫星

图 2-6　NOAA-18 气象卫星图像

2. 资源卫星

资源卫星主要用于地球资源调查、监测与评价。多数卫星系统采用光机扫描仪、CCD 固体阵列传感器等光学传感器系统，获得 10~30m 空间分辨率的全色或多光谱图像。采集的多光谱数据对土地利用、森林覆盖、农业和地质等专题信息提取具有极其重要的作用。

自 1972 年 Landsat 1 卫星发射以来，Landsat 系列卫星数据已成为应用最广泛的卫星数据，为地球表面监测作出巨大贡献，它也是城市遥感领域的重要数据源之一。随着 Landsat 1~4 卫星的失败，Landsat 5 于 2013 年退役，Landsat 8 于 2013 年发射升空，成为 Landsat 系列卫星的主力军。Landsat 8 配备了两个传感器：陆地成像仪（Operational Land Imager，OLI）和热红外传感器（Thermal Infrared Sensor，TIRS）。OLI 有 9 条波段带，除全色波段的空间分辨率为 15m 外，其他波段的空间分辨率为 30m；热红外传感器 TIRS 有两个分辨率为 100m 的波段。Landsat 1~3 卫星的回程周期为 18 天，Landsat 4~8 卫星（发射失败的 Landsat 6 除外）的回程周期为 16 天。由于 Landsat 数据具有 15~100m 的空间分辨率和相对较短的重现期，该数据被广泛应用于城市遥感年际变化的动态监测。

由于光学传感器系统受到天气条件的限制，主动式的合成孔径侧视雷达（SAR）对于地物探测和地形测图，特别是在多云雾、多雨雪地区的解译和地形测图中具有特殊的作用。

3. 制图卫星

为用于 1∶10 万及更大比例尺的解译和测图，对空间遥感最基本的要求是其空间分辨率和立体成像能力，表 2-1 列出了几种具备这些能力的卫星系统。值得注意的是，IKONOS -2 卫星开辟了高空间分辨率商业卫星的新纪元。

表 2-1　　　　　　　　　　　　　现有制图卫星系统

系统	公司	发射时间	扫描宽度	分辨率	立体模式
Eros B	West Indian Space	1999 年	13.5km	1.3m	同轨
SPOT-5	Spotimage	2001 年	60km	5m	同轨
IKONOS-2	Space Imaging	1999 年	11.3km	0.82m	同轨
QuickBird	Earth Watch	1999 年	22km	0.82m	同轨
OrbView 3	Orbimage	1999 年	8km	1m	同轨
OrbView 4	Orbimage	2000 年	8km	1m/2m	同轨

WorldView 系列卫星是 Digital Globe 的商业成像卫星系统，长期以来被认为是世界上分辨率最高、响应速度最快的商业成像卫星。WorldView-1 于 2007 年 9 月 18 日发射，提供 0.5m 空间分辨率的全色图像。WorldView-2 于 2009 年 10 月 8 日发射，提供空间分辨率为 0.5m 的全色图像和空间分辨率为 1.8m 的多光谱图像。WorldView-3 于 2014 年 8 月 13 日发射，以 0.31m 的空间分辨率采集图像。鉴于美国政府禁止商业公司销售空间分辨率高于 0.5m 的卫星图像，原始数据已被重新采样至 0.5m 分辨率。WorldView-4 卫星于 2016 年 9 月 26 日发射升空，其拍摄的图像全色分辨率为 0.3m，多光谱分辨率为 1.24m，与 WorldView-3 类似。图 2-7 为 WorldView-4 在城市地区的卫星图像示例。

近年来，中国高分辨率卫星发展迅速，一系列高分辨率卫星的成功发射证明了这一点。目前，高分辨率系列卫星覆盖了多种类型，从全色、多光谱到高光谱，从光学到雷达，从太阳同步轨道到地球同步轨道，形成了高空间分辨率、高时间分辨率和高光谱分辨率的对地观测系统。

2.2.2 多波段组合

美国陆地卫星 Landsat 系列，共由 9 颗卫星组成，其中 Landsat 6 发射失败，最后一颗 Landsat 7 于 1999 年 4 月 15 日发射，4 月 18 日已传送回第一幅图像，证明发射已经成功。Landsat 1~3 的主要成像仪器为多光谱扫描仪(MSS)，为 4 个波段，地面分辨率约为 70m；Landsat 4、Landsat 5 的主要成像仪器为专题制图仪(TM)，有 7 个波段，除波段 6(热红外)外，地面分辨率为 30m；Landsat 7 除 30m 分辨率的多光谱图像外，增加了一个 15m 分辨率的全色波段。Landsat 8 和 Landsat 9 拥有 11 个光谱波段，分别通过陆地成像仪(OLI)、热红外传感器(TIRS)和二代陆地成像仪(OLI-2)、二代热红外传感器(TIRS-2)仪器获取。Landsat 9 在很大程度上是 Landsat 8 卫星的一个复制版，每天可以拍摄 700 多幅

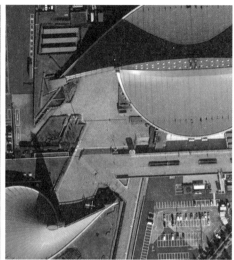

图 2-7 城市地区的 WorldView-4 卫星图像示例

影像，近极地轨道使其约每 16 天覆盖全球，当 Landsat 9 和 Landsat 8 轨道联合，可以获得 8 天的分辨率。Landsat 图像的地面覆盖范围为 185km×185km，由于光谱波段设计合理，价格合适，在全球得到广泛应用。

1986 年法国开始发射 SPOT 卫星，现在已发射 7 颗。SPOT 的成像仪器为高分辨率可见光成像仪（HRV），HRV 观测方法不是采用扫描镜，而是采用 CCD 电子式扫描。可采用多光谱和全色两种模式，多光谱有 3 个波段，地面分辨率为 20m，全色的地面分辨率为 10m。SPOT 图像的地面覆盖范围为 60km×60km。试验证明，多光谱图像的 3 个波段，其中波段 1 和波段 2 数据严重相关，对应用有较大影响。其全色波段，由于空间分辨率较高，具有广泛应用价值，但由于价格较贵，在应用中也受到一定限制。SPOT-4 成像仪器性能进一步改进，多光谱改为 4 个波段，并增加了地面扫描视场为 2200km×2200km、地面分辨率为 1150m 的 SPOT Vegetation，用于植被调查。SPOT-5 于 2002 年 5 月 4 日发射，星上载有 2 台高分辨率几何成像装置、1 台高分辨率立体成像装置、1 台宽视域植被探测仪等，空间分辨率最高可达 2.5m，前后模式实时获得立体像对，运营性能有很大改善，在数据压缩、存储和传输等方面也均有显著提高。2012 年 9 月 9 日，SPOT-6 由印度 PSLV 运载火箭搭载成功发射。2014 年 6 月 30 日，SPOT-7 卫星从印度达万航天发射中心，用印度极轨运载火箭（PSLV）成功发射。SPOT-7 轨道高度 694km，发射质量 712kg。SPOT-7 全色分辨率 1.5m，多光谱分辨率 6m。SPOT-6 和 SPOT-7 这两颗卫星每天的图像获取能力达到 $600×10^4 km^2$。SPOT 卫星对于岩性、构造、岩石、矿物填图，水资源调查，大气探测，植被调查，农作物估产，冰雪覆盖调查，土地利用监测，城市和城市周围规划以及自然灾害控制，森林资源调查，旅游资源调查等应用的研究将是非常有意义的。

1996 年印度发射了 IRS-1C 卫星，其多光谱地面分辨率有 3 个波段为 23.5m，1 个波段为 70.5m，全色波段为 5.8m。图像地面覆盖范围：多光谱为 141km×141km，全色为

70km×70km。IRS-1C 卫星还带有一个广角传感器（WFS），其图像地面覆盖范围为 770km×770km，地面分辨率为 188m，用于植被变化的研究。

雷达卫星中，如欧洲航天局（ESA）的 ERS/2 合成孔径雷达（SAR），地面分辨率约为 30m，图像地面覆盖宽度为 102.5km。加拿大的 Radarsat，地面分辨率为 10～100m，图像地面覆盖范围从 100km×100km 至 500km×500km。日本的 JERS SAR，地面分辨率为 18m，图像地面覆盖范围为 75km×75km。

2.2.3 多平台组网

未来的卫星遥感系统将尽可能地集多种传感器、多分辨率、多波段和多时相于一体，即集遥感图像时空谱角特性于一体，并与 GPS、INS 和激光断面扫描系统相集成，形成智能对地观测系统。在空间数据，特别是三维空间数据采集与更新方面，单一的遥感平台存在一定的局限性，单一的观测角度只能获取局部区域的有效数据，造成数据空洞现象。航空摄影测量与遥感平台虽然可以提供目标的空间信息、纹理特征等，但获取的主要是建筑物的顶面信息，漏掉了建筑物立面的大量几何和纹理数据，同时存在因遮挡导致的影像信息缺失等问题；而地面摄影测量平台只能获取建筑物的立面信息；车载移动测量平台能较好地提供场景三维激光点云数据，但数据含有较多噪声，目前还难以提取形体信息及拓扑关系，同时对于狭窄的地区，移动车量无法采集数据。不同的遥感观测平台获取的数据之间往往存在互补性，因此多遥感平台协同观测可以获取更加丰富的数据（Shao et al.，2021）。

比如无人机平台与地面移动测量车数据采集平台协同观测（图 2-8），可以解决城市复

（a）无人机数据采集平台

（b）移动测量车数据采集平台

数据融合

（c）无人机与移动测量车组网观测

图 2-8　无人机平台与地面移动测量车数据采集平台协同观测示例

杂环境下因道路物体阻挡导致移动测量车辆采集数据的缺失，以及因遮挡导致无人机成像信息缺失等问题。通过协同观测，信息互补，实现城市三维无缝全息时空数据空地一体化协同观测。

图 2-9 为无人机与移动测量车协同观测平台采集的武汉大学信息学部数据。由于树木的遮挡，无人机无法获取树叶下的地面信息，造成数据空洞。而移动测量车可以获取地面的立面信息，包括立面影像和三维点云数据，可以很好地弥补无人机影像中的数据空洞缺陷。

（a）武汉大学信息学部航拍影像

（b）车载可量测实景影像　　　　　　（b）车载点云数据

图 2-9　无人机与移动测量车协同观测平台采集的武汉大学信息学部数据

又如珠海市横琴新区属于滨海城市，该新区在构建城市云平台时，构建了多平台协同的城市视频大数据时空智能分析技术体系，满足城市多平台业务下不同空间尺度目标立体监控监测的需求。针对不同的视频采集平台和数据特点，分别建立了相适配的技术（图2-10），具体包括以下三项。

（1）天基卫星视频数据获取和处理技术：针对视频卫星数据观测角时刻变化的特点，建立了天基视频的快速预处理和分类技术，能够快速对天基视频数据进行处理分析和应用。

（2）空基无人机视频获取和处理技术：实现了无人机视频数据的高效目标提取和处理技术，能够对船只等目标进行快速识别、跟踪，并实时计算目标移动位置。

（3）地基固定和移动视频获取和处理技术：建立了基于地面监控视频大数据的异常行

为自动识别和预警系统，实现了视频大数据时空智能分析、移动目标交接、视频和影像与GIS 数据的融合等功能。

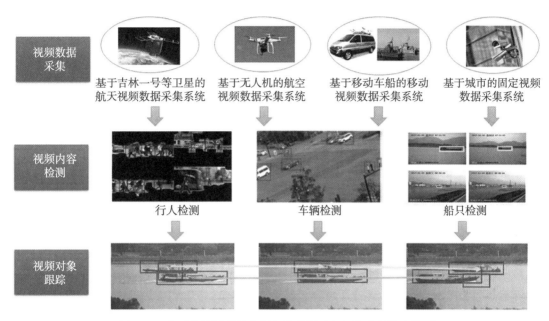

图 2-10　多平台协同的城市视频大数据时空智能分析技术体系

2.3　遥感图像的时间特性及时间分辨率

2.3.1　地物的时间特性

　　植物因受生物因子和非生物因子(如气候、水文、土壤等)的影响，出现以年为周期的自然现象而具有物候特征。根据物候，我们可以通过记录一年中植物的生长荣枯，动物的迁徙、繁殖，从而了解气候变化及其对动植物的影响。时间作用具有周期性和阶段性。物候通常以年为周期，而其他许多地物或现象的变化周期可能更短或更长。如人类活动轨迹时空信息则以小时来记录，潮汐以日为周期，而湖泊消长、河道变迁可能以几百年、几千年为周期。另外，某些地物和现象的发生或变化呈现阶段性，如火山爆发、植物病虫害、森林火灾等(关泽群等，2007)。

2.3.2　遥感数据的时间分辨率

　　时间分辨率是指对同一地区重复获取图像所需要的时间间隔。时间分辨率与所需探测目标的动态变化有直接的关系，从上面的地物的时间特性可以看出，时间作用具有周期性和阶段性，所以时间分辨率有不同的数量级。它的变化范围从静止气象卫星的半小时一次，到陆地观测卫星的几天一次或几周一次，到航空摄影或空间飞行人工摄影的几个月一次，甚至几年一次。遥感数据的时间分辨率差异很大。各种传感器的时间分辨率与卫星（或其他飞行器）的重复周期及传感器在轨道间的立体观测能力有关。大多在轨道间不进行立体观测的卫星，其时间分辨率等于重复周期。某些进行轨道间立体观测的卫星的时间分辨率比重复周期短。如 SPOT 卫星，在赤道处一条轨道与另一条轨道间交向摄取一个立体图像对，时间分辨率为 2 天。时间分辨率越短的图像能更详细地观察地面物体或现象的动态变化。与光谱分辨率一样并非时间越短越好，也需要根据地物的时间特征来选择一定时间间隔的图像。

2.3.3　时间分辨率的类型

考虑地物的时间特性，我们可以根据探测周期的长短将时间分辨率划分为三种类型。

(1)超短、短周期时间分辨率：指一天以内的变化，以小时为单位。目前主要指气象卫星所获得的信息，用来探测大气、海洋物理现象，火山爆发，植物病虫害，森林火灾以及污染源监测等。未来的遥感小卫星群能在更短的时间间隔内获得图像，可以探测变化更快的地物和现象。

(2)中周期时间分辨率：指一年之内的变化，以旬或日为单位。目前主要指陆地卫星所获得的信息，用以探测植物的季相节律、再生资源调查(农作物、森林、水资源等)、旱涝、气候学、大气动力学、海洋动力学分析等。

(3)长周期时间分辨率：指以年为单位的变化。主要指较长时间间隔的各种类型的遥感资料，通过时间序列的对比来反映不同时间的轨迹，如湖泊的消长、河道的变迁、海岸进退、城市扩展、灾情调查、资源的变化等。当然，若研究几百年、几千年的自然历史变迁，则是研究遥感图像上留下的痕迹，寻找其与周围环境因子的差异，这需要参照历史、考古以及其他信息方能完成。

2.3.4　基于时空融合的多源遥感数据时间分辨率提高方法

近年来，随着全球对地观测技术的快速发展，卫星遥感数据获取能力持续增强，遥感影像的空间分辨率、时间分辨率及光谱分辨率不断提高，然而受卫星发射成本及硬件技术条件等限制，当前单一来源卫星传感器获取的遥感影像仍存在空间分辨率与时间分辨率相互制约的问题。表 2-2 统计了当前常见光学遥感卫星传感器的空间与时间分辨率属性。高空间分辨率卫星传感器，如 WorldView-3(0.31~1.24m)、IKONOS(1~4m)和高分系列卫星(GF-1，2~8m；GF-2，1~4m)，可获取具有精细空间信息的遥感影像，但其时间分辨率较低(>30 天)。此外，光学遥感影像易受到云层覆盖等大气条件影响而导致数据可用性降低，进一步阻碍了时间连续的高空间分辨率影像的获取。因此，现有单一卫星传感器获取的遥感影像无法满足城市土地覆盖分类、植被长势监测、森林火灾火情监控，以及地震灾区范围评估等大范围、高精度、快速变化的地表与大气环境遥感应用需求。

时空遥感影像融合是从"软件"的角度，低成本、便捷高效地解决卫星传感器空间与时间分辨率"矛盾"的有效手段，旨在集成多源卫星传感器获取的高空间分辨率遥感影像的空间细节信息与高时间分辨率遥感影像的时间变化信息，生成具有高频次访问的高空间分辨率遥感影像序列。

表 2-2 常见的光学遥感卫星传感器的空间与时间分辨率属性

卫星/传感器	空间分辨率(m)	时间分辨率(天)
WorldView-3	0.31~1.24	>30(不侧摆)
GeoEye-1	0.41~1.65	>30(不侧摆)
QuickBird	0.61~2.44	>30(不侧摆)
IKONOS	1~4	>30(不侧摆)
GF-2	1~4	69(双相机组合，不侧摆)
GF-1	2~8	41(双相机组合，不侧摆)
SPOT-7	1.5~6	26
Landsat 7，8	15~30	16
ASTER	15~90	16
Sentinel-2	10~60	10
MODIS	250~1000	1
FY-3/MERSI	250~1000	1
AVHRR	1 100	0.5

本小节将介绍一种基于深度卷积神经网络的时空融合模型。该网络模型以 Landsat 8 与 Sentinel-2 卫星搭载传感器所获取的图像中存在的波段相似性，基于卷积神经网络，利用多时相 Sentinel-2 卫星图像提供的 10m 与 20m 波段提升 Landsat 8 卫星图像中的 30m 波段的空间分辨率(Shao et al.，2019)。该模型结构如图 2-11 所示，首先根据 Sentinel-2 卫星 10m 与 20m 波段之间的相关性，构建第一阶段的卷积神经网络，将 20m 波段的空间分辨率提升至 10m，从而获得光谱与空间信息更加丰富的 Sentinel-2 数据。进一步，利用获得的 10m 空间分辨率的 Sentinel-2 数据，构建第二阶段的卷积神经网络，将其与 Landsat 8 卫星 30m 空间分辨率的数据进行融合，最终获得 10m 空间分辨率的 Landsat 8 数据。总体而言，该模型融合工作流程可以概括为以下四个步骤：

(1)使用最近邻插值法将 Sentinel-2 的 20m 分辨率的 11~12 波段重采样到 10m 分辨率的数据；

(2)将重新采样的 Sentinel-2 的 11~12 波段和 2~4、8 波段输入模型，以生成 10m 分辨率的下采样的 11~12 波段(自适应融合过程)；

(3)使用最近邻插值，将 Landsat 8 的 30m 分辨率的 1~7 波段和 15m 分辨率的 8 波段(PAN 波段)重新采样至 10m 分辨率的数据；

(4)重新采样的 10m 分辨率的 Landsat 8 图像和 Sentinel-2 图像输入模型，以生成 10m 分辨率的 Landsat 8 的 1~7 波段(即 Landsat 8 和 Sentinel-2 图像的多时相融合)。

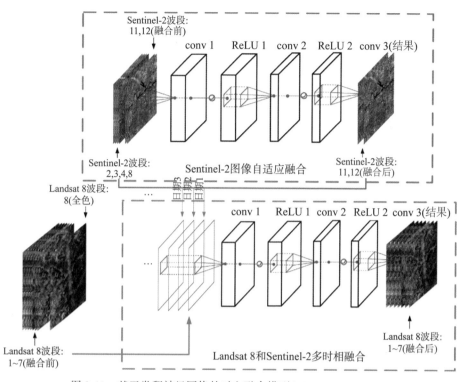

图 2-11　基于卷积神经网络的时空融合模型(Shao et al. , 2019)

2.4　遥感图像的空间特性及空间分辨率

对于遥感图像而言，主要是数字图像，决定其图像量测性能及其上地物细部的再现能力的主要是几何分辨率(图 2-12)。

高空间分辨率

中空间分辨率

低空间分辨率

图 2-12　不同空间分辨率图像示例

传感器瞬时视场内所观察到的地物的大小称为空间分辨率。如 Landsat MSS 空间分辨率(即每个像元在地面的大小)为 57m×79m；TM 图像的空间分辨率为 30m×30m；SPOT 图像、多光谱图像的空间分辨率为 20m×20m，全色的空间分辨率为 10m×10m。

空间分辨率的大小并不等于解译图像时能可靠地观察到像元尺寸的地物，这与传感器瞬时视场和地物的相对位置有关。假设地面上有一个地物，大小和形状正好与一个像元一样，并且正好落在扫描时的瞬时视场内，则在图像上能很好地解译出它的形状及辐射特性。但实际上这种情况相当少见，大多数地物跨在两个像元中，由于传感器中的探测器对瞬时视场内的辐射量是取其积分值(平均值)，这样地物与两个像元都有关系，也就是说，图像上地物的形状和辐射量都发生了改变，这就无法确切地解译出该地物的形状和辐射特性(当地物大小与像元大小差不多时，如果地物比较特殊或位置比较特殊，可能出现在图像上，也可能不出现在图像上)。当地物增大到一定程度时，地物面积可能等于两个像元的大小，那么至少有一个像元能正确反映地物的辐射量，解译时能确定该种地物的辐射特性(可作为标准像元)。再则，地物不一定恰好在扫描线上，也可能跨两条扫描线，因此只有地物大于两个像元时才能从图像上正确分辨出来。假定像元的宽度为 a，则地物宽度在 $3a$ 或至少在 $2\sqrt{2}a$ 时才能被分辨出来，这个尺寸称为图像的几何分辨率。

如果图像的几何分辨率满足不了图像量测性能及其上地物细部的再现能力，会使得像元中包含的类别不纯(达不到我们所需要的类别划分要求)，引起辐射亮度改变。这在两种纯地物交界处是十分明显的，往往这些地方的像元亮度与第三种地物相近，如图像上植物与水交界处的像元亮度会出现土壤亮度的现象。

上面在介绍遥感图像量测性能及其上地物细部的再现能力时曾提到两个概念，一个是图像比例尺，另一个是图像的几何分辨率。它们之间存在什么关系呢？在一般情况下，摄影图像的地面分辨率就是每毫米多少线对的倒数乘以摄影比例尺分母 M，可见摄影图像分辨率 R_g 与图像比例尺之间存在线性关系。另外，在明视距离处，人眼大约分辨每毫米 7 个线对，因此可以分辨的最小尺寸应为 1/7mm。由此可得

$$R_g = \frac{1(\text{mm})}{7(\text{线对})} \times \frac{1(\text{m})}{1000(\text{mm})} \times M \qquad (2\text{-}5)$$

对于光学机械扫描图像而言，则使用其每个像元在地面上的直径(单位：m)表示图像空间分辨率，可以用 $2\sqrt{2}$ 把摄影图像与光学机械扫描图像的分辨率联系起来：

$$b = 2\sqrt{2}\,a \qquad (2\text{-}6)$$

式中，a 代表(m/像元)；b 代表(m/线对)。由式(2-6)可以看出，摄影图像的分辨率对应光学机械扫描图像的几何分辨率。

像元分辨率越高，检测地物细节的能力越大。要想获得 1∶25000 图上建筑物的细貌，像元尺寸必须小于 2m。像元尺寸大于 10m 的影像只能获得居民区的轮廓。

德国汉诺威大学对现有几种制图卫星系统的测图能力进行了综合测试，得出如表 2-3 所示结果。

表 2-3　　　　　　　　　　　　现有卫星系统测图能力评价

系统	像元尺寸	影像图	线画图
Landsat	30m	1：100000	1：250000
SPOT	10m	1：50000	1：100000
IRS 1 C/D	6m	1：25000	1：50000
KVR 1000	2m	1：10000	1：20000
SPOT-5	3m	1：15000	1：25000
IKONOS	1m	1：5000	1：10000

　　空间分辨率确定了遥感系统获取地面信息时的离散化程度。换句话说，遥感信息具有一定的概括性。这是因为从地面信息到遥感信息经历有限的处理过程，损失了一部分信息，尤其是细节信息，则自然产生一种概括能力。

　　由于地物和地学现象的规模不同，因而对空间分辨率的要求也不同（表 2-4）。

　　应该说明的是，目前在图像处理时，即当用模式识别算法来处理遥感数据时，主要用的是光谱特征的辐射值，而空间特征的有效利用率远不如光谱特征。因而，空间分辨率的限制和概括性经常没有被体现出来。

表 2-4　　　　　　　　获取地物和地学现象特征的空间分辨率要求

1. 巨型地物与现象		3. 中型地物与现象	
地壳	10km	作物估产	50m
成矿带	2km	植物群落	50m
大陆架	2km	洪水灾害	50m
洋流	5km	水库（湖泊）监测	50m
自然地带	2km	污染监测	50m
生长季节	2km	森林火灾监测	50m
		港湾悬浮物质调查	50m
2. 大型地物与现象		**4. 小型地物与现象**	
地热资源	1km	交通设施	1m
冰与雪	1km	建筑物	1m
大气（水蒸气）	1km	道路	1m
土壤水分	150m	土地利用	5m
海洋资源	100m	污染源识别	10m
环境质量评价	100m	港口工程	10m
区域覆盖类型	400m	鱼群分布与迁移	10m
沙尘暴监测	400m		

2.5 遥感图像的光谱特性及光谱分辨率

彩色图像能体现出地面的彩色反差，这因为它们是由几个不同的分色图像通过色彩原理合成的。从光谱的角度来讲，每一个分色图像都是一个光谱段，当它们单独成像时与黑白图像相仿。彩色图像的解译性能要比黑白图像好，这主要有两个原因：其一是人眼对分解颜色有较高的敏感性；其二是彩色图像通常由多个波段组成，具有更丰富的信息。由此可见，彩色图像实际上是多波段遥感数据的一种特殊表现形式。过去的航空摄影图像一般采用一个综合波段(如全色或彩色红外)。卫星遥感开始了多波段的利用，使遥感应用范围逐步扩大。对于多波段遥感数据，我们至少要关注以下几个方面的问题：①对图像解译有重要作用的波段范围；②波段数；③探测特定波谱辐射能量的最小波长间隔；④它们的组合形式。

2.5.1 遥感数据的光谱分辨率

遥感数据的类型很多，包括彩色图像、多波段图像和微波图像等，它们有一个共同的特点，就是具有一定的波长范围。其核心问题是要把电磁波分成不同的部分，然后通过某种传感器获取地物信息。由此可见，传感器这方面的能力主要表现在探测特定波谱辐射能量的最小波长间隔，也就是光谱分辨率。它包括传感器总的探测波段的宽度、波段数、各波段的波长范围和间隔。目前已知的成像光谱仪的波段数可达数百个，每个波段的间隔小到几纳米(nm)，因此是光谱分辨率最高的一类传感器。常见的中等空间分辨率的 MODIS 遥感传感器共有 36 个波段，波长总宽度为 $0.62 \sim 0.965 \mu m$、$1.23 \sim 2.135 \mu m$、$3.66 \sim 4.549 \mu m$、$6.535 \sim 14.385 \mu m$。波长间隔最小的为 10nm。但实际使用中，波段太多，输出数据量太大，加大了处理工作量和解译难度。有效的方法是根据被探测目标的特性选择一些最佳探测波段。

对光谱分辨率的研究有重要作用：

(1)多波段光谱信息的利用开拓了遥感应用领域。从利用综合波段记录电磁波信息，到分波段分别记录电磁波的强度，可以区分地物波谱的微弱差异并记录下来，使遥感应用范围逐步扩大。

(2)多波段光谱信息的利用使专题研究中波谱段的选择针对性越来越强。

(3)在图像处理中多波段光谱信息的利用可以提高分析解译效果。

对于复杂的目标进行分离提取或解译时，往往不仅要利用其特征波段内的差异，还要利用各波段间的差异。

2.5.2 不同波谱范围的比较

1. 摄影类型图像

(1)黑白全色图像(波长在 $0.4 \sim 0.7 \mu m$ 范围)，与人眼感受的密度差不多。对于光学图像，解译方法有：单目分析，立体分析，密度(灰度)测量分析以及几何学方面的量测技术。

(2)黑白红外图像(波长在 0.7~1.3μm 范围),物体红外反射的结果,成像过程与黑白图像相仿。解译方法也类似于黑白全色图像,但需结合红外反射的特点。

(3)真彩色图像(波长在 0.4~0.7μm 范围),接近实际景色的色彩。除了黑白图像的解译方法以外,与实际地物相近的色彩是重要的解译标志,也就是说可以显示出地物的彩色反差。彩色图像的解译性要比黑白图像好,这是因为人眼对分解颜色有较高的敏感性。

(4)彩红外图像(波长在 0.6~1.1μm 范围),其彩色不代表实际地物的色彩,与红外反射或辐射有关,也可以显示出地物的彩色反差,但与真彩色图像意义不同。

2. 扫描成像类型图像

扫描成像类型的多波段图像既可以分别解译,也可以多波段组合解译。

(1)单波段图像(波长在 0.35~14μm 范围内的某个波长区间)。传感器光谱分辨率的选择是与它的探测目的相对应的,换句话说,波段中心位置的选择要与地物特征光谱位置相对应。以植物遥感光谱分辨率的选择为例,从 0.4~2.5μm 划分了植物的 8 个有效(可选)波段。

① 0.45~0.50μm,色素吸收波段。即在叶红素及叶绿素吸收区之内,其特性与红波段相似。

② 0.52~0.59μm,绿色反射波段。对区分不同林型及树种可能提供较多信息。有学者认为绿波段与红波段比值可以提供作物生长的有用信息。

③ 0.63~0.69μm,对区分有无植被、覆盖度及植物健康状况极为敏感。

④ 0.70~0.74μm,是个过渡波段。一般仅能增加噪声,但也有特殊功能,如受金属毒害的植物在此波段范围内的反射率表现最明显。

⑤ 0.74~0.90μm,是绿色植物(活的)的各种变量与反射率关系最敏感的波段,为植物通用波段。

⑥ 1.10~1.30μm,在高反射区与水吸收区之间,能区分植物类别,对岩石可能也有用。

⑦ 1.55~1.75μm。

⑧ 2.1~2.3μm,这两个波段均是位于几个水吸收带之间的反射峰。有学者认为这两个波段对土壤及绿色植物有很强的对比。

上述说明,各种光谱波段既有针对性、有效性,又有局限性,因而在遥感图像解译时,应根据不同的应用目的,"有的放矢"地选择光谱分辨率。

(2)多波段图像(波长在 0.35~14μm 范围内的若干个波长区间)。由于存在多个不同波长范围的地物辐射信息,因此可采用不同波段组合的假彩色合成等方式进行分析和解译。

(3)热红外图像(波长在 2.0~15μm 范围内的某个波长区间),其色调与辐射功率有关,或者说主要反映了温度的差别,如可以产生"热影"或"冷影"。某些小而热的目标,由于热物体的"耀斑"效应,可以在热图像上显示出来(按照同样的比例尺在其他图像上难以显示)。另外,热红外图像上的地物信息及相互关系随昼夜等时间因素会发生变化,如房屋与草地在白天和晚上的热红外图像上差别很大。

3. 微波成像类型图像

微波图像，其波长范围为 1mm~1m，通常将微波细分为毫米波（1~10mm）、厘米波（1~10cm）、分米波（10~100cm）、米波（>100cm）几个波段。微波遥感一般分为被动和主动微波遥感两类。被动微波遥感是用仪器接收自然物体和人工物体自身所发射的微波。不同的物质，它们所发射的微波是不一样的，可以根据微波的特征来识别物体的性质。主动微波遥感是用人工方法向目标物发射某一波长的微波信号，用仪器接收目标物反射的回波，然后根据它们反射回来的微波特征识别物体。

主动微波遥感，通常称为雷达。这类微波遥感有许多种，在资源遥感工作中最常见的是侧视雷达。其遥感原理是建立在目标物对电磁波散射—回射基础上。雷达向目标物发射的电磁波，大部分被目标物散射—反射掉，只有其中一部分回波被天线所接收。天线所接收的回波强弱将决定雷达图像色调。

2.5.3 波段组合

多波段图像的组合与合成可以包括可见光波段之间的合成，可见光与近红外波段合成，近红外与热红外波段合成等。经过合成的多光谱图像显示地物的光谱特征比单波段强得多，它能表示出地物在不同光谱段的反射率变化。对于多光谱图像可以使用比较判读的方法，将多光谱图像与各种地物的光谱反射特性数据联系起来，以正确解译地物的属性和类型。

2.6 遥感图像的角度特性

随着大量遥感卫星的发射以及遥感影像分辨率的提高，影像中地物信息呈现高度细节化，地物的光谱分布也更具多样性，这使得人们对地物细节信息的需求更加迫切。因此，具有多角度、多光谱/高光谱观测能力的成像传感器逐渐走进人们的视野，并被广泛关注。多角度观测能力指当卫星或携带有多角度观测设备的传感器飞过目标区域时，在极短的过境时间内获得多个目标区域的观测影像的能力，并且每个角度的影像具有多光谱或高光谱的特性。这种数据具有丰富的角度维数据，并具有以下特点：①不同角度影像的光谱具有高相关性；③不同角度影像间存在几何变化；③获取不同角度影像的时间间隔极短；④提供更丰富的地物细节。因此，这种多角度数据可以对地物目标进行精细分类和识别，并在定量遥感、影像分类、三维重建、目标探测等领域都有广泛的应用。

资源三号（ZY-3）卫星是我国第一颗自主研发的民用高分辨率立体测绘卫星，提供前视影像（2.5m）、后视影像（2.5m）和正视影像（2.1m），通过立体观测，可以测制 1∶5 万比例尺地形图，为国土资源、农业、林业等领域提供服务（图 2-13）。

SWDC-5 是我国首款国产航空倾斜摄影仪，其通过 1 个垂直拍摄和前后左右 4 个 40°/45°倾角拍摄得到多视角建筑物墙体真实纹理，可广泛应用于智慧城市基础地理空间建设

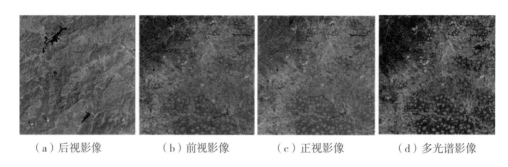

（a）后视影像　　　　（b）前视影像　　　　（c）正视影像　　　　（d）多光谱影像

图 2-13　资源三号卫星影像数据示例

领域(城市三维建模、城市规划、景区旅游、数字城管、公安、社区实景三维建模等)(图 2-14)。

图 2-14　基于 SWDC-5 多视角影像构建的实景三维模型

　　无人机是近年来一种新兴的低空遥感平台,无人机遥感平台具有结构简单、成本低、风险小、机动性高、实时性强等优点,以无人机作为遥感平台获取实时高分辨率遥感影像数据,既可以克服传统航空遥感受制于航时、气象条件等缺点,也能弥补卫星遥感平台不能获取某些感兴趣区域信息的不足。由于无人机摄影平台具有机动、灵活、快速等特点,无人机倾斜摄影测量已成为航空摄影测量的重要手段和国家航空遥感监测体系的重要补充,以无人机作为摄影平台可以快速获取城市建筑物立面多视角信息,且影像分辨率高,提高了精细三维数据的获取能力,促进了倾斜摄影测量三维建模的发展(图 2-15)。

　　卫星遥感与航空遥感平台可获取大范围的城市地表信息,但由于城市建筑密集、成分复杂,很难获得地物的完整信息如建筑物立面纹理等,且航天与航空遥感限制因素多、成本高昂、现势性差。车载移动测量系统的出现有效弥补了这些不足,在智慧城市、交通管理、公共安全等领域表现出巨大的应用潜力。车载移动测量系统获取的数据主要包括影像

（a）五镜头相机模型　　　　　　（b）后视影像　　　　　　（c）前视影像

（d）正视影像　　　　　　（e）左视影像　　　　　　（f）右视影像

图 2-15　无人机倾斜摄影数据示例

序列和三维点云(图 2-16)，影像具有较高分辨率，包含丰富的颜色和纹理信息。点云数据直接获取物体表面点的三维坐标，但其空间分辨率较低且有效测量距离有限。目前常用的街景地图是直接对影像序列进行处理后直观展示得到的，将影像序列和三维点云数据结合使用进行城市建筑三维重建是近年来的研究热点。

（a）全景影像　　　　　　　　　　（b）点云数据

图 2-16　移动测量数据示例

◎ 思考题

1. 主要遥感平台是什么? 各有何特点?

2. 如何评价遥感影像的质量?

3. 未来遥感平台有哪些发展趋势?

4. 如何有效地利用遥感影像时空谱角特性?

◎ 本章参考文献

［1］关泽群，刘继琳. 遥感图像解译［M］. 武汉：武汉大学出版社，2007.

［2］孙家抦，舒宁，关泽群. 遥感原理、方法和应用［M］. 北京：测绘出版社，1999.

［3］Shao Z F, Cai J, Fu P, et al. Deep learning-based fusion of Landsat-8 and Sentinel-2 images for a harmonized surface reflectance product［J］. Remote Sensing of Environment, 2019, 235: 111425.

［4］Shao Z F, Cheng G, Li D, et al. Spatio-temporal-spectral-angular observation model that integrates observations from UAV and mobile mapping vehicle for better urban mapping［J］. Geo-spatial Information Science, 2021, 24(4): 615-629.

［5］Gu X F, Tong X D. Overview of China Earth Observation Satellite Programs ［J］. IEEE Geoscience and Remote Sensing Magazine, 2015, 3(3): 113-129.

［6］Desnos Y L, Borgeaud M, Doherty M, et al. The European Space Agency's Earth Observation Program［J］. IEEE Geoscience and Remote Sensing Magazine, 2014, 2(2): 37-46.

［7］Shao Z F, Wu W F, Li D R. Spatio-temporal-spectral observation model for urban remote sensing［J］. Geo-spatial Information Science, 2021, 24(3): 1-15.

第3章　遥感图像解译对象的特性

3.1　解译对象的划分

解译对象的划分涉及被揭示地物的组成，也涉及被研究的地物的性质，特别是观察的角度有很大区别(关泽群等，2007)。有的遥感观测关注遥感的物理特性(电磁波谱特性)，也有的可能需要解译地物的变化过程，因此有多种解译对象划分方法，如表3-1所示。

表 3-1　　　　　　　　　　解译对象的划分与组成(关泽群等，2007)

序号	解译对象划分原则	地物组成	地物举例
1	按照解译对象的专题特性	地理基础信息	居民点、水系、高程、道路等
		景观	沙漠、草原
		地质地貌	地层、断层、滑坡等
		土地利用	工业、商业、农田等
		其他	工程设施等
2	按照解译对象的形成状态	自然形成地物	森林、沼泽、湖泊等
		人工构成地物	居民点、道路、桥梁等
3	按照解译对象线性尺寸的绝对值和相对值	密集(点状)的地物	房屋、独立树、飞机等
		线状(延伸)的地物	道路、河流、机场跑道等
		面状地物	湖泊、林地、机场等
4	按照地物要素的组成和用途	简单地物	房屋、独立树、飞机、跑道等
		复杂地物	城市、林地、机场等
5	按照电磁波谱特性	可见光地物反射	不同反差的地物
		近红外地物反射	植被等
		地物热辐射	热岛等
		地物微波特性	土壤含水量等
6	按照地物位置的稳定性	活动地物	海洋中冰、云
		固定地物	水系、道路网等

（1）最常见的解译对象划分方法是根据解译对象的专题特性划分，把解译过程分为地理基础信息的提取与专题信息的提取两大部分。地理基础信息包括所有的地表要素：居民点、水系、高程、道路等。专题信息与特定的要素和任务有关，图像解译将涉及相关要素内部完整的特性，例如，对农田的调查。

（2）根据地物组成可以划分为自然形成地物和人工构成地物。人工地物和人类对环境的影响对许多领域的研究都有意义，有时需要按地物的形成状态划分解译对象，如划分成自然形成地物、人工构成地物等。

对自然形成的地物来说，具有轮廓形成的随意性，在空间分布上不存在严格的次序性。同样一种自然地物表面的外观是相当类似的。形状要素对自然地物来说也是固有的，如河床、湖盆、森林界限等（图 3-1）。但这些形状一般来讲是不固定的，而不是规则形状，在识别中价值较小。

图 3-1　武汉大学珞珈山的自然地物

物体形状（外部轮廓）是人工地物的主要直接标志，它们的特征一般是规则的几何外形（图 3-2）。

（3）根据地物的线性尺寸划分。根据绝对值和相对比把所有地物分成三个类别：密集（点状）、线状（延伸的）和面状。

密集的地物有特别小的尺寸，这个尺寸小到可与高空间分辨率的图像的像元相比，包括独立建筑和设施、水泉、纪念碑、不大的桥梁等。密集地物的大部分是另外一些地物组合的细部。

线状地物包括那些长度比宽度大 3 倍以上的物体，如河流、道路、街道、长的桥梁等。在把地物归纳为这个类型时，线性尺寸的绝对值起到重要作用。

面状地物有大的尺寸，包括林地、草地、居民点、机场等。

（4）根据地物复杂程度划分。简单地物：复杂地物的一部分，是复杂地物的个别要素，如建筑物、设施、树木、起落跑道等。

复杂地物：以统一的用途或按照地域联合起来的简单地物的有次序的总和。

物体细部（图案）的性质和数量提供了有关复杂物体的概念，能将该物体与其他相似者区别开来。诸如路堤、桥梁和道口等的性质资料有助于道路的分类；生产厂房和辅助建

图 3-2　武汉大学信息学部操场

筑、原料库和成品库等的数量和组成都有助于判断企业的种类。

物体细部是直接的揭示和解译标志。一些物体(简单物体)的细部可能是带有自己细部的独立的物体。居民点的此类要素是小区、街区、公园等。

物体表面的结构(纹理)和它的图像是一些标志(形状、尺寸、色调、相互位置等)的组成要素表象的总和。例如,树冠组成了森林表象的外部形态。在图像上,森林看起来是颗粒结构的形态(图 3-3),这一结构的性质主要取决于树冠的形状、它的尺寸和密集程度。

(5)根据地物电磁波谱特性划分。将解译对象与电磁波谱特性联系在一起,是不断丰富遥感图像解译内容和用途的主要途径。目前常见的遥感波段有可见光、近红外、热红外和微波等,其揭示的地物信息各有不同。

对反射辐射而言,阴影分为本影和落影。根据阴影的尺寸可以确定物体的高度,有一些物体(如高压线支架、电线杆等)经常只能靠阴影识别。落影经常将其他地物的图像遮盖起来,致使对遮盖地物的解译很困难。

(6)根据地物位置的稳定性划分。按照地物存在的持续期和它们的特点可以把地物分成运动的和固定的。

运动地物:那些变化着自己性质的地物,或是在比较短的时间内,如几小时、几昼夜、几星期之内就消失的地物。如图 3-4 所示吉林一号视频卫星数据上的广州南沙海港船只。

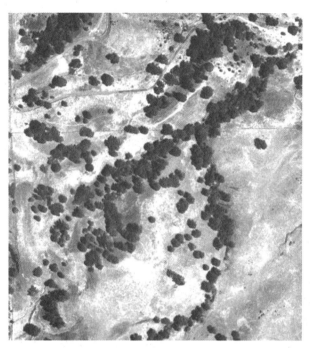

图 3-3　颗粒结构形态的森林

固定地物：相对而言，变化着自己的特性，但这种变化要在一个季节、几年或更长时间才发生，此为固定地物。如城市化后的建成区，如图 3-5 所示。

图 3-4　吉林一号视频卫星数据上的广州南沙海港船只

图 3-5 武汉大学信息学部高分辨率遥感影像

3.2 地物空间分布

任何地学研究对象，均有一定的空间分布特征。根据空间分布的平面形态，把地面对象分为三类：面状、线状、点状。可以从以下几个方面来确定地物的空间分布特征：①位置；②大小（对于面状目标而言）；③形状（对于面状或线状目标而言）；④相互关系。前三个特征是针对单个目标而言，可以通过一些数据来表示。

1. 面状对象

面状对象的空间位置由表示界限的一组 (x, y) 坐标确定，并可以相应地求得其大小和形状参数。

（1）连续而布满整个研究区域，如高度、地物类型、地貌、地质、气温等（图 3-6）。

（2）间断而成片分布于大片区域上，如森林、湖泊、沙地、各类矿物分布区等（图 3-7）。

（3）在研究区域较大面积上分散分布，如湖泊（图 3-8）、果园、石林、残丘等。

41

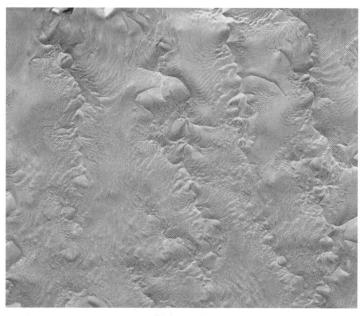

图 3-6　沙漠示例遥感影像图（敦煌附近沙漠）

图 3-7　武汉市森林公园影像图

2. 线 状 对 象

线状对象的空间位置由表示线形轨迹的一组 (x, y) 坐标确定，在空间上呈线状或带状分布，如道路、河流、海岸等（图 3-9）。

3. 点 状 对 象

点状对象空间位置由其实际位置或中心位置的 (x, y) 坐标确定，实地上分布面积较小或呈点状分布的有独立树、单个建筑等（图 3-10）。

图 3-8 武汉市东湖影像图(Sentinel-2)

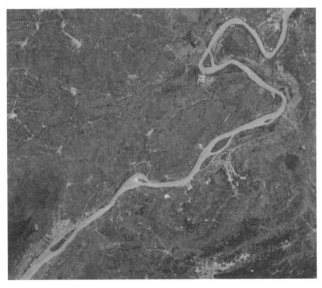

图 3-9 长江中游

4. 相互关系

相互关系是指某个区域内地物目标的空间分布特征。地物目标受某种空间分异规律的影响,其分布呈现一定的空间组合形式,仅通过单一目标难以反映。例如,山地垂直带谱有同构模式、结构递减模式、突变模式、纬向递减模式、经向递减模式、阶梯递减模式等变化模式。

图 3-10 武汉大学行政楼

地面对象的空间分布既可以是自然形成的，也可以是人为影响的结果。例如，对城市的综合用地和工业用地按地面单元进行统计，可以得到用地频率直方图，它们可以用来调查和分析城市土地市场。

不同的地面对象具有不同的空间分布特征。在遥感应用研究中，一方面要分析探测对象的空间分布特征，以选择具有适当空间分辨率的遥感图像。另一方面，探测对象的空间分布特征又是在遥感图像上识别目标的参考依据。

3.3 地物波谱反射和辐射特征

任何物体本身都具有发射、吸收和反射电磁波的能力。地物的波谱特征是一种重要的遥感辐射和散射信息，电磁波与地物表面相互作用，往往表现为地物在不同波段反射、热辐射、微波辐射及散射特征（张莹彤等，2017）。相同的物体具有相同的电磁波谱特征，不同的物体由于物质组成和结构的不同而具有相异的电磁波谱特征。因此可以根据遥感仪器所接收的电磁波谱特征的差异来识别不同的物体。

3.3.1 水体电磁辐射特性

1. 反射波谱特性

太阳辐射到达水面后，部分被水面直接反射回空中形成水面反射光，它的强度与水面状况有关，但除了发生镜面反射的情况之外（一般仅占入射光的 3.5% 左右），其余光透射进入水中，大部分被水体吸收，部分被水中悬浮泥沙和有机生物散射，构成水中反射光，其中返回水面的部分称后向散射光。部分透过水层，到达水底再反射，构成水底反射光，这部分光与后向散射光一起组成水中光，回到水面再折向空中，所以传感器接收到的光包括水面反射光和水中光(当然还有天空散射光)。

水体表观反射率往往会受到水体生物、大气散射及水气界面折射等方面的干扰(王杰等，2019)。清水的反射主要在蓝绿光波段，其他波段吸收都很强，特别是近红外波段，吸收就更强。正因为如此，在遥感影像上，特别是近红外影像上(水体呈黑色)，水的低反射率特性为遥感识别水体提供了方便，不论在哪一波段，水体的图像特征都表现为深色调，它与周围地物相比色调反差大，且这种特性不随区域与时相而变化。

水的状态是指水体中所含有机、无机悬浮物质的浓度、类型、粒度大小。在自然状态下不存在纯洁的水体，各种悬浮的杂质对入射光有明显的散射和吸收作用。泥沙是水体悬浮物中的一种重要物质，它使水变得浑浊，提高可见光区的反射率，提高的幅度随悬浮泥沙的浓度与粒径增大而增加，并使最高反射率从蓝绿光区向红光和近红外区移动。近年来，我国大部分水域遭受水体富营养化的影响，藻类等水生生物大量繁殖，水生生物体中的叶绿素与藻胆素等改变了清水在近红外波段的强吸收性，使曲线显示出近红外的"陡坡"效应，其程度则取决于水生生物量的多少(图3-11、图3-12)。

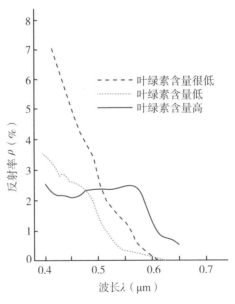

图 3-11　水体反射波谱(张亚梅，2008)

2. 发射波谱特性

由于水体具有比热容大、热惯量相对大的特点，对红外线几乎是全吸收，自身辐射发射率高，以及水体内温度传递是以对流交换形式进行的，故水体表面保持相对均一的温度，流动水体的温度变化较慢。因辐射通量与绝对温度的四次方成正比，故水体与周围地物之间微小的温度差异就会引起辐射通量很大的变化，这样在红外图像上就反映得十分清晰。

图 3-12 水体影像图

在白天，水将太阳辐射的热能大量吸收并储存起来，因此在白天摄制的红外图像上表现为冷色调(黑色)；夜间，水温比周围地物的温度高，辐射发射强，在红外图像上呈亮白色，即暖色调。一旦有热水或污水排入河流，或河流入海，由于不同温度的水体相互之间进行热交换，白天的红外图像能显示出水温度结构的所有细节，呈不同等级的灰色调。夜间，即使是冷水，其温度也比背景温度高，凡是水体均呈白色。据此，可用夜间红外图像来寻找在可见光图像上不易发现的泉眼、水塘或小溪等。无论在白天或是黑夜，水的辐射都具有明显特征，成为红外技术找水的理论依据。

3. 微波特性

在微波波长 1mm ~ 30cm 范围内，水的发射率比较低，约为 0.41(淡水发射率为0.372~0.405，海水发射率为 0.371~0.404)，亮度温度也较低。水面粗糙度较微波辐射信号的波长小得多时，被视为平坦面，以镜面反射为主，后向散射弱，在雷达图像上呈黑色。所以，微波能获取的只是水面状况以及水面下约 1mm 深度的水温、盐度等信息。

3.3.2　植被电磁辐射特性

1. 反射波谱特性

植被是遥感图像上最直接反映的信息之一。健康植物的波谱曲线有如下明显的特点：在可见光的 0.55μm 附近有一个反射率为 10% ~ 20% 的小反射峰，在 0.45μm 和 0.65μm附近有两个明显的吸收谷。该特征是由于叶绿素的影响，叶绿素对蓝光和红光吸收作用强，而对绿光反射作用强。在 0.7 ~ 0.8μm 有一个反射"陡坡"，反射率急剧增加，至1.1μm 附近有一个峰值，形成植被的独有特征。这是由于植被叶细胞结构的影响而形成的高反射率。在 1.3 ~ 2.5μm 中，红外波段受到绿色植物含水量的影响，吸收率大增，反射率大大下降，特别以 1.45μm、1.95μm 和 2.6~2.7μm 为中心是水的吸收带，形成三个吸收谷。

植物光谱反射特性还受到生长阶段和物候期的影响。当绿色植物处于健壮的生长期，叶片中的叶绿素占压倒优势，其他附加色素微不足道；而当植物进入衰老或休眠期，绿叶转变为黄叶、红叶或枯萎凋零，则上述绿色植物所特有的波谱特征都会发生变化。不同种类的植物，或不同环境下的植物，其反射率差异也较明显（图 3-13、图 3-14）。

另外，健康状况不同的植物具有不同的反射率。例如，健康的榕树在可见光波段内，其反射率稍低于有病虫害的榕树；在近红外部分则高于病虫害榕树。

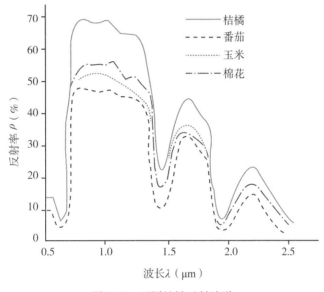

图 3-13　不同植被反射波谱

2. 发射波谱特性

对植物来说，在 8~14μm 波段内，植物的发射率接近于黑体的发射率。各类植物间的差异是由植物株体从地面和太阳辐射获得并储藏热量多少而定的。草株体小，从地面或太阳辐射取得热量少，储藏热量的可能性也小，地面增温时它也随之增温；晚上地面辐射加强，它很快把热量辐射出来，逐渐形成晚上近地面层空气温度倒置状况。而枝干高大的树木，白天由于树叶吸收红外(>2μm)，树叶表面又有水汽的蒸腾作用，降低了树叶表面温度，使树林具有比周围地面低的温度；晚上，储有大量热量并具有很高发射率的树和地面都进行辐射，树的发射率较地面的强，相对温度较高，故在夜间辐射温度相对较高，白天则相对较低。

3. 微波特性

在机载雷达图像上，依据植物群聚的郁闭度和密度，以相对于地面高度等对雷达波后

图 3-14　植被影像图

向散射的强弱造成的影像色调和纹理结构来识别其为何种群落，例如森林通常将具有浅色的影像色调，草本植被也具有浅灰色调，水稻则具有浅黑色调等。

3.3.3　岩石和矿物的电磁辐射特性

1. 反射波谱特性

不同岩石之间光谱反射率的差异，主要由它们各自的物质组成，即矿物类型和化学成分所决定，而岩矿中的铁离子、水分子、羟基和碳酸根离子等含量的高低，则引起光谱反射曲线出现不同的特征谱带，其吸收谷的光谱位置、深度与宽度都各不相同(图 3-15)。一般而言，以石英、长石等浅色矿物为主的岩石，其光谱反射率必然相对较高，在可见光遥感影像上表现为浅色调；而以铁锰、镁等暗色矿物为主的岩石，其光谱反射率总体较低，在影像上表现为深色调。此外，岩石的波谱特性还受到一系列环境因素的影响，如岩石表面颜色、温度、风化程度以及测量的季节、时间等的影响。

总之，不同的岩矿类型，由于其化学组成、结构、产状以及测量时的外部环境因素，使得光谱反射的形态发生许多变化，导致岩石的反射波谱曲线没有统一的特征。

2. 发射波谱特性

岩石的发射率与其表面特性——粗糙度、色调有关。一般说来，粗糙表面比平滑表面发射强，暗色地物比浅色地物有较高发射率，所以在同样温度条件下发射率高的物体热辐

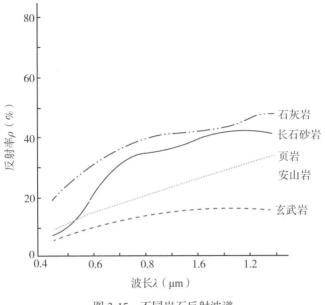

图 3-15 不同岩石反射波谱

射强。例如，碳酸钙含量达 95% 以上的大理岩具有 0.942 的发射率，而二氧化硅含量达 90% 以上的石英岩的发射率为 0.627，大理岩的热辐射比石英岩强，在热红外影像上色调更浅。

不同岩性的岩石发射率极小值所对应的波长是不同的，例如，酸性花岗片麻岩在 8.8μm 处，中性安山岩在 9.7μm 处，基性玄武岩在 10.4μm 处，超基性橄榄岩在 10.7μm 处，随着二氧化硅含量的减少，最小发射率值所对应的波长将随之增大。由此可以推断，使用热红外遥感可以进行岩浆岩的岩类识别。

3.3.4 土壤电磁辐射特性

1. 反射波谱特性

土壤是表生环境下岩石的风化产物，其主要物质组成与母岩的光谱反射特性在整体上基本一致。但土壤是岩石矿物质经历不同的风化过程，又是在不同的生物气候因子和人类长期耕作活动的共同作用下形成的，因此，土壤类型多样，其光谱反射特性也必然相应地发生许多变化（图 3-16、图 3-17）。此外，土壤湿度对反射特性的影响也是巨大的。

2. 发射波谱特性

土壤的发射辐射是由土壤温度状况决定的，土壤温度与水分的蒸腾散失、风化和化学溶解、微生物活性及有机质的分解速度有关，也与种子萌发和植物生长有关。影响土壤热特性的最重要因素是土壤水分和土壤空气温度。土壤剖面的热量传导以及热量的增加和散失是一个复杂问题，但是遥感测量的主要是土壤表层温度，当地表潮湿时，表层土温度多

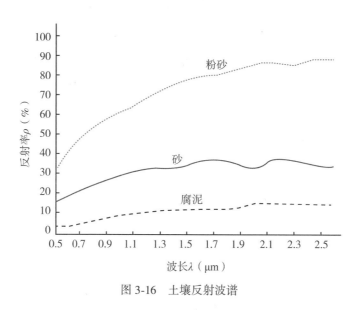

图 3-16　土壤反射波谱

图 3-17　土壤影像

多少少由蒸发控制；一旦表层土比地下土层干时，温度将由土壤热惯量决定。热惯量较大的物质与热惯量较小的物质相比，昼夜之间具有较均一的表面温度。

3. 微波特性

决定土壤微波辐射特性的主要因素是土壤的表面结构(粗糙度和粒度)和土壤的电特性(介电常数和导电率)。对土壤而言，影响微波复介电常数的因素主要是水分含量，而不是土壤类型。在微波波段上，干燥土壤的介电常数约为 5，而水却具有特别高的复介电常数，因而当土壤中有少量的水时，其介电常数性质将大大改变。

3.3.5 人工地物目标的电磁辐射特性

1. 反射波谱特性

人工地物主要是指建筑物、桥梁和大型的工程构筑物等(汪伟等，2020)。人工林与人工河的光谱反射特征与自然状态下的植被与水体大体相同。各种道路的波谱曲线形状大体相似，但由于建筑材料不同，会存在一定的差异，如水泥路的反射率最高，次之为土路、沥青路等(图3-18、图3-19)。

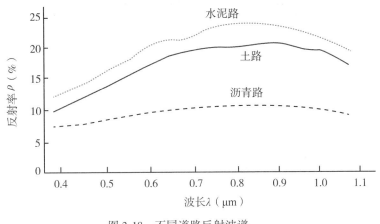

图 3-18　不同道路反射波谱

2. 发射波谱特性

人工建筑物的红外发射特征取决于建筑材料的热特性。当物体接受太阳、天空辐射或地下热流补给时温度上升，温度上升的速度则与物体的热惯量有关。例如，沥青路和混凝土路面，因温度传导系数小，白天增温慢，而晚上其发射辐射强，温度比周围地物高，所以在黎明前的热红外图像上城市道路为白色网络；铁路线条平直、转弯圆滑，因金属的温度传导系数大，易增温，也易散热，自身辐射红外线的能力和辐射能量远较其他物体低，凌晨时辐射温度比周围低。

3. 微波特性

决定建筑物微波特征的主要因素是表面结构。城镇建筑物高度参差不齐，表面极其粗糙，雷达回波反射较强；城区高建筑群的侧面集中反射雷达波，可出现"闪烁"的亮点；城市街道的路面平滑，以镜面方式反射雷达波，后向反射几乎为零。

在某一个谱段区，两个不同地物可能呈现相同的谱线特征，这是同谱异物；也可能同一个地物，处于不同状态，如对太阳光相对角度不同，密度不同，含水量不同等，呈现不同的谱线特征，这是同物异谱。同谱异物与同物异谱现象给图像解译带来困难。

这引申出一个问题，遥感中绝对定标存在困难。如果定标，可以做相对定标，即寻找

图 3-19　道路影像图

典型地物的光谱特征，与其他地物的光谱对比所不同之处。

地物波谱特征的研究，不仅为传感器的研制、频道选择直接提供科学依据，而且是在具体应用中选择合理的波段、波段组合以及在遥感图像处理中建立图像分析的定量标准，也是有效提取专题信息和进行成像机理分析的重要依据。

3.4　地物时间特征

地面对象的时间特性包括以下两方面的含义：一是自然变化过程，即其发生、发展和演化；二是节律，即事物的发展在时间序列上表现出某种周期性重复的规律。如太阳黑子活动 11 年为一个周期，植物生长有它的季相节律。节律有长有短，并不是所有的地面对象都具有这一特征。但是，任何一个遥感对象都处于一定的时态之中，有它的时相变化过程。遥感信息是瞬间记录，因此，在分析遥感资料时必须考虑研究对象本身所处的时态，不能超越一个瞬时信息能反映的范围。

例如，对于库区边坡稳定性判别，必须选择相应时间的遥感图像。边坡是水体与陆地相互作用的界面，能够充分反映库区的动态变化。因此区分不同的边坡类型对于研究水陆相互作用的性质，以及库区工程都有重要的意义。依据不同时间的图像和水位差数据，可以定性地估算边坡的坡度，解译淤积和侵蚀类型。如果图像提取的岸带变化信息是由几方面原因造成的，如河口地区与淤积关系密切，也存在成像期水位差引起的非淤积变化，但后一种影响是次要的，这时就应分清主次原因，选择最适合的图像序列。

研究遥感影像时相变化，主要反映在地物目标光谱特征随时间的变化而变化。处于不同生长期的作物，光谱特征不同，即光谱响应的时间效应，可以通过动态监测了解它的变化过程和变化范围。充分认识地物的时间变化特征以及光谱特征的时间效应，有利于确定识别目标的最佳时间，提高识别目标的能力。图 3-20、图 3-21 为北京冬季与夏季遥感影像，植被受到季节的影响，表现出不同的特征，夏季植被茂盛，冬季由于温度降低，植被的生长几乎停止。

图 3-20　北京冬季影像

图 3-21　北京夏季影像

物候是指生物长期适应气候条件的周期性变化，物候的三个关键指标：SOS，Start of the growing season，生长季开始；EOS，End of the growing season，生长季结束；LOS，Length of the growing season，生长季的长度。

$$LOS = EOS - SOS \qquad (3\text{-}1)$$

1. 物候的计算方法

物候观测是选择一些固定点和几种典型的物种记录其生长的各个阶段。遥感技术的出现，可从另一个角度提取植被物候的变化信息，具有全球观测、低成本、时空一致性等较好的特点(刘荣高，2011)。遥感方法计算物候主要是利用 EVI 或者 NDVI 两个指数，先作出植被指数随时间变化的曲线，曲线经过平滑后，计算 SOS 和 EOS。

2. 城市化对植被物候的影响

在一般情况下，如果春天温度过高，植被有可能更早发芽，从而使 SOS 提前。同样，秋天温度过高会使 EOS 延后(当然 SOS 和 EOS 还受其他多种因素的影响)。在城市地区由于城市热岛的原因，城市的温度一般比郊区或者乡村高，因此某些城区的植被可能会更早发芽，更晚落叶，也就是 SOS 提前，EOS 延迟，LOS 延长。

◎ **思考题**

1. 简述复杂地物与简单地物在遥感图像上的特征差异。
2. 请说出水体和植被反射波谱的不同之处。
3. 请分别描述枯水期与丰水期河流在遥感图像上的不同特征。

◎ **本章参考文献**

[1]关泽群，刘继琳．遥感图像解译[M]．武汉：武汉大学出版社，2007.
[2]刘荣高．全球 500m 分辨率遥感物候数据集[J]．地球信息科学学报，2011，13(4)：571-572.
[3]王杰，崔玉环，李健，等．焦岗湖沉水植被对水体反射光谱的影响[J]．遥感信息，2019，34(6)：50-55.
[4]汪伟，程斌．基于稀疏表示分类的人工地物目标检测[J]．控制工程，2020，27(12)：2158-2167.
[5]张亚梅．地物反射波谱特征及高光谱成像遥感[J]．光电技术应用，2008(5)：6-11，21.
[6]张莹彤，肖青，闻建光，等．地物波谱数据库建设进展及应用现状[J]．遥感学报，2017，21(1)：12-26.

第 4 章　遥感图像解译原理

4.1　遥感图像解译的机理

对于遥感图像解译，我们必须关注作为信息源的遥感图像的可能性的概念，以及关于解译过程本身的可能性的概念。这些概念有助于有根据地评价利用遥感图像所取得的地面和专门地物信息，并指出完善取得这些信息的途径的方向，正确地使用根据遥感图像所取得的资料。

评价遥感图像解译的可能性，是对简单或复杂的、人工或自然的预期或现实的解译结果进行详细、全面并包括某种置信度的质和量的表达。解译的所有步骤，即地物特性的发现、识别和确定，都可由质和量两方面来表示。所有这些特性的总和给出解译可能性的完整的概念。

图像上的地物被识别和未被识别的事实是偶然事件，因为不管是识别不同地物，还是识别同一种地物，每次的结果可能都不一样，所以地物的识别有着偶然性。识别的概率正是解译质量的数量表示，它在多次重复中表现出识别过程的稳定性。

对识别概率的评价有事先评价和事后评价。事先评价（预测）可以及早地评论遥感图像的可解译性，并对影响解译结果的主要因素予以考虑。在它的基础上可以选择图像获取和处理的最佳方法和技术手段，力求以给定的完整性、详细性和置信度完成解译工作。

图 4-1 表示了预测遥感图像解译可能性的过程。其基本依据是待识别地物图像的成像性能和量测性能。在此基础上，可计算识别简单地物的概率，如同 1.3 节中所述，简单地物就是单个的地物或其上的设施，包括人工的或自然生成的。

进一步的工作是从简单地物的概率出发，计算识别复杂地物的概率。如果把简单地物到复杂地物的过程看成概念形成过程，则简单地物与复杂地物之间的关系可以从两个方面加以理解。

1. 由例证出发

从人们通过观察各种景物得到某个概念的这一现象，我们很容易想到景物的多少与概念的概括程度是有关系的。事实上，如果某一概念与许多景物有关系，说明此概念得到了许多例证的支持，也就是说此概念是具有普遍意义的；反之，如果某一概念仅与少数景物有关系，说明支持此概念的例证很少，也就是说此概念较为特殊。概念与例证的数量的关

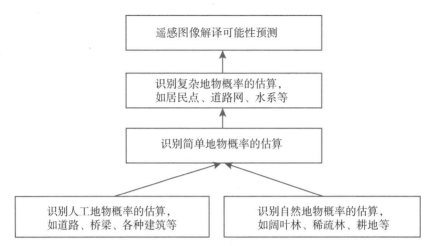

图 4-1　遥感图像解译机理示意图

系可用树结构来说明。在这个树中，低层次的节点例证较少，叶节点的例证最少。相对而言，高层次的节点例证较多，因为这些节点除了自身的例证以外，还包括它们子节点的例证。

2. 从特征出发

根据景物或实际状态的特征可以明白概念的意义，说明特征的数量也与概念的概括程度有关系。通常情况下，如果某一概念仅与少数特征有关系，说明此概念可以在众多景物出现，也就是说此概念是具有普遍意义的；反之，如果某一概念与较多的特征有关系，说明具有这些特征的景物较少，也就是说此概念较为特殊。假如一个模式由色彩、大小和位置三个特征定义，另一个模式仅由色彩和大小两个特征定义，那么，前一个模式显然更特殊，后一个模式应该更一般。

应用特征的数量可以说明概念的形成过程(图 4-2)。当景物从匹配较多的特征过渡到匹配较少的特征，对应的概念将从特殊到一般；当景物从匹配较少的特征过渡到匹配较多的特征，对应的概念将从一般到特殊。由两个层次的特征集组成对应概括程度不同的两个模式集。假定输入的景物在第一层可能对应四个模式：房屋、车道、草地和道路。其中房屋、车道和草地可组成住宅区，并与新的特征集相对应。很显然，在第一个层次上房屋、车道等模式所对应的特征相对较少，也就是说比较一般，而在第二个层次上，住宅区的特征包括了房屋、车道和草地的特征，因而对应的特征较多，故比较特殊。

在根据简单地物的概率计算出识别复杂地物的概率时，一般应先明确作为复杂地物元素的简单地物的某些先验的知识或评价。例如，如果知道了约 25 种简单地物的识别概率和评估值，其中包括河流、小溪、湖泊、沼泽、堤、坝、水闸等，就可以根据遥感图像对水系的可能性作出评价。由此可见，简单地物和复杂地物的识别既有联系，又有区别。

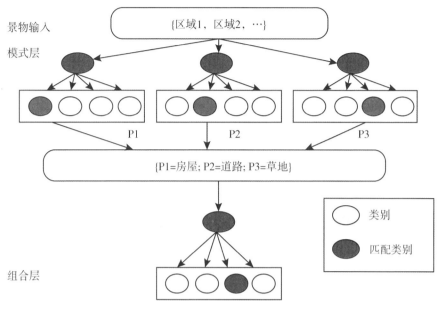

景物输入

模式层

{区域1，区域2，…}

P1   P2   P3

{P1=房屋; P2=道路; P3=草地}

类别

匹配类别

组合层

图 4-2 概念与特征数量的关系

4.2 遥感地学分析

遥感图像解译的主要对象是各类地物，因此研究相关的地学知识是必不可少的，目前关于地学知识的最新内容包括地学知识图谱和遥感大数据等。其中，引用诸如相关分析法、主导因素法、环境本底法、地学知识图谱、遥感大数据等地学分析方法对提高遥感图像解译的效果有重要作用。

4.2.1 地理相关与差异分析

在一定的区域范围内，地理环境中的各种自然景观、地理要素之间存在相互依存、相互制约的关系。

所谓地理相关分析法，就是研究某个区域地理环境内各要素之间的相互关系、相互组合特征。而它应用于遥感地学分析，便是通过对这些因子特点及相互关系的研究，从各个不同的角度分析，推导出某个专题目标的特征，也就是在遥感图像上寻找与目标相关性密切的间接解译标志。

为了取得较好的遥感分析效果，在相关分析中，首先要考虑与专题目标有关的主导因素。当主导因素在遥感图像上反映不明显时，可以进一步寻找与目标有关，且在图像上反映较明显的非主导因素。研究它们与目标的相互组合特征，从而确定专题目标的空间和属性分布特征及其差异。

1. 主导因素分析方法

一个地区自然环境的特点是由自然和人为综合因素决定的。在多种因素中，又会有一两个起主导和决定性作用的因素。我们分析一个地区的遥感图像，提取某个专题特征信息时，应先找出它的主导因素。对于不同的解译目的，其主导因素是不同的；同一解译目的中，每级的分类系统主导因素也可能不同。

例如，苏北滩涂从海堤往外可以分为草滩—盐蒿滩—泥滩—粉沙滩四个带，在遥感图像上可以清晰地显示出与海岸基本平行的条带状图形。这四个带是由于潮汐作用强弱、位置高低、成土先后、物质粗细、植被覆盖种类等综合因素形成的。但其中潮汐作用为主要控制因素。正因为潮位的差异，海滩受海岸水动力作用的时间、强度不一，各带的含水性、含盐度、物质组成、受水浸泡的时间等均有差异，这才导致成土作用及植物覆盖程度与种类的不同。抓住了潮汐作用这个主导因素，运用遥感图像进行滩涂分类时，必须把握低潮时刻，并选择对水的微弱差异反映敏感的波段图像。同时，图像处理时也应把重点放在突出和提取所确定的主导因子的专题信息上，这样才能取得较好的效果。

以上的例子还说明，主导因素的作用可能呈现几种不同情形：首先是规律性，如将海堤由内往外分为草滩—盐蒿滩—泥滩—粉沙滩四个带；其次是模糊性，因为以上四个带的划分存在一系列过渡区；再者是随机性，如天气变化、泥沙运动、地质灾害等都可能对海岸带的主导因素产生影响。

2. 相关分析法(非主导因素相关分析方法)

确定某一专题目标的相关因子取决于对这一区域自然与人文环境特征的深刻认识。但在某些区域条件下，专题目标与其他的环境因子之间的关系可能更为复杂，往往难以直接找出明显相关的因子。在这种情况下，进行各因子的数量化统计分析，确定有明显效果的相关变量，是一种有效的途径。

3. 遥感信息单元的逻辑运算与相关分析

(1)图像信息单元之间的逻辑计算。图像之间通常存在一些比较的问题：①昼夜变化，对热红外图像的影响特别明显，如土壤与水体在热红外图像上的色调变化；②季相变化，对植被的影响特别明显；③现象之间存在的某种关系，如道路与两旁的树。

(2)两种现象的相关分析。除了以上的逻辑运算以外，还经常需要分析两种地物或现象之间的相关性，比如分析土壤与植被之间的相关性，这时可以按图斑(一般对应图像信息单元)进行分析，并可以采用定性数据的相似系数。

定性数据常用二元变量(0，1)表示，此时变量之间的关系可用 a、b、c、d 表示。则相似性系数为

$$C_{ij} = \frac{ad - bc}{\sqrt{(a+b)(c+d)(a+c)(b+d)}} \tag{4-1}$$

该相似性系数相当于相关系数，称为四分相关系数。

4.2.2　环境本底法

环境本底法是指了解一个地区的区域概况以及分析该地区地理环境的总体规律。在分析环境背景中，掌握区域内正常的组合关系空间分布规律、正常背景值，也就是弄清楚环境本底。在这个基础上，寻找异常并追根求源，找出异常原因，通过成因机制分析在更大范围内寻找与异常有关的环境特征。

环境本底法在遥感生物地球化学找矿中应用较多。找矿的关键在于对区域地质背景和成矿规律、控矿条件等有正确的认识。而遥感生物地球化学找矿，则是通过对成矿背景的认识以及对成矿机制的分析来寻找异常。特别是通过矿化晕、地球化学元素迁移规律的研究找出因地球化学元素异常而引起的植物、土壤等异常，寻找明显的异常标志，如指示植物、指示矿物等，利用这些异常现象来指示地下矿藏。

近地表的矿床和矿化地层，经风化后形成元素富集的分散流和分散晕(矿化晕)，从而造成元素的地球化学异常。由于过量的金属元素对植物的毒害和抑制作用，引起植物体内化学成分的相应变化，在植物形态和色泽上有所反映，从而出现明显的植物异常。如土壤中过量的锌，引起植物叶色发生变化，颜色变黄或变红；过量的铜，使某些植物叶色变浅；油田的瓦斯逸出引起植物的开花异常和巨型化等。当元素的迁移富集超出植物所能适应的范围时，就会引起植物生态的变异，从而出现植物组合、植物密度、植物长势等明显异常，可能使一些植物种属消失，而出现另一些特有种属。遥感图像可以获得这种异常发生的时间、范围、强度等有用信息，利用植物光谱特征的变化，可作出植物异常图，再结合地面调查、采样分析、钻探证实，追根求源，不仅可以寻找到矿源及新矿化带，而且可以研究植物分布与地下矿化带之间的关系等。

环境本底法还常用来寻找和确定环境污染(如酸雨)和病虫害对森林植被造成的损害范围与程度。

对于植被损害区域，通过红外遥感图像可以把它们与周围正常植物区分开来。热红外图像可将下垫面的热力状况，以图像的形式展现出来。其中一种是利用地物的热惯量差异，研究地物的分布；另一种是寻找热源体、热异常。因放射性矿物所辐射出的射线，经介质吸收后可转变为热能，因而储矿体可视为热源体。地热异常也多与新生代活跃的火山岩浆作用有关，往往伴有热泉、热液矿床出现。此外，由于地温超过了植物生长的正常温度，而常伴有植物异常。热红外图像上所反映的热异常，不仅标志巨大地热能源的存在，而且往往也揭示出成矿存在的可能性。

4.2.3　分层分类法

1. 用于解译的标准图像

在自然界，地球表面的地物表现出复杂多变的特点。而且，由于许多环境因素的影响，如大气传输方面、地面覆盖条件的变化等，在遥感图像上地物的特征与组合是多种变化的，其可分性与不可分性也是时刻在变化的。人们不可能利用一个统一的分类模式进行区域地物的识别和分类。要认识这些变化的固有的内在联系，也就是成像的机理，解译人

59

员具有牢靠的地学知识与有素的训练是必需的。

尽管如此，解译标志的有效性在很大程度上依赖其表示(描述)方法。但大多数经常采用的揭示或解译标志是以质量指标来描述的，因而给目视解译造成很多困难。为此，人们开始利用所谓的标准图像。标准图像可以做成供基础地理信息解译使用的，也可以做成供专业解译使用的(如城市景观、植被等)。标准图像的收集和制作，可以随地域和使用目标而异。例如，它可以是一个地面典型区段的图像，包含被研究区域的大部分地面要素和地物，并且它以一定的准确程度表征这些要素和地物的解译标志。为全面地说明解译标志，在标准图像上适当的地方给出说明(图例)、表格、图形和其他有关成像地物的参考资料。当出现在标准图像上没有成像的地物时，它们的图像和其他参考资料可以附在标准图像上。这些资料的总和形成卡片(数据集)。

2. 图像检索与解译标志库

按标准图像进行解译与图像检索比较相似。图像检索可以分为三个基本层次：一个是利用图像附属的一些说明，如日期、地点所属关系等；另一个是利用图像的形状、色彩、纹理、图案等标志；再者是利用图像实体与地物之间的对应关系，即图像语义。如果图像检索达到语义的层次，应该说与图像解译已经很相近。可以做类似的查询："找像某个样图的图像"，"找包含像某个样图的图像"，其中"像"字就是表示在一定测度下的相似性。这样的查询与人们的思维习惯一致，实际上也是解译标志库建立的过程。常见的解译标志库有以下几种方式。

1)模板库

在一般意义上，标准图像就是模板。直接利用标准图像进行检索或解译图像，可以看成图像匹配(模板匹配)过程。例如，我们可以利用关于森林的图像 $A，B，C，D，E，\cdots$，来识别树种。在这种情形下，标准图像和它的附属数据可以构成模板库。

2)特征库

对于人类来说，直接利用标准图像进行检索或解译图像似乎并不困难，但对于计算机来说，除了少数简单的地物图像，一般的地物图像用模板的方式来匹配是相当困难的。因此，人们不得不考虑从图像上提取地物某些特征，并据此检索或解译图像，以便减少处理的复杂性。

3)图像的结构描述

前面提到，我们可能会找像某个样图的图像或者找包含像某个样图的图像，例如找具有草坪和喷泉的花园图像。这时利用模板匹配或基于特征识别的方法都会有困难，因为解译这类图像的关键是其结构性。在这种情况下，我们需要图像上地物的结构描述(图4-3)。

3. 信息树

处理这些复杂的地物图像，关键是了解某个特定区域范围内地物中各种类别的总体结构。如用信息树的形式，表示地球资源类别中的分级结构。显然，通过这种总体结构可以清楚地看到不同类别之间的相互关系。

解译索引可使遥感图像解译过程更方便而有条理地进行。

解译索引有两种：选择索引和淘汰索引（图4-6）。选择索引包括大量带说明的图例，解译员从中选择出和图像中被解译的特征最接近的图例作出判断；淘汰索引常用"双叉式"索引的形式，解译员对目标的解译标志进行一系列两者必居其一的选择，将目标归入两种可能中的一种，淘汰另一种，从分类系统中最高级的类型开始逐级归类，逐级淘汰。实践证明，淘汰索引对于有经验的解译员来说，是很有价值的解译工具。

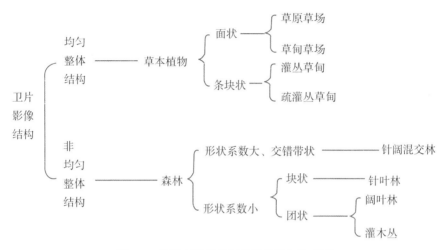

图4-6 分辨率较低的卫星图像的淘汰索引

对于大比例尺图像，可以运用形状、大小、色调、阴影和纹理结构等直接解译标志进行描述或量测，把关键性的特征加以比较，抓住异同点，在一定的图像解译策略下形成淘汰索引。

对于分辨率较低的图像（主要指航天图像），反映地物信息的标志比较模糊，直接判读标志大多难以利用，因而常采用以纹理为基础的综合判读法。

当对当地的地理环境已经熟悉，比较得心应手地掌握了当地的地物解译标志时，也可用地物解译标志编制一份识别当地地物的解译检索表。其中，编入表中的表示地物特性的图像因素越多，对于该地物的识别就越可靠。

7. 快视图

分层分类法也可以指导设计快视图，它主要用于图像的快速浏览、查找和辨认，其结果是基本要素的简单组合，可以帮助解译或建立解译标志。

（1）根据分层快速确定相关内容的位置和范围。

（2）在指定的层次和范围内，利用元数据和信息树快速查询图像上的某些内容：①定位查询涵盖该点的图像信息（坡度、坡向、行政区划等）；②自动绘制波段光谱曲线；③自动绘制时间-光谱曲线。

4.3　地学信息图谱

4.3.1　地学信息图谱的概念

遥感资料是图像解译的基本信息源，地学规律是图像上反映的地面信息经过综合、概括和分类的结果，视觉要素是将地面信息转换成可视信息后的各组成部分，图表设计是将地面信息转换成可视信息的具体方法。在遥感图像解译中，这四者相互联系，形成了可视化的解译环境。其实质就是运用地学规律，根据图像解译原理，选择能够表达解译者意图的视觉要素，加以适当安排，将遥感影像上的地面信息以图表的形式进行表达和解译(图 4-7)。

上述过程突出体现了在遥感图像解译中形象思维的作用，也就是用可视的方式将地学规律形成的内在原因和外在表现与遥感图像联系在一起。在此过程中，不仅会涉及非遥感信息图像化，即得到归一化的地理要素的图像，也需要借助形象思维提供的以下功能。

1. 抽象

地学研究中面对的地学景观或现象往往是复杂的，并且看上去杂乱无章，但实际上复杂的形态往往可以用抽象的几何单元来表达。这一过程典型的例子就是数学中著名的"七桥问题"，欧拉正是利用抽象的点和线代表了问题中的岛屿和桥才使得问题变得十分清晰和简单，并最终导致拓扑学的建立。在遥感图像解译中，可以利用点、线、面来代表行政区域中的城市、河流、山脉和各种界线，利用地形等高线来抽象描述实际的景观和地貌等。

2. 概括

概括是将地学复杂的现象总结成一个或几个简单的规则，或者将复杂的、具体的形态用简单的、抽象的几何图形表达。在遥感图像解译中，概括与抽象都可以促进对观察对象从感性认识到理性认识的过程。两者之间的区别是，概括主要是把事物的共同特点归纳在一起。

3. 综合

在遥感图像解译中，经过抽象和概括的各种特征和属性，联合成统一的整体的过程，就是综合，通常也是我们将解译结果赋予语义的过程。

4. 高维可视化

在遥感图像解译中，经常需要将高维(大于三维)的数据在低于三维的空间中表达出来，即高维可视化。高维可视化的典型例子，就是灰度波谱，其数据实际的维数是超过三维的。因此，利用图谱可以将图像上客观存在的或者人为想象的高维物体，变换到低维的空间中进行特征描述。

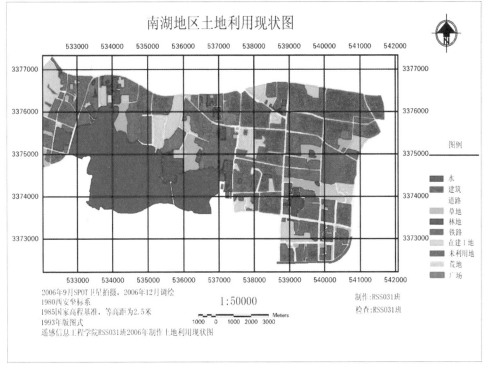

图 4-7 遥感-信息图示

5. 转化

转化是指通过各种变换方法，将地学现象复杂的内在规律，用不同类型的图表加以表达。例如，我们可以利用傅里叶变换将时间域或空间域的图像信号转换为频率域中图像信号；而反变换能将频率域中图像信号转换为时间域或空间域的图像信号。

6. 概念形成

遥感图像解译从某种意义上说，就是地学概念形成的过程。利用图表，我们可以描述图像(图形)数据的拓扑关系，及其与非图形的属性数据的联系；也可以将地学特征(以及描述这些特征的属性)按照某种相关性在逻辑上组成一些相对独立的信息层或信息的主题。例如，一幅解译图可以分成多个层次来存储，如水系、道路、植被、居民地和注记等层次。此外，我们还可以通过图表定义用户自己的解译对象类型，包括定义拓扑的、空间的和全局的联系，以及获取这些对象相互之间关系的方法，使用户能更自然地描述解译对象。

图像上反映的地面信息经过综合、概括和分类，可在一定程度上反映地学规律，但通常情形下还必须加入其他地学数据，增加信息含量，才能更好地再现地学规律的演变及某些界限指标的分布状况，有利于从发生学的角度，将自然环境形成的内在原因与外在表现统一起来，提高遥感图像解译的质量和精度。

尽可能归纳出上述过程中涉及的空间分析和图形思维方法，从中提炼出较普遍而通用的图例、符号语言、图形、图解方法，作为空间思维的范例或规则，去面对各种地物图像解译。这是遥感信息科学工作者的一种历史的必由之路，是一种独特的空间思维方法。

地球系统是一个复杂的巨系统。无论是表层的地理过程信息，还是深层的地质过程信息，都是时空域中不同时期、不同层次、不同尺度、不同来源、不同表现形式的信息互相交往、互相叠加形成的信息场。因此，在研究这些信息场时，不仅要研究其中的直接信息，还要研究其中的间接信息、次生信息和相关信息；不仅要研究具体的地理地质体的物理特性和过程，还要研究信息场的时空特征、分布形态、空间组合和相关信息；不仅要研究信息的表现形式，还要研究信息的获取方法。为了适应这些研究的需要，我们应当从可视化解译环境引申到地学信息图谱。

物质的能量特征，包括波谱(色谱)、能谱、频谱和重力、磁力等特征，一部分是由于电子的能级或能带跃迁所产生的，一部分是由于其他原因造成的。不同性质的物体，具有不同的波谱特征，还具有不同的重力场、磁力场特征以及能谱和频谱特征。这些都是用来区别物体属性的重要依据。遥感图像数据或其他物理探测所得的数据，都是资源环境的能量图谱特征，并已越来越显示出它们的重要性。

因此，我们可将图谱作为描述和认识复杂现象和问题的方法与手段，将复杂的问题通过多层面分布于二维平面或多维体上，建立起现象的图形思维模式，从而认识其内在规律，并通过图形运算，建立起动态变化模型，开展预测与调控研究。简单地说，图谱是指经过分析综合用于反映事物和现象的空间结构特征与时空序列变化规律的一种信息处理与显示方法。在某种意义上可以说，所有的地学科学家都在研究和完善各自领域中的图谱。

4.3.2　地学信息图谱的特征

地学信息图谱是引入信息技术的地学图谱，它继承了图谱的图形思维方式，又进一步发展了具有定量化和模拟分析的功能。其特征大致有如下五点。

1. 图形思维模式

图谱乃借助于一系列的图描述现象、揭示机理、表达规律，即利用图的形象表达能力，将大量数据进行归类合并。例如，我们可以利用一组空间统计值来反映我国植被分布的东西部差异，如利用一张植被指数分布图则能更简明、清晰地表现出我国植被分布东西部特征差异——大兴安岭—黄土高原—横断山脉植被分布界线。因此，在用图表达复杂的现象时，需要建立一套指标体系，并对观测数据做必要的预处理。

2. 数字化

信息图谱与传统图谱的差异在于信息图谱具有数字化的特征，传统图谱往往缺少精确的数学意义和符号系统。但地学信息图谱的信息源、提取过程与表达方式都是以遥感、地理信息系统、全球定位系统和因特网技术为支撑的数字化过程，具有严格的数学基础。

3. 动态模拟分析

地理现象具有复杂性、不确定性和模糊性，很难预测。地学信息图谱可通过图形运算对地理过程进行模拟，反演过去，模拟未来。这种模拟可能由于条件的不同，有的比较精确，有的比较模糊，但都具有重要的意义。

4. 图形运算与相关分析

地学信息图谱以空间信息认知理论为依托，它的重要特征之一是以直观、形象的方式（包括图形、图像和图式等）来表达复杂地学过程，揭露客观世界本质。当我们对复杂系统的机理还不了解或认识较模糊，利用系统状态变量来描述系统的行为特征较为困难或根本不可能建立解析模型时，我们可借助于图形来定量地描述系统的初步状态及其边界条件，利用序列化的图式来反映系统多尺度状态或不同条件下的形态特征，并在此基础上进行逻辑推理演算，尤其进行图形运算（如空间拓扑叠加），辅助对地学机理的理解，有助于遥感图像解译。因此，地学信息图谱是从地学过程的表象出发，通过对外部特征进行多尺度图形运算，来揭示其内在规律的。

5. 利用形象思维进行知识发现

地学信息图谱不仅丰富了遥感图像解译方法，而且更有利于与当前的数据挖掘技术相联系。数据挖掘的目的是提取有效的信息经过筛选、分析综合概括等程度的加工，离散的数据就上升成条理清晰的、具有规律性的客观存在的信息。但目前对于空间数据挖掘与知识发现的研究还相当薄弱，大多数方法是基于非空间的属性数据库的数据挖掘研究而产生的，对于空间位置考虑得比较少；另外，诸方法对于利用形象思维进行知识发现的优势也并未充分发挥。随着地学信息图谱研究的发展，人们对地学现象的认识会越来越深入，这些对制定数据挖掘的规则，理解数据挖掘的结果，都会起到重要作用。另一方面，数据挖掘方法的逐步发展为图像解译过程中地学信息图谱的提取和整理提供了有力的手段。

4.4　遥感数据反演

4.4.1　遥感数据反演概念

遥感是以非直接接触形式探测物体的一种方法，最广泛的一种方式就是以电磁波进行探测。基于不同物体造成对不同波长的电磁波反射特性不相同这个特点，我们通过传感器接收物体反射回来的电磁波信息，就是典型的遥感探测，也可以称之为被动遥感。而通过传感器主动发射电磁波并接收物体反射回来的电磁波，同样是遥感探测，也可以称之为主动遥感。被动遥感的典型案例包括目前多数光学卫星遥感，主动遥感则是近年来兴起的微波遥感、激光雷达遥感等。

遥感的狭义定义就是定量遥感的基础。遥感的狭义定义是指通过接收记录物体反射电磁波特性来探测物体性质的方法。所以狭义的遥感的关键是物体反射的电磁波特性。定性遥感就是类似于看图识物，通过将遥感影像当作特殊的"图片"，通过诸如计算机的图像识别、分类的方法进行分析和处理。比如土地利用分类、变化检测等。定量遥感，要精准描述构成地物状态特征的物理化学要素，以及导致地物目标变化的物理化学动力驱动机制。事实上，定量遥感的核心就是前项，遥感目前的根本在于电磁波。通过建立具有物理意义的方程以及模型，将电磁波信息转化为对人类更有用的信息。定量遥感的典型分析方法就是遥感数据反演。

遥感数据反演是根据地物电磁波特征产生的遥感影像特征，反推其形成过程中的电磁波状况的技术。遥感图像特征是由地面反射率、大气作用等过程形成的，以遥感图像为已知量，推算大气中影响遥感成像的未知参数，将遥感数据转变为人们实际需要的地表各种特性参数的过程就是遥感数据反演。

由于大气-陆表系统的环境变量数远远超过遥感观测数，定量遥感反演的本质是个病态反演问题（梁顺林，2016）。遥感传感器接收到的辐射信号的数学表达式为

$$L = f(\lambda,\ A,\ t,\ \Theta,\ p,\ \Psi_{a},\ \Psi_{s}) \tag{4-2}$$

式中，函数 $f(\cdot)$ 表征环境参数与遥感信号的数学关系，比如辐射传输方程。括号中的变量分别为：信号的光谱（λ），像元对应的空间范围（A），获取时间（t），太阳照明和观测几何（Θ），极化（p），描述大气特性的参数集（Ψ_{a}）和地表特性的参数集（Ψ_{s}）。

定量遥感最重要的目标之一是如何从在特定的观测几何和偏振状态下获取的多光谱信号（L）中精确地估算陆表特性参数集（Ψ_{s}）。在通常情况下，遥感观测信号和陆表特性参数集都可能是时间和空间的函数。如果遥感观测数据的数目（多波段、多角度、多极化）比大气和地表的参数数目多，遥感反演的结果就很稳定。但是通常情况正好相反，即遥感观测数比未知的大气和陆表的参数数目还要少，求解结果不确定。另外，由于不同的大气地表参数数值组合都会生成相似的遥感辐射数值，遥感反演的结果将是不唯一的，参量和

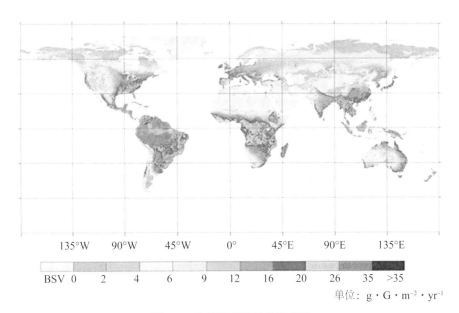

图 4-8   全球陆表特征参量产品

下：陆地卫星数据和地形高程数据、激光雷达与微波雷达数据、光学与雷达数据、光学与激光雷达数据等。

2. 先验知识挖掘与利用

任何关于影响遥感图像像元值因素的先验信息都会有助于提高反演精度和稳定性。先验知识可以来源于测量数据、专家知识，或者先有的各种数据。

先验知识构建是第一步。分析现有陆表特征参量地面测量数据、模型模拟数据和通过算法集成反演的遥感数据产品的时空分布规律，形成陆表特征参量遥感反演的先验知识。陆表特征参量的先验知识主要包括统计知识、陆表特征参量之间的统计约束关系和内在物理关联。统计先验知识主要包括陆表特征参量产品的多年均值和方差及它们的时空分布特征等。利用高级统计和知识挖掘方法，构建陆表特征参量反演所需的统计先验知识；陆表特征参量之间的统计约束关系指陆表特征参数之间在统计意义上的相关关系。例如，地表温度、发射率、宽波段反照率、叶面积指数之间的经验关系。陆表特征参量之间的内在物理关联指陆表特征参量之间在物理机制上的关联。例如，植被结构参数与反射率、反照率之间的物理关联。

先验知识的表达有很多种，例如参数或者变量的数值范围和均态就是典型的例子。有些研究在卫星遥感数据产品均态的基础上进一步确定了地表动态变化方程。

4.5   图像解译中的分析推理方法

图像解译与一般的问题求解过程基本一致，即根据所要求解的问题，结合信息源与已知数据的状态对信息进行组织，再运用专业知识和经验，对问题进行分析，最后得出解决问题的方法。

4.5.1　一般原则

1. 从"已知"到"未知"

图像解译中的"已知"主要指解译者所熟悉的地物情况和地学知识，"未知"指遥感图像上的对象。从"已知"到"未知"，就是将两者对比，使已知地物与遥感图像上的对象发生联系，并作为解译其他图像对象的条件和标志。

2. 先易后难

如"先清楚，后模糊"。一般来说，对图像特征清晰的地物先进行解译；对那些目标与背景的辐射特征差别比较小，解译比较困难的地物，可以放在后面解译。

3. 对象语义与范围的确定可以交互进行

该原则有利于在概略地认识解译对象的基础上进一步准确地确定对象的空间特性。

4. 逐步近似解译

该原则的基本思想是从解译标志的积累开始，使信息逐步增加，当取得整个图像的初步解译成果，经过验证与修改补充解译标志后，回过头来重新解译，这样解译与归纳总结反复多次以后，使解译标志更加完善、更加可信。

4.5.2　分析推理方法

主要的分析推理方法包括直判法、对比法、邻比法、历史比较（动态对比）法、综合辨认法等。

1. 直判法

根据解译标志（主要指图像上能观察到的标志）对遥感图像直接观察，并辨认地物或现象的区别。如水体、明显建筑等地物可直接目视解译。

2. 对比法

根据图像库中的标准图像对遥感图像进行观察，通过对比得出地物或现象的区别。

3. 邻比法

利用临近区域的已知地物或现象的图像，根据地学规律，对遥感图像进行观察，通过比较和"延伸"，从而对地物或现象进行辨认。这种方法的主要依据就是一种地物的存在常与其他一些地物的存在关系，因而地物关系成为一个间接的解译标志，例如，道路与果园的关系，田埂之间的关系等（图4-9）。

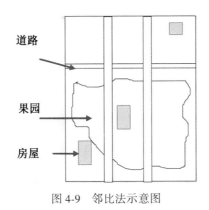

图 4-9   邻比法示意图

4. 历史比较(动态对比)法

历史比较法主要指利用不同时间重复获取的遥感信息，通过比较和分析，了解地物或现象的变化情况及发展速度。做遥感动态研究时，这种方法最有效。

5. 综合辨认法

如果单独的解译标志难以直接辨认地物或现象的区别，可以考虑将多个解译标志结合在一起对地物或现象进行解译。另外，还可以根据地物或现象之间的关联，通过利用其他辅助数据，对地物或现象进行辨认，即综合多源信息的辨认。

4.6   遥感大数据解译

近年来，天地一体化对地观测系统与智能计算技术的快速发展为遥感科技进步提供了难得的机遇。遥感信息技术在历经 20 世纪 60—80 年代以统计数学模型为核心的数字信号处理时代、从 90 年代至今以遥感信息物理量化为标志的定量遥感时代之后，现在正逐渐进入一个以数据模型驱动、大数据智能分析为特征的遥感大数据时代。

本小节阐述了遥感大数据的内涵和智能信息提取的时代特点，并从遥感大数据的理念出发，论述了面向对象的遥感知识库构建，分析了融合遥感知识和深度学习算法的大数据智能信息提取策略。通过典型实例，介绍了以深度学习为代表的智能算法在遥感大数据目标检测、精细分类、参数反演等方面的发展现状与趋势，并讨论了深度学习在遥感大数据时代的智能信息提取方面的应用潜力。

4.6.1   遥感大数据是遥感信息科技发展的新阶段

现代遥感技术起源于 20 世纪 60 年代，以数字化和多谱段成像为特征，区别于以胶片为主要信息载体的传统航空摄影测量技术，它主要通过获取地物电磁波辐射信息并构建其数理模型的方式来描述地物特征。在整个 60—80 年代，即使在传感器谱段设置中遵循了一定的地物电磁波谱特性准则，但是基于精确的图像物理量纲，尤其是与地学过程模型的深入耦合研究还是比较少见的。遥感图像处理算法更多偏重图像灰度拉伸和增强等相对变换，其分类、参数提取等也多基于真值与图像 DN（Digital Number）值之间的统计建模，一批统计数学专家将传统统计学方法用于遥感图像分析建模，为遥感图像的统计数学建模发展奠定了基础，开启了遥感图像的数字信号处理时代（Lyzeng，1978）。

由于遥感的成像条件极易受大气、地形等外在因素的影响，统计模型始终受到样本代表性和模型通用性等问题的困扰。20 世纪 90 年代，基于先验知识和物理模型的定量遥感方法将遥感信息与地表目标参数联系起来，定量地反演或推算相关地学目标参数。遥感信息科技自此进入一个以遥感信息物理量化为特征的定量遥感时代，尤其从 2000 年美国地球观测系统（Earth Observation System，EOS）卫星开始提供 MODIS 全球定量遥感产品为其标志性事件。融合物理学知识的定量遥感数据产品和定量遥感反演模型是这个时代最典型的特征，定量遥感相对于统计遥感建模，大大提高了人类利用遥感技术认知地物本质特征的能力。

近年来，随着航空航天科技的飞速发展，形成了天地一体化的空间信息网络，提供了超高维度和超高频次的地球观测数据，且不同成像方式、不同波段、不同分辨率、不同观测尺度和维度的对地观测数据及其辅助定标与验证数据都呈爆发式增长。这些海量、多源、异构数据的快速增长不仅带动了遥感数据分析方法和技术的快速发展，也改变了人类利用遥感数据认知世界的方式。天地一体化的遥感观测能力与智能计算技术突飞猛进，为遥感科技发展打开了一扇崭新的大门。随着大数据技术的发展，未来遥感信息技术将逐渐进入一个以智能信息提取为特征的遥感大数据时代。

大数据是先有了大量的已知数据，然后通过计算得出之前未知的知识和规律。所以，大数据是一种包含了数据处理行为的全新的科学发现和信息挖掘手段，它既包含数据本身，也包括方法论，两者缺一不可。

如前所述，天地一体化的空间信息网络为人类提供了无处不在的多层次、多角度、多谱段、多维度、多时相的遥感观测及其辅助数据，在数据层面上已经体现了体量巨大（Volume）、种类繁多（Variety）、动态多变（Velocity）、冗余模糊（Veracity）和高价值（Value）的 5V 特征。相对遥感数字信号处理时代的统计模型和定量遥感时代的物理模型，遥感大数据时代的信息提取和知识发现是以数据模型为驱动，其本质是以大样本为基础，通过机器学习等智能方法自动学习地物对象的遥感化本征参数特征，进而实现对信息的智能化提取和知识挖掘。

智能信息提取是遥感大数据方法的明显特征和必然要求。多源异构海量遥感数据不仅对计算能力提出了更高的要求，而且对数据处理方法本身也提出了新要求，传统处理方法无法满足遥感大数据的处理精度和效率。为满足日益增长的用户需求，智能化信息提取方法应运而生。支持向量机等方法，根据少量样本数据通过训练学习自动构建信息提取模型，可以在小范围内得到很好的应用，自 20 世纪 90 年代发展以来迅速成为遥感智能信息提取的主流算法。然而这类算法由于其少量样本数据构建，模型参数容量有限，所以模型泛化能力较弱，被称为浅层机器学习。2006 年深度学习算法的突破将机器学习算法推向高潮。近年来，深度学习网络模型不断完善，在图像识别和信息提取方面取得突破性进展，在很多任务上的精度已然超过人工识别精度。

深度学习在计算机视觉领域的巨大成功为遥感大数据信息智能提取提供了重要机遇。近年来，大量学者尝试将针对 RGB 三波段真彩色自然图像的神经网络引入遥感图像领域，在遥感图像分类和目标探测等方面的应用效果远优于传统算法。即便如此，遥感图像数据由于其产生方式、获取条件、数据信息和应用等诸多方面都相对常规自然图像具有非常明显的独特性，使得现有基于数码照片设计的深度学习算法仍旧无法深入挖掘遥感图像蕴含的辐射、光谱及地物理化参数等信息。此外，遥感图像观测尺度大、场景复杂，现有网络模型对遥感图像的理解和特征提取还存在明显不足。因此，基于对地球观测信息的理解和应用需求，研究融合遥感数据特征与深度学习等智能信息提取算法，构建适用于遥感大数据的模型、方法与系统工具，是解决遥感大数据时代信息提取与知识挖掘的必由之路。

4.6.2　遥感大数据知识库构建

遥感大数据时代的信息提取是以数据驱动下的信息分析模型为主要特征，深度学习是目前适用于这种需求的最优算法。深度学习在计算机视觉领域的巨大成功是建立在 ImageNet 等海量图像样本库、众多神经网络模型，以及基于图形处理器（Graphic Processing Unit，GPU）的快速计算能力基础上的（Deng et al.，2009）。针对遥感数据的特殊性，融合遥感数据特征的样本库构建和深度学习网络开发是将深度学习成功应用到遥感领域的关键。

遥感大数据时代信息提取最突出的表现是以数据驱动模型来代替基于统计或物理知识模型，数据本身发挥着决定性作用。以深度学习为代表的机器学习算法，本质上是采用监督学习的方式，通过大量样本数据来学习目标的本质特征，并据此对未知数据进行预测判别。因此，具有属性标记的样本数据是其取得成功的决定性因素之一。

遥感图像具有大场景成像、尺度效应明显、观测角度差异大、空间位置特征突出、电磁波特性差异大，以及所有地物都具有明确地理学环境背景等特点。地表场景的复杂性、成像条件与成像载荷类型的多样性给遥感图像样本数据库的建立带来了挑战。遥感大场景成像的特点也决定了遥感图像中包含分布复杂的多种地物类型，同一类地物在不同成像条件下的特征可能存在部分差异，并且具有十分明显的尺度效应；不同光照条件、大气参数都会对遥感图像特征产生影响，在不同季节、不同纬度的光照条件下，同一地物在同一传感器获取的数据中可能表现出具有极大差异性的光谱辐射特征，同一地物由于天气条件的不同，成像特征也会产生明显变化。

遥感图像的复杂性和遥感应用的多样性要求遥感图像样本库相对自然图像样本库具有更多的属性。面向对象的遥感知识库是以单一地物或者地物组合体为关注对象，既记录单一地物，又记录其特征的存在背景和关联数据，不仅为深度神经网络提供基础图像及对应的属性类别、位置信息，还提供了地物对象的物理特征和社会特征等辅助信息。

面向对象的遥感知识库不仅能够满足基于深度学习系统的遥感大数据信息提取标记样本需求，而且也为人工智能方法与传统物理模型的融合研究以及遥感信息产品的应用分析建立了丰富的知识储备。

4.6.3 基于深度学习的遥感图像解译

深度学习算法和神经网络系统已经被广泛应用于遥感数据分析，并在大区域的目标检测、图像分类、参数提取等方面取得了很大进步，彰显了深度学习算法在遥感领域的巨大优势和应用潜力。

遥感图像分类是遥感应用中的经典问题，传统基于像素的图像分类方法在分类精度和算法泛化能力方面都难以适用于大范围遥感图像的自动处理。深度学习在计算机视觉领域的成功为遥感大数据自动分类提供了新的技术方法，2015 年出现的全卷积神经网络(Fully Convolutional Networks，FCN)是最具有标志性的图像分割模型，开启了深度学习在自然图像分割方面的应用。

针对遥感数据的特殊性，一些研究人员开始尝试将自然图像语义分割网络模型应用于遥感影像地物分类，探索将遥感的多波段辐射信息、光谱信息与空间纹理信息融合，力求达到最优的遥感信息深度挖掘和利用(图 4-10)。

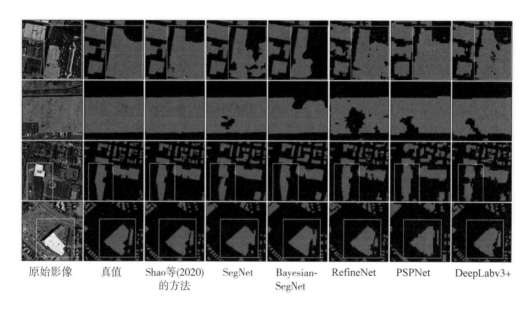

| 原始影像 | 真值 | Shao等(2020)的方法 | SegNet | Bayesian-SegNet | RefineNet | PSPNet | DeepLabv3+ |

图 4-10 基于深度学习的建筑物提取(Shao et al. ，2020)

遥感大数据为人们提供了新的信息挖掘和科学发现手段，但也面临不同类型和结构的数据整合、海量数据的高效能计算、智能算法的遥感适用性、数据准确性与结果验证等一系列挑战。深度学习等人工智能理论与方法在计算机视觉领域取得巨大成就，近年来也被广泛应用在遥感领域，在大范围目标自动快速检测、复杂场景精细分类、地表参数快速识别等方面展示了巨大优势和发展潜力，为遥感大数据的智能信息提取带来前所未有的发展契机。

遥感大数据是遥感信息科技发展的新阶段，遥感图像信息提取已经由传统的统计数学分析、定量遥感建模分析逐渐向数据驱动的智能分析转变。当然，在可预见的一定时期内，这 3 种方式仍会并行发展，但是以智能分析为标志的遥感大数据时代即将到来，无疑将给现有的遥感应用模式带来一场深刻变革。

◎ 思考题

1. 简述遥感解译的机理。
2. 结合实例简述环境本底法。
3. 地学信息图谱的特征有哪些？
4. 遥感数据反演为什么是一个病态问题？
5. 图像解译中的分析推理方法包括哪几类？
6. 结合大数据，遥感图像解译有什么应用？

◎ 本章参考文献

[1] 邓文胜，关泽群，王昌佐. 从 TM 影像中提取城镇建筑覆盖区专题信息的改进方法 [J]. 遥感信息，2004(4)：43-46.

[2] 梁顺林. 陆表定量遥感反演方法的发展新动态[J]. 遥感学报，2016，20(5)：875-898.

[3] 关泽群，李德仁，林开愚. 基于空间推理的专题影像解译[J]. 测绘学报，1993(1)：41-49.

[4] 关泽群，刘继琳. 遥感图像解译[M]. 武汉：武汉大学出版社，2007.

[5] 舒宁，马洪超，孙和利. 模式识别的理论与方法[M]. 武汉：武汉大学出版社，2004.

[6] Deng J, Dong W, Socher R, et al. Imagenet：A large-scale hierarchical image database [C]//2009 IEEE Conference on Computer Vision and Pattern Recognition. 2009：248-255.

[7] Lyzenga D R. Passive remote sensing techniques for mapping water depth and bottom features [J]. Applied Optics，1978，17(3)：379-383.

[8] Shao Z F, Tang P H, Wang Z Y, et al. BRRNet：A fully convolutional neural network for automatic building extraction from high-resolution remote sensing images [J]. Remote Sensing，2020，12(6)：1050.

第 5 章　遥感图像解译标志

遥感技术的根本目的是通过图像分析深入研究各种自然环境要素，从而定性和定量地分析研究对象。遥感图像是地面物体反射或发射电磁波特征的记录，是地面景观的真实、瞬时的写照。遥感图像是地表按照一定比例尺缩小了的自然景观综合影像图，它能够较准确、客观、全面地反映地表面的自然综合景观。图像解译就是建立在研究地物性质、电磁波性质以及影像特征三者的关系的基础上的。它主要通过影像特征来判断电磁波的性质，从而确定地物的属性，即从影像特征来识别地物。地物电磁波特征的差异在影像上的反映就是各种各样的色和形的信息。"色"包括色调、颜色、阴影、反差等；"形"包括形状、大小、位置、空间分布、纹理等。这两类要素主要导致物体在图像上出现特征差别，即解译标志。建立各种解译标志是遥感识别和分析研究对象的工作中的重要步骤。建立解译标志是遥感影像判读中的重要环节。近年来，随着计算机处理和信息提取技术的发展，遥感信息特征提取的研究方向也是建立在这几种特性的研究基础上，提出基于地物波谱和空间特性的计算机图像处理的综合方法。

5.1　解译标志的定义与分类

遥感图像光谱、辐射、空间和时间特征决定图像的视觉效果，并导致物体在图像上的差别，即解译标志。遥感解译标志给出了区分遥感图像中物体或现象的可能性。

《遥感图像解译》（关泽群等，2007）中谈到，遥感图像解译的标志包括直接解译标志和间接解译标志。直接解译标志是地物本身和遥感图像固有的，可以用较简单的观测或量测方法加以确定，在通常情况下，能够获取的直接解译标志越多，解译结果就越可靠。直接解译标志包括影像色调和色彩、形状、尺寸、纹理、图案、阴影、立体外貌等。间接解译标志不直接与物体相关，它有助于排除由直接分析直接解译标志所作结论的多义性，或取得物体的补充特性。间接解译标志是指根据与目标地物有内在联系的一些地物或现象在影像上反映出来的特征，间接推断和识别地物的影像标志。间接解译标志包括：地形地貌、土壤土质、地物关系、植被、气候、位置等。

5.1.1　直接解译标志

1. 色调和色彩

色调和色彩是遥感图像最明显的解译标志，遥感图像上不同地物色调和色彩的反差是地物具有可分性的基础，这也是遥感影像计算机自动分类使用的最基础的特征。不同遥感图像上的色调和色彩具有不同的意义。下面以灰度影像、彩色影像、热红外影像、雷达影像分别展开说明。

单波段灰度影像、全色灰度影像都是以像元的灰度反差(色调)来揭示不同的地物,如图 5-1(a)所示。人工建筑物和道路的色调呈浅色调,植被和水体的色调呈深色调,裸土的色调介于植被和人工建筑之间。

在彩色影像上,不同的地物呈现出不同的颜色,如图 5-1(b)所示。颜色特征包括亮度(I)、色调(H)和饱和度(S)。建筑在影像上的颜色特征表现由其屋顶决定,通常为浅灰色、红色或蓝色。道路的颜色和道路的材质和类型相关,通常道路以灰色为主。在标准假彩色影像上,植被上通常呈红色,生长茂盛的植被呈亮红色,生长状态不佳或者遭受病虫害的植被呈深红色或粉红色。净水在彩红外影像上呈现暗蓝色或黑色,水体中含有悬浮物质时,通常呈现浅蓝色。

（a）灰度影像 　　　　　　　　　　（b）彩色影像

图 5-1　色调和色彩解译标志

热红外影像记录的是地物热辐射能量的强度。地物的红外辐射强度与温度有关,温度高,红外辐射强度大,影像色调浅;温度低,红外辐射强度小,影像色调深。有些地物,颜色相近,不容易分辨,但因其温度不同,在热红外图像上色调就不一样,因此能够区别。如白云岩和灰岩在普通航空像片上难以区分,但在上午 6 时的热红外图像上,由于它们的比热容不同,白云岩比灰岩温度高,从而显示出色调的区别。由于热扩散作用,热红外影像反映目标的信息往往偏大,且边界不清晰。一般地物在白天受太阳辐射温度较高,呈暖色调;夜间物质散热温度较低,呈冷色调,土壤和岩石尤为明显。城市中的广场、停车场等人工铺设的地物在白天比周围区域的温度高,夜间散热较慢,仍保持比周围温度高,因此在昼夜热红外影像上都显得比周围区域更亮。水体的比热容和热惯量大,白天水升温慢,比周围土壤、岩石的温度低,呈暗色调;夜间水的热量散失慢,比周围土壤、岩石的温度高,呈浅色调。水体可作为判断热红外成像时间的可靠标志,树木等植被的辐射温度较高,夜间热红外影像呈现暖色调。白天植被虽然受阳光照射,但是因为水分蒸腾作用降低了叶面的温度，使植被较周围土壤的温度低，因此通常在热红外影像上比周围地物的色调暗。图 5-2 所示是美国亚特兰大昼夜热红外影像。夜间影像中，水体呈现亮白色，整体温差明显减小；建筑群中尽管由于局地"热岛"效应色调较亮，但是无阴影，无立体感，温度差异显著减弱；沥青街道由于白天吸热多，夜间仍保留较多余热而显得更为明显。

（a）白天影像　　　　　　　　　（b）夜间影像

图 5-2　美国亚特兰大昼夜热红外遥感影像

在侧视雷达图像上，色调的差别表示物体反射电磁波能量的大小，其雷达影像主要反映地物介电常数、湿度、表面粗糙度等所体现的后向散射特性差异（孙家抦，2009），如图 5-3 所示。地物散射特性通常由散射系数来描述。对于居民地等人工建筑，地物的形状对微波的反射方向和强度产生显著的影响。房屋的墙壁等与地面构成的二面或多面反射体产生角反射效应，造成雷达波束呈现双像或多次角反射，且反射方向相同或相交，回波从而大大增强。房屋等含有金属结构，介电常数增大，产生强烈的雷达后向散射。因此，微波遥感影像上房屋多呈现明显亮斑，居民地整体呈现星散状的亮白色斑点，易于识别。至于水泥路面、柏油路面广场等光滑人工地物表面，对微波产生镜面反射，雷达天线接收不到回波信号，影像呈暗黑色调，仅在近于垂直入射时信号强。

2. 形状

形状标志是物体或图形由外部的面或线条组合而呈现的外表，它是最直观的标志。如电线杆是点状，道路是线状，湖泊是面状等。同一地物由于图像获取方式的不同，其形状可能不完全相同。例如：空中俯视地物图像与侧视和斜视的地物图像不同。对此，通过比

图 5-3　雷达图像

较中心投影图像、侧视雷达图像、热红外图像和小比例尺图像，可以发现形状上的差异。对图像上的形状或轮廓标志的检测方法包括度量属性(距离和形状系数的度量)、拓扑属性、解析属性。

　　采用边缘提取算子，可以提取地物的边缘形状特征，进行半自动解译，如图 5-4 所示，为采用经典的边缘提取算子 Cannny 方法进行道路边缘的提取，辅助道路解译。

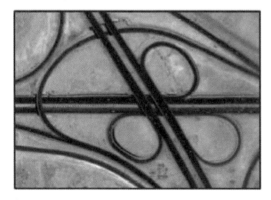 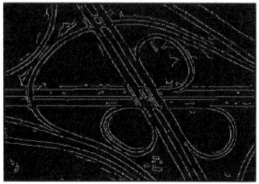

图 5-4　基于边缘提取算子的道路半自动解译

　　基于一定的形状算子，可进行的自动解译。如图 5-5 所示，船只具有典型的形状特征，俯视成像下，船只为矩形和箭形的组合，基于形状算子，可以自动提取游船。道路的形状特征明显，拓扑关系固定，这表现在：连续的一段道路在形状、大小、朝向、宽度、曲率和模式上呈现出相同的属性；道路连接的拓扑关系呈现十字形、T 形和 Y 形。基于道路的形状描述，可以实现道路的自动或半自动提取。

图 5-5　基于一定的形状算子的游船自动解译

对于人工建筑，人工建筑典型的形状关系使得居民区在遥感影像上呈现出典型的显著性，同一个建筑区内的建筑单体通常具有相同或相似的形状和结构（图 5-6）。建筑区在规划与建设过程中，考虑到充分利用土地资源、获得较好的光照和通风效果，各建筑物常采用相同的朝向，排布方式多为行列式、周边式和点群式，因此形成了建筑单体的规律性重复。基于形状纹理的特征描述，例如利用边缘、形状等特征构造建筑区指数，如 PanTex 和改进的 PanTex 指数可以实现建筑区域的自动提取，如图 5-7 所示。

3. 阴影

阴影类似于色调和色彩，在不同类型的遥感影像上的意义不同。可见光范围内的阴影分为本影和落影，本影指地物未被阳光直射部分的图像，落影指目标投落在地面的影子的图像。热红外图像上的阴影一般是由于温度较低的地物所导致的。对雷达图像上的阴影，是因为视野盲区所导致的。

由于建筑物的遮挡，阴影是建筑物较为常用的解译标志，如图 5-8 所示。在城市，建筑物的阴影有助于判断建筑物的高度和形状。

图 5-6 不同场景下的建筑区域

4. 纹理

纹理指图像上地物表面的质感，一般以平滑/粗糙度划分不同层次。纹理不仅依赖表面特征，且与光照角度有关，是个变化值。同时对纹理的解译还依赖图像对比度。纹理是地物表面单一、细小特征的组合，以色调变化的频率揭示地物结构。以植被为例，草地和林地的纹理的特征通常为不规则的点状、格状或块状，图 5-9 所示为草地和树木的纹理特征，依据二者纹理特征的不同有助于区分草地和树木，如草地纹理的强度特征高于树木。

纹理特征普遍存在于中高分辨率遥感影像上，而在高分辨率影像上地物的纹理特征特别明显，它由规律很强的元素或者图形结构组成。遥感影像上的纹理特征即是遥感影像的灰度值在地理空间范围内不断重复的过程。针对影像纹理特征的提取主要有四大类分析方

图 5-7　基于 PanTex 指数的建筑物提取

法，分别是基于统计方法的纹理分析、基于模型的纹理分析、基于结构的纹理分析以及基于数学变换的纹理分析，其中在实际生产中运用最多的是在统计学理论下的灰度共生矩阵分析方法。灰度共生矩阵（GLCM）是一个以一定大小的窗口来统计记录一定距离和方向内像元之间的关系矩阵，该矩阵记录了像元灰度的变化趋势（Lillesand et al.，2003）。由于它主要是统计像元灰度的空间特性，其计算方式简单且使用效果也较好，所以在高分辨率遥感影像上的地物提取中得到广泛应用。

　　灰度共生矩阵并不是直接计算得出的，而是先求取共生矩阵，再由共生矩阵变换到概率值得到的，其计算原理是利用共生矩阵的各个位置的值分别除以共生矩阵中所有位置的值的和，其计算结果就是灰度共生矩阵。它以当前像素点为中心，初始化固定尺寸的计算窗口，并且给定计算窗口一个相对移动方位和移动步长进行计算。如图 5-10 所示，在高分辨率遥感影像纹理特征计算中，计算窗口一般设置为一个奇数的尺寸的窗口，因为使用奇数尺寸窗口时计算较为简单，通常将其窗口设置为 3×3、5×5 以及 7×7 的尺寸大小，而移动方位主要包括 4 个方向，分别为 0° 移动方位、45° 移动方位、90° 移动方位以及 135° 移动方位，移动步长是以像素为单位将计算窗口按照移动方位进行移动。共生矩阵计算所

图 5-8 建筑物阴影

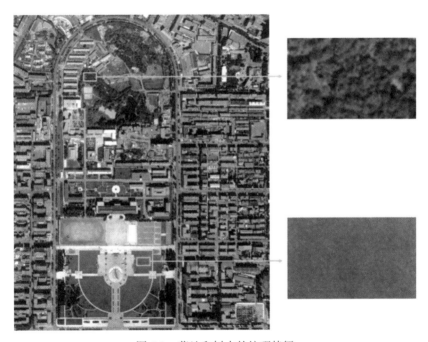

图 5-9 草地和树木的纹理特征

需的存储空间大小是由原始影像数据的灰度等级的数目所决定的，其大小为原始影像灰度等级的平方，若是不对原始影像进行灰度等级压缩，就一个 8bit 的灰度影像(其灰度等级为 0~255)而言，其相对应的共生矩阵大小为 256×256。一般在纹理提取过程中会对原始数据进行灰度等级压缩，从而加快纹理提取中的计算速度和降低其存储空间需求，将 8bit

灰度影像压缩成 4bit 灰度影像，其共生矩阵的大小将从 256×256 降至 16×16，计算效率得到很大提升，所需存储空间也大大降低。如图 5-10、图 5-11 和图 5-12 所示为共生矩阵和灰度共生矩阵的计算原理图。

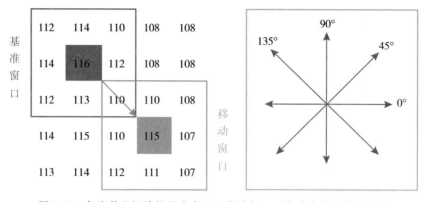

图 5-10　灰度共生矩阵的基准窗口、移动窗口、移动步长、移动方向

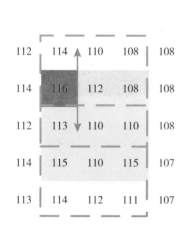

	107	108	109	110	111	112	113	114	115	116
107										
108		1		1						
109										
110		1		2		2			1	
111										
112				2						
113									1	1
114										
115				1	1		1	1		
116							1	1		

图 5-11　共生矩阵计算原理图

遥感影像数据的灰度共生矩阵展现了影像中地表物体的走向与粗糙度等地物表面信息。它是剖析影像中像元灰度排列顺序以及分布规律的一种手段，但它并不可以直接获取影像的纹理特征。因而通过描述灰度共生矩阵中相关信息得到表现影像纹理特征的灰度图。通过灰度共生矩阵能够定义 14 种纹理特征，常用的 8 种纹理特征用于提取遥感影像中纹理信息的特征统计量，这些特征分别为均值、方差与标准差、同质性、对比度、非相似性、熵、角二阶矩、相关性。

	107	108	109	110	111	112	113	114	115	116
107										
108		0.055		0.055						
109										
110		0.055		0.11		0.11			0.055	
111										
112				0.11						
113									0.055	0.055
114										
115				0.055	0.055		0.055	0.055		
116							0.055	0.055		

图 5-12 灰度共生矩阵计算原理图

（1）均值的计算表达式为

$$\text{Mean} = \sum_{i=0}^{\text{quant}_k} \sum_{j=0}^{\text{quant}_k} p(i,\ j) \cdot i \tag{5-1}$$

（2）方差与标准差的计算表达式分别为

$$\text{Variance} = \sum_{i=0}^{\text{quant}_k} \sum_{j=0}^{\text{quant}_k} p(i,\ j) \cdot (i - \text{Mean})^2 \tag{5-2}$$

$$\text{Std} = \sqrt{\sum_{i=0}^{\text{quant}_k} \sum_{j=0}^{\text{quant}_k} p(i,\ j) \cdot (i - \text{Mean})^2} \tag{5-3}$$

（3）同质性的计算表达式为

$$\text{Homogeneity} = \sum_{i=0}^{\text{quant}_k} \sum_{j=0}^{\text{quant}_k} p(i,\ j) \cdot \frac{1}{1 + (i - j)^2} \tag{5-4}$$

同质性也叫作逆差矩（Inverse Difference Moment），可以用来判断影像局部区域的灰度均匀性。如果逆差矩的值很小，则表明影像局部灰度等级分布不均匀。

（4）对比度的计算表达式为

$$\text{Contrast} = \sum_{i=0}^{\text{quant}_k} \sum_{j=0}^{\text{quant}_k} p(i,\ j) \cdot (i - j)^2 \tag{5-5}$$

对比度也称为主对角线的惯性矩（Inertia Moment）。如果影像的对比度越大，其纹理的清晰程度也越高，目视感觉效果很明显。

（5）非相似性的计算表达式为

$$\text{Dissimilarity} = \sum_{i=0}^{\text{quant}_k}\sum_{j=0}^{\text{quant}_k} p(i,\ j) \cdot | \ i - j | \qquad (5\text{-}6)$$

非相似性是线性增加的，它与对比度的计算方式类似，且与对比度表现出较强的相关性，即对比度越高，则非相似性也越高。

（6）熵的计算表达式为

$$\text{Entropy} = - \sum_{i=0}^{\text{quant}_k}\sum_{j=0}^{\text{quant}_k} p(i,\ j) \cdot \ln p(i,\ j) \qquad (5\text{-}7)$$

（7）角二阶矩也叫作能量，可以通过判断灰度共生矩阵中元素的分布情况来判读影像地物纹理的粗细程度。其计算表达式为

$$\text{ASM} = \sum_{i=0}^{\text{quant}_k}\sum_{j=0}^{\text{quant}_k} p(i,\ j)^2 \qquad (5\text{-}8)$$

（8）相关性的计算表达式为

$$\text{Correlation} = \sum_{i=0}^{\text{quant}_k}\sum_{j=0}^{\text{quant}_k} \frac{(i - \text{Mean}) \cdot (j - \text{Mean}) \cdot p(i,\ j)^2}{\text{Variance}} \qquad (5\text{-}9)$$

5. 图案

图案是指地物的某种组合，可以是同类地物的组合，也可以是不同类地物的组合，它与纹理的主要区别在于纹理会重复出现。图案这一解译标志在地质遥感领域应用十分广泛。不同的地质特征表现出不同的图案类型。比如，不同的水系具有不同的图案特征。

5.1.2　间接解译标志

间接解译标志包括城市独特的地形地貌、土壤土质、地物关系、植被、气候、位置等。

1. 物体的位置

位置是地物所处的地理环境在影像上的反映，位置特征提供了目标地物与背景环境的关系，从而对图像解译有间接的指引作用。例如：图 5-13 所示为宜昌市的遥感影像，图中方框内为葛洲坝。由于其横跨河流的位置特征再结合形状特征，很容易判读出此处为水利工程设施。

2. 物体间的相互关系

物体间的相互关系通常指多个地物目标之间的空间配置关系，易于识别的地物目标对于周围地物就有明显的指示作用。如图 5-14 所示，图中易于识别的飞机有助于判读亮白色线状地物是登机廊桥，因而该场景为机场。

通常，物体间的相互关系应该与地学规律相联系，并比较和延伸，这需要解译人员综合考虑地形、地貌、社会等综合因素，且常用于地物的属性判读和分析。

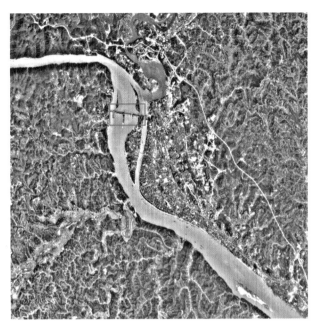

图 5-13　葛洲坝遥感影像

图 5-14　某机场遥感影像

5.2　面向对象的解译标志

　　面向对象的方法是基于高空间分辨率影像的信息提取常用的方法，它首先对影像进行分割预处理，将分割得到的对象作为最小处理单元，既能保持地物的完整性，又解决了基于像素提取结果中常见的椒盐噪声问题，目前广泛应用于遥感土地利用分类等。在面向对象的影像处理中，对影像的初始分割是关键的一步，因为分割方法的不同以及分割尺度的差异均会对面向对象的最终地物提取结果产生较大的影响。与基于像素的分析不同，面向对象的特征包括光谱、纹理、形状以及类相关等特征在内的多个特征。其中光谱特征记录不同地表覆盖物的光谱反射率，包括平均光谱反射率、亮度、植被指数等。纹理特征有能力描述不同地表覆盖物的色调变化，用以辅助分类，例如水体和阴影具有非常相似的辐射测量响应，但水体区域的方差通常比阴影区域的方差更小，所选取的纹理特征主要为灰度共生矩阵（GLCM）度量（如同质性、对比度等）。形状特征如面积、边界长度和形状指数，可用于测量图像对象（如细长道路和池塘）的几何特征。基于对象的特征如表 5-1 所示。

表 5-1　　　　　　　　　　　　　　面向对象的特征及简要说明

特征类型	特　　征	说　　明
光谱 （Spectral）	波段均值（Mean band） 波段标准差（Std. dev） 亮度（Brightness） 最大差分（Max. diff.） 贡献率（Ratio） NDVI/NDWI HIS	各波段像元值的平均值 各波段像元值的标准差 所有波段像元值平均值 各波段均值与亮度值最大差 波段平均值除以所有波段平均值总和 归一化差分植被/水体指数 RGB 颜色的明度、亮度以及饱和度
形状 （Shape）	面积（Area） 边界长度（Border Length） 长宽比（Length/width） 不对称性（Asymmetry） 边界指数（Border index） 紧致度（Compactness） 密度（Density） 形状指数（Shape index）	对象中包含的像素数 对象边界的像素数 对象外接矩形的长宽比 将对象近似为椭圆并计算短长轴比率 对象边界长度与最小内接矩形周长比 对象长宽积与面积的比例 对象面积除以近似半径 对象边界长度除以面积的平方根的 4 倍
纹理 （Textural）	同质性（Homogeneity） 对比度（Contrast） 差异性（Dissimilarity） 熵（Entropy） 自相关（Correlation）	反映局部灰度相关性 反映影像清晰度和纹理沟纹深浅程度 反映局部灰度差异性 图像所具有的信息量的度量 行或列方向上 GLCM 元素的相似度
类相关 （Classrelated）	相对边界（Rel. Border to） 相对面积（Rel. Area to） 距离（Distance to）	与相邻对象公共边界与自身边界长度比 对象周围某一范围各类地物面积与总面积比 与最近邻对象的距离

5.3　遥感影像上典型地物特征和解译标志

本节根据不同的地物类型特点，介绍几类典型的地物特征及其解译标志。

5.3.1 房屋的影像特征和解译标志

在光学遥感影像上(图5-15),房屋色调较浅,建筑物的形状、纹理都具有很强的规律性。高度较高的房屋在影像上通常会形成阴影,阴影的轮廓还反映了房屋的高度和形状。从一幅卫星遥感影像上通常能看到整个城市建成区,这有利于对整个城市建成区做完整调查。城市的道路、广场及新建成区色调较亮,一般城市建筑物的色调较浅。

图5-15 房屋光学遥感影像示例

5.3.2 道路的影像特征和解译标志

道路在遥感影像上呈亮色调网状线条(图5-16),其几何形态通常为纵横道路和多方向道路,边缘形状为直线、圆曲线或缓和曲线,城市道路网排列规律,纹理特征明显。道路的色调与道路的铺设材料有关,如砂石路、水泥路的色调较浅,沥青路、潮湿土路的色调较深,在中低分辨率卫星遥感影像中,城市里较窄的道路不易分辨出宽度,只能分辨出线形。在高分辨率光学遥感影像上,人流、车流和交通辅助设施都清晰可见,既给提取道路提供了辅助信息,也因为噪声太多而影响道路的自动化提取精度(Shao et al.,2021)。

5.3.3 森林和绿地的影像特征和解译标志

森林是指大片生长的树木。林业上,森林指在相当广阔的土地上生长很多树木,连同在这块土地上的动物以及其他植物所构成的整体(Zhang et al.,2020)。在遥感影像上,森林的色调和纹理具有明显的特征。依据纹理特征的差异可以区分不同的森林类型。

绿地是指以自然植被和人工植被为主要存在形态的土地利用类型,在可见光遥感影像

（a）立体交叉桥　　（b）转盘式立体交叉　　（c）"十"字形路口　　（d）"T"字形路口

（e）道路被植被遮挡　（f）道路与其他人造设施粘连　（g）地块内部小路　　（h）城市主干道

（i）无车辆干扰的单车道　（j）有车辆干扰的多车道

图 5-16　道路在遥感影像示例

上（图 5-17），绿地色调呈绿色，长势茂盛的林地的色调深，草地的色调浅。绿地也具有明显的形状和位置特征，行道树分布于道路两侧，公园等城市绿化呈规则形状排列。纹理特征上，草地纹理的强度特征高于树木。

不同植被在彩红外影像上的颜色、色调、形状等特征有所不同（图 5-18）。森林公园在影像上呈现深红色条状、暗红色或黑色块状；公园、游园的绿地在影像上为位于城市内部的红色地块，形状多为规则方块状；社区绿地一般为建筑周围的规则面状浅红色地块，面状草地中通常有点状树木排列；交通行道绿化在影像上呈细长条状，边缘与道路相接，由于行道树间距较大，部分行道树的阴影在高分辨率影像上清晰可见；水田一般为城市外围的规则深红色地块；而旱地一般为不规则的红色地块。

不同植被类型，由于组织结构、季相、生态条件的差异而具有不同的光谱特征、形态特征和环境特征，在遥感影像中可以表现出来。

图 5-17 森林和绿地可见光遥感影像示例

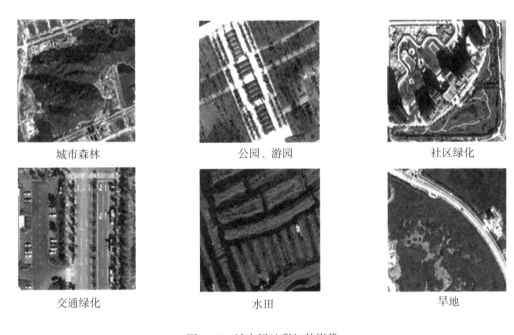

城市森林	公园、游园	社区绿化
交通绿化	水田	旱地

图 5-18 城市绿地彩红外影像

健康植物的波谱曲线有明显的特点，影响植被光谱的因素有植被本身的结构特征，也有外界的影响，但外界的影响总是通过植被本身生长发育的特点在有机体的结构特征中反映出来。从植被的典型波谱曲线来看，影响植被反射率的主要因素有植物叶子的颜色、叶

93

子的细胞构造和植被的水分等。当植物生长状况发生变化，其波谱曲线的形态会随之改变。健康与受损植被的光谱曲线在可见光区的两个吸收谷不明显，0.55μm 处反射峰随着植被叶子受损程度而变低、变平。近红外光区的变化更为明显，峰值被削低，甚至消失，整个反射曲线的波状特征被拉平。通过光谱曲线的比较，可获取植被生长状况的信息。

结合植被的光谱特征，选用多光谱遥感数据经加、减、乘、除等线性或非线性组合方式的分析运算，产生某些对植被长势、生物量等具有一定指示意义的数值，即植被指数。它用一种简单而有效的形式——仅用光谱信号，实现了对植物状态信息的表达。

5.3.4　水体的影像特征和解译标志

水体包括城市的江、河、湖泊、水库、苇地、滩涂、渠道和近海区域等。

对于可见光遥感影像（图 5-19），遥感影像上水体的纹理较均匀，但色调较复杂，这与水体的深浅、含沙量、受污染的程度、河流的流速等因素有关。在一般情况下，水体越深，色调越深；水体越浅，色调越浅；水体含沙量越大，色调越浅；水体受污染的程度越重，色调越深；静止水体的色调相对较深，湍急河流的色调相对较浅。

（a）湖泊　　　　　　　　　　　　　　　（b）河流

图 5-19　湖泊和河流可见光遥感影像示例

在彩红外遥感影像上，水体主要通过影像颜色及纹理来判别，水体一般呈蓝色，受污染较重的水体呈黑色，水体含沙量大的河流呈浅绿色。

5.3.5　耕地的影像特征及其解译标志

耕地是指用来耕作并种植农作物的土地，一般分为水田和旱地（包括水浇地）两类。对于旱地而言，耕地在影像上呈现出规则或不规则的连续分布的块状，内部单元格多为矩形。从地理位置上看，耕地通常位于地势平坦的区域，周围多有河流经过。耕地的边界常常能见到水渠。耕地的色调特征表现随着时间的变化而变化，其体现了所种植作物的物候特点。图 5-20 为耕地在高分辨率光学影像的示例。

图 5-20 耕地遥感影像示例

5.3.6 裸土的影像特征及其解译标志

　　土壤的反射光谱曲线从可见光到红外波段呈舒缓向上的缓倾延伸，没有明显的反射峰和吸收峰，"峰-谷"变化极弱；土壤的反射率随着波长的增加而增加，且这种趋势在可见光和近红外波段尤为明显。影响土壤反射率的因素包括水分含量、土壤结构、有机质含量、氧化铁的存在及表面粗糙度等，且各种因素之间又是相互关联的。

　　土壤类型解译时，要先明确研究区所处的水平地理地带，并把该地带作为解译的"基带"。在此基础上，进一步考虑垂直地带性和非地带性因素对土壤类型的影响。

　　土壤亚类是成土过程中土类受局部条件影响发生变化所形成的次一级类型。解译时，必须结合地貌部位、植被特征等因素，间接地在"基带"土类的基础上区分出土壤亚类。

5.4 基于指数的遥感图像解译标志

　　当遥感图像上的灰度、纹理等变量借助遥感图像各波段的物理意义与某些地学变量互相联系时，我们将其称为遥感图像的独立变量。独立变量可以通过简单的规则或运算，揭示遥感图像在亮度、温度、绿度、湿度、反照率等方面揭示的特征。在地球上，各类地表物体都具备反射和吸收某些波段的独特性和规则。由于各类地物之间存在光谱特征差异，则可以通过遥感影像数据自身原始的光谱特征或者构造多个波段组合形成的指数来提取地物(舒宁等，2004)。下面以植被指数和水体指数为例来介绍常见的独立变量。

5.4.1 植被指数

　　植被指数，根据植被的光谱特性，将卫星可见光和近红外波段进行组合，形成各种植被指数。植被指数是对地表植被状况的简单、有效和经验的度量，目前已经定义 40 多种植被指数，广泛地应用于全球与区域土地覆盖、植被分类和环境变化，第一性生产力分析，作物和牧草估产、干旱监测等方面；并已经作为全球气候模式的一部分被集成到交互式生物圈模式和生产效率模式中；且被广泛地用于诸如饥荒早期警告系统等方面的陆地应用；植被指数还可以转换成叶冠生物物理学参数。在遥感应用领域，植被指数已广泛用来定性和定量评价植被覆盖及其生长活力。由于植被光谱表现为植被、土壤亮度、环境影响、阴影、土壤颜色和湿度的复杂混合反应，而且受大气空间-时相变化的影响，因此植被指数没有一个普遍的值，其研究经常得到不同的结果。该指数随生物量的增加而迅速增大。比值植被指数(RVI)又称为绿度，为二通道反射率之比，能较好地反映植被覆盖度和生长状况的差异，特别适用于植被生长旺盛、具有高覆盖度的植被监测。归一化差分植被指数为两个通道反射率之差除以它们的和。在植被处于中、低覆盖度时，该指数随覆盖度的增加而迅速增大，当达到一定覆盖度后增长缓慢，所以适用于植被早、中期生长阶段的动态监测。蓝光、红光和近红外通道的组合可大大消除大气中气溶胶对植被指数的干扰，所组成的抗大气植被指数可大大提高植被长势监测和作物估产精度。

最常用的植被指数是 NDVI——归一化差分植被指数或标准差异植被指数，它是一种植被覆盖指数，可以用来反演植被的生物量并检测植被的生长状态(植被生长是否正常，植被是否有病虫害)。通过构造 NDVI 指数，可以消除一些辐射误差并增强植被信息，提高植被的识别精度，目前只利用 NDVI 指数就可以很好地区分水体和裸土(图 5-21)。其表达式如下：

图 5-21　归一化差分植被指数(NDVI)

$$NDVI = \frac{NIR-R}{NIR+R} \qquad (5\text{-}10)$$

式中，NIR 代表遥感影像的近红外不可见光波段反射率值；R 代表遥感影像的红色可见光波段反射率值。从 NDVI 的表达式中可以看出，NDVI 的值域范围为−1 至 1 之间的连续数值，消除了 NIR 和 R 中存在数据值太大或者太小带来的不便。由于获取的遥感影像数据中存在辐射误差，NDVI 的值域往往可能超过−1 或者 1 的边界。在一般情况下，当 NDVI 小于 0 时，表示该处地表覆盖是一些对可见光具有高反射的地物(如水体、雪以及云等)；当 NDVI 位于 0 附近时，表示该处地表覆盖是一些对可见光和近红外有着相似反射特性的地物(如岩石与裸土等)；当 NDVI 大于 0 时，表示该处地表覆盖是一些对近红外具有高反射的地物(如植被等)，且随着地表植被覆盖度的增加，NDVI 值也逐渐增大。

5.4.2　水体指数

NDWI，归一化差分水体指数，目前 NDWI 的计算有两种不同的方法。在研究中使用较多的是 Mcfeeters 在 1996 年提出的水体指数。其表达式如下：

$$NDWI = \frac{G-NIR}{G+NIR} \qquad (5\text{-}11)$$

式中，G 代表遥感影像的绿色可见光波段反射率值；NIR 代表遥感影像的近红外不可见光波段反射率值。从 NDWI 的表达式中可以看出，它是值域范围为−1 至 1 之间的连续数值的比值指数。它增强了影像中的水体信息，通过该指数可以有效地提取影像中的水体区域，但是在比较复杂的城市密集建筑区域，如果水体周边存在较多建筑物，则使用该指数提取水体不能得到很好的结果，如图 5-22 所示。

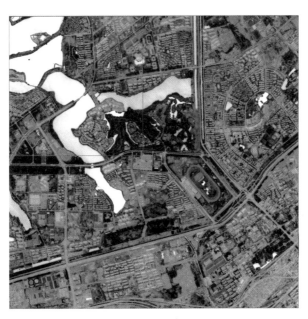

图 5-22　归一化差分水体指数(NDWI)

◎ **思考题**

1. 有哪些直接解译标志和间接解译标志？请举例描述。
2. 基于像素的解译标志和面向对象的解译标志有哪些异同之处？
3. 请阐述房屋、道路、绿地和水体这四类典型地物的特征和常用解译标志。
4. 请以色调为例，说明解译标志在不同遥感类型的影像上的差异。

◎ **本章参考文献**

[1] 关泽群，刘继琳. 遥感图像解译[M]. 武汉：武汉大学出版社，2007.

[2] 舒宁，马洪超，孙和利. 模式识别的理论与方法[M]. 武汉：武汉大学出版社，2004.

[3] 孙家抦. 遥感原理与应用(第三版)[M]. 武汉：武汉大学出版社，2009.

[4] Lillesand M T, Kiefer R W. 遥感与图像解译(第四版)[M]. 彭望琭，等，译. 北京：电子工业出版社，2003.

[5] Zhang Y, Shao Z F. Assessing of urban vegetation biomass in combination with LiDAR and high-resolution remote sensing Images[J]. International Journal of Remote Sensing, 2021, 42(3): 964-985.

[6] Shao Z F, Zhou Z F, Huang X, et al. MRENet: Simultaneous extraction of road surface and road centerline in complex urban scenes from very high-resolution images[J]. Remote Sensing, 2021, 13(2): 239.

第6章　遥感图像解译方法

遥感图像解译是对遥感图像上各种特征进行综合分析、比较、推理和判断，并最后提取出各种地物目标信息的过程，从本质上来说是遥感成像的逆过程。而在遥感信息获取手段已经取得巨大进步的今天，遥感图像解译的核心难点是解译的自动化与智能化。

6.1　遥感图像解译方法的分类

根据不同的分类标准，遥感图像解译可以分为不同的方法。

根据解译信息的特征，遥感图像解译方法可分为定性解译与定量解译。定性解译通常只关注遥感图像中某种地物类型或者主要的地物类型；而定量解译是在定性解译的基础上，还要解译出每类地物的空间分布、占比以及其他物理性质。

根据解译的内容，遥感图像解译方法分为全要素解译和专题解译。全要素解译是对遥感图像的所有地物开展的解译；专题解译通常只关注该类地物在遥感图像上的空间分布。

根据解译的技术和自动化程度，遥感图像解译方法又可分为人工目视解译、人机交互解译和自动解译。

遥感图像自动解译是技术发展的必然趋势，当前该类方法仍面临一系列挑战，尤其针对高分辨率遥感图像解译的自动化程度和平台可操作性较低。面临的主要挑战包括以下两项。

(1)高分辨率遥感图像解译技术流程的普适性和扩展性不强。

在遥感信息提取领域，各类方法各具特点，新的信息提取技术相比于传统方法，在信息提取精度上有了一些提高，但是也存在一定的不足，并且对应用需求和数据特点的变化无法做出自适应调整和扩展。

(2)地物特征知识的表达与量化不具备扩展性和统一性。

遥感数据中，地物特征知识表达与量化多以像元为对象，对于形状、语义、纹理等特征难以表达完整，且地物与地物特征之间缺乏封装性，特征的量化与表达不能根据高分辨率图像的类型和应用领域进行扩展。

6.2　遥感图像人工目视解译方法

目视解译，俗称目视判读，是一种使用肉眼或借助立体镜、放大镜和光学-电子仪器，凭借丰富的解译经验、扎实的专业知识和手头的相关资料，通过人脑的分析、推理和判断，从遥感图像提取有用信息的方法。

目视解译既是原始的，也是最基本的一种解译方法，是地学专家获得区域地学信息的主要手段。陈述彭(1997)曾肯定了目视解译方法："目视解译不是遥感应用的初级阶段，或者是可有可无的，相反，它是遥感应用中无可替代的组成部分，它将与地学分析方法长期共存、相辅相成。"

人工目视解译相较于其他方法的优势：解译过程充分应用专业知识、区域资料、遥感技术和工作经验，根据图像特征，以及地物的空间组合规律，通过地物间相互关系分析比较、逻辑推理、综合判断来识别目标。其缺点是解译速度慢、定量精度受到限制，且往往带有解译者的主观随意性。人工目视解译方法的局限性包括以下 4 点。

(1)自动化程度低。需要专家才能判读和分析，费时费资金，不能快速实现"图像到信息"的过程。

(2)错误率高。不同专家分析的结果千差万别。

(3)应用难。图像包含大量有效信息，因不能开展深入挖掘，无法开展趋势预测等应用，难以发展出新的商业模式。

(4)地物分不开，分类不准确。难以准确分割不同地物及准确识别类型。

6.2.1　遥感图像目视解译原则

遥感图像的目视解译，遵循以下原则。

(1)总体观察。从整体到局部对遥感图像进行观察。

(2)综合分析。应用航空和卫星图像、地形图及数理统计等综合手段，参考前人调查资料，结合地面实况调查和地学相关分析法进行图像解译标志的综合，达到去粗取精、去伪存真的目的。

(3)对比分析。采用不同平台、不同比例尺、不同时相、不同太阳高度角以及不同波段或不同方式组合的图像进行对比研究。

(4)观察方法正确。需要进行宏观观察的地方尽量采用卫星图像，需要细部观察的地方尽量采用具有细部图像的航空像片，以解决图像上"见而不识"的问题。

(5)尊重图像客观实际。图像解译标志虽然具有地域性和可变性，但图像解译标志间的相关性却是存在的，因此，应依据图像特征做解译。

(6)解译图像耐心认真。不能单纯依据图像上几种解译标志草率下结论，而应该耐心认真地观察图像上各种微小差异。

(7)有价值的地方重点分析。有重要意义的地段，要抽取若干典型区进行详细的测量调查，达到从点到面及印证解译结果的目的。

(8)遵循从已知到未知、先易后难、先山区后平原、先乡村后城镇、先整体后局部、先宏观后微观及先图形后线形的顺序原则。

6.2.2　遥感图像目视解译的流程

遥感图像目视解译的用途多种多样，但解译程序基本相同，一般分为以下 5 个步骤。

1. 准备工作

准备工作包括资料收集、分析、整理和处理。

（1）资料收集。根据解译对象和目的，选择合适的遥感资料作为解译主体。并收集有关的遥感资料、地形图、各种有关的专业图件以及文字资料作为辅助。

（2）资料分析处理。目视解译的最基本方法是从"已知"到"未知"。所谓已知，就是已有相关资料或解译者已掌握的地面实况，将这些地面实况资料与图像对应分析，以确认两者之间的关系。所以，需对收集到的各种资料进行初步分析，掌握解译对象的概况、时空分布规律、研究现状及存在的问题，分析遥感图像质量，了解可解译的程度，对图像进行必要的加工处理以便获得更佳图像。同时，要对所有资料进行整理，做好解译前的准备工作。

2. 建立解译标志

根据解译目的和专业理论，制定解译对象的分类系统及制图单位，并根据图像特征，即形状、大小、阴影、色调、颜色、纹理、图案、位置和布局，建立图像和实施目标物之间的对应关系，以及专业解译标志。

3. 室内解译

严格遵循一定的解译原则和步骤，依据建立的解译标志、专业目的和精度要求，充分运用各种分析方法，对遥感图像进行解译，勾绘类型界线，标注地物类别。对每一个图斑都要做到推理合乎逻辑，结论有所依据，对一些解译中把握性不大的和无法解译的内容和地区记录下来，留待野外验证时确定，最后形成预解译图。具体做法如下。

（1）发现目标。根据各类特征和解译标志，先大后小，由易到难，由已知到未知，先反差大的目标再反差小的目标，先宏观地观察再微观地分析等，并结合专业判读的目的去发现目标。当目标之间的差别很小时，可以使用光学或数字增强的方法改善图像质量，提升视觉效果。

（2）描述目标。对发现的目标从光谱特征、空间特征、时间特征等方面描述建立特征目标判读一览表，作为判读的依据。

（3）识别目标。利用已有资料，结合判读人员经验，通过推理分析的方法将目标识别出来。

4. 野外实况调查

在室内预解译的图件不可避免地存在错误或难以确定的类型，就需要进行野外实地调查与验证，着重验证未知地区的解译成果是否正确，并列出判读正确和错误对照表，最后求出解译的可信度水平。野外验证包括解译结果校核检查、样品采集和调绘补测。

（1）校核检查。将室内解译结果带到实地进行抽样检查、校核，发现错误，及时更正、修改，特别是对室内解译把握不大和有疑问的地方，应做重点检查和实地解译，确保解译准确无误，符合精度要求。

（2）样品采集。根据专业要求，采集需进一步深入研究、定量分析所用的各种土壤、植物、水体、泥沙等样品。

（3）调绘和补测。对一些有变化的地形地物，无形界线进行调绘、补测，测定细小物体的线度、面积、所占比例等数量指标。

5. 成果整理

根据野外实地调查结果，对解译图进行修正、细化，并形成正式的解译原图。对于清绘出的专题图，可以计算各类地物的面积，经评价后可以提出管理、开发、规划等方面的方案。

将解译过程和野外调查、室内测量得到的所有资料整理编目，最后进行分析总结，编写说明报告，内容包括项目名称、工作情况、主要成果、结果分析评价和存在问题等。

6.2.3 遥感图像目视解译效果的影响因素

影响遥感图像目视解译效果的因素可分为外在因素和内在因素。外在因素主要指地物、传感器、目视能力等带来的直接影响解译效果的客观因素。内在因素指因解译者基本知识水平、解译经验积累等带来的间接影响解译效果的主观因素。

1. 地物本身的复杂性

地物种类繁多，会造成景物特征复杂变化和解译上的困难。从大的地物种类来看，种类的不同构成了光谱特征的不同及空间特征的差别，这给解译者区分地物类别带来了好处。但同一大类别中有许多亚类、子亚类，它们无论在空间特征上，还是在光谱特征上都很相似或相近，这会给解译带来困难。还有同种地物，各种内在或外部因素的影响使其出现不同的光谱特征或空间特征，有时甚至差别很大，即常在像片上发现不同类别出现相似或相同的解译标志，而同一类别又出现不同的解译标志。人们可以用分级结构的概念处理地物类别的复杂性。

2. 传感器特性的影响

传感器特性对判读标志影响最大的是分辨率。分辨率的影响可从几何、辐射、光谱及时间几个方面分析。时间分辨率越短的图像，越能详细地观察地面物体或现象的动态变化。与光谱分辨率一样，并非时间越短越好，也需要根据地物的时间特征选择一定时间间隔的图像。除了以上一些图像外，传感器成像的几何投影特性影响也很大。不同的传感器图像变形不同，从空间特征角度解译时，应充分考虑它们的投影特性。

3. 目视能力的影响

人眼目视能力包括对图像的空间分辨能力、灰阶分辨能力和色别与色阶分辨能力。人眼的空间分辨能力与眼睛张角(分辨角)、图像离人眼的距离、照明条件、图像的形状和反差等有关。实验证明，正常人眼的分辨角为 1′，在明视距离 250mm 处，能分辨相距 75μm 的两个点。图像形状如果是线状物体，明视距离内可分辨 50μm 宽的线。解决人眼空间分辨能力的限制造成的判读困难，可通过放大图像的比例尺，使用光学仪器放大观察的方法来克服。

4. 解译者个人能力的影响

目视解译需要解译者凭借丰富的解译经验、扎实的专业知识和手头的相关资料，通过人脑的分析、推理和判断来实现。可以说，目视解译的效果直接依赖解译者的判读能力，所以解译者的专业知识水平、经验积累和推理分析能力也是影响目视解译效果的重要因素。

6.2.4 遥感图像人工目视解译实践

本例将机载 LiDAR 技术获取的九寨沟景区五花海-日则沟区域的点云数据（四川测绘地理信息局提供，数据获取时间为 2018 年 10 月，DEM 精度为 12.5m）作为原始数据，生成高精度 DEM（0.5m），其山体阴影图如图 6-1 所示。并选取位于九寨沟县漳扎镇九寨沟国家森林公园内（103.82°E，33.20°N）熊猫海周边约 52km^2 的区域作为研究区（图 6-2）（王绚等，2020）。

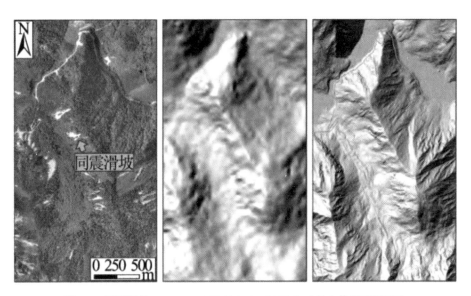

图 6-1　遥感图像、12.5m DEM 与 0.5m DEM 生成的山体阴影图对比

通过总结各类地质灾害的地貌解译特征，并对比地质灾害分类图和山体阴影图（图 6-3），本例采用人工目视解译方法对研究区地质灾害分类图震前地质灾害进行解译。

同时，根据灾害的特征，参考其他文献（徐茂其等，1991；Cruden et al.，1996；Görüm et al.，2019）的地质灾害分类方法，将震前地质灾害分为崩塌、岩质滑坡、土质滑坡、沟道泥石流、坡面泥石流 5 种类型（表 6-1）。研究区震前地质灾害总面积约 11.8km^2，共 311 处，解译结果见图 6-3。

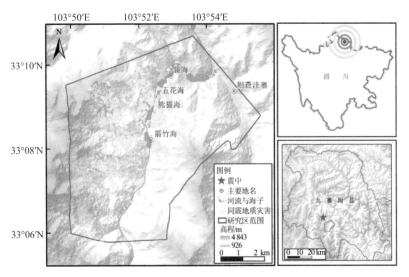

图 6-2　研究区地理位置及地震概况

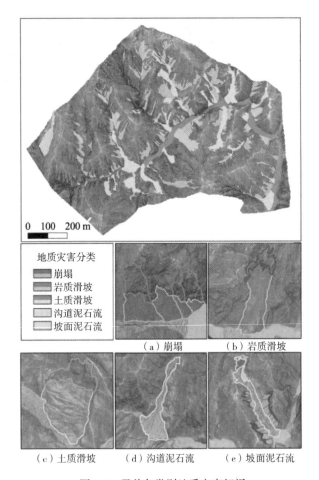

（a）崩塌　　（b）岩质滑坡

（c）土质滑坡　　（d）沟道泥石流　　（e）坡面泥石流

图 6-3　震前各类别地质灾害解译

2. 交互方式

(1)屏幕目视解译，主要指在计算机上按照传统的人工目视解译方法实现遥感图像解译过程。

(2)改进自动分类，主要指利用计算机进行自动分类，并对分类结果进行后处理，后处理主要指碎部综合和取舍。

(3)分类中突出感兴趣的区域，主要指在计算机辅助分类过程中，事先将感兴趣的区域圈出来，然后再对被圈出的感兴趣区域进行分类。这种方法既包括由专业解译人员直接在屏幕上圈出某些区域，也包括利用 GIS 中的辅助数据突出某些区域，如利用高程数据对图像进行分层。

(4)多种数据结合和辅助解译，主要指在数据配准和融合的基础上，把来自遥感的数据作为主要数据，来自 GIS 的相关数据作为参考数据，并经一定的数据选择和组织，形成新的数据集，用于图像分类、碎部综合或图像解译。

(5)现象的时空特征目视解译，主要指在计算机上，对物体的动态特性进行目视解译。这里的动态特性既包括同一空间内物体随时间的变化，也包括同一物体在不同空间中随时间的变化。

(6)人机交互环境下多种解译方法的结合，以上各种解译方法并不是截然分开的，但各种方法也有不同之处。而对于某些复杂的解译对象，将上述方法交错结合使用，可以达到减少工作量和提高解译精度的效果。

6.3.2 典型的遥感图像解译系统

典型的遥感图像解译系统包括 PCI、ENVI、ERDAS、易康、VirtuoZo、JX4 和 PIE 平台等，在 16.1.2 小节会详细介绍。

1. ENVI

ENVI(The Environment for Visualizing Images)包含一整套关于遥感图像的基本处理工具，弥补了商业软件缺乏强大灵活处理功能的不足。其应用汇集的软件处理技术包括图像数据的输入/输出、图像定标、图像增强、纠正、正射校正、镶嵌、数据融合以及各种变换、信息提取、图像分类、基于知识的决策树分类、与 GIS 的整合、DEM 及地形信息提取、雷达数据处理、三维立体显示分析等。

2. ERDAS

ERDAS 是美国 ERDAS 公司开发的遥感图像处理系统，拥有友好、灵活的用户界面和操作方式，面向广阔应用领域的产品模块，服务于不同层次用户的模型开发工具以及高度的 RS/GIS(遥感图像处理和地理信息系统)集成功能，为用户提供了内容丰富而功能强大的图像处理工具。

6.3.3　遥感图像的半自动解译实践

　　川藏铁路沿线及邻区区域性活动断裂十分发育，地震分布与活动构造密切相关，地震常诱发滑坡等地质灾害，严重影响了我国西南地区的人类生命财产安全和重大工程建设。本例选定巴塘县茶树山滑坡、102 道班滑坡等几个重点区域，在 ENVI5.1 和 eCognition 软件平台上，利用高分辨率 WorldView-2 以及 Landsat 遥感卫星数据，结合野外地质调查，选取相应的规则集，采用基于面向对象分类法（图 6-5）对该区域滑坡的遥感信息进行分析（宿方睿等，2017）。

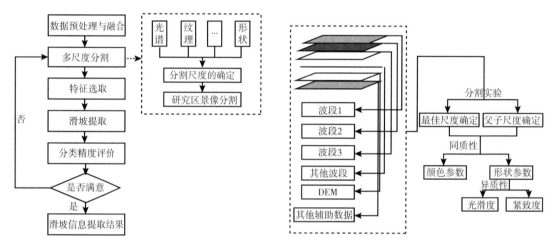

图 6-5　面向对象图像处理流程

1. 巴塘县茶树山滑坡解译

　　茶树山滑坡位于巴塘县夏邛镇茶雪村红光社—茶树山社范围内，巴曲左岸山脊中部，川藏公路巴塘段。以标准假彩色对滑坡发生前 2000 年 ETM 图像和滑坡发生后 2006 年 ETM 图像进行对比，发现滑坡发生前、后的图像有明显的光谱差异（图 6-6）。此例中，研究数据选用 Landsat 7 ETM 图像（获取时间 2006-09-21），分割尺度为 5，形状因子 0.1，光谱因子 0.9，紧致度 0.4，光滑度 0.6。

　　图 6-7（a）为基于 Landsat 7 ETM 图像的提取结果，滑坡整体的提取效果较好，提取的轮廓基本为茶树山滑坡复活部分。结合 WorldView-2 高分辨率图像（获取时间 2012-12-30）叠加 1∶5 万 DEM 的三维解译分析［图 6-7（b）］可以看出，该滑坡形态特征明显，易于识别，滑坡后壁近直立状态，有清晰的滑动擦痕。该滑坡体变形破坏迹象较为明显，特别是滑坡前缘变形较严重，中部为一平台，滑坡后缘坡度较陡，是明显的古滑坡。另外，在茶树山滑坡的北西方向有一大型古滑坡——特米滑坡，滑坡区岩体结构面发育，金沙江断裂从滑坡前缘通过，推测该滑坡是由金沙江上游地区强地震触发形成的。

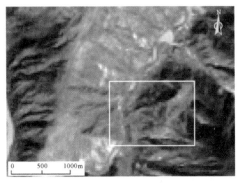 

（a）2000年10月6日遥感影像　　　　　（b）2006年9月21日遥感影像

图6-6　茶树山滑坡发生前后图像对比图

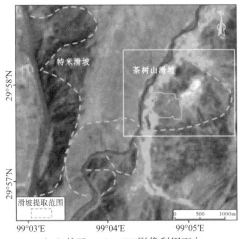 

（a）基于Landsat TM影像利用面向　　　（b）基于WorldView-2影像对茶树山滑坡
　　对象方法提取滑坡结果　　　　　　　　的三维遥感解译结果

图6-7　茶树山滑坡解译结果

2. 川藏公路102道班滑坡解译

102道班滑坡群位于念青唐古拉山南坡，川藏公路波密至林芝之间，为一大型堆积层滑坡。根据Landsat 7 ETM图像（获取时间2000-05-04）的解译分析可以看出，滑坡位于一大型古错落体上，周围存在多处泥石流、崩塌等不良地质作用，帕隆藏布江在滑坡前缘经过，受地表水冲刷、滑坡后壁地下渗水等的影响，滑体上形成数条冲沟，造成102道班滑坡土体松散[图6-8(a)]。其中2号滑坡是102道班滑坡群中规模最大、危害最严重的一个滑坡，多年来受地形起伏、丰沛的降雨、工程活动等各种内外营力作用的影响，一直处于不稳定状态。

　　根据研究区概况和遥感图像数据，基于 WorldView-2 图像的分割尺度为 80，形状因子 0.1，光谱因子 0.9，紧致度 0.5，光滑度 0.5，通过面向对象方法提取到滑坡复活的边界范围[图 6-8(c)]。经过解译，该滑坡为一古滑坡，在遥感图像上的平面形态呈半圆形，滑坡中部发育多条冲沟，周围有多处不良地质灾害体分布，所在区域植被破坏严重，岩土体裸露，与周围茂盛植被存在明显界限，川藏公路(G318)在滑坡中部穿过，沟道两侧发育有大量小型坍滑体。

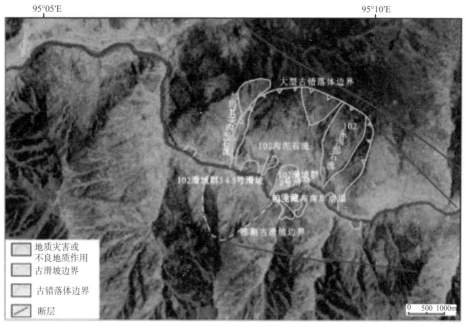

（a）基于 Landsat 7 ETM 遥感解译结果

（b）102 道班滑坡 2 号主滑坡物源（镜向 NW）

（c）基于 WorldView-2 影像滑坡解译结果

图 6-8　102 道班滑坡解译结果

6.4 遥感图像自动解译方法

遥感图像自动解译方法以计算机系统为支撑环境,利用先进的模式识别与人工智能技术,对遥感图像进行分析和推理,完成对遥感图像的计算机自动分割和分类,实现对遥感图像的理解及解译。

随着地理信息系统、人工智能、模糊集理论、生理和心理认知理论等相关理论和技术的发展,遥感地学分析研究向定量化、智能化、自动化的方向发展。越来越多的遥感信息亟待转换成计算机能够使用的信息,遥感图像的智能解译(自动解译)也迫在眉睫。自动完成遥感图像的解译工作,是遥感领域的研究热点,也是发展的难点。

但图像理解是一个不断发展的领域,所涉及的内容非常多,总体来讲,对图像理解的研究还不太成熟。而由于理论的不完善和技术的复杂性,至今没有建立一套完整的体系结构和使用的图像解译系统。

6.4.1 遥感图像自动解译新方向

随着地理信息系统、人工智能、图像理解等相关理论和技术的发展,遥感自动解译取得了很多研究成果,但仍存在一些需要解决的技术难题。这主要包括:遥感图像复杂信息的全自动分割和获取(包括图形、识别特征和光谱信息提取)、多种信息源的空间数据标准统一、遥感和地理信息系统的复合以及多源遥感信息复合、多种目标智能提取与识别模型的标准化和集成等。当前开展遥感图像自动解译面临的挑战主要包括以下4项。

1. 集成已有的地理信息开展基于遥感与 GIS 一体化的解译

20世纪80年代后期,遥感与地理信息系统一体化的提出推动了地理信息系统与遥感图像自动解译系统的结合。地理数据与遥感图像数据复合,改变以往遥感数据的单一光谱信息结构,增加了遥感图像数据的信息量,有助于计算机解译。1994年在加拿大渥太华举行的 GIS 国际会议上,李德仁院士首次提出了从 GIS 数据库中发现知识的概念。为利用专家系统完成知识的自动获取,数据挖掘和知识发现等多学科相互交融和相互促进的新兴边缘学科得以发展。这样,将 GIS 中发现的知识和遥感图像中的知识结合起来,从而实现计算机的自动解译。

2. 基于地学知识图谱的遥感图像智能解译

20世纪90年代,人们开始研究遥感解译知识的获取、表达、搜索策略和推理机制,并将解译专家系统用于遥感图像解译研究。这种基于知识和专家系统的解译方法,在一定程度上可提高计算机解译精度,但远未达到实用阶段。原因在于这些专家的解译知识多是基于特定地区、特定时相的解译,其针对性很强,随着地域、时域的变化,一些知识往往随之失去效用,不能在运行过程中自我学习,实现解译知识的更新。在解译过程中引入专家系统,这是一个进步,从现有情况看,专家系统工具是针对于某一类问题而开发的,然后提炼为工具。这种工具往往不能满足遥感图像自动解译的要求,存在知识不全面、推理过程简单、控制策略不灵活、缺乏常识推理的弱点。

3. 基于跨模态图像数据的联合解译

在实际应用中解译的需求通常不满足于单一数据源，有时需要进行多数据源间，甚至是不同模态数据间的跨模态解译，例如全色遥感图像与多光谱遥感图像、光学遥感图像与合成孔径雷达(Synthetic Aperture Radar, SAR)遥感图像、语音与遥感图像、文字与遥感图像等，这些数据表现出底层特征差异较大、高层语义高度相关的特点，如何实现不同模态数据间的关联建模是实现跨模态解译的一大难点。

4. 基于遥感大数据的遥感智能图解

在经历了遥感数据的光谱和空间等多种分析和改进方法的尝试后，遥感自动解译的发展取得了一定的成效。但是分类的统计方法在本质上有一定的局限性，即不能利用目标的多种特征、属性以及环境信息获取知识，如阴影、位置、区域特征与活动特征的图像理解的思想以克服统计分类中的局限性。

遥感卫星数量的快速增长带来了海量遥感数据，然而另外一个问题也随之而来，由于效率低下，面对海量遥感数据，遥感图像解译技术方面发展的速度远远滞后于遥感数据增长速度，导致大量数据闲置，难以高效、及时地从数据中获取有效信息。"我们淹没在数据的海洋中，渴求着信息的淡水"正是对这一窘境的贴切形容。如何高效地从海量数据中解译出用户感兴趣目标图像并进一步挖掘出有效信息，是遥感图像处理领域亟待解决的问题之一。

6.4.2　基于遥感图像分类的自动解译方法

遥感图像自动解译是一项复杂的系统工程，实现自动解译也是一个十分漫长的过程。对自动解译的研究主要集中在对遥感图像中的信息进行分类、抽取遥感图像多种特征，建立遥感图解的模型，对图像中的专题信息进行数学描述，使计算机能够模拟人对遥感图像特征包括图像色调、颜色、形状、大小、纹理、图型、阴影、位置和相关布局进行理解，这将是实现遥感智能解译的关键。在综合运用人工智能和神经网络进行目标的自动分类，以及遥感信息自动提取方面也将继续研究。

遥感图像的自动分类方法按照是否有先验类别，可以分为监督分类和非监督分类，这两种分类法有着本质的区别，但也存在一定的联系。

1. 监督分类方法

监督分类又称为训练场地法，是以建立统计识别函数为理论基础，依据典型样本训练方法进行分类的技术。监督分类是需要学习训练的分类方法，即需要事先为每类地物在遥感图像上采集样本数据，之后通过学习训练过程再来分类。常用的监督分类方法有最小距离判别法、最大似然分类、支持向量机、人工神经网络分类及深度学习分类等。

监督分类的主要步骤有以下 5 步。

(1)确定感兴趣的类别数。首先确定待分类图像上可能存在的地物类型。

（2）特征变换和特征选择。特征变换就是原图像通过一定的数字变换生成一组新的特征图像，使数据量有所减少。

（3）选择训练样本。在监督分类中，训练样本不同，分类结果可能会出现极大的差异。因此，遥感分类结果的效果在很大程度上取决于训练样本的正确选择。

（4）确定判别函数和判别规则。图像分类运算就是根据判别函数和判别准则对非训练样本区进行分类，对特征向量集进行划分且完成分类识别工作。

（5）精度评估。

2. 非监督分类方法

非监督分类是指人们事先对分类过程不施加任何的先验知识，仅凭遥感图像上地物的光谱特征的分布规律，随其自然地进行分类，多是通过聚类或点群分析的计算机程序来实现。目前常见也较为成熟的是 ISODATA、K-Means、链状方法等。遥感图像非监督分类一般包括 6 个步骤，如图 6-9 所示。

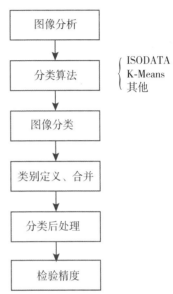

图 6-9　遥感图像非监督分类方法的步骤

6.4.3　遥感图像自动解译实践

随着神经网络、深度学习等技术的发展，通过大量的训练样本来训练模型可以实现自动解译。根据任务的不同，深度学习应用于遥感图像的全自动解译主要体现在图像检索、语义分割、目标检测和实例分割等。

1. 遥感图像自动检索应用

遥感图像的生产能力较以前有较大提高，遥感图像的自动检索对于城市遥感图像的管理和使用十分重要。由于遥感图像数据庞大，覆盖范围广，涵盖地物类别复杂，在实际处理中，通常将遥感图像分割成固定大小的瓦片，然后再判断并检索这个瓦片属于哪一类或哪些类，进行单标签或多标签的标注。图 6-10 所示为遥感图像瓦片的单标签检索应用示例。

2. 遥感图像语义自动分割应用

城市遥感图像语义分割是指在像素层面分割出一类或多类的城市场景，如把图像分割为人工建筑、道路、植被、水域等。语义分割的含义更接近于传统的遥感图像分类。以单目标分割为例，将目标像素集合的标签设置为 1，作为正样本，其他的图像区域设置为 0，作为负样本。这样任务就是从原始图像开始学习特征表达完成图像的二值分割。城市建筑、道路的全自动提取就是单目标语义分割的结果，图 6-11 所示为针对道路语义分割结果的解译示例。

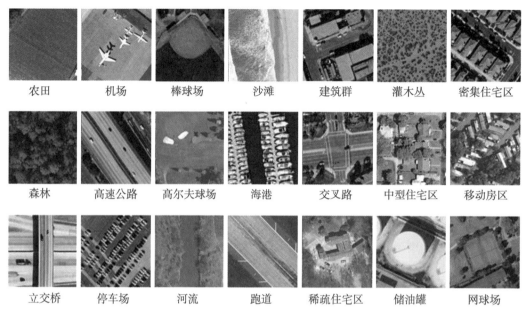

图 6-10　城市遥感图像单标签检索应用示例

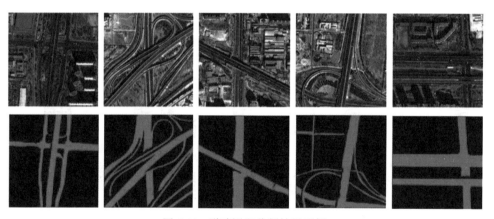

图 6-11　道路语义分割结果示例

3. 遥感图像目标自动检测应用

城市目标自动检测与图像检索或语义分割有一定的联系，但区别也很明显。遥感图像检索是图像块中发现物体类别的概率排序，并不能识别物体的数量和精确位置。语义分割是像素级的操作，而不是在目标或对象层次。目标检测指识别并定位出"某类物体中的某个实例"，如建筑物类别中的某栋房屋。全自动的目标识别通常归结为最优包容盒的检测。如待检索目标是飞机或建筑物，则其轮廓的外接矩形框为其包容盒。包容盒检测也称为包容盒回归。回归与标签分类相对。如以上所述的图像检索、语义分割、类别标签都是离散量,可归纳为一个分类问题。而包容盒回归所对应的标签是连续量,即四个坐标值。要得到这些连续量的最优估计,在数学中就是一个回归问题。图 6-12 是遥感图像船只目标检测的例子,其中红色方框即为得到的包容盒。

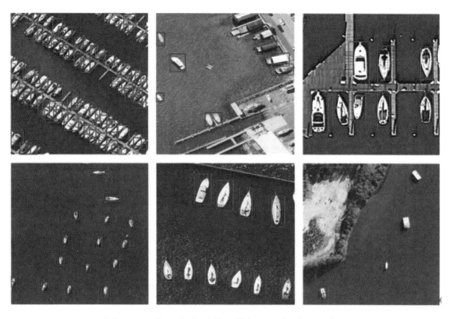

图 6-12 港口城市遥感图像船只目标检测示例

4. 基于遥感图像的建筑物实体自动分割应用

城市建筑物实体自动分割应用比目标识别更进一步:它不但需要对每个目标进行精确定位(以包容盒的形式),还需要对包容盒内的物体进行前景分割。图 6-13 是城市建筑物实例分割示例,其不仅在目标和对象层次对每个建筑物实现定位,还对每个包容盒内进行了前景分割。

图 6-13 建筑物实例自动分割示例

◎ 思考题

1. 遥感图像解译有哪些方法？
2. 请结合一个实际应用分析人工目视解译的流程。
3. 遥感图像自动解译面临哪些技术难点？
4. 遥感图像人工解译和半自动解译方法各有什么特点？结合实例说明这两种方法目前有哪些实际应用。

◎ 本章参考文献

[1] 陈述彭，赵英时．遥感地学分析[M]．北京：测绘出版社，1990.

[2] 陈述彭．遥感地学分析的时空维[J]．遥感学报，1997，1(3)：161-171.

[3] 宿方睿，郭长宝，张学科，等．基于面向对象分类法的川藏铁路沿线大型滑坡遥感解译[J]．现代地质，2017，31(5)：57-69.

[4] 王绚，范宣梅，杨帆，等．植被茂密山区地质灾害遥感解译方法研究[J]．武汉大学学报(信息科学版)，2020，45(11)：1771-1781.

[5] 徐茂其，张大泉．九寨沟流域突发性重力侵蚀初步研究[J]．水土保持学报，1991，5(2)：1-7.

[6] Cruden D M, Varnes D J. Landslides：investigation and mitigation [R]. U. S. National Academy of Sciences, Washington D. C. , 1996.

[7] Görüm T. Landslide recognition and mapping in a mixed forest environment from Airborne LiDAR Data[J]. Engineering Geology, 2019, 258：105155.

第7章 高空间分辨率遥感图像解译

遥感作为一门综合性探测技术，广泛应用于资源与环境调查和监测、军事应用、城市规划等众多领域。而遥感应用的基础是遥感图像解译，因而人们对各类遥感图像解译系统的能力、效率和速度都提出更高的要求。

随着地学研究、经济建设、社会发展需要等多种因素的强力推动，遥感对地观测技术日益精确，遥感数据已经进入高分辨率图像时代。高分辨率遥感对地观测全面体现在空间分辨率、光谱分辨率、时间分辨率和辐射分辨率四个方面。目前所说的高分辨率多指高空间分辨率。高空间分辨率遥感图像相对于中低分辨率遥感图像，能够提供更多的形状、纹理和空间信息，在精细农业、地籍调查、城市规划等诸多领域存在广阔的应用前景。

通常所说的高空间分辨率遥感图像解译，是指针对高空间分辨率光学遥感图像的解译，本章也只介绍高空间分辨率光学遥感图像的解译。

7.1 高空间分辨率遥感图像解译需求

近些年，国产高分辨率遥感卫星的发展突飞猛进，天绘系列卫星、资源三号卫星、高分一号、高分二号卫星以不断提高的图像空间分辨率、逐步增强的图像获取能力、较好的图像现势性等特点，逐步打破了国外商业卫星的主导地位，开始广泛服务于各行业用户。传统的卫星图像服务模式需要涉及卫星图像采集方、卫星图像代理方等众多产业链环节，采购和生产周期较长，难以满足各行业快速发展的即时更新和即时监测的业务需求。

目前，我国已启动"高分辨率对地观测系统重大专项工程"，并逐步形成了集高空间、高光谱、高时间分辨率和宽地面覆盖于一体的空天对地观测系统。遥感新技术的深入应用，已经形成了一个遥感图像获取、解译、地表信息分类和提取、三维重建、变化检测、动态监测、地图更新的完整信息链和产业链。特别是 SPOT、IKONOS、QuickBird、航空、无人机等高分辨率遥感图像的出现更为后期遥感图像的分析和应用带来了更多的数据源和更深入的应用前景。针对高分辨率遥感图像解译，本章着重介绍天空地遥感处理平台、高分辨率遥感处理平台、遥感传感器、高分辨率遥感图像光谱特征、目标解译和判读、地物提取、三维重建、变化检测和动态监测方法。

7.2 高空间分辨率遥感图像特性

本节按平台的不同分别介绍高空间分辨率遥感图像特性。现有的高分辨率卫星主要包括中国的高分系列卫星，国外的 WorldView 系列卫星、SPOT 系列卫星等。其主要特征是：

①米级、亚米级分辨率带来了清晰的图像，目标物的形状依稀可见，图像中的地物尺寸、形状、结构和邻域关系得到更好的反映，大多数感兴趣的地物特征可以直接探测。高空间分辨率图像提供了更加丰富的地物类型和纹理类型。其中纹理特征更具变异性，同一地物内部组成要素丰富的细节信息得到了表征，造成地物的光谱统计特征的不稳定。同时，高空间分辨率也使得图像具有多尺度的特点，不同的尺度反映出不同的信息内容和详细程度。②重复轨道周期缩短至 1~3 天。根据需要，卫星能在轨道方向上以一定的角度左右侧视，获取相邻轨道的星下点图像，从而使同一地区成像时间间隔显著缩短，使其能够动态监测地表环境。③受信噪比和传输瓶颈限制，高分辨率商业卫星一般只包括 1 个高空间分辨率全色波段和 4 个低空间分辨率多光谱波段，光谱测量仅限在蓝、绿、红和近红外范围。④高空间分辨率数据包含了精确的地理信息和高精度的地形信息，高空间分辨率数据所包含的数据量是相当于相同面积中低分辨率数据的 10 倍以上。

7.2.1 星载高空间分辨率平台和传感器

目前，星载高空间分辨率卫星百花齐放，世界各国发射了各种类型的高分辨率卫星。这些卫星搭载的传感器主要分为光学传感器与雷达传感器。按用途分类，有民用传感器和军用传感器。下面介绍当今主要的高分辨率卫星。

（1）光学卫星：WorldView-1、WorldView-2、WorldView-3、WorldView-4、QuickBird、GeoEye、IKONOS、Pleiades、SPOT-1、SPOT-2、SPOT-3、SPOT-4、SPOT-5、SPOT-6、SPOT-7、Landsat 5（TM）、Landsat（ETM）、RapidEye、ALOS、ASTER、Hyperion（EO-1）、Kompsat-2、Kompsat-3、Kompsat-3A、RapidEye、北京二号、资源三号、高分一号、高分二号。

（2）雷达卫星：Terrasar-x、Radarsat-2、ALOS、高分三号。

（3）侦察卫星：美国锁眼系列卫星。

随着对地观测技术的进步以及人们对地球资源和环境的认识不断深化，用户对高分辨率遥感数据的质量和数量的需求在不断提高。高分辨率卫星图像主要包括的特征：丰富的地物纹理信息、成像光谱波段多、重访时间短。

高分辨率遥感卫星最初是用来获取敌对情报和地理空间数据的。到 1999 年，美国太空成像公司成功发射了第一颗商业高分辨率遥感卫星 IKONOS，开创了商业高分辨率遥感卫星的新时代。美国商业高分辨率卫星产业在短短 7 年内取得了巨大的进展，目前在轨运行的 1m 分辨率以上的卫星有 4 颗，分别是空间成像公司的 IKONOS（1m）、数字地球公司的 QuickBird（0.61m）、轨道图像公司的 OrbView-3（1m）和以色列成像卫星国际公司 EROS-B1（0.5m）。

我国高分系列卫星是在"高分辨率对地观测系统重大专项工程"（可简称"高分专项工程"）的支持下发展起来的，该项目由国防科技工业局牵头，并组织实施建设的一系列高分辨率对地观测卫星，肩负着我国民用高分辨率遥感数据实现国产化的使命。"高分专项"于 2010 年批准启动实施，到 2020 年，已经覆盖了从全色、多光谱到高光谱，从光学到雷达，从太阳同步轨道到地球同步轨道等多种类型，构成了一个具有高空间分辨率、高时间分辨率和高光谱分辨率能力的对地观测系统（表 7-1）。

表 7-1   国产高分辨率遥感卫星信息

遥感平台	发射时间	波段	特点
高分一号	2013-04-26	2 台全色波段多光谱相机/8m 分辨率；4 台多光谱宽幅相机/16m 分辨率	中国首颗设计、考核寿命要求大于 5 年的低轨遥感卫星，突破了高空间分辨率、多光谱与高时间分辨率结合的光学遥感技术，多载荷图像拼接融合技术，高精度、高稳定度姿态控制技术，高分辨率数据处理与应用等关键技术
高分二号	2014-08-19	观测幅宽达到 45km，具有米级空间分辨率（1m 全色和 4m 多光谱）	主要用户为自然资源部、住房和城乡建设部、交通运输部、林业局，同时还将为其他用户部门和有关区域提供示范应用服务
高分三号	2016-08-10	中国首颗分辨率达到 1m 的 C 频段多极化合成孔径雷达（SAR）成像卫星，也是"高分专项"中唯一的"雷达星"	高分三号是世界上成像模式最多的合成孔径雷达（SAR）卫星，具有 12 种成像模式，不仅涵盖了传统的条带、扫描成像模式，而且可在聚束、条带、扫描、波浪、全球观测、高低入射角等多种成像模式下实现自由切换。由于具备 1m 分辨率成像模式，高分三号卫星成为世界上 C 频段多极化 SAR 卫星中分辨率最高的卫星系统
高分四号	2015-12-29	地球同步轨道高分辨率对地观测卫星；搭载了一台可见光 50m/中波红外 400m 分辨率、大于 400km 幅宽的凝视相机	采用面阵凝视方式成像，具备可见光、多光谱和红外成像能力，设计寿命 8 年，通过指向控制，实现对中国及周边地区的观测
高分五号	2018-05-09	所搭载的可见短波红外高光谱相机是国际上首台同时兼顾宽覆盖和宽谱段的高光谱相机，在 60km 幅宽和 30m 空间分辨率下，可以获取从可见光至短波红外（400~2500nm）光谱颜色范围里，330 个光谱颜色通道	世界上第一颗同时对陆地和大气进行综合观测的卫星。高分五号一共有 6 个载荷，分别是可见短波红外高光谱相机、全谱段光谱成像仪、大气主要温室气体监测仪、大气环境红外甚高光谱分辨率探测仪、大气气溶胶多角度偏振探测仪和大气痕量气体差分吸收光谱仪。可对大气气溶胶、二氧化硫、二氧化氮、二氧化碳、甲烷、水华、水质、核电厂温排水、陆地植被、秸秆焚烧、城市热岛等多个环境要素进行监测
高分六号	2018-06-02	配置 2m 全色/8m 多光谱高分辨率相机、16m 多光谱中分辨率宽幅相机，2m 全色/8m 多光谱相机观测幅宽 90km，16m 多光谱相机观测幅宽 800km	高分六号还实现了 8 谱段 CMOS 探测器的国产化研制，国内首次增加了能够有效反映作物特有光谱特性的"红边"波段。高分六号具有高分辨率、宽覆盖、高质量和高效成像等特点，能有力支撑农业资源监测、林业资源调查、防灾减灾救灾等工作，为生态文明建设、乡村振兴战略等重大需求提供遥感数据支持

续表

遥感平台	发射时间	波段	特点
高分七号	2020-11-03	亚米级光学传输型立体测绘卫星	我国首颗民用亚米级光学传输型立体测绘卫星，突破了亚米级立体测绘相机技术，高精度卫星激光测高技术，高精度、高稳定度姿态控制技术，低轨道遥感卫星长寿命高可靠技术，卫星激光测高数据高程改正技术，高分辨率立体测绘数据处理与应用等关键技术

7.2.2　星载高空间分辨率图像特性

高分辨率遥感图像的特点如下。

（1）覆盖范围广。遥感图像数据不仅要覆盖我国陆地国土面积，还要覆盖海洋、周边乃至全球，覆盖范围急剧扩大，图像数据要实现全覆盖，是有一定的挑战性。

（2）空间分辨率高。空间分辨率较高的图像数据才能满足基础测绘的精度要求。

（3）时效性强。新型基础测绘服务内容由基本比例尺纸质图件向多样化数字产品、定制化制图服务以及地理国情监测、数字城市、应急测绘等个性化服务转变。而诸如此类的个性化服务对数据的时效性要求较高，尤其是应急测绘等服务，对图像数据提出了实时化的要求。

（4）覆盖频次要求高。200 多颗遥感卫星图像对于重点区域动态更新的频率较高，对图像数据的覆盖频次具有较高要求，可以实现卫星图像对研究区域的定制化要求。

（5）区域性差异大。不同区域的基础测绘任务对图像数据的需求具有较大的差别，由于不同地区的地物变化频率、地物复杂程度、地域气候状况等要素的影响，使得该区域对图像数据的空间分辨率、时效性、覆盖频次等方面的需求有较大差别。

7.2.3　无人机高空间分辨率图像特性

与其他遥感平台相比，无人机具有诸多优点：受天气、起飞环境的限制少；操作简单；价格便宜；时间分辨率高，作业时间灵活；飞行高度可灵活调节，图像空间分辨率高（精度可达到厘米级）；可在人员难以进入的危险区域作业，完成遥感数据采集。无人机可搭载的遥感设备包含高分辨率的数码相机、多光谱成像仪、高光谱成像仪、红外扫描仪、激光扫描仪、合成孔径雷达等。近几年，无人机技术发展迅速，鉴于以上优点，无人机遥感技术在国土资源调查、城市制图、气象监测、环境监测、灾害险情调查、农业植保、精准农业等领域的应用越来越广泛。无人机遥感平台是卫星、载人机遥感平台和地面调查平台的不可或缺的中间桥梁，已成为遥感领域的又一研究热点。

7.3　高空间分辨率遥感图像解译流程

图 7-1 显示了高空间分辨率遥感图像的基本解译流程。首先根据需求选择需要的数

据，然后根据任务的主要问题选择合适的解译方法。根据是否使用类别先验信息，即是否使用有标记的训练样本，解译方法分为监督分类方法、无监督分类方法和半监督分类方法。这些方法又可以分为传统的机器学习方法与深度学习方法。解译人员可以根据自己的需求与硬件配置选择合适的解译方法。确定好方法后，利用特征提取器提取图像中的特征，最后利用这些特征输入分类器得到分类结果以用于各种应用。

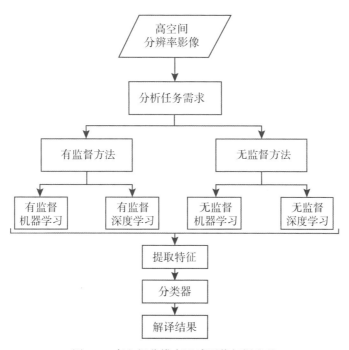

图 7-1 高空间分辨率遥感图像解译流程

高分辨率图像解译首先需要进行光谱信息与空间信息的提取与优化，即特征挖掘，更好地表示光谱图像中样本的模式信息，再使用挖掘到的特征进行模式的识别或模式归类，将高分辨率图像中的所有感兴趣像素进行标记。

无监督分类方法不需要先验知识，依靠寻找样本中的模式实现分类。由于其不需要现场标记，易于实现，已被广泛应用在高光谱图像分类中。常用的分块分层的聚类方法(Partitioning and Hierarchical Clustering)，如模糊聚类、模糊 C 均值(Fuzzy C-Means, FCM)被引入高光谱图像分类中。此类方法对相似度度量严重依赖，即对噪声与光谱变形高度敏感。此外，混合分解聚类算法使用数据的统计分布实现聚类，然而，样本数据及类别间的不均衡往往会导致统计分布估计不准确的问题，使得该类方法无法取得高精度。

监督分类方法使用有标签的训练样本中的先验信息训练分类器，以得到分类器的参数，再利用训练好的分类器对未知类别的数据进行分类。高光谱图像分类的最基本的方法为光谱角匹配，该方法将图像中不同样本的光谱与光谱库中的光谱进行光谱角估算，依据光谱角判断其相似程度，从而决定样本的类别。该类方法往往需要准确的光谱校正。最大似然估计(Maximum Likelihood Estimation，MLE)方法为最早被引入高光谱图像分类中的统计学习方法，该方法基于贝叶斯分类准则，通过最小化错误率以实现对分类器的训练。MLE 在高光谱图像分类上的改进，如结合马氏距离的最大似然分类方法，结合邻域信息以解决小样本分类问题的最大似然分类器。最大似然分类器的分类精度依赖于样本数量，当训练样本不足时，难以取得高精度的分类结果。

支持向量机(Support Vector Machine，SVM)作为经典的基于结构风险最小化准则分类方法，被广泛应用于高光谱图像分类中。其原理为在线性分类器的基础上引入结构风险最小化准则，通过最大化不同模式之间的边缘，提升分类器鲁棒性，进而提高分类精度。与传统的最大似然分类方法相比，基于统计学习的 SVM 能够更好地解决非线性的分类问题。然而 SVM 在解决大样本问题时，计算复杂度高，耗时严重，为了降低其计算复杂度，并行支持向量机(Parallel SVM，PSVM)被广泛应用于大规模训练样本分类问题。

由于所有图像都具有平滑性属性，邻域像素往往会很大概率与中心像素具有相同的类别标签，基于图像分割的方法被广泛应用于高光谱图像分类中。该类方法在分类过程中可考虑邻域像素的信息，使用一种空谱分类器进行类别标记，如分层分割等。最近，很多在分类过程中考虑邻域决策信息的空谱分类器被提出，基于马尔可夫随机场(Markov Random Field，MRF)的分类方法通过分析空间样本间的依赖性，来决定相邻样本之间相互影响的概率。

近年来，稀疏表示成为信号表示的研究热点，通过改进可被用于分类任务中，并在计算机视觉领域取得较高的分类精度。Chen 等(2013)提出基于稀疏表示的高光谱分类方法，同步正交匹配追踪(Simultaneous Orthogonal Matching Pursuit，SMOP)及同步子空间追踪(Simultaneous Subspace Pursuit，SSP)在高光谱图像分类上取得了很好的效果。该方法使用训练样本学习稀疏表示的字典，并将高光谱图像中任意一个测试样本由字典稀疏表示，并比较残差寻找最优表示来决定样本的标签。实验结果表明，该方法可以在分类器中联合空间信息，提高分类精度。

由于样本有限，难以统计出其概率分布，这一点严重影响了统计分类器的准确率。然而，基于稀疏表示的分类器不需要学习样本的统计分布，仅需要寻找测试样本在训练样本集中的最佳表示即可，大大提高了小样本下分类器的可靠性。

7.4　高空间分辨率遥感图像解译可采用的公开数据集

目前遥感领域有许多公开发表的数据集，这些数据集涉及土地覆盖、土地利用分类、语义分割、场景分类等任务，下面详细介绍这些公开发表的数据集。

1. UC Merced 土地利用数据集

这是一个以研究为目的包含 21 个土地利用类型的遥感图像数据集。每个类别有 100 张图像，每张图像的大小是 256×256 像素，图像的分辨率是 1 英寸(1 英寸=2.54cm)。这些类别包括：农业类(Agricultural)、机场(Airplane)、棒球场(Baseball Diamond)、沙滩(Beach)、建筑物(Buildings)、树林(Chaparral)、密集居民区(Dense Residential)、森林

（Forest）、高速公路（Freeway）、高尔夫球场（Golf Course）、港口（Harbor）、路口（Intersection）、中型住宅（Medium Residential）、活动房屋公园（Mobile Home Park）、立交桥（Overpass）、停车场（Parking Lot）、河流（River）、跑道（Runway）、稀疏住宅区（Sparse Residential）、储油罐（Storage Tanks）和网球场（Tennis Court）。

2. WHU-RS19 数据集

该数据集是从谷歌卫星图像上获取的，共包含 19 个类别：机场（Airport）、沙滩（Beach）、桥梁（Bridge）、商业区（Commercial）、沙漠（Desert）、农场（Farmland）、足球场（Football Field）、森林（Forest）、工业区（Industrial）、草地（Meadow）、山脉（Mountain）、公园（Park）、停车场（Parking）、池塘（Pond）、港口（Port）、火车站（railway Station）、居民区（Residential）、河流（River）和高架桥（Viaduct）（图 7-2）。

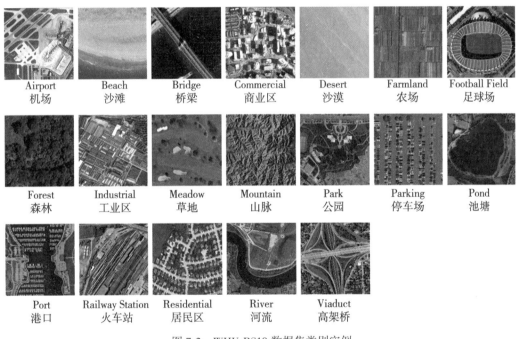

图 7-2　WHU-RS19 数据集类别实例

3. RSSCN7 数据集

该数据集包含 7 个场景，包括草地（Grass）、农田（Field）、工业区（Industry）、河湖（River Lake）、森林（Forest）、居民区（Resident）、停车场（Parking），如图 7-3 所示。每个类别有 400 张来自谷歌地球的图像，共 2800 张。每个类别包含 4 个尺度，每个尺度有 100 张图像。图像的大小为 400×400 像素。

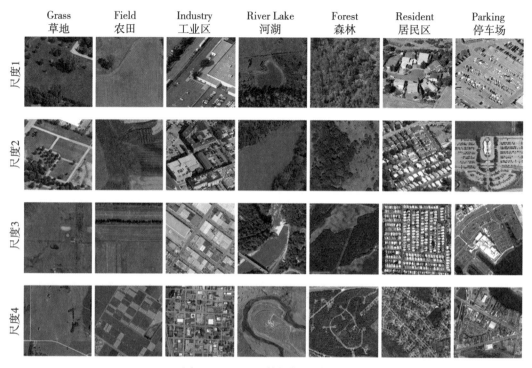

图 7-3　RSSCN7 数据集类别实例

4. SIRI-WHU 数据集

该数据集包含 12 个类别，主要用于科研。这些类别主要包括农业区（Agriculture）、商业区（Commercial）、港口（Harbor）、闲置土地（Idle Land）、工业区（Industrial）、草地（Meadow）、立交桥（Overpass）、公园（Park）、池塘（Pond）、住宅（Residential），河流

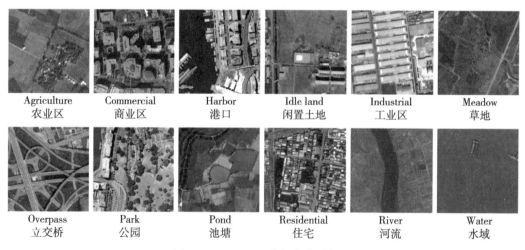

图 7-4　SIRI-WHU 数据集类别实例

（River），水域（Water）（图7-4）。每个类别包含了200个图像，图像的分辨率为2m，大小为200×200像素。

7.5 高空间分辨率遥感图像解译方法

本节以土地覆盖分类为例，讲述高空间分辨率遥感图像解译方法，首先介绍常规的监督分类与非监督分类解译方法，然后介绍基于深度学习的解译方法。

7.5.1 非监督分类解译方法

非监督分类法的设计主要是将各种图像数据根据地物的光谱特征分布规律，通过预分类处理来形成集群（聚类），再由集群的统计参数来调整预置的参量，接着再聚类，再调整，如此不断迭代直至有关参量的变动在事先选定的阈值范围内为止，通过这个过程来确定判决函数（赵英时，2003；朱述龙，2000）。非监督分类的代表性方法包括K均值（K-Means）分类法（邵锐等，2005）和迭代自组织数据（ISODATA）分类法等，本节以K均值分类为例，来阐明其流程。

K均值算法能使聚类域中所有样本到聚类中心的距离平方和最小。其主要步骤如下。

第一步：任选 k 个初始聚类中心：Z_1^1，Z_2^1，$\cdots$，Z_k^1（上角标记载为寻找聚类中的迭代运算次数）。用数组 classp[6 * clsnumber] 来存储类中心的值，一般可选定样品集的前 k 个样品作为初始聚类中心。但是考虑到这样做不太有利于后面的算法收敛，因此采用了最大最小距离选心法。该法的原则是使各初始类别之间尽可能地保持远离。

任意选取50个初始中心，将其值存入 iGrayValue[6 * 50] 中；将第一个点 X_1 作为第一个初始类别的中心 Z_1。

计算 X_1 与其他各抽样点的距离 D。取与之距离最远的那个抽样点（例如 X_7）为第二个初始类别中心 Z_2，则第二个初始类中心 $Z_2 = X_7$。

对剩余的每个抽样点，计算它到已有各初始类别中心的距离 D_{ij}（i，$j = 1$，2，$\cdots$，已知有初始类别数 m），并取其中的最小距离作为该点的代表距离 D_j：

$$D_j = \min(D_{1j}, D_{2j}, \cdots, D_{mj}) \tag{7-1}$$

在此基础上，再对所有各剩余点的最小距离 D_j 进行相互比较，取其中最大者，并选择与该最大的最小距离相应的抽样点（如 X_{11}）作为新的初始类中心点，即 $Z_3 = X_{11}$。此时 $m = m + 1$；

如此迭代直到 $m \geqslant$ clsnumber；即 $m = 0$，1，$2\cdots$，clsnumber。

第二步：设已进行到第 k 步迭代。若对某一样品 X 有 $|X - Z_j^k| < |X - Z_i^k|$，则 $X \in S_j^k$，以此种方法将全部样品分配到 k 个类中。即确定每个像素的类属 k_7 中，如 $k_7 = 3$，即表示该像素属于第3类；并相应地对其赋值到 array 数组中，以便以后可以显示其分类结果。

第三步：计算各聚类中心的新向量值 classo[i]；

$$Z_j^{k+1} = \frac{1}{n_j} \sum_{x \in s_j^k} X \quad (j = 1, 2, \cdots, k) \tag{7-2}$$

$$classo[i] = classo1[i]/NL[i] \qquad (7-3)$$

式中，n_j 为 S_j 中所包含的样品数；$classo1[i]$ 表示所有属于第 i 类像素的值的累加；$NL[i]$ 表示属于第 i 类的像素总数。$classo[i]$ 重新分类后的聚类中心值。

因为在这一步要计算 k 个聚类中心的样品均值，故称为 K 均值算法。

第四步：若 $Z_j^{k+1} \neq Z_j^k$，$j = 1，2，\cdots，k$，则回到第二步，将全部样品 n 重新分类，重复迭代计算。若 $Z_j^{k+1} = Z_j^k$，$j = 1，2，\cdots，k$，则结束。在实现这步时，根据需要设置阈值 threshold，如果改变前后的类中心的差别在阈值范围内则就可以结束。即$((\mid classo[i] - classp[i] \mid)/ckassp[i]) <$ threshold 时可以结束算法。

K 均值算法的特点是：K 均值算法的结果受到所选聚类中心的个数 k 及初始聚类中心选择的影响，也受到样品的几何性质及排列次序的影响，实际上需试探不同的 k 值和选择不同的初始聚类中心。如果样品的几何特性表明它们能形成几个相距较远的小块孤立区，则算法多能收敛。图 7-5 给出聚类类别数为 3、最大改变阈值为 5、最大迭代次数为 5 时的 K 均值分类效果图。

（a）分类前图像　　　　　　　　　　　（b）分类后图像

图 7-5　K 均值算法结果

7.5.2　监督分类解译方法

遥感图像监督分类方法是根据类别训练区域提供的样本，通过选择特征参数，让分类器学习，待其掌握了各类别的特征之后，按照分类决策规则对待分像元进行分类的方法。常用方法包括最小距离法分类、最大似然法分类、马氏距离法分类法和支撑向量机。本节以最大似然法分类为例，说明其分类流程。

最大似然法是一种应用非常广泛的监督分类方法，分类中所采用的判别函数是每个像素值属于每一类别的概率或可能性。光学遥感图像通常假定波谱特征符合正态分布，即其概率密度函数如下所示：

$$P(f \mid \omega_i) = \frac{1}{\mid C_i \mid^{\frac{1}{2}}(2\pi)^{\frac{k}{2}}} e^{\frac{-(f - m_i)^{\mathrm{T}} C_i^{-1}(f - m_i)}{2}} \qquad (7-4)$$

式中，f 代表像元灰度值，ω_i 代表像元类型，C_i 为协方差矩阵，m_i 为均值向量。于是，k 维类 ω_i 的最大似然决策函数为

$$
\begin{aligned}
D_i(f) &= \ln\left[P(\omega_i) \times P(f \mid \omega_i)\right] \\
&= \ln P(\omega_i) + \ln P(f \mid \omega_i) \\
&= \ln P(\omega_i) + \ln \frac{1}{|C_i|^{\frac{1}{2}}(2\pi)^{\frac{k}{2}}} e^{\dfrac{-(f-m_i)^{\mathrm{T}}C_i^{-1}(f-m_i)}{2}}
\end{aligned}
\tag{7-5}
$$

式中，m_i 指类 ω_i 的均值向量；C_i 指类的协方差矩阵。由此

$$
D_i(f) = \ln P(\omega_i) - \frac{1}{2}\{k\ln 2\pi + \ln|C_i| + (f-m_i)^{\mathrm{T}}C_i^{-1}(f-m_i)\}
\tag{7-6}
$$

对于任何一个像元值，其在哪一类中的 $D_i(f)$ 最大，就属于哪一类。

基于最大似然法的分类算法流程图参见图 7-6。

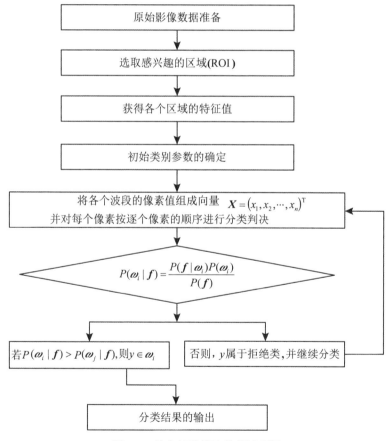

图 7-6　最大似然算法数据流程图

如图 7-6 所示，当选择的拒绝类阈值为 0 时，最大似然分类算法的分类效果如图 7-7 所示。

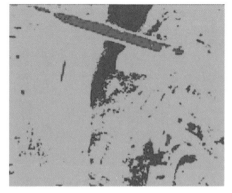

（a）分类前图像　　　　　　　　　　（b）分类后图像

图 7-7　最大似然分类算法效果

7.5.3　基于深度学习的分类解译方法

目前利用深度学习进行遥感图像分类主要有两大类解决方案。其一是利用面向对象的图像分析与卷积神经网络相结合的思路，利用卷积神经网络将图像分割后的斑块进行分类。第二种方法是计算机视觉领域主流的端到端的深度学习网络，这种网络能够预测图像中的每个像素的类别，从而为该像素赋予一个唯一的标签。

1. 基于卷积神经网络的城市土地分类

近年来，深度学习尤其是卷积神经网络（Convolutional Neural Network，CNN）快速发展，其能够提取隐藏在图像中的深层的抽象特征，因而被广泛应用于图像分类领域（Krizhevsky et al.，2012）。目前，CNN 网络的基本构成有卷积层（Convolutional Layers）、池化层（Pooling Layers）、全连接层（Fully-connected Layers）及其他改进的模块。

常用的 CNN 网络有 AlexNet（Krizhevsky et al.，2012）、VggNet 系列（Simonyan et al.，2014）、InceptionNet 系列（Szegedy，2014）、ResNet 系列（He Kaiming et al.，2016）等。图7-8 是这些标准网络的基础结构。

AlexNet 具有 5 个卷积层、3 个池层、3 个局部响应规范化层和 3 个全连接层。输入数据是大小为 227×227×3 的一组图像，激活函数是 ReLU，其作用是将前面神经元层的输入映射到下一层。最后的全连接层可以得到 4096 个特征的一维矢量。AlexNet 的分类器是 Softmax。

VggNet 具有五种类型的网络。VggNet 的框架比 AlexNet 的框架更简洁。VggNet 具有用于卷积层的小滤波器，大小为 3×3，用于合并层的过滤器为 2×2。某些小型过滤器的组合比大型过滤器具有更好的训练性能。此外，VggNet 验证了通过不断加深网络结构可以提高性能的事实。Vgg16 和 Vgg19 是最广泛使用的 VggNet 网络。Vgg16 具有 16 个隐藏层，其中包括 13 个卷积层和 3 个全连接层。Vgg19 具有 19 个隐藏层，其中包括 16 个卷积层和 3 个全连接层。ReLU 是 Vgg16 和 Vgg19 的激活函数。此外，VggNet 删除了局部响应规范化层。

GooleNet 通过增加层深度和起始模块，克服了诸如梯度消失、梯度爆炸以及 AlexNet

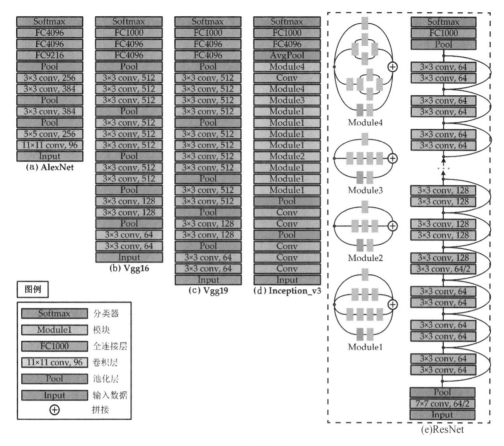

图 7-8　CNN 网络基础结构

和 VggNet 的过拟合之类的问题。初始模型可以更有效地利用计算资源，并在相同计算量下提取更多特征。初始模型涉及两个方面：1×1 卷积模块和多尺度卷积组合模块。大小为 1×1 的卷积模块不仅减少了数据量，而且还修改了线性函数 ReLU。另外，减小数据尺寸对特征没有影响。使用具有不同大小的滤波器对输入数据进行卷积或合并以提取不同特征的多尺度卷积。它还可以通过将数据在不同的过滤器上卷积来加速网络的收敛。GoogleNet 有许多派生网络，GoogleNet 最受欢迎的网络是 Inception_v3，如图 7-8(d)所示。

　　由于网络深度的增加，深度神经网络中会出现退化问题，因此某些深层网络的性能要比浅层网络的性能差。研究人员提出了使用跳跃连接来解决该问题的残差学习方法。ResNet 的核心思想是改变网络结构的学习目的。相比于最初网络通过卷积直接获得图像特征 $H(X)$，ResNet 学习图像和特征的残差 $H(X)-X$。原因是残余学习比直接学习原始图像要容易，ResNet 的结构如图 7-8(e)所示。

　　本节利用 AlexNet 网络，在 SIRI-WHU 数据集上进行训练。将数据集的 60%用于训练，20%用于验证，20%用于测试(Lv et al.，2018)。目前可选用的成熟平台有 TensorFlow、Pytorch、Caffe 等。Windows10 和 Ubuntu 均支持 TensorFlow，可利用原生的 TensorFlow 在 Windows10 系统下进行实验。

由于数据量有限，可以选择迁移学习的方式训练 AlexNet，即利用已经训练好的网络参数对网络进行初始化，并对全连接层的参数进行重新训练。训练结果表明，CNN 能够提取图像中存在的深度特征，对复杂的遥感场景具有很高的适应性。AlexNet 测试分类的精度可达 96%，明显优于目前存在的方法。图 7-9 显示了 AlexNet 测试数据的测试结果。

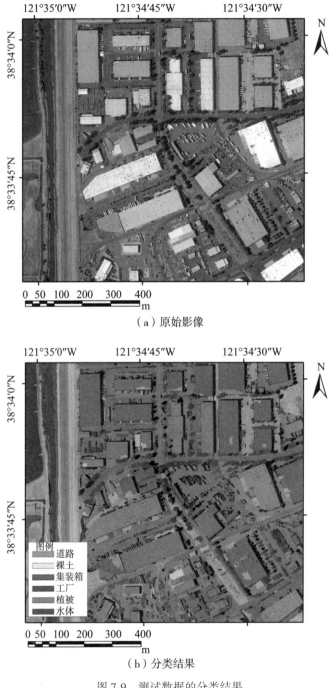

（a）原始影像

（b）分类结果

图 7-9　测试数据的分类结果

2. 基于语义分割网络的城市地表要素分类

随着技术的革新和硬件的发展，城市地表要素的提取技术由传统的随机森林、支持向量机等机器学习方法逐渐转向深度学习方法。语义分割网络是由图像场景分类网络演化而来的，图像场景分类关注的是该图像是否含有某类对象，而语义分割则是关注哪些像素属于某类对象。图像语义分割的目标在于标记图片中每一个像素，根据图像本身的纹理、颜色以及场景等信息，将每一个像素与其表示的类别对应起来。因为会预测图像中的每一个像素，所以一般将这样的任务称为密集预测，如图 7-10 所示。

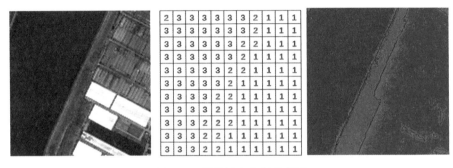

图 7-10　图像语义分割示意图

对高分辨率遥感图像进行语义分割，是遥感图像处理中的重要一环，城市地表要素提取的本质就是将不同类型要素从遥感图像中区分出来。遥感图像包含的地物信息丰富、目标结构复杂、背景多变，传统的处理方法主要是利用图像中像素或者区域的纹理、颜色等信息差异来达到分割地物的目的。近年来，由于深度学习，特别是深度卷积网络的飞速发展以及广泛应用，可以自适应地提取遥感图像中浅层和深层特征，因此，将基于深度学习的语义分割网络应用到高分辨率遥感的城市地表要素提取具有重要的意义。

针对这项任务，构建神经网络架构的方法是简单地堆叠大量卷积层(用 0 填充保留维度)后输出最终的分割映射。通过特征图的接连转换，直接从输入图像学到相对应的分割映射。然而，在整个网络中要保留完整分辨率的计算成本是很高的，如图 7-11 所示。

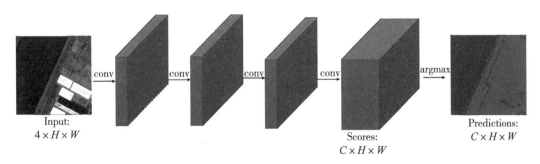

图 7-11　全分辨率语义分割网络示意图

回顾语义分割所运用的深度卷积网络，前期的卷积层更倾向于学习低级概念，而后期的卷积层则会产生更高级(且专一)的特征图。为了保持表达性，一般而言，当我们到达更深层的网络时，需要增加特征图(通道)的数量。对图像分类任务而言，这不一定会造成什么问题，因为我们只需要关注图像里面有什么，而不是目标类别对象的位置。因此，我们可以通过池化或逐步卷积(即压缩空间分辨率)定期对特征图进行下采样以缓和计算压力。常用的图像分割模型的方法遵循 Encoder-Decoder 结构，在这个结构中，我们对输入图像的空间分辨率进行下采样，产生分辨率更低的特征图，通过学习这些特征图可以更高效地分辨类别，还可以将这些特征表征上采样至完整分辨率的分割图。针对遥感图像的语义分割网络，往往都是借鉴自然图像领域内的卷积神经网络结构，目前基于 Encoder-Decoder 结构的网络主要有 FCN、UNet、SegNet、DeepLab 和 PSPNet 等。针对城市地表要素的分类，需要构建城市地表要素的样本集，利用上述网络采用端到端的训练方式训练网络模型，从而对城市地表要素完成场景分类。

◎ 思考题

1. 目前城市遥感信息提取与高空间分辨率遥感图像解译相关的专项计划已经开展了很多，请列举出相关的全球土地利用/覆盖数据产品。

2. 土地利用覆盖分类的目的是什么？有哪些分类方法？其优缺点各是什么？

◎ 本章参考文献

[1] Li S W, Wang Z B, Yang J S. Method of fast extracting typical urban land cover information using remote sensing[J]. Computer Engineering and Design, 2014, 35(3): 1088-1094.

[2] He Kaiming, Zhang X, Ren S, et al. Deep residual learning for image recognition[C]// 2016 IEEE Conference on Computer Vision and Pattern Recognition(CVPR). 2016.

[3] He L, Li J, Liu C, et al. Recent advances on spectral-spatial hyperspectral image classification: An overview and new guidelines[J]. IEEE Transactions on Geoscience and Remote Sensing, 2017, 56(3): 1579-1597.

[4] Huang C, Davis L S, Townshend J R G. An assessment of support vector machines for land cover classification[J]. International Journal of remote sensing, 2002, 23(4): 725-749.

[5] Krizhevsky A, Sutskever I, Hinton G. ImageNet Classification with Deep Convolutional Neural Networks[C]// NIPS. Curran Associates Inc. 2012.

[6] Li J, Bioucas-Dias J M, Plaza A. Semisupervised hyperspectral image segmentation using multinomial logistic regression with active learning[J]. IEEE Transactions on Geoscience and Remote Sensing, 2010, 48(11): 4085-4098.

[7] Li M, Stein A, Bijker W, et al. Region-based urban road extraction from VHR satellite images using Binary Partition Tree[J]. International Journal of Applied Earth Observation and Geoinformation, 2016.

［8］Lv X, Ming D, Chen Y Y, et al. Very high resolution remote sensing image classification with SEEDS-CNN and scale effect analysis for superpixel CNN classification ［J］. International Journal of Remote Sensing, 2018, 40(38): 1-26.

［9］McFeeters S K, The use of the Normalized Difference Water Index(NDWI)in the delineation of open water features［J］. International Journal of Remote Sensing, 1996, 17 (7): 1425-1432.

［10］Shao Z F, Tang P, Wang Z, et al. BRRNet: A fully convolutional neural network for automatic building extraction from high-resolution remote sensing images ［J］. Remote Sensing, 2020, 12: 1050.

［11］Simonyan K, Zisserman A. Very deep convolutional networks for large-scale image recognition［J］. Computer Science, 2014(9).

［12］Wu G. A review of remote-sensing-based spatial/temporal information capturing for water resource studies in Poyang Lake［C］//The International Society for Optical Engineering, 2009: 7492.

［13］Zhu C, Shi W, Pesaresi M, et al. The recognition of road network from high-resolution satellite remotely sensed data using image morphological characteristics［J］. International Journal of Remote Sensing, 2005, 26(24): 5493-5508.

［14］Szegdy C, Liu W, Jia Y P, et al. Going deeper with convolutions［C］//Computer Vision and Pattern Pecognition, 2014.

［15］陈军，陈晋，廖安平，等. 全球 30 米地表覆盖遥感制图关键技术与产品研发［J］. 中国科技成果，2018(13): 59-60.

［16］陈军，廖安平，陈晋，等. 全球30m地表覆盖遥感数据产品——GlobeLand30［J］. 地理信息世界，2017，24(1): 1-8.

［17］陈亮，刘希，张元. 结合光谱角的最大似然法遥感图像分类［J］. 测绘工程，2007，16(3): 40-42.

［18］程灿然，基于GF-1卫星图像的城市绿地信息提取与景观格局研究［D］. 兰州：兰州交通大学，2017: 55.

［19］杜培军，谭琨，夏俊士. 高光谱遥感图像分类与支持向量机应用研究［M］. 北京：科学出版社，2012.

［20］何国金，等. 对地观测大数据开放共享：挑战与思考［J］. 中国科学院院刊，2018，33(08): 783-790.

［21］李彦冬，郝宗波，雷航. 卷积神经网络研究综述［J］. 计算机应用，2016，36(9): 2508-2515, 2565.

［22］刘莉. 基于高分辨率遥感图像建筑物提取研究［D］. 长沙：中南大学，2013: 49.

［23］梅安新，彭望禄，秦其明. 遥感导论［M］. 北京：高等教育出版社，2001: 7.

［24］邵锐，巫兆聪，钟世明. 基于粗糙集的K-均值聚类算法在遥感图像分割中的应用

　　　［J］．现代测绘，2005（2）：3-5．

［25］王航，秦奋．遥感图像水体提取研究综述［J］．测绘科学，2018，43（5）：26-35．

［26］许可．卷积神经网络在图像识别上的应用的研究［D］．杭州：浙江大学，2012：69．

［27］赵英时．遥感应用分析原理与方法［M］．北京：科学出版社，2003．

［28］周春艳．面向对象的高分辨率遥感图像信息提取技术［D］．青岛：山东科技大学，2006：105．

［29］朱述龙，张占睦．遥感图象获取与分析［M］．北京：科学出版社，2000．

第8章 多光谱遥感图像解译

8.1 多光谱遥感图像解译的适用场景

相比于单波段图像，多光谱遥感图像拥有多个波段，包含更丰富的光谱信息。这使得多光谱图像显示地物的光谱特征比单波段图像强得多，它能表示出地物在不同光谱段的反射率变化。例如，陆地卫星 Landsat 8 所装载的 OLI 传感器可以获取多达 9 个不同波段的影像，波段范围可以从蓝色波段覆盖到短波红外波段，其中最小的波长范围为 $0.433 \sim 0.453\mu m$，最大的波长范围为 $2.100 \sim 2.300\mu m$。对于多光谱遥感图像的解译，往往需要将各地物的光谱反射特性联系起来，以充分发挥多光谱遥感图像的光谱信息优势，正确判读地物的属性和类型。

判读多光谱图像的一种常见方法是将几个波段进行假彩色合成。假彩色合成图像上的颜色表示了各波段亮度值在合成图像上所占的比率，这样可以直接在一张假彩色图像上进行判读。假彩色合成是为了更好地进行遥感图像解译，比真彩色更便于识别地物类型、范围大小等。在标准假彩色合成中，红外波段使用红色；红波段使用绿色；绿波段使用蓝色；蓝色与红色相加为品红，但红多蓝少；植物红外波段反射强，红色比例最大，因此偏红；土壤红波段反射强，绿色比例最大，此外绿色波段反射也较大，蓝色也占一定比例，因此是绿色偏蓝，带一点青色；清水各波段反射都较弱，绿色波段反射稍强，因此偏蓝黑。其他各种地物由于波谱特性各不一样，因此颜色也不同，但与其波谱反射率关系密切，还与合成时所选择的波段和滤光片有关。

相比于高分辨率遥感影像，多光谱遥感影像往往具有更多的波段，可以获取更多地物的光谱信息。多光谱遥感图像解译在目标地物具有显著光谱特性的场景下效果较好，例如水体、植被解译(图 8-1)。水体在各波段反射都较小，而植被由于叶子色素、细胞结构等因素也拥有独特的光谱特性。

本节分别以水体解译和植被解译为例，阐述多光谱遥感图像解译原理。

8.1.1 水体解译原理

水体在接受太阳辐射的作用以后，对太阳辐射的反射能力减弱。而相比之下，陆地的反射能力较强。这使得图像中水体和周围陆地的色调差异较大，这一特征成为识别水体的重要依据。从可见光到近红外波段，水体的反射率一直很低，且水体反射率会随着波长的变大而逐渐变小，在波长大于 2400nm 后会接近于零。这是由于水体在近红外及更长波长的波段内，会吸收大量的辐射能量，而其他地物如植被、土壤并不具备这种吸收特性。因

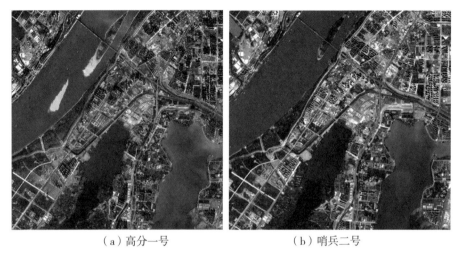

（a）高分一号　　　　　　　　　（b）哨兵二号

图 8-1　武汉遥感影像真彩色示意图

此，以水体的光谱特征为解译水体的突破口，可以将水体和非水体区分开。从遥感影像中提取水体信息通常都是基于水体这一独特的光谱特征，利用可见光波段和红外波段的水体反射率特性来增强水体特征，对增强的结果进行阈值化，实现水体的提取(图 8-2)。

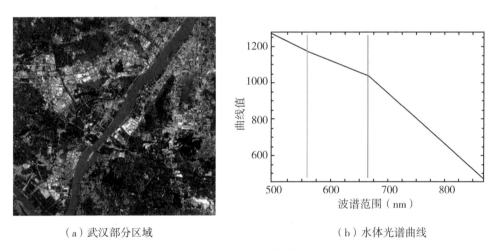

（a）武汉部分区域　　　　　　　　　（b）水体光谱曲线

图 8-2　哨兵二号影像示例(一)

水体指数法以多光谱遥感图像的波段组合为基础，因其结构简单、通俗易懂且在提取水体上具有不错的效果，而被广泛用于遥感水体信息提取的相关研究中。同时，在对特定实验区域进行研究时，指数的波段组合更容易根据实验需求进行针对性的改进。下面简要介绍两个经典的水体指数。

1. 归一化差分水体指数(NDWI)

归一化差分水体指数(NDWI),由 Mcfeeters 于 1996 年在权威国际遥感学术杂志上发表,该指数在获取水体信息上具有良好的效果而被广泛认可。其表达式见式(5-11)。

在 Landsat TM/ETM+影像中,波段 2(0.52~0.60μm)和波段 4(0.76~0.90μm)分别对应绿波段和近红外波段;而在 Landsat OLI 影像中,波段 3(0.525~0.60μm)和波段 5(0.845~0.885μm)分别对应绿波段和近红外波段。归一化差分水体指数 NDWI,是通过影像中绿波段与近红外波段的归一化比值来实现遥感影像水体信息的提取(图 8-3)。但在影像背景中存在大量建筑物的情况下,NDWI 处理后的影像里建筑物的阴影和水体色调相似,因此在城市场景中 NDWI 解译水体的效果会有所下降。

图 8-3 研究区域的 NDWI

2. 改进的归一化差分水体指数(MNDWI)

徐涵秋将归一化差分水体指数(NDWI)的近红外波段替换为中红外波段,得到改进的归一化差分水体指数(MNDWI)(Xu,2006)。该水体指数是目前最典型、最为广泛运用的水体指数之一。在近红外波段向中红外波段过渡的过程中,建筑物的光谱反射率会产生突然增强的现象。而水体的光谱反射率的变化特征则不同,水体反射率整体上呈现随着波长增大而逐渐变小的趋势。由于水体和建筑物二者反射率具有相反的变化趋势,水体与建筑物在 MNDWI 特征图中的色调相差很大,这有效地降低了建筑物被误检为水体的概率,使提取结果变得更为精确。根据上述两种地物光谱反射率的反差现象,改进的归一化差分水体指数 MNDWI 的公式表示如下:

$$\mathrm{MNDWI} = \frac{G - \mathrm{MIR}}{G + \mathrm{MIR}} \tag{8-1}$$

式中，G、MIR 分别代表绿波段范围和中红外波段范围所对应的波段反射率值。在 Landsat TM/ETM+影像中，波段 2(0.52~0.60μm) 和波段 5(1.55~1.75μm) 分别对应绿波段和中红外波段；而在 Landsat OLI 影像中，波段 3(0.525~0.60μm) 和波段 6(1.56~1.66μm) 分别对应绿波段和中红外波段。

8.1.2　植被解译原理

植物的反射特性主要由叶子的色素、细胞结构和含水量等因素形成(图 8-4)。色素的影响主要在 0.4~0.7μm 的可见光区域，叶绿素对蓝色光和红色光吸收多，对绿色光吸收少。如果叶片中含叶红素、叶黄素(均为黄色色素)或花青苷素(红色色素)，则植物的反射特性曲线在可见光部分将发生变化，对红光吸收会变少，但对蓝光仍吸收多，在红外区(<2.6μm)变化不大。通常，患病植物的叶绿素减少，总体上可见光的反射率会提高，特别是在红色光的反射率。

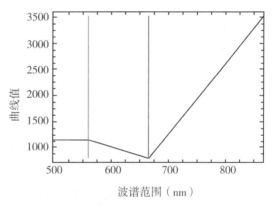

（a）武汉部分区域（假彩色显示）　　　　　　　（b）多光谱植被光谱曲线

图 8-4　哨兵二号影像示例(二)

不同植物细胞结构对反射特性的影响主要表现在红外部分，例如玉米和大豆的反射率在红外波段具有一定差异。近红外部分的反射特性还与叶子的稠密程度有关。大多数类型的植物，对近红外光的反射率为 45%~50%，透射率也为 45%~50%，吸收率小于 5%。如果有重叠覆盖的叶子，则从上一片叶子透过来的红外光将再次被反射。植物叶子的稠密程度与植物长势密切相关，一般来说叶子茂密则长势好。如果用假彩色合成，长势好的植物红色更鲜，可以从这个角度来探测植物的长势。

植物叶子的含水量变化对其反射特性曲线也有影响，在 1.3μm 以后较明显。叶子中含水量变少，0.66μm 处变化较大(一般作物成熟时，叶子含水量会明显减少)，另 1.4μm 和 1.94μm 两处变化最大，而这两处为水汽吸收带，不在大气窗口内。由于叶子水分失去，内部构造也会发生变化，因此近红外波段的反射率也发生了较大变化。植物叶子的含水量与植物的生长期和长势有密切关系。

几种常见的植被指数及其变形式如表 8-1、图 8-5 所示。

表 8-1 常见的植被指数及表达式

植被指数	表达式
归一化差分植被指数（NDVI）	$\dfrac{NIR-R}{NIR+R}$
比值植被指数（RVI）	$\dfrac{NIR}{R}$
可见光波段差异植被指数（VDVI）	$\dfrac{2NIR-(NIR+R)}{2NIR+(NIR+R)}$
差值植被指数（DVI）	$NIR-R$
修正型土壤调整植被指数（MSAVI）	$\dfrac{2NIR+1-\sqrt{(2NIR+1)^2-8(NIR-R)}}{2}$

注：表中 R，NIR 分别表示遥感图像的红波段和近红外波段的反射率值。

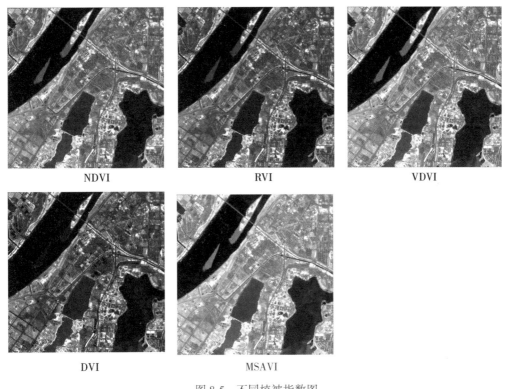

图 8-5 不同植被指数图

8.2 卫星多光谱遥感图像解译

在众多的卫星多光谱图像中，Landsat 系列影像由于获取较容易、预处理方便、长时间序列的优势，在地物遥感解译领域中被广泛使用。陆地卫星 Landsat 是美国用于探测地球资源与环境的系列地球观测卫星系统，目前应用较为广泛的是该系列的 TM 和 OLI 影像数据。Landsat 8 于 2013 年发射，主要依靠陆地成像仪(Operational Land Imager，OLI)和热红外传感器(Thermal Infrared Sensor，TIRS)获取影像数据。下面介绍一种采用 Landsat OLI 影像解译城市湖泊对象的方法。

城市湖泊位于城市内部，受人类生产活动和城市土地利用影响较大，其水体流通性一般较差，水体自我净化能力弱，容易出现不同程度的富营养化、黑臭污染的现象。这使得在遥感影像中，城市湖泊的水体透明度低，颜色较深，亮度偏暗，与江水等流通性较好的水体的亮色调呈现较大反差。由于一般水体指数如归一化差分水体指数(NDWI)侧重在各类地物背景中将水体提取出来，无法直接满足城市湖泊研究中城市湖泊精确提取的需求。为了实现对城市湖泊进行精确提取，本节以武汉市中心城区为研究区域，通过对影像上不同水体的光谱进行对比分析，提出新的城市湖泊提取指数，并在面向对象思想的基础上建立了针对城市湖泊对象提取的方法模型。

为了从遥感影像光谱特征差异的角度对城市湖泊与江水进行区分，本节借助 ENVI 平台快速获取像素光谱信息的功能，对经预处理后的武汉市中心城区遥感影像中江水和城市湖泊随机采样，得到若干江水像素点和城市湖泊像素点的坐标和光谱信息，并分别进行保存。由于用于大气校正的 FLAASH 模型输出反射率图像的默认尺度系数为 10000，像元数值域为[0，10000]，故需将采样像元的亮度值除以该尺度系数才能得到像元的实际反射率。

分别绘制江水和城市湖泊两类水体像元的反射率随波段变化曲线如图 8-6 所示，(a)图中蓝色折线代表中心城区城市湖泊像元反射率值随波段变化的曲线，(b)图中绿色折线代表江水像元反射率值随波段变化的曲线，图中每一条折线均对应该类水体的一个采样像素点。图中横坐标轴代表 Landsat 8 OLI 影像的波段序号，这 7 个波段序号按顺序分别对应 OLI 传感器的前七个波段，纵坐标轴为经过辐射定标、大气校正的像元反射率。

从整体上来看，在纵坐标轴正方向上绿色折线大致位于蓝色折线上方，可以推测江水的光谱反射率整体上大于中心城区湖泊的光谱反射率，这也与影像里江水的色调相较中心城区湖泊亮的实际情况相符合。

通过将采集的两类水体的像素反射率值分别进行平均，可得到如图 8-7 所示的两条平均反射率曲线，其中蓝线表示江水像元的平均光谱反射率随 OLI 影像波段号变大而变化的情况，橙线表示中心城区城市湖泊像元的平均光谱反射率随 OLI 影像波段号变大而变化的情况。比较两条折线可知，江水的反射率整体上大于城市湖泊的反射率，江水和城市湖泊在 OLI 影像 5、6、7 波段即近红外波段和两个中红外波段上反射率大小近乎一致，而在 OLI 影像的 3、4 波段即绿、红两个波段上反射率的差值较大，其中在红波段上二者的反射率差值是最大的。

为了满足从影像中提取水体的同时，增强中心城区内江河水体和城市湖泊水体之间的光谱差异，从而对两种水体进行区分，完成城市湖泊的一次性提取。本节以上述城市湖泊

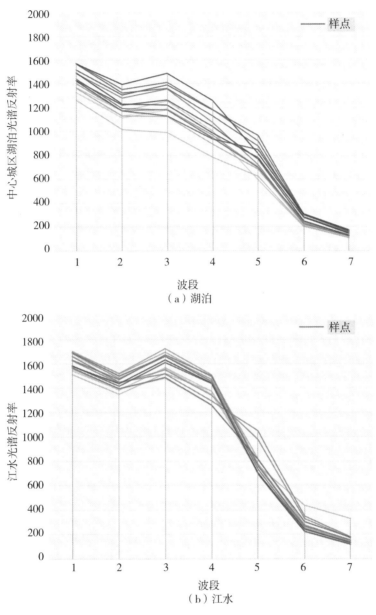

图 8-6 城市湖泊与江水的反射率随波段变化曲线

和江水的平均光谱曲线特征为基础，提出城市湖泊指数(Urban Lake Index，ULI)，其公式表示如下：

$$ULI = \frac{R - MIR}{NIR + MIR} \qquad (8-2)$$

式中，R 为影像的红波段反射率值；NIR、MIR 分别代表影像的近红外、中红外波段反射

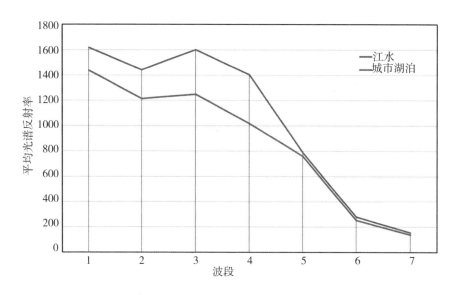

图 8-7　江水与城市湖泊的平均反射率随波段变化曲线

率值。由于水体在近红外、中红外波段的低反射率是水体与非水体产生差异的主要依据，中红外波段对遥感图像中易于水体混淆的阴影有良好的抑制作用，而城市湖泊和江水在红波段的光谱反射率差异最大，故采用红波段、近红外波段、中红外波段来构建城市湖泊指数。

　　ULI 指数区分城市湖泊与江水的原理主要是根据两种水体整体上的光谱差异，即水体的混浊程度。倘若是一个水域面积较大的城市湖泊，湖泊中心区域的水质和靠近岸上边缘的水质很有可能不同，靠近城市建成区的一侧水体和相对远离的另一侧水体之间颜色深浅也可能不一致。如果采用像素级别的分类方法对遥感影像进行分类，由于亮度低的水体像素更容易被作为湖泊提取出来，而亮度较高的水体像素将被剔除，这会使得面积较大且范围内部清澈程度不一致的城市湖泊提取结果不完整。

　　为了验证 ULI 指数对城市湖泊的提取能力，本节以武汉市中心城区为实验区域，采用该指数对预处理后的 2015 年武汉市中心城区影像进行波段计算，结果如图 8-8（a）所示。其中长江水体亮度最亮，背景地物最暗，城市湖泊的色调处于长江水体、非水体二者亮度之间，呈现灰亮色，这说明该城市湖泊指数对于长江水体、湖泊水体、非水体三类具有一定的区分力。同样，对同一幅影像计算 MNDWI 指数，结果如图 8-8（b）所示。虽然 MNDWI 指数能很好地分割水体和非水体背景，但是长江水体和湖泊水体的色调相似，均为亮色调，无法完成长江水体和城市湖泊之间的区分。通过将两种指数运算结果进行对比，MNDWI 只能将水体从背景中分离出来，但不能区分不同类型水体。而在 ULI 指数的运算结果中，湖泊水体比背景地物亮，比长江暗，这一特征使得该指数对城市湖泊的直接提取成为可能。

　　如果我们直接对 2015 年武汉市中心城区 Landsat 8 OLI 影像进行 ULI 指数计算来提取

（a）ULI指数图　　　　　　　　　　　（b）MNDWI指数图

图 8-8　ULI 与 MNDWI 指数运算结果对比图

城市湖泊，设置阈值区间将影像像素分为长江、城市湖泊、非水体三类，部分分类结果如图 8-9 所示。从图 8-9 中可以看到，虽然沙湖得以正确提取，但东湖中心部分的水域分类错误，存在部分水体由于水质较清澈被判别为江水的现象。同时可以看到长江靠近边缘的部分水体也被分类为湖泊，这是因为长江岸边泥沙较厚使得边缘水体亮度变暗。因此，在像素级别上单独使用城市湖泊指数来提取完整的城市湖泊是存在一定困难的。像素级分类难以满足将城市湖泊对象从背景影像中提取出来的需求。

图 8-9　在像素级别下 ULI 的分类结果

因此，为了能在提取水体的同时，尽可能剔除江水水体，完整地提取城市湖泊，本节采用多尺度分割的方法，将以像素为最小单位的影像初步分割成像素簇组成的图斑网状结构，使用城市湖泊指数（ULI）作为分类特征参与分类，分类样本选择城市湖泊作为正样本，选择江水、非水体作为负样本，从而构建城市湖泊提取指数模型，来实现遥感影像中城市湖泊对象的针对性提取（图 8-10）。

在多尺度分割的过程中，应该尽量使同一类水体(江水、湖泊)内部分块较少，这样可以保留湖泊边缘细节分割的完整性，也能在一定程度上避免在像素级分类时某一段长江水域色调偏暗，或城市湖泊内部某一区域湖水色调偏亮导致提取不完整。

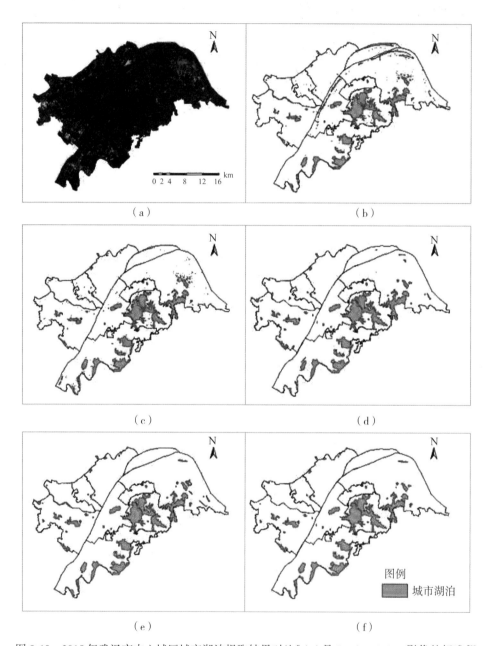

图 8-10　2015 年武汉市中心城区城市湖泊提取结果对比[(a)是 Landsat 8 OLI 影像的标准假彩色显示图，(b)、(c)分别是随机森林法、支持向量机法提取城市湖泊的结果，(d)、(e)、(f)分别是 NDWI、MNDWI、ULI 结合多尺度分割的城市湖泊提取结果]

8.3　航空多光谱图像解译

航空影像具有大范围获取数据的优势，且具有搭载重量大、数据质量高的特点，可以为实时、动态获取大区域数据提供基础保障。

赵勋等(2020)选取广西壮族自治区高峰林场试验区内的子区域为研究区(图8-11)，基于 DOM 航空影像数据源，使用面向对象的方法多层次分树种、多尺度对林区内桉树和杉木的单木树冠进行分类解译。

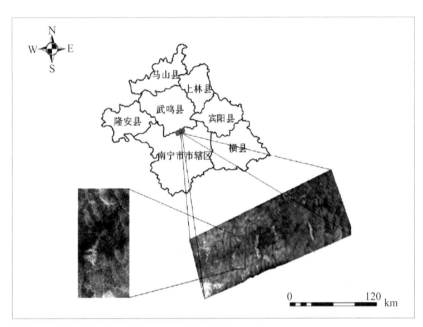

图 8-11　研究区位置示意图

航空影像数据获取时间为 2016 年 9 月，使用 R44 直升机作为飞行平台，搭载 3600 万像素的 CCD 相机获取该区域航空影像数据，空间分辨率为 0.2m。飞行范围为 108°20′9″—108°27′33″E，23°0′28″—22°56′3″N。拍摄天气以晴空为主，共飞行 3 架次，用时约 5h。对获取的数据进行几何精校正得到 DOM 航空影像数据。

本节以 DOM 航空影像为数据源，利用面向对象的方法提取单木树冠，由影像目视解译，结合语义信息分类方法确立多层次构建分类体系(图8-12)。

分类体系中，第 1 层基于整理后的小斑数据生成桉树林区和杉木林区；第 2 层以桉树和杉木为掩膜区分裸土和非裸土(植被区)。DOM 航空影像由 RGB 可见光 3 个波段组成，采用归一化绿红差分指数 NGRDI(Normalized Green-Red Difference Index)作为特征，隶属度分类得到裸土和非裸土区域；第 3 层以非裸土区域为掩膜执行反差分割，得到阴影和非阴影区域(植被区)；第 4 层在非阴影区域区分树冠信息、林间冠草和部分暗地物。由于传感器成像原因，树冠信息与林间灌木、草地和部分暗色地物交界边缘存在明显的亮度差异，根据影像

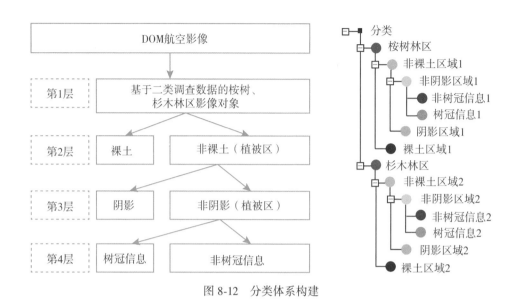

图 8-12 分类体系构建

对象边界对比度特征分析,使用隶属度分类结合边界对比度特征得到树冠信息和非树冠信息。最后,采用区域增长算法,以分类解译后的树冠信息种子对象为基底,指定树冠信息以外一定区域的漏提树冠信息为增长范围,提取单木树冠边界(图 8-13)。

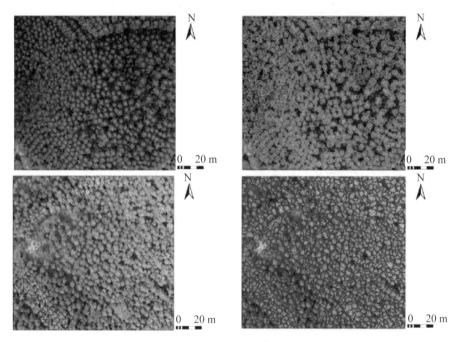

图 8-13 桉树和杉木林区部分单木树冠提取结果

8.4 无人机多光谱遥感图像解译

无人机遥感是以无人机作为载体，通过搭载相机（包括可见光相机、多光谱相机、热红外相机等）、激光雷达等各种传感器，来获取低空遥感数据。与航天遥感相比，无人机遥感具有云下低空飞行、高机动性等优势，且具备高时效、高时空分辨率的特点，广泛应用于生态监测、环境监测、灾害勘察、精准农业、草地生态监测等领域。

为了快速、准确、有效地估算天然草地地上生物量，孙世泽等（2018）以天山北坡天然牧场为研究区，针对研究区阴阳坡不同的植被类型，利用无人机多光谱影像（含近红外波段），结合地面生物量实测数据，对生物量和多种植被指数的估算模型进行了研究。无人机采用大疆 SpreadingWingS1000+八旋翼无人机，悬停功耗 1500W，整机重量 4.4kg，有效载荷 3kg。传感器为美国 Tetracam 公司生产的 Micro MCA12 Snap 多光谱相机，具有质量轻、体积小等特点，一共有 12 个波段，每个波段配备 1.3M 像素 CMOS 传感器，光圈 F3.2，焦距 9.6mm，图像分辨率为 1280×1024 像素。表 8-2 为其获取波段的中心波长及波宽。

表 8-2　　　　　　　　**Micro MCA12 Snap 多光谱相机中心波长及波宽**

波段	中心波长（nm）	波宽（nm）
1	470	10
2	515	10
3	550	10
4	610	10
5	656	10
6	710	10
7	760	10
8	800	10
9	830	10
10	860	10
11	900	20
12	950	40

其中，前 7 个波段位于可见光区域，第 6 波段位于红光区域，第 8 至 12 波段位于近红外区域。无人机拍摄的多光谱影像（合成波段：656nm，550nm，470nm）如图 8-14 所示。山脉以南北走向为主，其中绿色为植被，其他为非植被，西北部为阳坡，东南部为阴坡，阴阳坡交界处是一条河谷。

分别考虑阴阳坡，计算生物量和植被指数间的相关系数。阳坡区域，除 VDVI 外，生

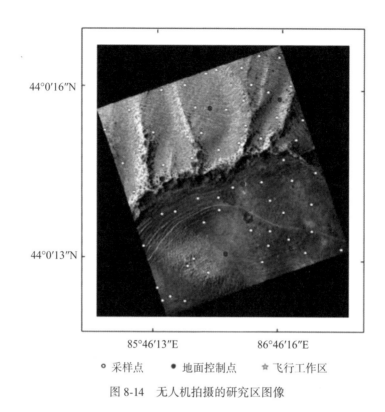

○ 采样点　● 地面控制点　☆ 飞行工作区

图 8-14　无人机拍摄的研究区图像

物量与植被指数间的相关性均达到显著水平，其中 RVI 对应的相关系数最高，R^2 达到 0.890，其次为 MSAVI、DVI 和 NDVI，最低为 VDVI，R^2 仅为 0.466。阴坡区域，植被指数与生物量的相关系数均达到 0.01 的显著水平，其中 RVI 最高，R^2 达到 0.907，其次依次为 MSAVI、NDVI、DVI 和 VDVI。

　　基于草地生物量和各植被指数相关性分析结果，进一步对草地地上生物量和植被指数进行回归分析，建立基于植被指数的草地地上生物量估算模型，统计估算模型的复相关系数 R^2、F 检验。在阴坡区域，RVI 的拟合效果最好，R^2 为 0.813，方程显著性检验 F 值最大，其次为 MSAVI、NDVI、DVI、VDVI 的拟合效果相对较差。阳坡区域，除 VDVI 外，各个植被指数和植被生物量的拟合效果均较好。相比较而言，RVI 的拟合效果最好，R^2 为 0.781。综合对比分析可知，利用植被指数 RVI 建立的阴阳坡植被生物量估算模型最优。图 8-15 和图 8-16 分别为阴坡、阳坡生物量与 RVI 拟合的曲线图。

　　由图 8-15 和 8-16 可知，由于阴坡植被覆盖度高，水分充足，RVI 主要集中在 1.6～4.0，而植被种类主要是绢蒿和针茅，生物量主要集中在 60～100g·m^{-2}；阳坡区域草地类型为荒漠草甸，植被主要为绢蒿，枝干粗壮，茎叶发达，但覆盖度低，RVI 主要集中在 1.5～3.9，生物量主要集中在 35～90g·m^{-2}。综合米看，阴坡、阳坡拟合效果均较好。图 8-17 为研究区典型区域生物量分布图。

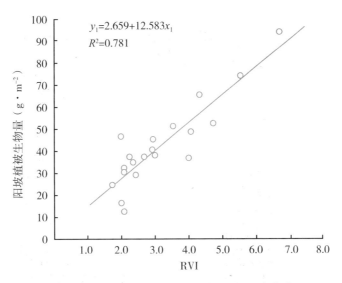

图 8-15 阳坡草地地上生物量与 RVI 的拟合曲线

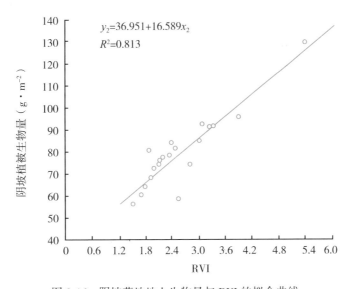

图 8-16 阴坡草地地上生物量与 RVI 的拟合曲线

验证样本实测值与预测值的散点关系图见图 8-18 和图 8-19。可以看出，利用植被指数 RVI 建立的阴阳坡估算模型预测的生物量和实测样方生物量有较好的对应关系，散点均匀分布在 1∶1 线两侧，RMSE 分别为 17.362 和 10.588，MRE 分别为 0.242 和 0.224，估算精度分别为 75.8% 和 77.6%，预测效果较好。

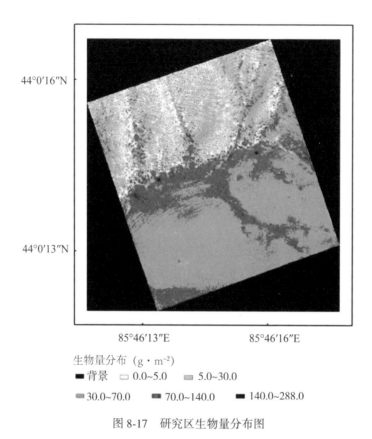

图 8-17　研究区生物量分布图

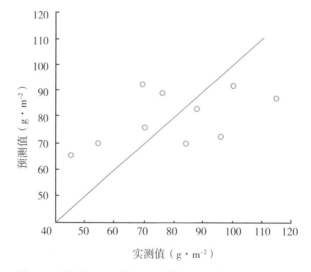

图 8-18　阴坡地上生物量预测值与实测值的散点关系图

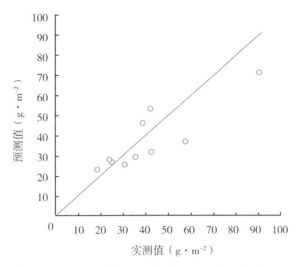

图 8-19　阳坡地上生物量预测值与实测值的散点关系图

◎ 思考题

1. 请列举几个基于开源多光谱图像的数据产品。

2. 基于多光谱影像的道路和建筑物解译，在解译方法上有哪些相同点和不同点？

3. 航空多光谱影像和无人机多光谱影像的解译应用优势分别是什么？

◎ 本章参考文献

[1]徐蓉，张增祥，赵春哲 . 湖泊水体遥感提取方法比较研究[J]. 遥感信息，2015，30（1）：111-118.

[2]孙世泽，汪传建，尹小君，等 . 无人机多光谱影像的天然草地生物量估算[J]. 遥感学报，2018，22(5)：848-856.

[3]赵勋，岳彩荣，李春干，等 . 基于 DOM 航空影像单木树冠提取[J]. 西北林学院学报，2020，35(2)：160-168.

[4]Xu Hanqin. Modification of normalised difference water index（NDWI）to enhance open water features in remotely sensed imagery［J］. International Journal of Remote Sensing，2006，27(12/14)：3025-3033.

第9章 高光谱遥感图像解译

高光谱遥感是用很窄而连续的光谱通道对地物持续遥感成像的技术。在可见光到短波红外波段其光谱分辨率高达纳米(nm)数量级，通常具有波段多的特点，光谱通道数多达数十甚至数百个以上，而且各光谱通道间往往是连续的。高光谱遥感图像解译是根据高光谱影像的特点对影像上各种地物的类别进行识别和区分的过程。

9.1 高光谱遥感图像解译的适用场景

高光谱遥感影像拥有同时获取地球表面物体光谱信息和空间信息的能力，其传感器所能探测接收的地物波谱可包括 γ 射线、X 射线、紫外线、可见光、近红外、中红外、热红外、微波以及中长波等波谱范围，通常情况下高光谱遥感影像中所利用的波谱范围是从可见光波谱到长波红外波谱之间的光谱范围(Shippert，2004)。与传统的全色、彩色以及多光谱遥感影像相比，高光谱遥感影像在不同波长的电磁波谱范围内形成近似连续的地物光谱曲线，从而可以提供精细丰富的地物光谱特征。同时，高光谱遥感成像光谱仪通过结合空间维度的信息，可为所获取的高光谱遥感影像形成影像立体数据，成像仪在 x 轴和 y 轴方向上形成高光谱遥感影像的空间维信息，光谱仪在 z 轴方向上可采集高光谱遥感影像中各像元的光谱维信息(Tsai，Philpot，1998)。通过高光谱遥感传感器中的成像光谱仪所获取的影像立体数据，可获得地球表面不同地物的具有识别性的光谱特征。图 9-1 阐述了高光谱遥感用于地物分析识别的基本原理，通过航空飞机或星载高光谱遥感成像光谱仪获取能够同时表达地表物体空间分布和光谱特征的高光谱遥感影像后，可运用影像中各像元具有一定地物类型属性或地物判别性光谱曲线特征，对如土壤、水体或植被等地物进行识别及定位(Okamoto et al.，2006)。

高光谱遥感影像的特点(赵锐，2017)如下。

1. 波段数量多，各波段宽度窄

成像光谱仪在可见光至近红外光谱区域内可获取数十甚至数百个波段，高光谱遥感影像中的每个像元各波段上的灰度值若按照波长排列，以波长为横轴，灰度值为纵轴，均可获得一条近似连续的地物光谱曲线。成像光谱仪所采集的高光谱遥感影像各波段宽度极小，通常其宽度小于 10nm。

2. 光谱范围广，光谱分辨率高

高光谱遥感影像所涵盖的光谱范围很广，包括可见光至长波红外间的波谱范围，由于

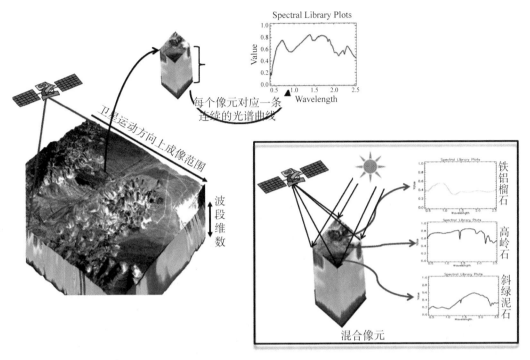

图 9-1　高光谱遥感地物分析识别原理图

成像光谱仪采样间隔极小，高光谱遥感影像则具有很高的光谱分辨率，可反映地表物体精细的光谱特征，为地物识别及分析提供了有力的判别性光谱依据。

3. "空谱合一"

高光谱遥感影像可同时提供地表物体的空间域信息和光谱域信息，可形成具有空间-光谱特性合一的高光谱遥感影像立方体数据，这也是高光谱遥感影像区别于全色、彩色、多光谱遥感等影像的最显著特点。

4. 数据量大

由于高光谱遥感影像数据的波段数量多，所涵盖的光谱范围广，同时成像光谱仪需同时采集空间和光谱维度上的信息，因此高光谱遥感影像通常具有较大的数据量，有海量数据之称。

5. 混合像元现象

由于相比于多光谱遥感影像，高光谱遥感影像的空间分辨率较低，从而影像中的像元内可能存在多种地物类型，导致像元光谱信息由多种地物光谱混合而成。同时由于成像过程中可能存在较为复杂的光谱反射或散射情况，导致非线性光谱混合现象的产生，从而使高光谱遥感影像在其数据空间中具有复杂的数据分布特点。

图 9-2 是罗切斯特理工学院（Rochester Institute of Technology，RIT）提供的由机载的 HyMap 所获取的高光谱目标探测标准数据集，空间分辨率为 3m，拍摄于美国蒙大拿州库克市。其中，3 辆不同颜色的汽车为感兴趣的目标地物，红色方框展示的为感兴趣目标车辆及其在影像中的位置，蓝色方框指示的为道路边缘与周围植被混合的情况。显然，根据空间分辨率的大小与感兴趣目标车辆的尺寸可知，目标车辆包含在像元的内部，并与周围背景叠加成混合像元。而由道路、植被光谱曲线图也可看出，植被与道路的光谱相互叠加，混合了植被的道路光谱与植被光谱的差异性变小。

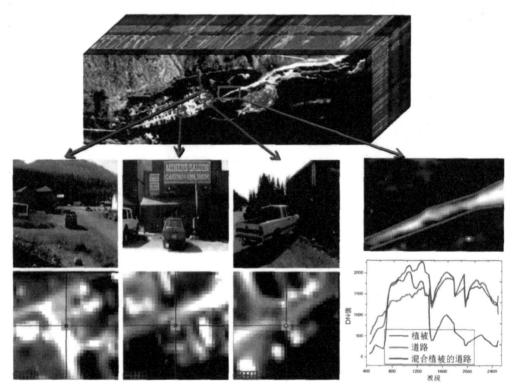

图 9-2　HyMap RIT 影像中混合像元光谱示意图（董燕妮，2017）

6. 相邻波段间相关性较大，冗余信息多

由于成像光谱仪在高光谱遥感影像所涵盖的光谱范围内采集的波段间隔极小，因此在高光谱遥感影像中相邻的波段间通常具有很大的相关性信息，使得高光谱遥感影像数据具有很高的数据冗余。在训练样本有限的情况下，高光谱影像的解译精度不会随着特征维数（影像波段数）的增加而提高，反而会出现下降的趋势，出现 Hughes 现象，即"维数灾难"。

依托于高光谱遥感技术和计算机分析技术的发展，高光谱遥感传感器中的成像光谱仪所获取的具有精细光谱特征的高光谱遥感影像，可在其不同波谱范围中实现不同的应用价值，如图 9-3 所示为高光谱遥感不同波谱范围所对应的应用。例如，在绿光波谱内可穿透水面进行水下探测或识别水面上的油污(Haboudane et al.，2004)，在红光波谱内有利于进行植被识别与分析(Liu et al.，2009)，在近红外和短波红外波谱内可进行伪装探测与识别(Verrelst et al.，2012)，在长波红外波谱上有利于进行植被密度及其覆盖类型分析(Sabins，2007)等。高光谱遥感影像所具有的实际应用价值可为民用生产、生态建设以及国防发展等方面提供巨大力量(Collins et al.，1982)。

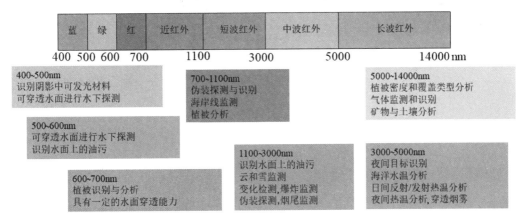

图 9-3 高光谱遥感技术在不同波长上的应用

9.2 高光谱图像及其特性

本节将根据不同的遥感平台分别介绍星载、航空、无人机和地面高光谱遥感影像机器特性。

9.2.1 星载高光谱影像及其特性

20 世纪 90 年代开始，国际上致力于研制星载高光谱成像仪。目前，在卫星平台上已搭载了不同空间分辨率和光谱分辨率的高光谱成像仪。比较典型的星载高光谱成像仪有：美国搭载在 EO-1(Earth Observing-1)卫星上的高光谱成像仪 Hyperion，欧空局在轨自主运行计划 PROBA-1(Project for On-Board Autonomy)中研制的紧凑型高分辨率成像光谱仪 CHRIS(Compact High-Resolution Imaging Spectrometer)，美国搭载在 EO-1 卫星上的高光谱成像仪 LAC(LEISA Atmospheric Corrector)，中国天宫一号(TianGong-1)高光谱成像仪。图 9-4 是星载高光谱数据获取过程。

在高光谱成像及应用技术方面，中国经过 20 多年的技术积累和科技攻关，在国家"高分辨率对地观测系统重大专项工程"的支持下，2018 年 5 月 9 日成功发射了世界首颗大气和陆地综合观测全谱段高光谱卫星——高分五号(GF-5)卫星。星上搭载了 6 台从陆地到大气的高光谱观测载荷，其中包括中国首个具有自主知识产权的先进可见短波红外高光谱相机(AHSI)。该载荷具有 60km 的地面幅宽，30m 的空间分辨率，400~2500nm 的光

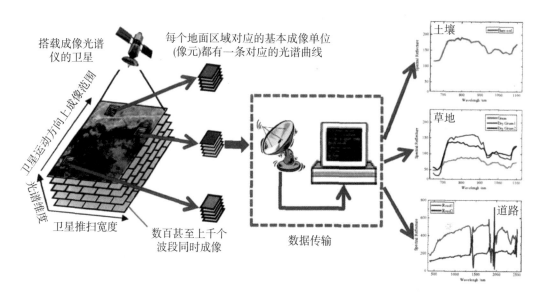

图 9-4 星载高光谱数据获取过程

谱范围和 330 个波段。发射至今在轨运行近两年来，围绕 AHSI 载荷的各项参数和性能，在定标、数据处理及应用等方面开展了广泛的测试和研究，取得重要进展。珠海一号卫星星座 01 组 2 颗卫星，2017 年 6 月 15 日在酒泉卫星发射中心发射升空；02 组 5 颗卫星，2018 年 4 月 26 日在酒泉卫星发射中心，由长征十一号固体运载火箭以"一箭五星"方式成功发射，5 颗卫星进入预定轨道，与在轨的 2 颗卫星形成组网。表 9-1 为典型星载高光谱成像仪的主要参数。

表 9-1　　　　　　　　　　　　　典型的星载高光谱成像仪的主要参数

传感器	光谱范围（μm）	波段数	光谱分辨率（nm）	空间分辨率（m）	国家	时间
Hyperion（EO-1）	0.4~2.5	220	10	30	美国	2000—2017 年
CHRIS（Proba-1）	0.4~1.0	150	1.25~11	17/34	欧空局	2001—2018 年
C-HRIS	0.43~2.4	128	10~20	40	中国	2000 年
CMODIS	0.4~12.5	34	20	400~500	中国	2002 年
HJ-1A	0.4~0.95	115	—	100	中国	2008—2017 年
天宫一号高光谱成像仪	0.4~2.5	128	10~20	10~20		2011 年
AHSI（GF-5）	0.4~2.5	330	5/10	30	中国	2018 年—
ENMAP	0.42~2.45	228	6.5/10	30	德国	—
珠海一号欧比特 OHS 高光谱卫星	0.46~0.94	32	6	10	中国	2018 年—

9.2.2 航空高光谱影像及其特性

航空成像高光谱遥感是以飞机为平台的高光谱图像(也称为机载高光谱影像)及相关遥感数据获取、处理及应用技术。通过航空成像高光谱测量,获取高光谱遥感数据,对高光谱数据进行处理和专题信息提取,可为地质调查、矿产勘查、地质环境监测领域的应用与研究提供高光谱遥感数据产品和基础资料。

20 世纪 70 年代末,由于 CCD 探测阵列、电子、计算机等技术的成熟,为第一台机载成像光谱仪的产生提供了技术支撑。在这些技术的推动下,成像光谱仪的制作列入了科学计划,JPL(Jet Propulsion Laboratory,喷气与动力实验室)研制了世界著名的 AIS(Aero Imaging Spectrometer)机载成像光谱仪(Green,1998),对未来成像光谱仪的研制产生了深远的影响。AIS 的成功也为另一台世界著名的成像光谱仪机载可见/红外光谱仪(Airborne Visible Infrared Imaging Spectrometer,AVIRIS)的研制起到重要的推动作用,AVIRIS 机载成像光谱测量系统可以获取 380~2510nm 光谱范围的上行光谱辐射,该系统具有 10nm 的光谱采样间隔和统一的光谱响应函数(Zhong et al.,2014),之后系统不断升级,满足了许多科学研究和应用的需要。在 AVIRIS 机载成像光谱测量系统的示范作用下,许多新的测量系统研制成功并得到广泛应用。1995 年,美国海军实验室 NRL(United States Naval Research Laboratory)成功研制了高光谱数字图像实验仪 HYDICE(Hyperspectral Digital Imagery Collection Experiment)。1992 年,芬兰研制了机载高成像光谱仪 AISI(Airborne Imaging Spectrometer for Applications),该仪器的波段覆盖范围是 450~900nm,光谱分辨率分别是 1.6nm,共有 288 个光谱通道。加拿大研制了小型机载成像仪 CASI(Compact Airborne Spectrographic Imager),短波红外范围的 SASI(Shortwave Infrared Airborne Spectrographic Imager)及热红外范围的 TASI(Thermal Airborne Spectrographic Imager)光谱仪,其中,CASI 的光谱范围是 450~1050nm,光谱分辨率可达 1.8nm,共有 288 个光谱通道,瞬时视场是 1.2mrad。澳大利亚研制的高光谱制图仪 HyMap(Hyperspectral Mapper)共有 128 个波段。在 440~250nm 波谱范围内有 126 个波段,光谱分辨率是 15~20nm;还有两个热红外波段,分别在 3000~5000nm 和 8000~10000nm 波长区域内。德国研制的反射光谱系统成像光谱仪 ROSIS(Reflective Optics System Imaging Spectrometer)的光谱范围是 430~960nm,光谱分辨率是 5nm。国内外主要机载成像光谱测量系统如表 9-2 所示。

表 9-2 国内外主要的机载成像光谱测量系统

传感器	光谱范围 (μm)	波段数	光谱分辨率 (nm)	国家	时间
AVIRIS	0.36~2.5	224	10	美国	1986 年
AVIRIS-NG	0.38~2.5	480	5	美国	2012 年
CASI/SASI/TASI	0.38~1.05 0.98~2.45 8~12	288 101 32	3	加拿大`	1989 年

续表

传感器	光谱范围 （μm）	波段数	光谱分辨率 （nm）	国家	时间
HyMap	0.44~2.5 3~5 8~12	126 1 1	20	澳大利亚	
PHI-1	0.4~0.8	244	5	中国	2001 年
AsiaFENIX	0.38~2.5	622	3.5/12	芬兰	2017 年
OMIS-Ⅱ	0.46~1.25	211	10	中国	2000 年
HYDICE	0.4~2.5	210	3-20	美国	1995 年
AISI	0.45~0.9	288	1.6	芬兰	1992 年
ROSIS	0.43~0.96	115	5	德国	

相比国外的研究，国内的机载高光谱成像仪技术也取得了很大的进展。20 世纪 70 年代，各种类型的通用/专用航空扫描仪相继问世，光谱覆盖范围从紫外到热红外，波段数扩展到 60 多个。1997 年，研制了推扫式超光谱成像仪 PHI（Push-broom Hyperspectral Imaging），其光谱覆盖范围是 400~850nm，光谱分辨率是 1.88nm，共有 224 个光谱通道，瞬时视场是 1.1mrad（表 9-2）。2000 年，中国科学院上海技术物理研究所成功研制了实用型模块化成像光谱仪系统 OMIS（Operational Modular Imaging Spectrometer），该仪器的光谱范围是 400~1200nm，共有 128 个波段，瞬时视场是 3mrad；除了大气吸收带以外，其波段近似连续分布（表 9-2）。2016 年，中国科学院上海技术物理研究所又研制了新一代推扫型的全谱段机载高光谱成像仪 FAHI（Full-band Airborne Hyperspectral Imager），该仪器的光谱范围包括 400~950nm、950~2500nm 和 800~12500nm，光谱分辨率分别是 2.34nm、3nm 和 30nm，瞬时视场分别是 0.25mrad、0.5mrad 和 1.0mrad。

但是因为机载成像高光谱对于飞行条件要求较高，数据获取成本较高，难以发挥其机动灵活性，且受我国航空管制等原因，限制了其在近地面精准观测中的广泛应用。

9.2.3　无人机高光谱影像及其特性

目前，能够进行实际应用的高光谱影像数据主要是星载高光谱数据，但是，星载高光谱存在的主要问题是：重访周期长（通常 30 天左右）、幅宽小，难以满足专题要素的连续监测需求；另外，由于数据空间分辨率较低（通常空间分辨率低于 30m），难以获取精细尺度的专题信息，不能满足精准观测的需求。

与其他遥感平台相比，无人机具有诸多优点：受天气、起飞环境的限制少；操作简单；价格便宜；时间分辨率高，作业时间灵活；飞行高度可灵活调节，图像空间分辨率高（精度可达到厘米级）；可在人员难以进入的危险区域作业，完成遥感数据采集。无人机可搭载的遥感设备包含高分辨率的数码相机、多光谱成像仪、高光谱成像仪、红外扫描仪、激光扫描仪、合成孔径雷达等。近几年，无人机技术发展迅速，鉴于以上优点，无人机遥感技术在国土资源调查、城市制图、气象监测、环境监测、灾害险情调查、农业植保、精准农业等领域的应用越来越广泛。无人机遥感平台是卫星、载人机遥感平台和地面调查平台的不可或缺的中间桥梁，已成为遥感领域的又一研究热点。

目前无人机载高光谱成像设备的成像方式有推扫式扫描成像、内置推扫式扫描成像及画幅式成像。无人机载高光谱成像方式主要为推扫式扫描。推扫式扫描系统利用飞行器向前运动，借助与飞行方向垂直的扫描线记录而构成二维图像。具体地说，就是通过仪器中的广角光学系统平面反射镜采集地面辐射能，并将之反射到反射镜组，再通过聚焦投射到焦平面的阵列探测元件上。这些光电转换元件同时感应地面响应、采光，再转换为电信号，同时成像。

美国能源部的爱达荷国家实验室（Idaho National Laboratory，INL）选取了 Resonon Pika Ⅱ 高光谱成像仪搭载在固定翼无人机上进行了飞行实验。该仪器的光谱范围是 400~900nm，光谱分辨率是 2.1nm，344m 飞行高度下的空间分辨率是 28cm，仪器的重量是 1.043kg。美国 Headwall 公司研制了多旋翼无人机的高光谱成像系统（multirotor Hyperspectral UAV System，HyperUAS），该成像仪的光谱范围是 400~1000nm，光谱分辨率是 3.2nm，575m 飞行高度下的空间分辨率是 54cm，仪器的重量是 0.97kg；西班牙的 IAS-CSIC 研究机构将该高光谱成像仪搭载在固定翼无人机上成功获取了高光谱遥感影像。芬兰的 VTT 技术研究中心研发了一种轻小型凝视成像的高光谱成像仪，该仪器的光谱范围是 400~1100nm，光谱分辨率是 5~10nm，100m 飞行高度下的空间分辨率是 7.5cm，仪器重量是 0.35kg。国内对无人机高光谱成像仪的研制也有一些进展。2010 年，中国科学技术大学的吴振洲等研制了一台微型 Offner 成像光谱仪，并搭载在无人机上进行了低空飞行实验；该仪器的光谱范围是 400~1000nm，光谱分辨率是 2~4nm，重量小于 5kg。2015 年，中国科学院上海技术物理研究所的葛明锋等研制了一套轻小型无人机高光谱成像系统，该仪器搭载在交叉式双旋翼无人机上成功获取了高光谱影像。2016 年，中国科学院的罗刚银等研制了可见近红外波段无人机载成像仪，该仪器的光谱范围是 0.4~1.0μm，光谱分辨率小于 3nm，重量小于 1.5kg，并搭载在六翼无人机上实现了飞行实验。

国外进行无人机载高光谱成像设备研制的机构较多，主要有欧洲微电子中心，美国 SOC 公司、Resonon 公司、BaySpec 公司、OKSI 公司，德国 Cubert 公司，挪威 NEO 公司，芬兰 SPECIM 公司等。国内外无人机载高光谱成像设备研究情况见表 9-3。

9.2.4 地面高光谱遥感数据及其特性

1. 地面高光谱遥感光谱数据采集

（1）光谱采集仪器有很多，使用较为广泛的有：①美国 Analytical Spec Device（ASD）Field Spec4 地物光谱仪；②ASD FieldSpec ProFR2500 型背挂式野外高光谱辐射仪，光谱范围 350~2500nm，采样间隔分别确定为 1.4nm（在 350~1000nm 区间）和 2nm（在 1000~2500nm 区间）；③ASD FieldSpec HandHeld 手持便携式光谱分析仪，波长范围 325~1075nm，光谱采样间隔约 1.5nm。

表 9-3　　　　　　　　　　　　　　无人机载高光谱成像设备研究及应用进展

国家	研制单位	代表产品	工作原理
中国	中国科学院长春光学精密机械与物理研究所	基于 Offner 凸光栅分光谱方式的无人机载高光谱成像仪	推扫式
	中国科学院上海技术物理研究所	小型航空成像光谱系统	推扫式
	双利合谱科技有限公司	GaiaSky-mini 推扫式机载高光谱成像系统	内置推扫式
	SOC 公司	SOC710GX 机载可见/近红外高光谱成像光谱仪	推扫式
美国	Resonon 公司	Resonon Pika XC2、Pika L、Pika NIR 高光谱成像仪	推扫式
	BaySpec 公司	BaySpec OCI-F、OCI-U-1000 高光谱成像仪	推扫式
德国	Cubert 公司	S185 机载高速成像光谱仪	画幅式成像
芬兰	SPECIM 公司	SPECIM 高光谱航空遥感成像系统	推扫式
挪威	NEO 公司	HySpex 系列高光谱成像光谱仪	推扫式

（2）采集过程：一般植被光谱采集选择 7—8 月，在晴朗无云、风力小的天气测量，测量时间为（中午）11：00—15：00。观测时探头垂直向下距离植被冠层 0.7m，测量前均同步测量参考板反射和太阳辐射光谱用于标定，测定中用白板进行校正，每一测量点重复测定 10 次（不等）。每个测点测定 4 个方向，每次记录 5 条光谱。利用数码相机于植被正上方 0.7m 处拍摄植被冠层图像，用于记录作物长势和健康状况，利用 GPS 获取测点的地理坐标和海拔高度（史飞飞等，2016）。

2. 数据预处理

数据预处理，首先利用 Savitzky-Golay 方法，通过试验选用窗口为 7 的三次多项式进行平滑去噪处理；其次剔除光谱数据中受水汽吸收影响强烈波段（1350～1400nm，1800～1950nm，2400～2500nm）；最后对光谱数据做平均处理，即将每个样点采集的 20 条光谱求取平均值。

3. 典型地物光谱曲线

不同地物的反射光谱曲线不同，从图 9-5 中可以看出：0.4～0.5μm 波段区域可以将雪和其他地物区分开；0.5～0.6μm 波段区域可以把沙漠和小麦、湿地区分开；0.7～0.9μm 波段区域可以把小麦和湿地区分开。

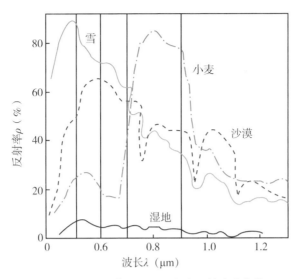

图 9-5 雪、沙漠、湿地、小麦反射波谱曲线

可见光波段 0.4~0.76μm 有一个反射峰值，大约 0.55μm（绿）处，两侧 0.45μm（蓝）和 0.67μm（红）则有两个吸收带；近红外波段 0.7~0.8μm 有一反射陡坡，至 1.1μm 附近有一峰值，形成植被独有特征；中红外波段 1.3~2.5μm 受植物含水量影响，吸收率大增，反射率大大下降（图 9-6）。

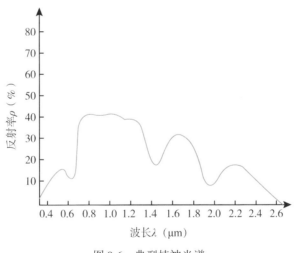

图 9-6 典型植被光谱

在自然状态下，土壤表面的反射率没有明显的峰值和谷值（见图 3-16），一般来说，土质越细，反射率越高；有机质和含水量越高，反射率越低，土类与肥力也对土壤反射率有影响。但由于其波谱曲线较为平滑，所以在不同光谱段的遥感影像上土壤亮度区别并不明显。

水体反射率较低，小于 10%，远低于大多数的其他地物，水体在蓝绿波段有较强反射，在其他可见光波段吸收都很强。纯净水在蓝光波段最高，随着波长增加反射率降低；

在近红外波段反射率为 0。含叶绿素的清水反射率峰值在绿光段，水中叶绿素越多，则峰值越高，根据这一特征可监测和估算水藻浓度(图 9-7)。而浑浊水、泥沙水反射率高于以上，峰值出现在黄红区。

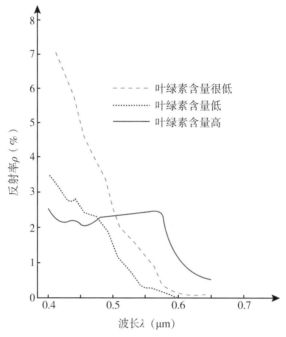

图 9-7　具有不同叶绿素浓度的水体光谱曲线

岩石反射光谱曲线无统一特征，矿物成分、矿物含量、风化程度、含水状况、颗粒大小、表面光滑度、色泽都对反射光谱有影响(图 9-8)。例如：浅色矿物与暗色矿物对反射光谱影响较大，浅色矿物反射率高，暗色矿物反射率低；自然界岩石多被植被、土壤覆盖，所以反射率与其覆盖物也有关。

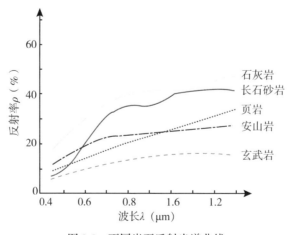

图 9-8　不同岩石反射光谱曲线

9.3 高光谱遥感图像公开数据集

目前国内外有一些高光谱遥感图像公开数据集，本节进行简要介绍。

9.3.1 航空高光谱遥感图像数据集

目前可共享的航空高光谱图像数据集有我国雄安(马蹄湾村)高光谱数据集，美国 Washington DC 的 HYDICE 传感器数据，美国 Urban 的 HYDICE 传感器数据，意大利 Pavia University 和 Pavia Center 的 ROSIS 传感器数据等。

1. 雄安(马蹄湾村)高光谱数据集

雄安(马蹄湾村)高光谱数据集是由中国科学院上海技术物理研究所研制的高分专项航空系统全谱段多模态成像光谱仪采集，光谱范围为 400~1000nm，波段数为 250 个，影像大小为 3750×1580 像素，空间分辨率为 0.5m(图 9-9)。地物类别共计 19 类，包括水稻茬、草地、榆树、白蜡、国槐、菜地、杨树、大豆、刺槐、水稻、水体、柳树、复叶槭、栾树、桃树、玉米、梨树、荷叶、建筑(图 9-10)。下载地址：http://www.hrs-cas.com/a/share/shujuchanpin/2019/0501/1049.html。

图 9-9 真彩色图

2. Washington DC 航空高光谱图像数据

Washington DC 数据是由 HYDICE 传感器获取的一幅航空高光谱影像(图 9-11)，数据包含从 0.4~2.4μm 可见光和近红外波段范围内共 191 个波段，数据大小为 1208×307 像素。地物类别包括屋顶、街道、铺碎石的路、草地、树木、水和阴影。下载地址：https://engineering.purdue.edu/~biehl/MultiSpec/hyperspectral.html。

图 例　■ 未定义　■ 水体　■ 榆树　■ 菜地　■ 栾树　■ 梨树　■ 刺槐
　　　　■ 水稻　□ 草地　■ 复叶械　■ 玉米　■ 国槐　■ 大豆　■ 房屋
　　　　■ 水稻茬　■ 柳树　□ 白蜡　■ 杨树　■ 桃树　■ 荷叶

图 9-10　各地物分类图

图 9-11　Washington DC 真彩色图

3. Urban 数据

Urban 数据通常被用于高光谱图像混合像元分解(图 9-12)。它由 HYDICE 传感器获取,图像大小为 307×307 像素。原始数据有 210 个波段,在去除噪音和水吸收波段后,一般留下 162 个波段做后续处理与分析。地物类别包含道路、屋顶、草地和树木。下载地址:https://sites. google. com/site/feiyunzhuhomepage/datasets-ground-truths。

4. Pavia University 和 Pavia Center 数据

Pavia University 和 Pavia Center 数据由 ROSIS 传感器获取,常被用于高光谱图像分类。传感器一共有 115 个波段,经过处理后,Pavia University 数据有 103 个波段,Pavia Center 数据有 102 个波段。两幅影像都有 9 个地物类别,这两幅影像的类别不完全一致。其中,Pavia University 的大小为 610×340 像素,Pavia Center 的大小是 1096×715 像素,详细信息如图 9-13 和图 9-14 所示。下载地址:http://www. ehu. eus/ccwintco/index. php/Hyperspectral_Remote_Sensing_Scenes#Pavia_University_scene。

图 9-12　Urban 数据真彩色图

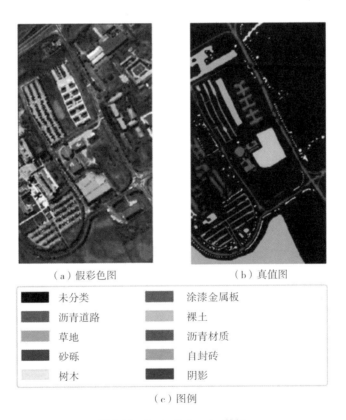

（a）假彩色图　　　　　　　（b）真值图

■ 未分类	■ 涂漆金属板
■ 沥青道路	■ 裸土
■ 草地	■ 沥青材质
■ 砂砾	■ 自封砖
■ 树木	■ 阴影

（c）图例

图 9-13　Pavia University 数据

165

图 9-14　Pavia Center(部分)真彩色图

5. Houston 的 ITRES CASI-1500 传感器高光谱数据

Houston 数据由 ITRES CASI-1500 传感器获取，由 2013 IEEE GRSS 数据融合大赛提供。数据大小为 349×1905 像素，包含光谱范围从 364 ～1046nm 的 144 个波段。地物覆盖被标注为如图 9-15 所示的 15 个类别。下载地址：https：//hyperspectral. ee. uh. edu/？page＿id＝1075。

6. Eagle_reize 数据

Eagle_reize 数据由 SPECIM AsiaEAGLE Ⅱ 传感器获取。数据大小为 2082×1606 像素，包含光谱范围从 401～999nm 的 252 个波段。所提供的训练样本包含 10 种地物类别。此数据有配套的 LiDAR 数据，因此既可以被用于单独的高光谱图像分类，也可以被用于高光谱图像和 LiDAR 图像融合。下载地址：https：//figshare. com/articles/Main＿zip/2007723/3。

7. Berlin-Urban-Gradient dataset 2009 数据

Berlin-Urban-Gradient dataset 2009 数据包含不同分辨率的 HyMap 高光谱影像和模拟的

（a）真彩色图

（b）分类图

图 9-15　Houston 的 ITRES CASI-1500 传感器高光谱数据

EnMap 高光谱影像。真实的 HyMap 数据包含 111 个波段，其中空间分辨率为 3.6m 的数据大小为 6895×1803 像素，空间分辨率为 9m 的数据大小为 2722×732 像素。此数据集不仅提供了分类参考，也提供端元参考，因此可用来做高光谱图像分类或者高光谱图像混合像元分解。下载地址：http://pmd. gfz-potsdam. de/enmap/showshort. php？ id＝escidoc：1480925。

8. Indian Pine 数据

Indian Pine 数据由 AVIRIS 传感器在美国印第安纳州拍摄。数据大小是 145×145 像素，有 224 个波段，其中有效波段 200 个。该数据一共有 16 个农作物类别（图 9-16）。下载地址：http://www. ehu. eus/ccwintco/index. php/Hyperspectral_Remote_Sensing_Scenes。

9. Salinas Valley 数据

Salinas Valley 数据由 AVIRIS 传感器拍摄，拍摄地点是加利福尼亚州 Salinas Valley。数据的空间分辨率是 3.7m，大小是 512×217 像素。原始数据有 224 个波段，去除水汽吸收严重的波段后，还剩下 204 个波段。该数据包含 16 个农作物类别（图 9-17）。下载地址：http://www. ehu. eus/ccwintco/index. php/Hyperspectral_Remote_Sensing_Scenes。

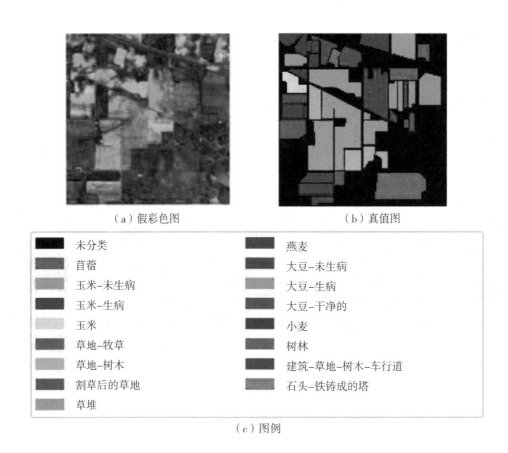

（a）假彩色图　　　　　　　　　　　（b）真值图

	未分类		燕麦
	苜蓿		大豆-未生病
	玉米-未生病		大豆-生病
	玉米-生病		大豆-干净的
	玉米		小麦
	草地-牧草		树林
	草地-树木		建筑-草地-树木-车行道
	割草后的草地		石头-铁铸成的塔
	草堆		

（c）图例

图 9-16　Indian Pine 数据

10. DFC2018 Houston 数据

DFC2018 Houston 数据是 2018 年 IEEE GRSS Data Fusion 比赛所用的数据集。该数据由休斯敦大学 Dr. Saurabh Prasad 的实验室制作公开，是多传感器数据，包含 48 个波段的高光谱数据（1m），3 波段的 LiDAR 数据（0.5m），以及超高分辨率影像（0.05m）。这个数据包含了 20 类地物。使用这个数据前请联系 Dr. Saurabh Prasad。下载地址：http://hyperspectral. ee. uh. edu/？ page_id＝1075。

11. Chikusei 图像

此航空高光谱数据由 Headwall Hyperspec-VNIR-C 传感器于日本筑西市（Chikusei）拍摄，拍摄时间为 2014 年 7 月 29 日。该数据包含 128 个波段，范围是 343～1018nm，大小是 2517×2335 像素，空间分辨率是 2.5m（图 9-18）。共有 19 类地物，包含城市与农村地区。该数据由东京大学 Dr. Naoto Yokoya 与 Prof. Akira Iwasaki 制作、公开。下载地址：https://naotoyokoya. com/Download. html。

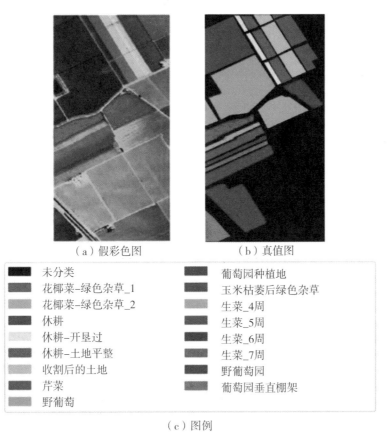

（a）假彩色图　　　　　　（b）真值图

■ 未分类	■ 葡萄园种植地
■ 花椰菜–绿色杂草_1	■ 玉米枯萎后绿色杂草
■ 花椰菜–绿色杂草_2	■ 生菜_4周
■ 休耕	■ 生菜_5周
■ 休耕–开垦过	■ 生菜_6周
■ 休耕–土地平整	■ 生菜_7周
■ 收割后的土地	■ 野葡萄园
■ 芹菜	■ 葡萄园垂直棚架
■ 野葡萄	

（c）图例

图 9-17　Salinas Valley 数据

图 9-18　Chikusei 影像真彩色图（部分）

9.3.2　星载高光谱图像数据集

1. HyRANK 数据

HyRANK 数据由 Hyperion 传感器获取，包含 2 幅用于训练的高光谱图像(图 9-19)和 3 幅用于测试的高光谱图像。5 幅图像均有 176 个光谱波段，图像大小各不相同。所提供的训练样本包含 14 种地物类别。下载地址：http://www2. isprs. org/commissions/comm3/wg4/HyRANK. html。

(a) 高光谱图像1

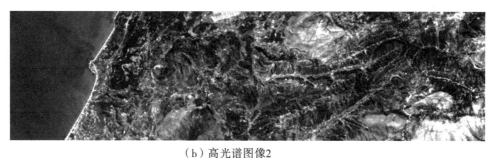

(b) 高光谱图像2

图 9-19　HyRANK 数据

2. The River Data Set 数据

该数据集包含两幅用于变化检测的高光谱图像，分别于 2013 年 5 月 3 日和 12 月 31 日采集自中国江苏省的某河流地区，所用传感器为 Earth Observing-1(EO-1) Hyperion，其光谱范围为 0. 4~2. 5μm，光谱分辨率为 10nm，空间分辨率为 30m，共有 242 个光谱波段。数据集中的影像大小为 463×241 像素，去除噪声后有 198 个波段可用。影像中的主要变化类型是河道缩减。下载地址：https://pan. baidu. com/s/14ht8k5H-8ObzHJS6msYZjQ。

9.4　高光谱遥感图像解译方法

高光谱影像分类首先需要进行光谱信息与空间信息的提取与优化，即特征挖掘，更好地表示高光谱影像中样本的模式信息，再使用挖掘到的特征进行模式识别或模式归类，对高光谱影像中的所有感兴趣像素进行标记。

目视解译是最基本的图像解译方法。其次，常见的分类方法根据是否使用类别先验信息，即按是否使用有标记的训练样本可分为监督分类方法和非监督分类方法。

9.4.1 基于监督分类和非监督分类的高光谱遥感图像解译

监督分类是在已知可类别的训练场地上提取各种类别的训练样本，通过选择特征变量，确定判别函数或判别规则，然后将各个像元划归到预先给定的信息类别中；非监督分类则是在没有先验类别知识的情况下，根据图像本身的统计特征来划分地物类别的分类方法。图 9-20 为监督分类和非监督分类的区别。

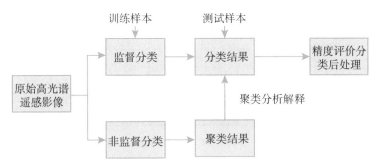

图 9-20　监督分类和非监督分类

对于高光谱遥感图像，在实施监督分类时一个非常明显的限制因素就是选择训练样本困难。在通常情况下，当训练样本数量是特征维数的 6~10 倍时，才能够得到较好的分类效果；当训练样本数量是波段数目的 100 倍时，才能得到比较理想的结果。对于高光谱遥感影像这样的高维数据，当样本数量有限时，往往会出现分类精度随特征维数的上升而下降的所谓 Hughes 现象，或者称为维数灾难。

针对特征维数高、样本数量少的特点，传统的方案是通过波段选择和特征提取进行降维处理，将原始数据压缩到低维空间。近年来出现了两种新的解决方案：一是发展适用于小样本、高维特征的分类器，如支持向量机分类器；二是所谓半监督分类，即将机器学习中的半监督学习引入遥感影像分类，在已知类别的训练样本不足的情况下，在训练过程中引入未知类别的样本。

由于监督分类和非监督分类各具优缺点，而且二者之间能够优势互补，因此将非监督分类和监督分类集成，即混合分类，也受到研究人员的高度重视。其主要的集成方案包括以下两种。

（1）先进行非监督分类，然后在聚类结果的基础上，利用先验知识和地面真实数据对聚类结果进行解译，辅助样本选择和知识提取，最后再对影像进行监督分类。这种方案采用非监督分类和地面真实知识形成一个综合训练过程，能够提供客观可靠的结果。

（2）先进行聚类，然后对聚类得到的每一区域进行分类(面向对象分类的思想)，对区域内所有像素分类，按照投票法确定该区域的类别。

从分类采用的判据来看，高光谱遥感影像的分类策略总结如下。

（1）直接利用原始高光谱数据分类。通常针对每一像素，利用其在各个波段的灰度值或者反射率形成一个光谱向量，通过对光谱向量相似性的度量实现分类。分类的关键在于对待分类光谱（测试光谱）与已知类别的参考光谱按照一定的相似性度量准则进行分析（图9-21），典型的分类算法包括光谱角制图分类器（Spectral Angle Mapper，SAM）、二值编码匹配、光谱信息散度（Spectral Information Divergence，SID）等。

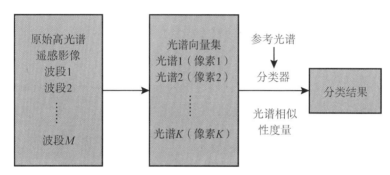

图 9-21　采用像元光谱相似性作为分类判据

（2）先对原始高光谱图像通过波段选择或者特征提取进行降维处理，然后根据一定的准则选择若干降维后的分量作为分类判据来进行分类，如图9-22所示。

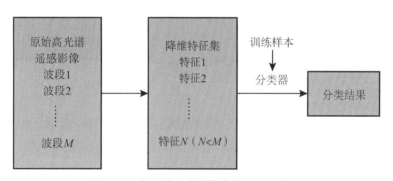

图 9-22　高光谱遥感影像降维后进行分类

（3）从原始数据中提取其他特征（包括光谱特征、纹理特征）或引入辅助数据，综合采用多维特征分类。

9.4.2　硬分类和软分类的高光谱遥感图像解译

硬分类是将遥感图像中的每一个像素都赋予一个单一的类别，划分依据是像素特征（光谱特征、纹理特征或者多种特征混合）与已知各类别统计特征的相似性。硬分类首先通过对每个类别训练样本的统计得到该类别基本统计量，然后将各像素的统计量与各个类别的统计量进行比较，取统计量最接近(相似性最高的)的一个类别作为处理像素的最终类别。

硬分类的两个基本假设是：每个像素对应的地表都仅由一个类别覆盖；像素的类别由与其分类判别准则相似性最高的类别确定。很显然，这两个假设在实际应用中往往都不能满足，在多数情况下每个像素对应的实际地表范围往往不只是一种土地覆盖类别，而可能是多种土地覆盖同时存在；而像素与多个类别中心统计特征的相似性差别较小时，将其归属为相似性最大的类别往往会忽略许多在地学应用中的实际规律，如不同类别的重要性等。

针对这种不足，近年来软分类(Soft Classification)成为遥感图像分类的一个非常重要的方向。不同于硬分类假设每一个像素都属于单一类别的条件，软分类根据像素对应地表范围往往由多个类别地物组成的实际情况，假设每个像素都可能属于多个类别，按照特定的分类算法计算像素与各个类别之间的关系，分类提供的输出是该像素属于每一类别的概率或者每一类别地物在该像素中的比例。目前最主要的两种软分类方案是模糊分类和混合像元分解，模糊分类的输出是像素对各个类别的隶属度，混合像元分解得到的则是各个类别(端元)在所处理像素中所占的比例(丰度)。

很显然，软分类结果可以方便地转换为硬分类：取输出的像素属于各类别的模糊隶属度中最大值对应的类别作为像素类别，则可以将模糊分类结果转换为硬分类结果；而取像素中所占比例最大的端元类别作为像素类别，则可以将混合像元分解的软分类结果转换为硬分类输出。需要指出的是，将最大似然分类器中像素属于各个类别的概率组合为一个向量，并不能视为软分类：一方面因为最大似然分类器的基本前提是像素由单一类别构成；另一方面，软分类对于输出向量具有一定的要求。例如，模糊分类中像素对各类别的隶属度总和应等于1。混合像元分解中各端元比例之和也应等于1，而最大似然分类的输出显然不符合这两个条件。但是，以像素属于各个类别的概率形成概率矢量，可以对分类不确定性进行度量，如图9-23所示。

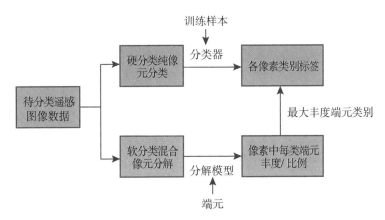

图 9-23 高光谱遥感图像硬分类和软分类

9.4.3 基于像素的分类和面向对象分类的高光谱遥感图像解译

早期遥感图像分类主要是以像素为基本分类单元，通过逐一判断每一像素的类别实现对遥感影像的分类。由于以像素为基本单元的分类既不符合地理空间对象的分布规律，又不符合人脑认知和解译图像的模式。因此，近年来面向对象的分类（Object-Oriented Classification，也称为基于对象的图像分类，Object-Based Classification）成为遥感图像分类领域一个新的研究热点。面向对象的遥感图像分类成为当前非常重要的研究方向。

面向对象分类的基本思想如下：

（1）获得作为基本分类单元的对象。通常采用两种方案获取具有均一特征的多边形对象——图像分割和参考矢量数据。通过图像分割获得均质对象是当前的主要方法。

（2）提取描述对象的特征。以对象为基本单元，提取对象的光谱、纹理、形状等特征，作为分类的判据。

（3）根据特征和分类判别函数实现对象分类。

1. 单分类器和多分类器集成

早期的遥感图像分类往往是选择单一分类器的输出作为分类结果。模式识别的理论和实践都表明，没有一个模式分类器在本质上优于其他分类器，最优分类器的选择受多种因素的影响，如研究区景观结构、所选择的遥感数据特点、训练样本或先验知识、分类器本身特点等。因此在实际分类任务中，往往需要应用多个分类器对待处理遥感图像进行分类，然后根据分类任务的要求选择总体精度最高的分类器或者对特定类别精度最高的分类器。在遥感图像识别领域，尽管其中一个或几个分类器具有较好的性能，但是不同的分类产生的误分类集合是不重叠的。针对单一分类器的不足和选择最适合分类器较困难，多分类器系统被引入遥感图像分类领域，并得到广泛的应用。不同的分类器对于分类模式有互补信息，可以利用这种互补信息来提高识别性能，把多个分类器的输出信息联合起来进行分类决策是解决复杂分类问题的一种有效方法。多分类器系统在不同领域成功应用的优越性得到遥感研究者的重视，并被视为控制遥感图像分类不确定性、提高分类精度的有效策略之一。

就组合结构而言，多分类器的组合分为串联/级联和并联两种形式。采用级联形式时，前一级分类器为后一级分类器提供输入信息，参与下一级分类器的分类；采用并联形式时，各分类器是独立设计的，组合的目的就是将各单个分类器的结果以适当的方式综合起来成为最终识别结果。

根据由训练样本产生多分类器或者由同类分类器构成，多分类器系统可以分为基于训练样本的多分类器集成和基于分类器的多分类器集成。基于训练样本的多分类器集成通常是由同类分类器生成的多分类器系统，Bagging 方法、Boosting 方法等都是基于训练样本构成多分类器的方法。不同于统计投票理论是基于数据源相互独立性的假设而且所有训练数据只使用一次，Bagging 方法和 Boosting 方法都是基于操作训练样本进行的。因此，分类器通常都是基于不同训练样本的同一个性质的分类器。组合这些不同分类器的输出，通常采用投票或者加权投票的方法。

根据以上分析，将高光谱遥感图像分类策略进行总结，如图 9-24 所示。

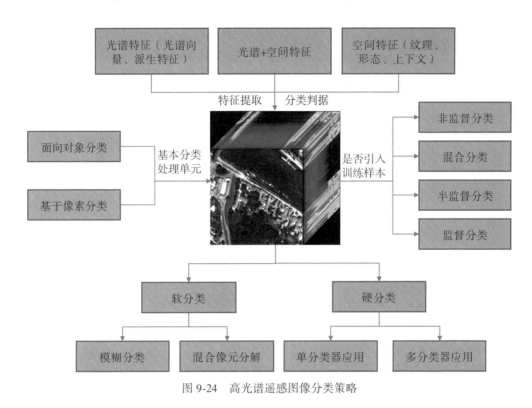

图 9-24 高光谱遥感图像分类策略

2. 高光谱遥感图像分类的总体流程

按照遥感图像分类的主要步骤和高光谱遥感图像的特点，可以将高光谱遥感图像分类的主要技术流程总结如下。

(1)确定分类策略。通过需求调查和任务分析，确定需要采用的分类策略。虽然传统的基于像素的硬分类(监督分类或非监督分类)仍然是目前高光谱遥感图像分类的主流，但根据应用任务和目标的不同，面向对象的分类、软分类(以下仅指混合像元分解)在某些应用任务中具有更好的适用性。例如，当分类结果将用于和 GIS 矢量数据(尤其是多边形数据)进行叠加时或应用目标主要是面状信息(如面源污染识别)时，面向对象的分类往往优于基于像素的分类；而当分类目标是实现对数量少但非常重要的信息进行识别时，由于这些小目标信息可能不足以在像素层次得到表达，因此可以采用混合像元分解获得不同像素中目标端元的比例(丰度)，以获得亚像元级的地物信息，如农业病虫害识别、生物胁迫分析等。根据不同的分类策略，即可按照相应的操作过程进行高光谱遥感图像分类。

(2)确定类别体系。根据分类任务和目标，结合实地调查和其他先验知识、对结果的要求和相应的技术标准或规范，确定分类类别体系，如根据土地覆盖标准确定分类体系。

(3)遥感图像和辅助数据收集。根据任务要求、拟分类类别体系，综合考虑遥感图

175

像的空间分辨率、光谱分辨率(波段配置)、价格、数据可获得性等因素,收集适用的遥感影像。对于高光谱遥感图像收集来讲,目前想获得的卫星高光谱遥感影像较少,仅有少数高光谱遥感数据可供选择。当卫星图像难以满足实际应用的需求时,许多应用任务都需要进行航空高光谱遥感图像采集。未来几年将实施的一系列卫星高光谱遥感计划,将有望为高光谱遥感图像选择提供更实用、可靠的信息源。在获取遥感图像的同时,还需要收集相应的辅助数据,如区域地形图、土地利用图野外调查图像等。对于高光谱遥感,一个非常重要的任务就是实地研究地物光谱,建立地物光谱数据库,为后续影像解译提供支持。野外实测地物光谱、建立地物光谱数据库的相关技术可参考万余庆等(2006)的文献。

(4)样本选择。对于监督分类,训练样本和测试样本的选择对于整个分类过程相当关键,直接影响分类器性能和分类精度评价。样本选择需要在野外考察、区域土地利用图等先验知识和辅助数据的支持下进行,通常要求样本具有代表性、均匀分布、尽可能为同一类别的纯净像元,且测试样本和训练样本要尽可能独立,以保证分类精度评价的客观性。随着一些新型分类器如支持向量机等的发展,在训练样本选择时也可以采用一些不同于传统思路的方案。例如,混合像元可以作为支持向量机分类的训练样本。

(5)图像预处理。高光谱遥感图像预处理的一般技术流程为:数据浏览、波段调整(对于部分机载成像光谱仪,如OMIS1)、辐射补偿、条带噪声影响去除、图像几何纠正、辐射定标(相对定标,经验线性法定标)、光谱平滑处理等(万余庆等,2006)。

(6)特征提取。特征提取在高光谱遥感图像分类中发挥着重要作用,结合各种特征提取算法的目标任务和实际经验,将特征提取划分为四个层次:以降维处理为目标的特征提取,如波段选择、主成分分析、最大噪声分离、独立分量分析等;以光谱特征增强为目标的特征提取,如植被指数计算、光谱吸收指数计算、光谱吸收特征提取、红边特征计算、光谱微分分析等;以空间结构特征提取为目标的特征提取,如基于灰度共生矩阵的小波纹理特征、数学形态学剖面、基于马尔可夫随机场模型的上下文特征等;以特定目标识别为目标的特征提取与特征组合,如像元纯净指数等。

(7)分类器选择和分类过程实施。分类器选择和分类过程实施是遥感图像分类过程中最为重要的环节。对于相同的遥感图像、分类判据输入和训练数据,不同的分类器具有不同的分类性能。如何选择最佳或最适用的分类器是一个非常关键的问题。模式识别领域的研究表明,没有哪个模式分类器从本质上和理论上是最优的。例如,支持向量机(Support Vector Machine,SVM)分类器提出后,虽然大量实验研究表明其对于小样本、高维特征、含不确定性的数据(尤其是高光谱遥感图像)分类具有较好的性能。但一方面这仅是基于试验而非理论证明;另一方面,SVM的分类性能受核函数选择、参数设置等因素的影响,在许多情况下同样会出现其他分类器精度优于SVM的现象。常用的方案是选择不同的分类器对待处理数据集进行分类,然后根据一定的准则(总体精度最高或对特定类别精度最高),选择某一分类器的结果作为最终输出。随着多分类器应用的发展,对多个分类器的输出进行决策级融合作为最终分类输出,也是一种可行的方案。对于混合像元分解来讲,尽管线性光谱混合模型(Linear Spectral Mixture Model,LSMM)是物理机理明确、应用最为广泛的算法,但其理论假设在许多情况下往往是不成立的,而且一些分解结果的可靠性较差。因此一些非线性混合像元分解算法也得到了较多应用。

（8）精度评价。精度评价是在选择分类器、实施最终的分类后，采用一定的测试数据集（通常是独立于训练样本的测试样本）计算相应的精度评价指标作为分类精度的量化评价。对于面向像素的硬分类，最通用的精度评价方法是基于分类混淆矩阵的总体精度、Kappa 统计量、生产者精度和用户精度等指标。对于面向对象的分类、混合像元分解等，目前还缺少有效的精度评价方案，一般采用均方根误差、系统误差等。

（9）分类后处理。对于得到的分类结果，有时还需要进行一些类别合并、类别调整等操作（尤其是分出的类别比较多时），或者进行一些其他人工解译等后处理，以进一步提高分类结果的实用性。对于分类结果，一方面需要按照遥感图像分类图制作的相关要求，制作最终的分类图，实现分类结果的可视化；另一方面，需要对数字化的分类结果进行格式转换等操作，以便与已有的其他数字资料进行综合分析，或者将分类结果导入 GIS 数据库，作为进一步分析决策的基础。

图 9-25 对高光谱遥感图像分类的基本流程进行了总结。需要指出的是，图中对软分类仅考虑了混合像元分解而未考虑模糊分类等方案，对硬分类仅列出监督分类而未考虑非监督分类或半监督分类等方案。

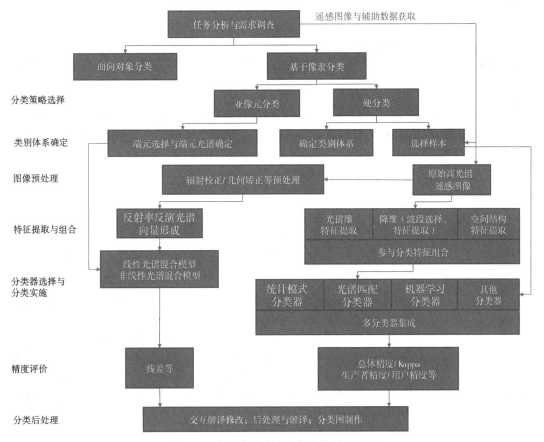

图 9-25　高光谱遥感图像分类的基本流程

9.4.4 实验结果示例

以下以3种高光谱遥感图像数据集为例，进行分类、输出，并评价3种数据集的分类精度(图9-26~图9-28)。

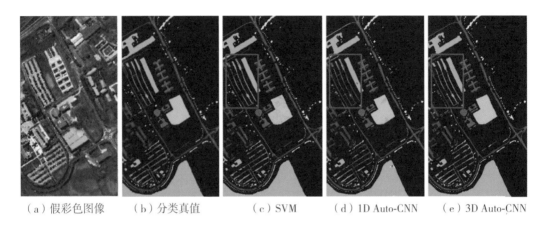

（a）假彩色图像 （b）分类真值 （c）SVM （d）1D Auto-CNN （e）3D Auto-CNN

图9-26 Pavia University 数据集分类结果

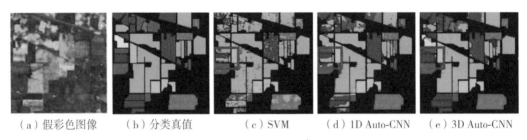

（a）假彩色图像 （b）分类真值 （c）SVM （d）1D Auto-CNN （e）3D Auto-CNN

图9-27 Indian Pine 数据集分类结果

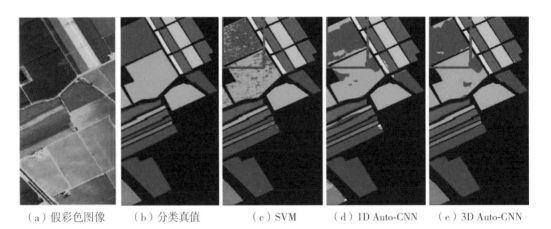

（a）假彩色图像 （b）分类真值 （c）SVM （d）1D Auto-CNN （e）3D Auto-CNN

图9-28 Salinas Valley 数据集分类结果

由表 9-4 分类结果可以看出，3D Auto-CNN 分类结果最好。由于三维卷积神经网络能够提取高光谱图像的光谱特征和空间特征，地物分类的准确度有很大的提升。而一维卷积神经网络只能提取高光谱影像的光谱特征，没有结合地物的空间特征，因此分类效果相对较差。而 SVM 也仅依赖于光谱特征，且相比于一维卷积神经网络，SVM 没有深度特征，这导致分类性能较弱。与其他联合光谱特征和空间特征方法相比，单独的光谱信息不足以进行准确分类。

表 9-4 分 类 精 度

数据集	Pavia University			Indian Pine			Salinas Valley		
方法	OA	AA	Kappa	OA	AA	Kappa	OA	AA	Kappa
SVM	93.12	90.75	90.84	62.45	60.30	55.73	91.82	95.43	90.89
1D Auto-CNN	84.86	84.54	82.98	73.28	61.28	66.55	90.26	90.57	89.67
3D Auto-CNN	94.11	93.93	95.98	92.08	85.68	88.27	96.14	95.62	96.79

◎ 思考题

1. 目前城市遥感信息提取与高光谱图像解译相关的专项计划已经开展了很多，请列举出相关的全球土地利用/覆盖数据产品。
2. 道路和建筑物作为典型的城市地物类型，在解译方法上有哪些相同点和不同点？
3. 将深度学习技术应用于城市高光谱遥感图像解译有哪些挑战？

◎ 本章参考文献

[1]董燕妮. 高光谱遥感影像的测度学习方法研究[D]. 武汉：武汉大学.

[2]李海峰. 遥感图像解译技术概述[J]. 科技广场，2009(9)：227-228.

[3]史飞飞，高小红，杨灵玉，等. 基于地面高光谱数据的典型作物类型识别方法——以青海省湟水流域为例[J]. 地理与地理信息科学，2016(2)：32-39.

[4]万余庆，谭克龙，周日平. 高光谱遥感应用研究[M]. 北京：科学出版社，2006.

[5]许光銮. 协同遥感图像解译系统的研究与实现[D]. 北京：中国科学院电子学研究所，2005.

[6]赵锐. 高光谱遥感影像异常探测——鲁棒性背景建模与机器学习方法研究[D]. 武汉：武汉大学，2017.

[7]Collins W, Chang S H, Raines G L. Mineralogical mapping of sites near Death Valley, California and Crossman Peak, Arizona, using airborne near-infrared spectral measurements [C]//2nd Thematic Conference on Remote Sensing for Exploration Geology, Fort Worth, TX. 1982.

[8]Green R O. Spectral calibration requirement for Earth-looking imaging spectrometers in the solar-reflected spectrum[J]. Applied Optics, 1998, 37(4)：683-690.

［9］Haboudane D，Miller J R，Pattey E，et al.Hyperspectral vegetation indices and novel algorithms for predicting green LAI of crop canopies：Modeling and validation in the context of precision agriculture［J］. Remote Sensing of Environment，2004，90(3)：337-352.

［10］Okamoto H，Sakai K，Murata T，et al.Object-oriented software framework development for agricultural hyperspectral imaging analysis［J］. Agricultural Information Research (Japan)，2006.

［11］Sabins F F.Remote sensing：principles and applications［M］. Waveland Press，2007.

［12］Salem F，Kafatos M，El-Ghazawi T，et al.Hyperspectral image assessment of oil-contaminated wetland［J］. International Journal of Remote Sensing，2005，26 (4)：811-821.

［13］Shippert P.Why use hyperspectral imagery?［J］. Photogrammetric Engineering and Remote Sensing，2004，70(4)：377-396.

［14］Tsai F，Philpot W.Derivative analysis of hyperspectral data［J］. Remote Sensing of Environment，1998，66(1)：41-51.

［15］Verrelst J，Romijn E，Kooistra L.Mapping vegetation density in a heterogeneous river floodplain ecosystem using pointable CHRIS/PROBA data［J］. Remote Sensing，2012，4 (9)：2866-2889.

［16］Liu Z，Hu B，Wu W，et al.Spectral imaging of green coating camouflage under hyperspectral detection［J］. Acta Photonica Sinica，2009，4：31.

［17］Zhong Y，Ma A，Zhang L.An adaptive memetic fuzzy clustering algorithm with spatial information for remote sensing imagery［J］. IEEE Journal of Selected Topics in Applied Earth Observations & Remote Sensing，2014，7(4)：1235-1248.

第 10 章　SAR 图像解译

　　合成孔径雷达(Synthetic Aperture Radar, SAR)是一种全天候、全天时的主动微波成像传感器，它不仅突破了光学遥感受天气等外界条件影响的局限，其图像的特征信号也十分丰富，包括幅度、相位和极化等多种信息，弥补了光学图像的不足，被广泛地应用于农业、地质、导航、灾情评估、军事侦察、海洋监视等领域。与光学图像解译相比较，SAR 图像解译更为困难。因此，掌握 SAR 的基本工作原理、SAR 图像的散射特性和统计模型以及图像的自身特点，是发展 SAR 图像解译方法和推动 SAR 图像应用的基础和前提。

　　SAR 图像解译是指根据地物目标在 SAR 图像中的灰度、纹理、形状、尺寸、阴影等特征，利用影像特征与地物性质关系的数学模型，推断图像中的地物信息。

10.1　SAR 图像解译原理

　　为了正确解译 SAR 图像，必须了解 SAR 图像的成像机理，本节介绍 SAR 图像解译涉及的基本原理。

10.1.1　合成孔径雷达(SAR)成像原理

　　雷达概念形成于 20 世纪初，雷达是英文 Radar 的音译意为无线电检测和测距。地面雷达用于搜索来犯目标以防御，搭载于飞机和舰艇上的雷达则用于搜索目标以攻击。雷达搜索时可以在阴极射线管(CRT)上显示目标，后来为了清晰地成像显示，侧视雷达(Side-Looking Radar)应运而生，其搜索到的目标通过 CRT 显示时可记录在胶片上形成像片。雷达应用于地形测绘时需要较高的分辨率，而提高方位分辨率最直接的途径是加大天线尺寸，但要使分辨率在高空数十千米处达到米级，必须使用口径为数百米的天线，这显然是不切实际的。因此，为了大幅度地提高分辨率，必须探索新的技术体制，合成孔径雷达技术就是在这种背景下发展起来的。

　　合成孔径技术的基本思想是用一个小天线沿直线方向不断移动，如图 10-1 所示。小天线在每个位置上发射一个信号，之后接收来自地物目标的回波信号并存储回波信号的振幅和相位。当小天线移动一段距离后(L_s)，将若干位置上接到的同一目标信号消除因时间和距离不同所引起的相位差，修正到同时接收的情况，就得到如同真实孔径雷达一样的效果。

　　简单来说，SAR 技术就是利用雷达与目标的相对运动把尺寸较小的真实天线孔径用数据处理的方法合成为较大的等效天线孔径的雷达。在一般情况下，合成孔径雷达根据雷达载体的不同可分为星载雷达、机载雷达和无人机载雷达等；根据视角不同，可以分为正

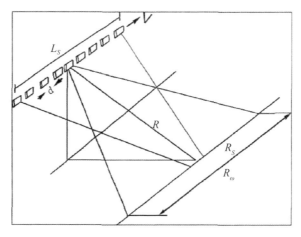

图 10-1　SAR 工作原理(舒宁，2000)

侧视、斜视和前视等模式；根据工作的模式不同，又可以分为条带式(Stripmap)、聚束式(Spotlight)、扫描式(ScanSAR)等。图 10-2 为 SAR 工作方式示意图。

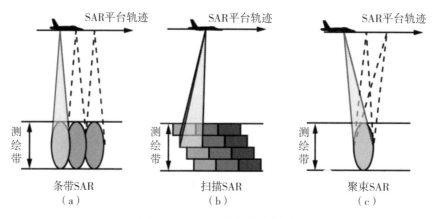

图 10-2　SAR 工作模式示意图

条带成像：在这种工作模式下，天线的指向不随雷达平台的移动而移动。天线基本上匀速扫过地面，得到的图像也是不间断的。该模式对地面的一个条带进行成像，条带的长度取决于雷达移动的距离，方位向的分辨率由天线长度决定[图 10-2(a)]。

扫描成像：这种模式与条带模式的不同之处在于，在一个合成孔径时间内，天线会沿着距离方向进行多次扫描。这种方式以牺牲方位分辨率为代价获得了宽的测绘带宽。扫描模式能够获得的最佳方位分辨率等于条带模式下的方位分辨率与扫描条带数的乘积[图 10-2(b)]。

聚束成像：这种模式通过扩大感兴趣区域的天线照射波束角宽，使目标在波束内保持更长的时间而形成更长的合成孔径，大大提高了高分辨率 SAR 的成像范围[图 10-2(c)]。

SAR 最初接收到的是从地面返回的回波信号，这些原始信号的振幅和相位在空间上沿方位向和距离向分布，形成不可视的图像，在经过距离向压缩处理和方位向压缩处理后才能得到目标区域散射系数的二维分布，最终形成我们所需要的二维图像。

10.1.2 基于 SAR 图像的地物目标解译原理

1. 雷达方程及后向散射系数

雷达方程是描述由雷达天线接收到的回波功率与雷达系统参数、目标散射特征(目标参数)的关系的数学表达式，常用于计算雷达在各种工作模式下的最大作用距离。已知雷达天线发射的是以天线为中心的球面波，地物目标反射的回波也是以地物目标为中心的球面波。若忽略大气等因素影响，雷达天线接收到的回波功率 W_r 可表示为

$$W_r = \frac{W_t G}{4\pi R^2} \sigma \frac{1}{4\pi R^2} A_r \tag{10-1}$$

式中，W_r 为接收的回波功率；W_t 为发射功率；G 为天线增益；R 为目标离雷达天线的距离；σ 为目标的雷达散射截面；A_r 为接收天线孔径的有效面积。

式(10-1)的第一项为地物目标单位面积上所接收的功率，乘以 σ 后为地物目标散射的全部功率，即雷达接收机返回的总功率，再除以 $4\pi R^2$ 后则得地物目标单位面积上的后向散射功率，即接收天线单位面积上的后向回波功率。天线孔径的有效面积 A_r 可表示为

$$A_r = \frac{G\lambda^2}{4\pi} \tag{10-2}$$

则由式(10-1)和式(10-2)可得：

$$W_r = \frac{W_t G^2 \lambda^2 \sigma}{(4\pi)^3 R^4} \tag{10-3}$$

式(10-3)是针对点目标而言，由于实际地物多为面状目标，则对于面目标：

$$\sigma = \sigma^0 A \tag{10-4}$$

式中，σ^0 为后向散射系数；A 为雷达波束照射面积，即地面一个可分辨单元的面积。

则面目标的回波功率用积分表示为

$$W_r = \int_A \frac{W_t G^2 \lambda^2}{(4\pi)^3 R^4} \sigma^0 \mathrm{d}A \tag{10-5}$$

若目标为散射体，则 σ^0 为单位体积的散射截面；A 则对应辐照体的体积分。

从雷达方程可知，当雷达系统参数 W_t、G、λ 及雷达与目标距离 R 确定后，雷达天线接收的回波功率与后向散射系数直接相关(王海鹏等，2008)。

散射系数是指单位面积上雷达的反射率或单位面积上的雷达散射截面。然而，影像斑点的存在往往会造成散射系数测量的困难，为抑制斑点噪声，多视处理被应用于最优的散射系数估计。因此，在实际应用中，把表示入射方向上的散射强度的参数或目标每单位面积的平均雷达截面称为后向散射系数。

为了简化用户的辐射标定处理过程，天线增益、距离向传播损失等复杂的标定处理过程会被提前进行，用户只需利用一个标定系数或一组标定系数将 SAR 信号转化为雷达散

射截面 σ 即可。σ 可进一步由式(10-6) 转化为雷达亮度 β_0:

$$\beta_0 = \frac{\sigma}{A_s} = \frac{\sigma}{\delta_r \delta_a} \tag{10-6}$$

式中，A_s 为斜距空间像元的散射单元面积大小。在遥感应用领域，如果要在 SAR 信号中提取地球生物的物理参数，就需要对地面目标的后向散射系数 σ^0 进行估计。因此，SAR 影像后向散射系数的校正工作至关重要。假设地面一个散射单元的有效散射单元面积为 A，则

$$\sigma^0 = \frac{\sigma}{A} = \frac{\beta_0 \delta_r \delta_a}{A} \tag{10-7}$$

式中，A 的大小由具体地形及雷达成像几何决定。

2. 影响地物后向散射系数的因素

地物的后向散射系数是 SAR 数据的表征，也是进行 SAR 图像解译的原理基础。很多因素共同影响地物后向散射系数，下面分别予以介绍。

1) 入射角

入射角是指雷达波束与大地水准面垂线之间的夹角，是影响雷达后向散射及图像上目标物因叠掩或透视收缩而产生位移的主要因素。不同的传感器由于成像的几何方式不同，入射角对其后向散射的影响也各不相同，但与地物的粗糙度、同质性等相比，其影响基本可以忽略。

考虑相同的散射表面时，入射角度越小，影响越大，即后向散射在近距点的影响最大，在远距点影响相对减小。其实在不同的极化方式下，影响曲线也不尽相同。如图 10-3 所示，入射角的变化对交叉极化方式的影响最小，水平极化次之，而对垂直极化的影响最大。特别是垂直极化的后向散射系数在低入射角地区呈现急剧变化，在中入射角地区较为平稳，而在高入射角地区又突然降低。

此外，入射角对于粗糙度不同的散射表面也有一定程度的影响。如图 10-4 所示，对于光滑表面，在小入射角范围内，后向散射急剧下降。

2) 波长与频率

在雷达遥感中，有源天线能够发射出特定波长或频率的能量。因此，雷达波段通常根据波长来划分，其规则如表 10-1 所示。

表 10-1　　　　　　　　　　　微波常见波段波长及频率

波段	K	X	C	L	P
波长(cm)	0.75~1.67	2.40~3.75	3.75~7.5	15~30	77~136
频率(MHz)	12000~40000	8000~12500	4000~8000	1000~2000	220~390

波长对地物的后向散射有着明显的影响，长波对于比其波长小的物体具有较强的穿透能力，短波则穿透能力较弱。针对不同的目的，我们可以选择不同的微波波长。例如，可

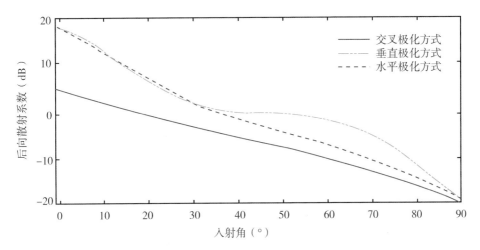

图 10-3　不同极化方式后向散射系数随入射角变化关系（Lopez，2008）

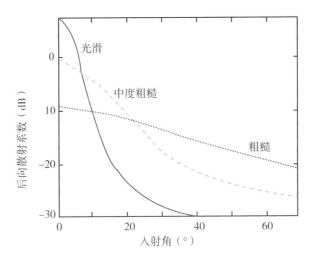

图 10-4　不同粗糙程度后向散射系数随入射角变化关系（Lopez，2008）

以用 C 波段进行农作物的监测，而波长较长的 L 和 P 波段则可用于森林观测及结构分析；而短波能观测到的地物空间分辨率高，早期的机载雷达系统就常用短波长波段 K 和 X。

3）极化方式

在自由空间中传播的电磁波一般是平面波，它是一种电场和磁场相互垂直的横波。横波经过传播、反射、散射和衍射后会发生电场矢量的改变，即发生极化现象。

所谓极化，即电磁波的电场振动方向的变化趋势。线极化是电场矢量方向不随时间变化的情况。它又分为两个方向的极化，即水平极化和垂直极化。水平极化是指电场矢量与入射面垂直，而垂直极化则是指电场矢量与入射面平行。若发射和接受的都是水平极化或垂直极化的电磁波，则得到同极化 HH（或 VV）图像。若发射和接收的电磁波是不同极化的电磁波，则所得图像为交叉极化图像（HV 或 VH）。

　　同时成像的多波段多极化、全极化 SAR 系统可以获取地物对不同雷达波段信号的回波响应以及线极化状态下同极化信息和交叉极化信息，从而更准确地探测目标特征。极化波雷达可以同时接收相干回波信号的振幅和相位信息，也可以获取包括线极化、圆极化及椭圆极化在内的地物全极化信息，还能测量每一像元的全散射矩阵，进而可自动识别并提取地面参数。图 10-5 为同一区域不同极化的图像。

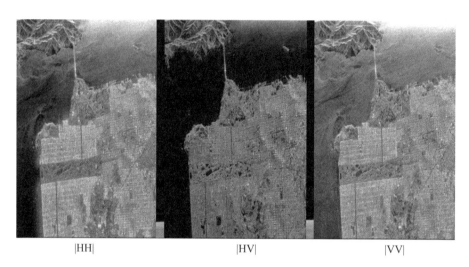

|HH|　　　　　　　　|HV|　　　　　　　　|VV|

图 10-5　同一区域不同极化的 SAR 图像

　　4）地表粗糙度

　　表面粗糙度定义为各点高度变化的均方根值，是描述地物表面起伏、落差、大小等特征的计量参数，也是影响地物后向散射特性最重要的因素之一。

　　根据瑞利判据，微波波长、入射角和表面高度差可以定量地划分粗糙度界线，其表达式如下：

$$\Delta\varphi = \frac{4\pi\Delta h cos\theta}{\lambda} \tag{10-8}$$

式中，$\Delta\varphi$ 为波束相位差；Δh 为表面高度差；λ 为波束的波长；θ 是波束入射角。当 $\Delta\varphi < \frac{1}{2}\pi$ 时，相当于 $\Delta h < \frac{\lambda}{8cos\theta}$，反射面可视为平滑。当 $\Delta\varphi > \frac{1}{2}\pi$ 时，相当于 $\Delta h > \frac{\lambda}{8cos\theta}$，反射面可视为粗糙。

　　给定雷达波长时，粗糙表面在图像上表现出较亮的图斑，即后向散射较强；相反，光滑表面则在图像上表现为暗色，说明其后向散射较弱。事实上，地表粗糙度对图像特征的这种影响主要是由镜面反射和漫反射造成的。由于漫反射发生在粗糙表面上，造成雷达天线方向回波较强，而镜面反射的反射能量偏移雷达天线，就造成较弱的回波信号。地物目标表面究竟是粗糙还是平滑，是由雷达波长、入射角和地表高度共同决定的（Lillesand，2007）。对于粗糙度一定的表面来说，当波长较长时就显得光滑，在波长较短时又会被认为粗糙。此外，当入射角很小，即波束接近掠射时，地物表面也常常被认为是光滑的。

5)复介电常数

地物目标的复介电常数是影响雷达回波强度的又一个重要指标。复介电常数由表示介电常数的实部和表示损耗因子的虚部组成。所谓损耗因子，是指电磁波在传输过程中的损耗或衰减。干燥物质的复介电常数较小，在图像上显示暗色调；潮湿表面，例如水体，具有高复介电常数，在图像上显示为亮色调。

一般来说，复介电常数越高，反射雷达波束的作用越强，穿透作用则越小。在雷达图像解译中，含水量经常是复介电常数的代名词，当地物含水量提高时，雷达的穿透能力就会降低，同时反射能力增强。因此，含水量对雷达穿透能力的影响在分析植被和土壤湿度时十分重要。

10.2 SAR 图像特性

SAR 图像与光学图像相比，具有以下几个方面的不同点。

(1)成像机理不同。SAR 是主动发射微波并接收后向散射的微波能量，该微波能量强度与波长、地表粗糙度、极化方式和入射角有关。

(2)图像点和平台关系不同。SAR 图像上的点是由平台经过该地面点附近一段历程上许多微波散射数据合成处理而得到的，与平台不存在确定的对应关系。

(3)地形在图像中的表现不同。光学图像采用正下视方式不同，而 SAR 图像采用侧视成像。这种构像方式使得地形起伏处的图像上存在叠掩、阴影和透视收缩等现象。同时，地形造成不同地物微波散射机制发生变化，图像上相同地物将会产生不同的辐射值，因此 SAR 图像需要地形辐射校正。

(4)图像定位方式不同。SAR 图像的定位和平台姿态无关，而与多普勒中心频率密切相关。

10.2.1 散射特性

合成孔径雷达向地面发射电磁波，通过接收地物散射的电磁波获取地物的信息。由于地物的组成物质、形状状态各不同，其电磁波散射机理也不同。此外，同一地物对不同波长的电磁波散射机理也不相同。

图 10-6 显示了几种常见的电磁波散射机理，当地物进行电磁波散射时，其中一种散射机理起主导作用。准镜面反射[图 10-6(a)]遵循镜面反射原理，雷达几乎接收不到地物的散射波，因此散射机理由准镜面反射主导的地物在雷达图像上表现为很暗的图斑，例如，平静的水面、机场的跑道、较宽的道路等。表面散射[图 10-6(b)]类似于光学中的漫反射，雷达能够接收一部分散射波，地物的性质不同，散射的强度也将不同，基于此可以区分不同性质的地物，郊区的农田、裸地等一般表现为表面散射。当雷达波遇到地表上的直立面时会发生角反射，使雷达接收到很强的回波，城市中的建筑物通常具有角反射的散射机理[图 10-6(c)]，在 SAR 图像上表现为建筑物边缘出现较强亮线。体散射[图 10-6(d)]是指雷达波能够在一定程度上穿透地物，在穿透的过程中，地物的内部发生散射或反射，将一部分雷达波散射回雷达。体散射典型的例子为树冠对 C 波段雷达波的散射

（Shin et al.，2007；Stacy et al.，2006）。亚表面散射［图 10-6(e)］指雷达波能够穿透第一层介质，而在第二层介质的表面形成表面散射。被雪、干沙覆盖的地面经常会发生亚表面散射。

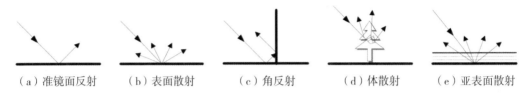

（a）准镜面反射　　（b）表面散射　　（c）角反射　　（d）体散射　　（e）亚表面散射

图 10-6　常见的电磁波散射机理

10.2.2　相干斑特性

SAR 系统是在微波波段下基于相干原理成像的，而存在相干斑噪声是所有基于相干原理成像的系统固有缺陷，SAR 图像也不例外。

一般情况下，SAR 的发射信号波长远远小于分辨单元尺寸，SAR 每个分辨单元都可以认为是由大量尺寸与波长相近的散射单元组成的。这些散射单元在位置上是随机的，距离雷达接收机的距离也是随机的，各散射单元反射回波的频率虽然相同，相位却不同。假设噪声完全发育，即没有一个散射体起主要支配作用，那么分辨单元的回波信号是该分辨单元内大量散射单元反射的电磁波共同作用的结果，是各散射单元回波的矢量叠加。总回波可以表示为

$$Ae^{i\varphi} = \sum_{k=1}^{N} A_k e^{i\varphi_k} \tag{10-9}$$

式中，N 为分辨单元内散射单元的个数；$A_k e^{i\varphi_k}$ 为每个散射单元的回波。当散射单元回波的相位角接近时，合成回波信号强；否则，合成的回波信号弱。SAR 相干斑形成的过程如图 10-7 所示。

一幅 SAR 影像是通过来自连续雷达脉冲回波进行相干处理而生成的。因此，目标散射的总回波并不完全是由后向散射系数决定的，而是围绕后向散射系数随机起伏，造成相邻像素信号强度之间不连续，视觉上表现为颗粒状的噪声。相干斑造成了单个像素的强度值不能代表地物目标反射率的现象，其存在降低了图像的空间分辨率和辐射分辨率，严重影响了 SAR 图像的可解译性和后续应用。相干斑噪声其实是电磁的真实测量，并不是真正意义上的噪声，研究 SAR 图像的相干斑统计特性有助于更好地提取所需的信息。

10.2.3　SAR 图像的几何特性

作为侧视成像系统，SAR 系统是按照回波返回的先后顺序记录成像的，其发射微波的方向垂直于雷达飞行方向。因此，SAR 图像上存在四种固有的几何失真：透视收缩、顶底倒置、叠掩和阴影。

透视收缩是在 SAR 图像距离向上最明显的特征，一般发生在山区，其程度与地形的

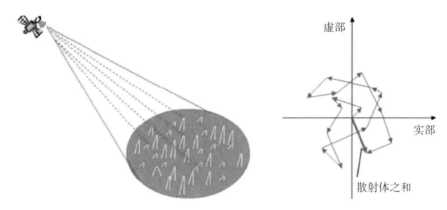

图 10-7　SAR 相干斑形成示意图

坡度有关，见图 10-8(a)。面向雷达传感器的一面斜坡 AB 被压缩，造成回波信号的叠加，在图形上显示为较亮的色调。

顶底倒置是当面向 SAR 传感器的斜坡坡度大于入射角时，越高的部分的回波就会越早返回，导致 SAR 图像上元素的顺序与其实际的顺序相反，如图 10-8(b)所示。由于 B 比 A 更接近于传感器，B 在影像上先成像，致使 AB 的成像顺序颠倒。

叠掩是两个或两个以上目标在 SAR 图像的同一位置成像，如图 10-8(c)中 DA、AB、BE 段都在图像中 B′A′ 的位置成像，回波叠加形成较亮的叠掩现象。

当背向雷达的一侧坡度较大时，雷达波照射不到的区域就形成了阴影，如图 10-8(d)中的 BC 和 CD 段。阴影区不包含任何有效的信号，在 SAR 图像上表现为暗色调，但其实际值还取决于雷达传感器的系统噪声水平。

10.2.4　SAR 图像的穿透特性

SAR 是一种主动微波遥感系统，微波与可见光不同，对物质具有一定的穿透能力，因此 SAR 也具有这一重要特性。其穿透性的首要表现是能够穿透云层，不受天气影响可进行全天候对地观测工作。其次，微波对地物也有一定的穿透能力，且这种穿透能力与地物的组成物质、含水量、结构状态等因素有关，还与微波的波段有关。例如，地物的含水量越小，穿透能力越强；微波的波长越长，穿透能力越强。图 10-9 显示了不同波段的微波对树冠的穿透能力。L 波段可以穿透整个树冠，得到树冠下树干与地表的信息；C 波段能够对树冠进行一定程度的穿透，而 X 波段的穿透树冠的能力相对较弱。利用不同波段对树冠穿透性质可以获取森林的相关信息，例如，可以利用 L 波段和 C 波段的 SAR 干涉处理来反演树高。

SAR 能够穿透一定深度的干燥的沙土，发现埋藏在沙土中的地质结构。早在 20 世纪 80 年代初，美国地质调查局就曾利用 SIR-A 图像发现了撒哈拉沙漠中的古河道。L 波段具有很强的穿透能力，能够穿透一定深度的海面，获得海底地形的信息。

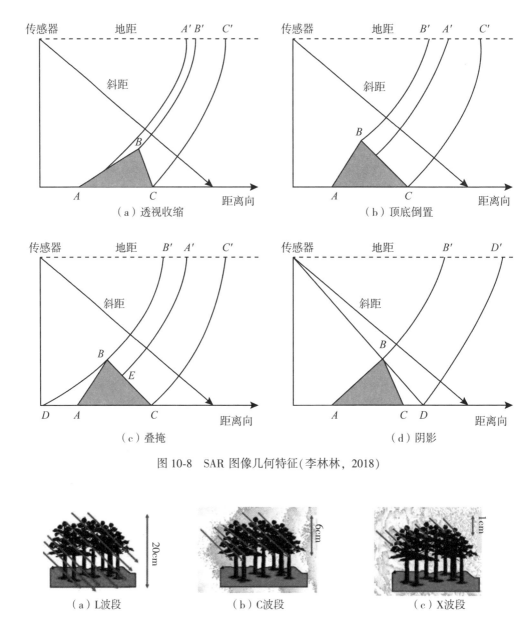

图 10-8   SAR 图像几何特征(李林林, 2018)

图 10-9   不同波段对树冠穿透能力的比较

10. 3   SAR 图像目标特性

不同类型的地物在 SAR 图像中有不同的表现，即使是同一种地物，当内部状态、外界环境不同以及 SAR 波段和分辨率等任意一种影响其特性的因素不同时，SAR 图像的表现也将不同。本节介绍 SAR 遥感图像上典型地物的目标特性。

10.3.1 水体 SAR 图像特性

平静的水体，如海洋、湖泊、河流等，对微波的散射为准镜面散射，雷达只能接收到很小的后向散射回波，在 SAR 图像上则通常表现为很暗的匀质区域。如图 10-10(a)、(c)分别为琼州海峡附近和武汉长江附近的 Envisat C 波段 SAR 图像。然而，在风浪较大时水体的后向散射强度又会较强，反而在 SAR 图像上表现为很亮的匀质区域。图 10-10(b)、(d)同样是琼州海峡附近和武汉长江附近的 Envisat C 波段 SAR 图像，但获取时间不同，水面波动使得其中的海洋与河流相对较亮。如果雷达波长较短，在 SAR 影像中还可以看到海面上的波浪[图 10-10(e)]，有时还能反映出海洋下的海底地形[图 10-10(f)]。

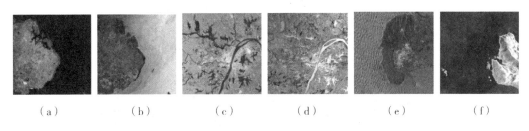

（a）　　　　　（b）　　　　　（c）　　　　　（d）　　　　　（e）　　　　　（f）

图 10-10　水体在 SAR 图像中的特征

10.3.2 城区与建筑 SAR 图像特性

在城市区域，建筑物形成的角反射器能够返回很强的散射回波，在中分辨率 SAR 图像中表现为很亮的区域[图 10-11(a)]。而在高分辨率 SAR 图像上，则能够分辨出城市中的每一个建筑，同时产生明显的透视收缩、叠掩和阴影现象[图 10-11(b)]。此外，强烈的角反射作用还容易使面向雷达波的建筑物的边缘出现很强的亮线[图 10-11(c)、(d)]。

（a）京津地区　　　　（b）国家体育场"鸟巢"　　　（c）Gizeh金字塔附近　　（d）美国五角大楼Ku波段

图 10-11　城市在 SAR 图像中的特征

10.3.3 山地 SAR 图像特性

在山区，雷达波束的入射角一般在迎坡面较小，背坡面较大，对于同一种地物，入射角越小，散射强度越大，因此 SAR 图像中山坡的迎坡面散射强度明显大于背坡面。同时，山地在 SAR 图像中表现出很强的立体感，且存在透视收缩现象，而在高山区，还具有显著的叠掩和阴影现象，如图 10-12 所示。这些特性导致 SAR 图像在山地区域表现出明显的明暗起伏。

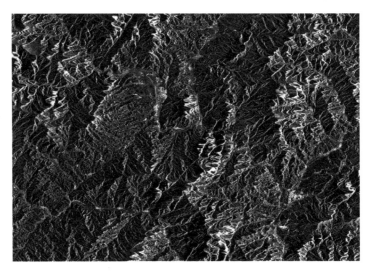

图 10-12　山地在 SAR 图像中的特征

10. 3. 4　郊区 SAR 图像特性

郊区主要有植被、农田和裸地等，在中分辨率 SAR 图像中，郊区的散射强度比城市低很多，但明显高于平静水体，只是不像水体那样均匀，有一定的明暗起伏，但又不像山地明暗起伏得那样明显，如图 10-13 所示。

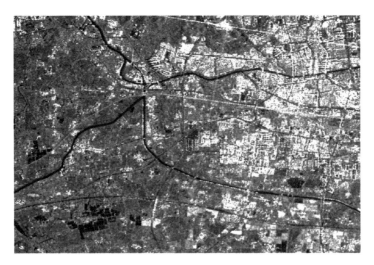

图 10-13　郊区在 SAR 图像中的特征

10.3.5 农田 SAR 图像特性

因为农田中时常有道路和水渠穿过，分块的农田在 SAR 影像中表现得十分整齐规则，如图 10-14 所示。而每一块农田还种植着不同的作物，每一种作物又有不同的散射机理，由此产生明暗相间的块状图斑。

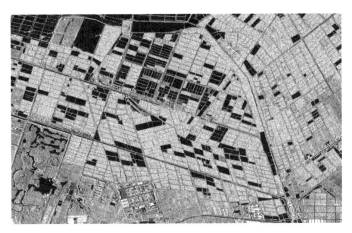

图 10-14 农田在 SAR 图像中的特征

10.3.6 机场 SAR 图像特性

机场跑道通常十分光滑，其散射类型为准镜面散射，所以在 SAR 图像中表现为很暗的直线；而机场跑道旁的候机楼、塔台等建筑物由于角反射现象能够反射出很强的散射回波。同时，机场跑道常为平行的两条或多条，且有联络跑道将它们相连，因此机场跑道在 SAR 图像上非常容易分辨，如图 10-15 所示。

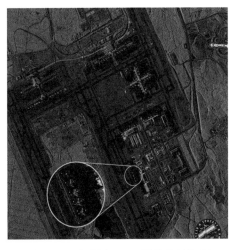

图 10-15 机场在 SAR 图像中的特征

10.3.7　公路 SAR 图像特性

公路表面非常光滑，因此其散射类型也为镜面散射，所以较宽的公路在 SAR 图像中表现为暗线。而公路旁树木的树干、建筑物等地物同样会产生很强的散射回波，当道路较窄时，道路的散射波会淹没在这些强散射回波中，如图 10-16 所示。

图 10-16　公路在 SAR 图像中的特征

10.3.8　铁路 SAR 图像特性

铁路由金属构成，金属物体对微波有很强的散射，加上一定的角反射效应，铁路在 SAR 图像上一般表现为亮线，如图 10-17 所示。铁路在可见光遥感图像中往往不易分辨，而且需要很高的空间分辨率才能被发现。

图 10-17　铁路在 SAR 图像中的特征

10.3.9 桥梁 SAR 图像特性

桥梁由大量金属材料构成，桥墩、梁架等部件也常常有较强的角反射效应，所以桥梁在 SAR 图像中表现为强亮线，而较亮的桥梁与较暗的河流能够形成强烈的对比，如图 10-18所示。

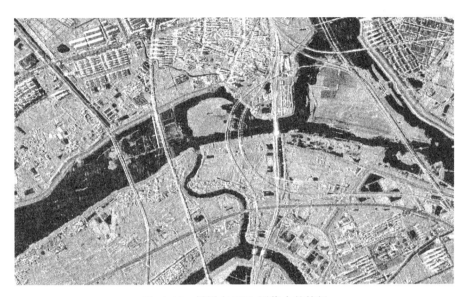

图 10-18　桥梁在 SAR 图像中的特征

10.4 SAR 遥感图像解译流程

在雷达影像解译时需要具备微波遥感的基础理论知识，掌握各种目标地物的微波特性及其与目标地物的相互作用规律，同时也需要掌握微波影像的判读方法和技术。SAR 遥感图像解译流程通常包括以下几个步骤。

1）目视解译准备工作阶段

遥感图像虽然反映地球表层信息，但深受大气吸收与散射影响，再加上地理环境具有综合性和区域性等特点，遥感图像的目视解译其实存在很多的不确定性和多解性。为了提高目视解译质量，需要认真做好目视解译前的准备工作。一般来说，准备工作包括：明确解译任务与要求、搜集与分析有关资料、选择合适的解译标志等。

2）初步解译的野外考察

初步解译的主要任务是掌握解译区域特点，确立典型解译样区，建立目视解译标志，探索解译方法，为全面解译奠定基础。

3）室内详细判读

初步解译的野外考察奠定了室内判读的基础。建立遥感图像解译标志后，这就可以在室内进行详细判读。

4）野外验证与补判

室内详细判读的初步结果需要进行野外验证，以确定判读解译的质量和精度。详细判读中出现的疑点和难以解译的地方也需要在野外验证过程中补充判读。

5）解译成果的绘制

遥感图像的解译成果一般以专题图或遥感影像图的形式表现出来。将遥感图像解译成果进行制图和输出。

10.5　SAR 图像的解译方法

SAR 图像的判读方法主要包括以下 3 种。

（1）采用由已知到未知的方法，利用有关资料熟悉解译区域，还可以拿微波影像到实地去调查；从宏观特征入手，对于需要判读的内容，可以结合微波影像与专题图共同判读，反复对比目标地物的影像特征，建立地物解译标志，并在此基础上完成微波影像的解译。

（2）对微波影像进行投影纠正，利用 TM 或 SPOT 等影像增加辅助解译信息进行微波影像解译。

（3）利用同一航高的侧视雷达在同一侧对同一地区进行二次成像，或者利用不同航高的侧视雷达在同一侧对同一地区进行二次成像，获得具有视差的影像，然后对微波影像进行立体观察，获取该地区的地形或高差，再对目标地物进行解译。

10.5.1　SAR 图像目视解译方法

（1）直接判读法。根据遥感影像目视判读标志，直接确定目标地物属性与范围的一种方法。

（2）对比分析法。此方法包括同类地物对比分析法、空间对比分析法和时相动态对比法。而同类地物对比分析法是在同一景遥感影像图上，由已知地物推出未知目标地物的方法。

（3）信息覆合法。使透明专题图或地形图与遥感图像重合，再根据专题图和地形图提供的多种辅助信息识别遥感图像上目标地物的方法。

（4）综合推理法。综合考虑遥感图像多种解译特征，结合生活常识，分析、推断某种目标地物的方法。

（5）地理相关分析法。根据地理环境中各种地理要素之间的相互依存、相互制约的关系，分析、推断某种地理要素性质、类型、状况与分布的方法。

10.5.2　SAR 图像自动解译方法

随着 SAR 系统技术的逐渐成熟，能获取更多的 SAR 图像，飞速增长的影像种类和数量，对解译时效性的要求也越来越高，传统的目视解译逐渐不能满足应用需求，SAR 图像的自动解译技术应运而生。本小节以建筑物提取为例，简要介绍 SAR 图像的自动解译。

在极化 SAR 研究领域中，能够充分体现目标信息的特征可以进一步提高分类精度，那么如何提取一份良好表达目标信息的特征就变得至关重要。在众多特征中，目标分解就可以很好地表达地物信息，揭示地物散射体机制。本小节充分考虑不同极化特征、纹理特征之间的互补性，采用特征选择的随机森林算法进行建筑物提取，其方法流程如图 10-19 所示。首先，提取 PolSAR 图像的极化特征和纹理特征；其次，根据随机森林算法进行特征选择；然后，利用选择的特征进行建筑物提取并分析特征的重要性。

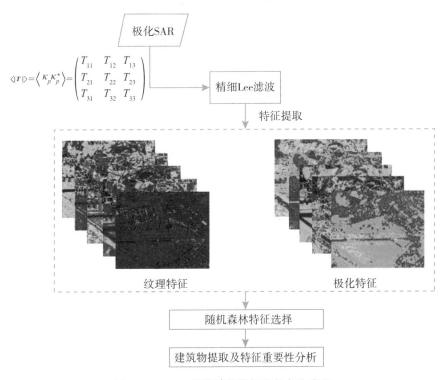

图 10-19　SAR 图像建筑物提取的方法流程

1. 数据描述

机载 AIRSAR 和 ESAR 是本小节使用的 PolSAR 数据(图 10-20)。AIRSAR 的工作波段为 C 波段，覆盖地区为美国旧金山市，视角范围为 21.5°~71.4°，图像的大小为 701×1024 像元，距离分辨率约为 6.6m，方位分辨率约为 9.3m。地物类型包括海洋、森林、建筑物等。

ESAR 数据由机载 SAR(ESAR)传感器获得，该传感器拥有 X、C、S、L 和 P 共 5 个工作频带，测量方式包括单极化、干涉测量以及极化测量三种模式。本小节选择 L 波段的 ESAR 数据，该数据覆盖德国的 Oberpfaffenhofen 区域，图像大小为 908×791 像元，空间分辨率为 3m×3m。该区域属于建筑物错综复杂的区域，建筑物的排列不规律，并夹杂植被等地物。地物类型主要为建筑物、森林、机场路面、草地和农田。

图 10-20　光学图像和 Pauli-RGB 合成图[（a）和（b）分别为 AIRSAR 数据对应的光学图像
和 Pauli-RGB 合成图，（c）和（d）为 ESAR 数据对应的光学图像和 Pauli-RGB 合成图]

2. 极化特征提取

与单极化或多极化 SAR 数据相比，PolSAR 数据包含了大量的目标散射机理信息，对建筑物提取具有重要意义。PolSAR 系统测量了地物的完整散射矩阵，通常用下面的 Sinclair 矩阵表示（Lee，2009）：

$$S = \begin{pmatrix} S_{HH} & S_{HV} \\ S_{VH} & S_{VV} \end{pmatrix} \tag{10-10}$$

矩阵中的元素表示不同极化方式的后向散射系数。每个元素中，第一个下标表示接收信号的极化，第二个下标表示发射信号的极化。在满足互易假设 $S_{HV} = S_{VH}$ 条件下，通过散射矢量可得到目标的相干矩阵（Lee，2009）：

$$\langle [T] \rangle = \langle \kappa_p \kappa_p^* \rangle = \begin{pmatrix} T_{11} & T_{12} & T_{13} \\ T_{21} & T_{22} & T_{23} \\ T_{31} & T_{32} & T_{33} \end{pmatrix} \tag{10-11}$$

极化目标分解技术是 PolSAR 图像解译最常用的方法，它将接收到的雷达信号（相干/协方差矩阵）分解成多个简单目标的散射响应，在极化增强、信息提取和目标识别等方面得到广泛的应用。近年来，国内外学者从不同的角度提出多种极化目标分解方法，这些方法相互联系、相互补充。基于此，本小节综合应用多种分解方法的极化特征用于建筑物提取，包括 Cloude 极化分解（Cloude，1996）、H/A/Alpha 极化分解、Freeman 三分量分解（Freeman et al.，1998）、van Zyl 分解、Yamaguchi 分解（Yamaguchi et al.，2011）、MCSM 分解（Xiang et al.，2017）等。此外，还提取了一些直接从 PolSAR 图像中导出的极化参数，如一致性系数、散射多样性、纯度和去极化指数等，共 110 个极化特征。

3. 纹理特征提取

纹理信息可以有效反映地物之间的差异。在高分辨率遥感影像中，建筑物通常表现出明显的纹理特征。因此，利用纹理信息有助于从 PolSAR 图像中精确提取建筑物。灰度共生矩阵是遥感领域最常用的纹理特征提取方法，其通过计算一定距离和一定方向上两个像素的灰度相关性来描述图像的纹理特征。为了更直观地描述纹理，一般采用灰度的二阶统计量来表示。因此，本小节基于灰度共生矩阵，选择 PolSAR 总功率图像的对比度、差异性、熵、同质性、均值和均匀性 6 个纹理特征用于建筑物提取，窗口大小为 11×11 像元。

4. 建筑物提取结果

本小节选择 Wishart 监督分类和支持向量机（SVM）作为上述实验的对比方法。提取结果如图 10-21 所示，对于 AIRSAR 图像，结合纹理特征和极化特征的随机森林法在建筑物提取中取得较好的效果［图 10-21（a）］，Wishart 方法存在森林错分为建筑物［图 10-21（b）］

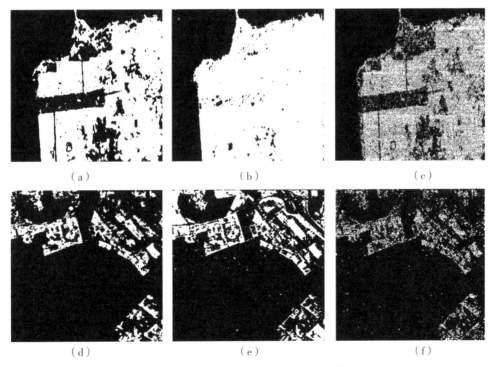

图 10-21　建筑物提取结果［（a）~（c）分别为 AIRSAR 数据本小节方法、Wishart 方法和 SVM 的提取结果，（d）~（f）分别为 ESAR 数据本小节方法、Wishart 方法和 SVM 的提取结果］

的现象，而 SVM 算法虽然也提取出建筑物，但其结果存在明显的杂点［图 10-21（c）］。ESAR 图像［图 10-21（d）~（f）］的结果与 AIRSAR 图像［图 10-21（a）~（c）］的结果相似，植被错分现象在 Wishart 方法提取结果中，杂点也同样存在于 SVM 方法提取结果中。根据上述结果，本小节方法可以有效地区分方位建筑物和植被，在一定程度上解决了 PolSAR 图像中建筑物与植被混淆的难题。

表 10-2 为建筑物提取精度评估，与 Wishart 和 SVM 方法相比，本小节方法的精度得到明显提升，但两个数据集的提升程度不同。由于两个数据具有相似的结果，现以 ESAR 数据为例进行分析，本小节方法的总体精度 OA 为 97.01%，高于 Wishart 方法和 SVM 方法。本小节方法的 BMR（3.51%）、NBMR（2.69%）值要明显低于 Wishart 分类方法（10.95%，24.82%）和 SVM 方法（3.56%，7.37%）。再次表明本小节方法有助于解决 PolSAR 图像中方位建筑物与植被之间的混淆问题。

表 10-2 　　　　　　　　　　　　　建筑物提取精度评估

数据集	本小节方法			Wishart 方法			SVM 方法		
	OA(%)	BMR(%)	NBMR(%)	OA(%)	BMR(%)	NBMR(%)	OA(%)	BMR(%)	NBMR(%)
AIRSAR	97.77	2.40	2.14	90.50	7.67	10.50	97.48	2.20	2.69
ESAR	97.01	3.51	2.69	80.21	10.95	24.82	94.02	3.56	7.37

◎ 思考题

1. 真实孔径和合成孔径雷达的区别是什么？
2. 哪些信息仅能够被合成孔径雷达获取（相对激光雷达和光学遥感）？
3. SAR 数据相位信息是如何反映的？相位有何意义？
4. 根据本章内容，尝试解译一幅 SAR 影像。

◎ 本章参考文献

［1］Cloude S R P. A review of target decomposition theorems in radar polarimetry［J］. IEEE Transactions on Geoscience and Remote Sensing, 1996, 34(2)：498-518.

［2］Freeman A, Durden S L. A three-component scattering model for polarimetric SAR data［J］. IEEE Transactions on Geoscience and Remote Sensing, 1998, 36(3)：963-973.

［3］Lee J S, Pottier E. Polarimetric radar imaging：from basics to applications［M］. Boca Raton：Taylor and Francis/CRC press, 2009.

［4］Lopez J. Assessment and modeling of angular backscattering variation in ALOS ScanSAR images over tropical forest areas［D］. Inst. Geo-Inf. Sci. Earth Observ. (ITC), Enschede, The Netherlands, 2008.

［5］Proisy C, Mougin E, Fromard F, et al. On the influence of canopy structure on the polarimetric radar response from mangrove forest［J］. International Journal of Remote

Sensing, 1999, 23: 4197-4210.

[6] Stacy N, Preiss M. Compact polarimetric analysis of X-band SAR data [C]//6th European Conference on Synthetie Aperture Radar. Dresden, Germany: VDE Publishing House, 2006, 99: 1-4.

[7] Shin J I, Yoon J S, Kang S J, et al. Comparison of Signal Characteristics between X-, C-, and L-band SAR data in forest stand [C]//28th Asian Conference on Remote Sensing, 2007: 958-963.

[8] Xiang D, Wang W, Tang T, et al. Multiple-component polarimetric decomposition with new volume scattering models for PolSAR urban areas [J]. IET Radar, Sonar & Navigation, 2017, 11(3): 410-419.

[9] Yamaguchi Y, Sato A, Boerner W M. Four-component scattering power decomposition with rotation of coherency matrix [J]. IEEE Transactions on Geoscience and Remote Sensing, 2011, 49(6): 2251-2258.

[10] 匡纲要. 合成孔径雷达[M]. 长沙: 国防科技大学出版社, 2007.

[11] 李林林. 基于 SAR 图像极化特征和统计模型纹理参数的建筑物损毁评估[D]. 武汉: 中国地质大学(武汉), 2018.

[12] 舒宁. 微波遥感原理[M]. 武汉: 武汉大学出版社, 2000.

[13] 王海鹏, 金亚秋, 大内和夫, 等. Pi-SAR 极化数据与 K 分布指数估算森林生物量与实验验证[J]. 遥感学报, 2008(3): 477-482.

第11章　红外遥感图像解译

11.1　红外遥感图像解译的适用场景

红外遥感是通过获取地物反射或发射出的红外热辐射能量信息来感知地物特性的技术。自然界中一切物体只要其温度大于绝对零度，都可以辐射红外线。热辐射量级大小不仅与目标物的表面温度有关，而且也是目标物构成成分以及观测角度的函数，因此利用探测仪器测定目标的本身和背景之间的红外辐射可以得到不同的红外图像——目标表面温度分布图像。红外热成像技术使人眼不能直接看到的目标表面热辐射分布，变成人眼可以看到的代表目标表面热辐射分布的热图像。热红外线（或称热辐射）是自然界中存在最为广泛的辐射。热辐射可以使人们在完全无光的夜晚，清晰地观察到地表的情况。热辐射的这个特点可以用来对物体进行全天时无接触温度测量和热状态分析，为资源探测和环境监测等方面提供一个重要的检测技术手段。

热红外遥感研究的主要目的是精确地获取地表（包括植被、土壤、岩石和水体等的表面）温度。理论反演地表温度和比辐射率的分离方法、大气与地表参数一体化反演等也有了新的进展。多角度、多光谱和热红外遥感的结合，为热红外遥感反演地表温度提供了更好的信息源。利用多角度遥感可以明显增加地物三度空间的信息量，可以改善大气辐射纠正的效果。

遥感技术发展初期，通过光学遥感图像处理，进行目视解译得到地表的各种有用信息，在农业、林业、地质、矿产以及军事等领域得到了大量的应用。其后随着计算机技术的发展，遥感发展到以数字图像处理、计算机自动分类识别或人机交互判读为标志的阶段，遥感应用的领域和水平进一步提高。随着遥感技术的发展，利用遥感探测到的电磁辐射强度、偏振度和相位等信息，反演地表各种地球物理化学参数、地球生物理化参数已成为定量遥感发展的新方向。地表温度是地球表面与大气相互作用过程中的一个动态的热平衡参量，它综合了地表与大气之间能量交换的全部结果。热红外遥感是一种重要的地表温度与海面温度观测手段，在环境动态监测中具有宏观、动态的优点。卫星红外遥感得到的地表温度，作为衡量地表能量状态的重要物理参数，已经被广泛地应用于许多研究领域，如农作物旱情遥感监测、全球环境变化和中长期天气预报研究。

自20世纪70年代以来，红外探测技术得到飞速发展，对地观测卫星不仅可以利用仪器探测地表的可见光和近红外信息，而且可以获得地球表面的热红外信息，扩大了人类获取信息的能力，热红外遥感得到迅速发展。例如，在80年代初，美国专门发射了热容量探测卫星，之后各国在气象卫星上都装载了热红外遥感仪器。随着热红外遥感应用范围的扩大，热红外遥感的空间分辨率从几十千米，到 5km、1km，再到 120m 和 60m，而探测波段也从 1 个发展为 5 个（ASTER）。航空热红外遥感仪器无论在空间分辨率、探测波段和探测能力等方面，都比卫星发展得更加迅速。这些为热红外遥感应用提供了丰富的信息。

近年来，热红外遥感应用得到进一步拓展，已经在地表温度反演、城市热岛效应监测、林火监测、旱灾监测、探矿、探地热和岩溶区探水等领域都有很广泛的应用。针对全球变化和气候变暖研究，热红外遥感也发挥了重要作用，特别是在地表能量平衡、温室气体反演和监测等方面得到进一步应用。利用主动热红外辐射源——热红外激光雷达是推动热红外遥感发展的新思路，热红外激光雷达的开发和更广泛应用，将使热红外遥感在空间分辨率和信息源的信息量方面得到突破性发展，人们探测地物结构方面的能力也将大幅度提高。

相比于可见光传感器，红外成像系统依靠场景中物体的热辐射差异成像，能昼夜工作，地物的温度决定了热辐射的强度，物体表面温度越高，其热辐射能量就越高，该物体在红外图像的亮度值就越大。红外图像反映的是特定目标和场景向外辐射能量的差异，也即目标与背景的温度差异，所以它具有识别伪装的特殊能力，能够很好地反映目标的存在特性。军事侦察上常据此来识别伪装，也可用于医疗和工业等国民经济的各个领域，来监测物体的状态变化。但相比于可见光，红外波段波长较长，分辨率固定，在传输过程中受大气吸收和散射的影响较大，使得红外图像对比度较差，对场景反射不敏感。

红外图像与可见光图像的信息组成具有丰富的互补性和冗余性，两者的融合能充分综合两者的特性，从而获取更多的有效信息。为简要对照分析两者的信息组成，以如图 11-1 所示的一组红外图像与可见光图像作对照参考图像，表 11-1 列出对红外和可见光图像的相关特征的描述，主要包括成像原理、边缘和纹理特征、像素间相关性、对人眼敏感度空间分辨率等特征对比。

（a）红外图像　　　　　　　　　　（b）可见光图像

图 11-1　同一场景红外图像和可见光图像对比图

由图 11-1 可以看到红外图像和可见光图像灰度差异较大，可见光图像的灰度比红外图像的灰度的层次更加分明。例如，红外图像中可以分辨屋顶、行人、轿车等，但看不到灯光，在可见光图像中可以清晰看到灯光，以及光照的轨迹。两者的边缘和纹理特征也有明显的对比，如图 11-1(a)中的防护栏，比图 11-1(b)中的模糊些。

结合红外图像与可见光图像成像方式与图 11-1 的成像情况，研究与分析可以看出同一场景的红外图像和可见光图像主要有几点区别，如表 11-1 所示。

表 11-1　　　　　　　　　　　　红外图像与可见光图像特征对比

	红外图像	可见光图像
成像原理	表面温度差异或热辐射差异成像	表面反射光谱不同成像
边缘和纹理特征	不能很好地反映纹理细节	反映出景物表面的纹理细节信息，轮廓清晰
像素间相关性	含较多低频成分，相关性相对较强	相关性相对较弱
人眼敏感度	对人眼不敏感，需借助红外探测器接收红外辐射	对人眼敏感

针对同一场景，红外图像与可见光图像中包含丰富的互补信息与冗余信息。红外图像低频能量集中，具有较好的目标特性，但由于对场景反射不灵敏，场景信息单一，而可见光图像能提供目标所在场景的丰富细节信息，两者的融合能充分利用其丰富的互补和冗余信息，弥补单一传感器的缺陷，得到场景更丰富、具体的图像表达，为进一步对目标进行检测、识别和用户决策提供良好的条件。红外图像和可见光图像的融合能获取对场景的更完整的表达，更易于精确定位或热目标信息的检测。近年来，这一融合技术在目标识别、夜视和安全监控等诸多领域都具有极大的应用前景。

11.2　卫星红外遥感图像和目标特性

11.2.1　卫星红外遥感图像特性

根据航天平台的服务内容，可将其分为气象卫星、陆地卫星等系列。不同系列的卫星，由于轨道特性及所搭载传感器特性不同等，在波谱分辨率、空间分辨率、重复周期和资料花费等方面会有很大差别。在进行有关专题的研究时，常常根据各类卫星资料的特点，选择多种平台资料。常见热红外卫星参数如表 11-2 所示。

表 11-2   红外图像与可见光图像特征对比

传感器	卫星平台	热红外波段数	热红外光谱范围(μm)	空间分辨率	宽幅
ASTER 高级空间热辐射热反射探测器	EOS（美国）	5	8.125~8.475 8.475~8.825 8.925~9.275 10.25~10.95 10.95~11.65	90m	60km×60km
AVHRR 甚高分辨率辐射仪	NOAA（美国）	3	3.55~3.93 10.30~11.30 11.50~12.50	1.1km	
MODIS 中等高分辨率成像光谱辐射仪	EOS（美国）	16	20:3.660~3.840 21:3.929~3.989 22:3.929~3.989 23:4.020~4.080 24:4.443~4.498 25:4.482~4.549 27:6.535~6.895 28:7.175~7.475 29:8.400~8.700 30:9.580~9.880 31:10.780~11.280 32:11.770~12.270 33:13.185~13.485 34:13.485~13.785 35:13.785~14.085 36:14.085~14.385	1km	
ETM+/TM6	Landsat（美国）	1	10.0~12.9 10.4~12.5	60m(重采样为30m) 120m	185km×185km
IRS 红外相机	HJ-1A/B（中国）	2	3.50~3.90 10.5~12.5	150m 300m	720km×720km
Landsat 8 TIRS	Landsat（美国）	2	10.60~11.20 10.50~12.50	100m(重采样为30m)	185km×185km

    气象卫星属于短周期、低分辨率卫星系列，主要用于对快速变化目标的宏观监测，如城市气象、气候、热场的动态监测分析等。近年来，在城市遥感中应用较普遍的气象卫星资料主要有美国的 NOAA 系列[太阳同步轨道，周期为 101.4min，主要传感器为甚高分辨率辐射计(AVHRR)，光谱范围为 0.58~12.4μm，空间分辨率为 1.1km，一景图像覆盖地

面范围约为 1/4 地球表面]和我国的"风云"气象卫星系列(太阳同步轨道，周期为 1h，主要传感器为甚高分辨率辐射计，波谱通道数为 5 个，空间分辨率为 1.1km，一景图像覆盖地面范围约为 1/4 地球表面)。其中风云三号是我国第二代极轨气象卫星，计划共发射 8 颗，分 01 批、02 批。目前已完成了 01 批第一颗和第二颗卫星的发射，且已经开展业务化应用。风云三号卫星技术状态与风云一号 02 批相比有很大的变化，卫星装载了 11 种遥感仪器和数据收集系统，能获取全球多种大气、海表和陆地表面特性参数，性能有很大的提高。风云三号是世界同期先进气象卫星，已经列入世界气象组织(WMO)2005—2020 年业务气象卫星星座系统。

　　陆地卫星与气象卫星相比，成像周期较长，而空间分辨率较高，可以用于环境质量、生态监测、道路交通、土地利用、环境地质、城市热岛、人口估算和城市地理信息系统等几乎所有的城市遥感领域。

　　卫星红外影像实质上是地表辐射温度图，是探测地物发射能量变化的图像，一般来说，物体的热分布形状并不是它的真正形状，图 11-2 为地表温度辐射平面图的一个示例。从地学角度观察图 11-2 可发现如下特征：第一，热红外影像分辨率不高，热红外图像中反映的目标信息往往偏大，同时边界清晰度相对较低，但图像中对热信息的反映确实是很敏感的。第二，热红外图像中存在"热"假像，造成这些假像的因素主要是短周期的天气变化，包括雨、雪天气及冷气流等，同时还受到地形地貌、岩石矿物及水体植被等条件影响。

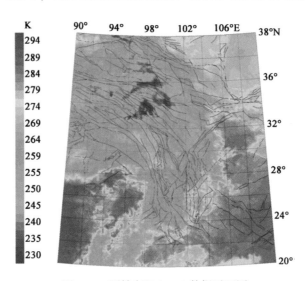

图 11-2　原始亮温(TBB)数据平面图

11.2.2　卫星红外遥感图像目标特性

　　卫星红外遥感利用星载传感器收集、记录地物的热红外信息，并利用这种热红外信息来识别地物和反演地表参数(如温度、湿度和热惯量等)，其信息源来自物体本身，其基础是：只要其温度超过绝对零度，就会不断发射红外能量，即地表热红外辐射特性。

　　地表热辐射从地表物质吸收太阳能量到传感器之间的热传输过程中，经历了吸收、反射、透射等一系列过程。热红外遥感的地-气系统的传输过程中，与大气层和地表间多次相互作用，所以地物本身的热过程是非常复杂的。能使地表温度值发生改变的因素主要包括地球基本温度场、年变温度场、日变温度场、云雨和寒热气流引起的温度变化以及其他因素引起的温度变化。热红外遥感图像记录地物的热辐射特性，可以简单地认为是地物辐射温度的分布图像，用黑白色调来记录地物不同的热特性。一般来说，浅色调表示温度高，深色调表示温度低。

卫星红外遥感技术应用广泛，包括秸秆焚烧、沙尘等大气环境遥感监测，水华、水质、水表温度、热污染、核电厂温排水等水环境遥感监测，以及土壤含水量、干旱、地表温度、城市热岛效应等生态环境遥感监测应用等。

例如，红外遥感的近红外波段既可反演大气水汽含量（如 MOD05 的水汽产品），也可与红光波段等结合剔除有云像元，监测秸秆焚烧等火点。秸秆焚烧对生态环境、空气质量、交通安全和灾害防护造成了极大影响，因此，对秸秆焚烧快速高效的监测，开展环境执法十分重要。遥感火点监测是利用秸秆燃烧时内部含有火焰的高温像元与背景常温像元，在中红外和热红外波段辐射能量的差异来识别地面火点。该技术还可监测林火、草原火点等。相比于可见光波段，2.1μm 处的短波红外波段受气溶胶影响较小，并且在植被密集区和红蓝波段的反射率具有很好的相关性，可用于暗像元法中去除地表噪声，反演气溶胶光学厚度、颗粒物等。此外，高光谱分辨率的短波红外波段还可用来监测温室气体。

在水环境遥感监测中，红外遥感技术广泛应用于水华、水质、水表温度、热污染，以及核电厂温排水等监测。其中，通过近红外波段和绿波段构建的归一化差分水体指数，以及近红外波段和红波段构建的归一化差分植被指数，可对水华、赤潮区域识别提取。利用热红外波段能监测环保领域所关注的近海和内陆水体的水表温度，对监测水体热污染、富营养化等具有重要意义。

红外遥感技术还广泛用于土壤含水量等生态环境要素的关键参数监测，也可用来开展地表温度、城市热岛效应监测。由于近红外、短波红外、热红外波段对土壤含水量比较敏感，所以，由其构建的相关模型可有效监测土壤湿度等。

11.3 航空红外遥感图像和目标特性

11.3.1 航空红外遥感图像特性

航空平台包括飞机、飞艇、航模、气球等，其高度随成像比例尺要求的不同而异，范围在近百米至 1km 之间。传感器主要为航空摄影机、摄像机和多光谱扫描仪等。对近 20 年许多城市的航空遥感综合调查显示，使用较多的为彩红外航空摄影，摄影比例尺为 1∶20000～1∶2000。在城市热场和热异常的微观结构研究中，使用较多的为热红外扫描。

航空热红外图像中有一个重要特点就是阴影，主要分为冷阴影和热阴影，这与光学图像中的阴影的含义不同。阴影产生的原因一般有两种情况：一种是由于阳光未直接照射地面，温度较周围温度低，因而热辐射较弱，呈现冷阴影。这种阴影虽然范围与光学阴影范围相近，但是不会在阳光消失后马上消失，而是逐渐消散。第二种情况是，地面上的热源或冷源，如暖风或冷风吹过地面，由于地面物体的阻挡，背风面容易产生阴影。此外，飞机的热喷气流也会产生热阴影，且不会马上消失，而是逐渐消散。

11.3.2　航空红外遥感图像目标特性

对目标和地物热红外图像识别特征的分析，首先要考虑目标和地物热红外辐射特性的影响因素。除了传感器与平台因素之外，影响因素主要有外部因素和内部因素两方面。

1. 外部因素

（1）太阳辐射：是影响目标和地物热红外特性的主要外部因素。目标和地物温度变化的主要来源是太阳辐射；太阳入射角的不同，对目标和地物温度影响较大，该角度随地理位置、季节、时间的变化而不同。

（2）大气因素：大气通过对太阳辐射的吸收和散射，影响目标和地物的温度。太阳辐射在到达地球之前，经大气影响产生吸收和散射，其中的一部分能到达地面形成直接辐射，另外一部分通过散射形成散射辐射。到达地面的太阳总辐射主要由太阳的直接辐射和散射辐射组成。此外，大气不仅对太阳辐射产生吸收和散射等作用，而且其本身也对目标和地物形成辐射，该部分能量虽然很小，但也会影响目标和地物的温度。

（3）其他外部因素：除了太阳和大气因素之外，影响目标和地物温度的外部因素还有拍摄地区的局部气象条件。一般来说，晴天的温差较大，而风、雨、阴云等天气的温差较小。另外，对于特定的目标来说，可能还会接收到其他地物辐射的热能量以及反射的太阳热能量。因此，目标所处的环境不同，也会使目标与其他地物产生热交换，导致其温度发生变化。

2. 内部因素

影响目标热红外特性的内部因素主要有目标对太阳辐射的吸收系数、表面发射率和目标本身的热特性。

吸收系数是指被目标表面吸收的能量与到达目标表面总能量之比。吸收系数越大，目标吸收的能量越多，目标温度也越高。表面发射率是指一定温度下目标向外发射能量的能力。吸收系数/表面发射率表明，目标吸收的太阳能量越多，而辐射出的能量越少，则目标得到的能量就越多，温度也就越高。

目标获取到能量之后，其温度变化与自身的热特性有关，如比热容、密度、导热系数等。比热容大的目标升温小，比热容小的目标升温大；密度大的目标升温小，密度小的目标升温大；导热系数大的目标热传导性能好，温度不易上升。上述 3 个热特性特征乘积的平方为热惯量。则在同样的受热条件下，热惯量大的目标在一天中温度变化幅度小。

总之，除了考虑外部因素影响目标和地物温度变化之外，通常还要考虑目标和地物的比辐射率。比辐射率是指目标和地物辐射出射度与相同温度、相同波长下绝对黑体的辐射出射度的比值，是影响地表温度的基本因素之一。

在航空红外遥感图像上，一般地物白天受太阳辐射，温度较高，呈暖色调；夜间温度较低，呈冷色调。

水体比热容较大，白天温度低于地表，呈冷色调；夜间温度高于地表，呈暖色调。植被辐射温度较高，在夜间呈暖色调；白天虽然受阳光照射，但因水分蒸腾作用降低叶面温度，因此呈冷色调。岩石的热容量较低，因此白天呈现较暖的色调；夜间呈现较冷的色调。不同的岩石热学性质有差异，在图像上的表现也不尽相同。

土壤表面常有植被或作物覆盖，因此传感器记录的温度常是表面作物的温度而不是土壤的温度。由于干燥的作物隔开地面，使之保持了一定的热量，因此在夜间，农作物覆盖区域的色调呈暖色调，而裸土则是冷色调。

热红外遥感图像解译之前首先应当确定是白天成像还是夜间成像，再根据不同地物的热学性质及其在图像上反映的特点，综合诸多解译标志如温度、大小、形状、位置、表面特性等进行解译。

基于航空热红外图像的定量解译，主要由 3 个步骤组成，首先是对目标热红外数据的特征化，需要设计合理有效的特征提取技术，获取更具描述能力、更能表征目标特性的热红外特征；其次是建立目标的热红外特征模型，用来描述目标热红外特征与目标工作状态(信息)之间的关系，对目标关键要素的热红外辐射数据进行特征提取，并结合目标的状态，建立起目标的特征库；最后是热红外图像中目标状态(信息)的判断和分析。

以机场跑道类目标的热红外图像解译为例。跑道材质可以分为沥青、混凝土、草地、土、碎石质等。跑道的基本参数如长和宽等。跑道长度受飞机类型、海拔高度、温度等因素影响较大，如轰炸机比直升机所需的最大起降距离大，跑道长度要比直升机跑道长；受高海拔高度、稀薄空气、高地面温度等环境影响，发动机功率下降，因此需要加长跑道。跑道的宽度取决于所能起降的飞机翼展，翼展越大，所需的宽度越宽。图 11-3 是某机场可见光遥感图像，由跑道道面、跑道道肩、跑道上的标记、滑行道等方面组成，不同组成有不同的跑道材质。

图 11-3 某机场可见光遥感图像

地物从热辐射吸收到温度升高，有一个热储存和热释放过程，该过程与地物本身的热性质和环境条件有关。其中，物体比辐射率是物体发射能力的体现。它取决于地物组成成分、物体表面状态(粗糙度等)及其物理性质(介电常数、含水量、温度等)，并随测定的波长以及观测角度的变化而变化。不同材质具有不同的比辐射率，这是热红外温度精确反演的基础。机场跑道的识别可以依据以下特性：一是直线特性，二是灰度特性。直线特性主要由跑道的长度、宽度和方向决定，灰度特性则由跑道的材质决定。跑道一般由主跑道、滑行道和联络道组成，在热红外图像上呈现为宽度不等的两条平行线，中间有数目不等的直线或曲线与跑道相连。如图 11-4 所示，白天跑道受太阳光照射，热辐射能力强，呈浅灰色至灰白色；夜间跑道散热快，热辐射能力弱，色调较暗。由于跑道区域内多有植被，植被色调较深，可以作为背景来区分跑道。

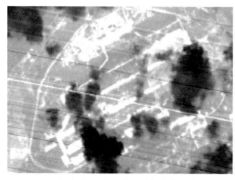　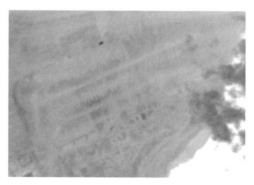

（a）白天跑道热红外遥感图像　　　　　　　　（b）夜间跑道热红外遥感图像

图 11-4　某机场热红外遥感图像

沥青混凝土与水泥混凝土的比辐射率具有差异，这就使根据图像识别跑道、滑行道和停机坪等材质类型成为可能；且跑道道面状态有变化，其比辐射率也会有差异，这就使得根据图像判断翻修状态成为可能(表 11-3)。

表 11-3　　　　　　　　　　　　　红外与可见光图像特征对比

热红外目标类型		热红外图像特征
材质差异	水泥混凝土	水泥混凝土的比辐射率小于沥青混凝土，发射能力弱，因此体现为温度值较低
	沥青混凝土	沥青混凝土的比辐射率大于水泥混凝土，发射能力强，因此体现为温度值较高
	迷彩伪装	实施迷彩伪装的水泥道面温度明显低于沥青材质跑道，但高于普通水泥质跑道

热红外目标类型		热红外图像特征
跑道翻修	道面挖掘	粗糙度明显改变，露出土石底质，体现为温度低于正常跑道道面
	道面硬化	材质较新，新铺水泥反射率提高，新铺沥青质比热容较大，均体现为温度高于翻修前的跑道道面

机场跑道图像在同一条跑道上，由于涂装和状态不同，其热红外图像与全色图像相比反映出不同的色调。如通过对某机场主跑道辐射亮度平均值进行计算，若中部停机坪辐射亮度平均值与其差异小，则可初步分析为同一材质，其产生温差的主要原因可能是面积和形状差异造成的；端保险道和新修的滑行道等部位辐射亮度平均值相比较大，结合全色图像等资料分析，端保险道可能由于涂设了涂层和起降标识，造成其热红外特性不同，而新修滑行道可能由于材质表面平滑程度和整体密度与老化材料有差异，导致温度较高。

11.4　红外遥感图像解译流程和实现方法

本节首先介绍红外遥感图像解译流程，然后基于该流程，阐述红外遥感图像解译的实现方法。

11.4.1　红外遥感图像解译流程

红外遥感图像解译主要分为如图 11-5 所示的四大步骤。首先，由于原始红外图像的图像质量较低，我们需要先对原始红外图像进行预处理，增强红外图像的质量。然后，为了从原始图像中解译出目标状态，需要从原始图像中提取多种目标特征，依据提取方法，可以分为人为手动设计的特征提取与基于神经网络的特征提取。最后，依赖提取的多维特征，对目标状态进行具体的分析与判断，例如目标检测与图像分割。

图 11-5　红外遥感图像解译流程图

11.4.2　红外遥感图像增强

红外遥感图像解译要求原始红外图像具备足够高的空间分辨率，而若要提高红外传感器的成像分辨率，将不可避免地降低红外遥感图像的质量，具体表现为对比度低、噪声严重、目标与背景混淆等常见问题。因此，我们需要对原始红外图像进行预处理（包括降噪、动态范围拉伸、锐化等），以加强、突出图像中的主要信息。

对红外图像降噪的目的在于既能抑制和消除图像中的热噪声，又不模糊原始场景中的边缘轮廓，传统的去噪方法分为空间域和频域两类。空间域方法包括均值滤波、中值滤波、高斯滤波、双边滤波、混合滤波、变分法等方法。频域方法依赖噪声频谱通常集中在高频部分的先验，采用多种形式的低通滤波器、小波变换等减少图像中的噪声。

针对红外图像对比度低的问题，我们需要拉伸图像的动态范围，提高图像的对比度，称之为图像的灰度变换。灰度变换包括线性变换、分段线性变换、非线性灰度变换等方式。此外，直方图均衡也是一种简单有效的动态范围增强技术。原始红外图像的灰度值主要集中在低亮度范围，直方图均衡化将原始图像的灰度直方图调整为均匀分布的直方图，通过增强像素间灰度值差异的动态范围来增强图像的整体对比度。

针对原始红外图像细节模糊以及目标与背景混淆的问题，常见处理方法是对图像进行锐化处理，加强图像的边缘轮廓，使模糊的图像变得清晰。锐化后的图像可以将目标从原图中凸显，更有利于下面流程中的图像分割与检测任务。目前比较成熟的图像锐化方法包括 Roberts 交叉微分算子、Sobel 微分算子、Prewitt 微分算子等一阶微分算子，以及如拉普拉斯算子等二阶微分算子。

深度学习方法往往将原始红外图像输入网络，网络的输出为增强后的红外图像，然后依赖对应的真值增强图像对网络输出进行监督，通过约束输出与真值图像的相似性构造损失函数，对增强网络的参数进行训练。

如图 11-6 所示，增强后的红外图像比原图像拥有更广的动态范围，对比度更强，边缘和细节表征更清晰，在更符合人眼感知特性的同时，有利于实现目标的检测与分割。

（a）原始红外图像

（b）使用算法（Wan et al., 2018）增强后的红外图像

图 11-6　红外图像增强结果图

11.4.3　红外遥感图像目标特征提取

为了对红外图像中的目标状态进行分析与判断，需要从原始图像中提取目标的多维特征。在传统方法中，特征提取主要依赖人为手动设计的特征。由于红外图像靠捕捉热辐射信息成像，目标与背景往往呈现较大的热辐射差异，因此，目标特征提取主要通过捕捉目标与背景间的特性差别来实现，包括灰度、边缘、分形等特征。此外，也依赖图像的局部特征对目标内部的细节特征进行更为细致的刻画。

基于灰度的特征观察像素的中央周边对比及中心拟合残差：中央周边对比值（Center-Surround Contrast，CSC）提取邻域内的最小对比值，可以抑制图像中大部分的边缘区域，提取具有像素强度一致性的区域；中心拟合残差使用周围区域的像素强度来拟合中心区域的像素强度值，残差越大，说明此图像块具有奇异性和不连续性，因此可以根据原始值与拟合值的残差确定凸出的目标。此外，直方图是描述图像中灰度分布的有效工具，也可以使用直方图或统计特征作为图像的纹理特征。

目标往往有较强的像素强度，与背景的交界处呈现出明显的边缘，尤其是经过锐化处理后，这种边缘特性更加显著。因此可以通过边缘的显著性检测对目标区域进行定位。常用的边缘提取算子包括 Roberts 算子、Sobel 算子、Prewitt 算子、Kirsch 算子、Robinson 等一阶算子，以及 Laplacian 算子、Canny 算子、LoG 算子等二阶算子。

分形理论可以对场景中局部和整体的相似性进行描述，是一种合理有效的近似模型。其中，分形维数可以反映图像表面的粗糙度，对于背景和目标，二者表面的粗糙度存在较大差异，即分维数不同。我们可以采用分形中的 Hurst 指数来描述红外目标的分形特征，根据二者在分形维数上的差异，可以将目标从红外图像中分离出来。

对于目标检测与分割来说，需要对图像局部细节进行更为细致的刻画。典型的特征描述算子如局部二值模型（Location Binary Pattern，LBP）算子及方向梯度直方图（Histogram of Oriented Gradient，HoG）算子。LBP 算子描述图像的局部纹理特征，具有灰度不变性。原始的 LBP 算子定义在 3×3 的窗口内，以窗口中心像素的灰度值为阈值，周围的 8 个像素中，灰度值大于阈值的标记为 1，小于阈值的标记为 0，如此可以得到一个 8 位的二进制数（即 LBP 码，大小为 0~255，一般用 10 进制表示），将这个数作为窗口中心像素点的 LBP 值，用于反映这个窗口中的纹理信息。为了适应更复杂的特征，学者也对 LBP 算子进行了改进。例如，为了适应更多尺度的纹理特征，并且满足旋转不变性，人们将 3×3 的窗口扩大到更大的窗口，并用圆形邻域代替正方形邻域，从而得到圆形 LBP。由于原始 LBP 和圆形 LBP 对旋转敏感，学者又提出了旋转不变的 LBP，它将原始/圆形 LBP 得到的 8 位 LBP 值进行循环移位操作，得到 8 个不同的值，取其中最小的值作为最终的 LBP 值，这样操作的结果是具有旋转不变性的。

HoG 算子是一种典型的进行物体检测的特征描述子，通过计算和统计图像局部区域的梯度方向直方图来构成特征。HoG 算子提取特征的大致过程为：先采用 Gamma 校正调节图像的对比度；计算图像每个像素的梯度以捕获轮廓信息，同时进一步弱化光照的干扰；将图像划分成小 cells，统计每个 cell 的梯度直方图形成每个 cell 的描述子；将每几个邻近的 cell 组成一个 block，其中所有 cell 的特征描述子串联起来得到该 block 的 HoG 特征描述子；最后，将图像内所有 block 的 HoG 特征描述子串联，即为该图像的 HoG 特征描述子。由于 HoG 是在图像的局部方格单元上操作，所以对出现在更大空间邻域上的图像几何和光学的形变都能保持很好的不变性。

在深度学习算法中，由于卷积神经网络具备强大的特征提取功能，我们不再依赖手动设计的描述子及特征进行特征提取，而是利用神经网络提取特征。经典的特征提取网络包括 AlexNet、VggNet、ResNet 等。尽管这些网络在最初提出时是为解决图像分类或检测任务，但在大量图像训练之后，网络在分类或检测过程中提取的特征也同样可以用于其他视觉任务。因此，网络的前几层可以作为特征提取层，只需改变网络的后几层或定义不同的损失函数，即可适用于其他的视觉任务，而无需从头开始训练整个网络的参数。

其中，VggNet 可以看成加深版本的 AlexNet，其主要贡献在于使用了堆叠的 3×3 小型卷积核，并增加了网络的深度，其网络结构如图 11-7(a)所示。ResNet 利用如图 11-7(b)所示的残差块来提升网络性能，具体原因如下。在计算机视觉里，网络的深度是提升性能的重要因素，随着深度加深，网络可以提取更高级的特征。然而当网络深度不断加深时，梯度消失/爆炸成为训练深层次神经网络的障碍，导致网络无法收敛，或者导致网络退化(增加网络层数却导致更大的误差)。原因在于多层非线性网络难以逼近恒等映射网络，而学习找到相对于恒等映射的扰动则比重新学习映射函数要容易，残差块中所示的短连接即为恒等映射，此时网络只需要学习残差，由此可以解决网络层数增加所导致的梯度消失、爆炸和退化等问题。

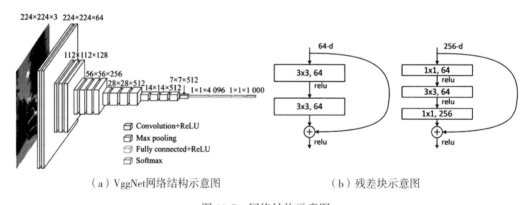

(a) VggNet网络结构示意图　　　　　(b) 残差块示意图

图 11-7　网络结构示意图

11.4.4　红外遥感图像目标检测

图像目标检测技术用于在图像中识别并且定位多个感兴趣的类别目标，典型应用包括人脸检测，车辆、行人、交通标志的检测以及各类物体检测。根据遥感图像感受视野大小可以将图像分类为近景图像和远景图像。其中，近景图像中行人、车辆、交通标志及动物是目标检测技术的主要关注目标，而远景图像中检测目标主要为船舶、飞机或码头等大型目标。图 11-8 分别展示了近景图像中行人的检测(张继荣，2020)和远景图像中船舶检测。

基于遥感红外图像的目标检测解译，以罗兴潮等(2019)中船舶检测方法为例，其主

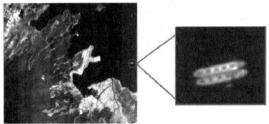

（a）近景行人检测　　　　　　　　　（b）远景船舶检测

图 11-8　红外遥感图像检测示例

要解译流程如图 11-9 所示，一般分为三个步骤。首先是预处理模块，该模块的任务是对需要进行船舰目标检测的图像进行辐射校正、几何校正和海陆分离等预处理，得到去除陆地区域干扰的待检测图像；然后是粗检测模块，该模块的任务是完成对图像进行快速检测，得到疑似船只的目标切片；最后是精检测模块，该模块的任务是对粗检测出的目标切片进一步分析，排除非船舰目标，得到最终的船舰检测结果。下面分别介绍相应的模块处理方法。

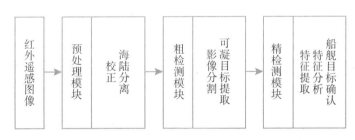

图 11-9　船舰目标检测解译流程

（1）预处理模块：对船舰目标进行辐射校正、几何校正和海陆分离处理。当遥感图像中同时存在海洋和陆地，如果陆地是岛屿或者城镇，则小岛屿和船舰的形状相似性和城镇分布的复杂性会增加检测的难度，因此红外遥感图像船舶目标检测的预处理关键步骤是海陆分割。海陆分割方法可以分为基于图像特征差异的海陆分割和基于先验信息的海陆分割两大类。基于图像特征差异的海陆分割是一种通用数字图像处理方法，其又可以分为基于阈值、基于区域、基于边缘以及基于神经网络的海陆分割方法。基于先验信息的海陆分割主要依靠现有数据库中的港口地理信息和海岸线等先验信息进行分割，可以有效克服海面情况复杂和海边纹理特征不明显的缺点。图 11-10 展示了海陆分离的处理过程，初始遥感图像首先使用改进的阈值分割获取粗略的初步分割结果，然后采取迭代的形态学膨胀处理进行陆地填洞和去除海上杂散点，从而获取最终的海陆分离效果。

（2）舰船目标粗检测模块：经过海陆分离后的影像，船舰目标与海面背景相比亮度较高，适于检测，但由于大范围的海面背景灰度变化较大，不同区域的船舰目标亮度也存在

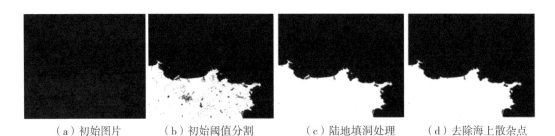

（a）初始图片　　（b）初始阈值分割　　（c）陆地填洞处理　　（d）去除海上散杂点

图 11-10　红外遥感图像海陆分离

差异，直接通过阈值法分割整幅影像的船舰目标与海面背景，会造成错判，导致大量船舰目标的漏检。因此还需要对遥感红外图像进行进一步增强处理。提出一种基于方差纹理的增强方法，主要依据为遥感图像中海面背景的灰度变化小，而船舰的亮度高，因此使用纹理信息能使船舰目标亮度增强，从而进一步筛选出疑似船舰目标。遥感图像经过方差纹理处理后，船舰目标在海面背景下变得清晰、凸显，接下来，从图像上提取疑似船舰目标的亮斑。首先，对灰度影像进行二值化处理，将高亮度的目标从海面背景中分割出来；然后，通过闭运算弥合断裂目标的狭窄间隙，填充大目标的中空点。如图 11-11 所示，经过处理后，疑似的船舰目标已经从图像中初步分割出来，在海面背景上呈散状白点分布，但是仍存在许多点噪声、礁石与岛屿等非船舰目标。

（a）方差纹理影像

（b）船舰目标粗提取

图 11-11　船舰目标粗提取示意图

（3）船舰目标精检测：为了去除噪声、礁石与岛屿等非船舰目标，还需要对船舰目标的特征进行提取与分析。船舰目标的特征提取可以采用统计特征，一个简单可行的方案是统计船舰的长短轴比和像素面积，根据船舰在图像中面积大小和长短轴比的共性，可以剔除大部分非船舰目标。此外，HoG 特征是一种在计算机视觉和图像处理中常用来进行物体检测的特征描述子，本章 11.4.3 小节中介绍了 HoG 特征的基本原理。以船舰为例，图 11-12 展示了船舰目标和非船舰目标的 HoG 特征统计图（王文秀，2019），其中（b）、（c）、（d）列展示了船头、船尾及全船的统计情况。由此可以看出，对于船舰目标而言，存在明显的双长弦统计分布，依据此点也可以进一步分类或者训练分类器来区分船舰目标和非船舰目标，从而达到精检测船舰的目的。图 11-13 展示了采取图像长短轴比和像素面积大小为特征剔除非船舰目标之后的检测结果，其中右图为左图框选区域放大的结果。

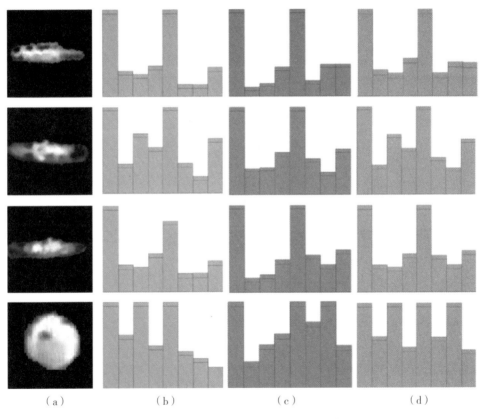

（a）　　　　　　（b）　　　　　　（c）　　　　　　（d）

图 11-12　船舰目标和非船舰目标 HoG 特征

在近景图像中，深度学习的算法被广泛应用于检测任务中。其中，卷积神经网络能够将特征提取和检测识别功能集成在一起，形成端到端的处理系统。图像融合技术通过融合红外图像和可见光图像的互补信息，充分利用红外图像中热辐射目标的显著性，对于车辆、行人的识别具有很大帮助。图 11-14 展示了一组图像融合技术用于近景红外遥感检测

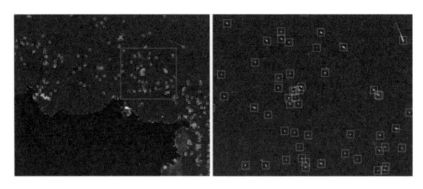

图 11-13　船舰目标检测结果

的示例，其中检测算法采取 YOLOv5，图 11-14(a)为红外图像检测结果，图 11-14(b)为可见光图像检测结果，图 11-14(c)为融合图像检测结果。

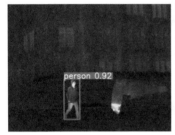

（a）红外图像检测结果　　　（b）可见光图像检测结果　　　（c）融合图像检测结果

图 11-14　YOLOv5 行人和车辆图像检测结果

11.4.5　红外遥感图像分割

　　图像分割是计算机视觉研究中的经典问题，作为图像分析的第一步，构成了机器图像理解的基础。红外遥感图像分割是指根据由物体各热红外特征构成的图像信息(如灰度、色彩、空间纹理和几何形状等)，将图像划分成若干个互不相交的区域，使图像特征在同一区域内具备一致性，并在不同区域内表现出差别。简而言之，红外遥感图像分割即是在一幅图像中利用热红外特性区分目标和背景区域的过程，具体应用场景包括海陆分割、军事设施以及云层分割等。

　　传统的图像分割方法主要基于数字图像处理、拓扑学、图形几何学等方面的知识。其中基于阈值的分割方法为具有代表性的经典方法，基本思想是基于红外遥感图像的热红外特征来计算一个或多个阈值，并将图像中每个像素的特征值与阈值作比较，最后将像素根据比较结果分到合适的类别中。因此，该方法的关键在于根据某种准则函数来求解最佳阈值，一般是灰度阈值。典型算法如大津法，基于最大类间差的思想选取合适的阈值，使背景和前景之间的灰度分布方差最大，从而正确地分割图像。

阈值法适用于目标和背景在图像灰度范围上存在明显差别的图像（图 11-15），若图像包含目标和背景两大类，那么只需要选取一个阈值进行分割，称为单阈值分割；若图像中有多个目标需要提取，则要选取多个阈值将目标进行分割，此类方法称为多阈值分割。阈值分割方法计算简单，效率较高，但是由于只考虑像素点灰度值本身的特征，较少考虑空间特征的，因此对噪声敏感且鲁棒性不高。

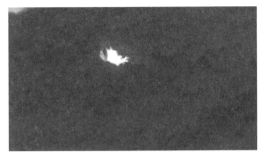

（a）红外遥感图像（伪彩图像）　　　　　　　　（b）阈值法分割结果

图 11-15　阈值法分割红外遥感图像

基于区域的分割方法是以直接寻找图像区域为基础的分割技术，有两种基本形式：一种是从区域生长，从红外遥感图像的单个像素出发，逐步合并形成所需要的分割区域；另一种是从全局出发，逐步切割图像至形成各分割区域。

区域生长是从一组代表不同生长区域的种子像素开始，然后将种子像素邻域里符合条件的像素合并到种子像素所代表的生长区域中，并将新添加的像素作为种子像素继续合并，直到找不到符合条件的新像素为止。此类方法的关键在于选择合适的初始种子像素以及合理的生长准则。而区域分裂合并是区域生长的逆过程，从整幅图像出发，不断分裂得到各个子区域，然后合并前景区域，得到需要分割的前景目标从而实现目标的提取。该类方法对复杂图像的分割效果较好，但算法复杂且计算量大，容易造成区域边界的损失。

分水岭算法是一种基于形态学的图像阈值分割算法，是一种利用流域概念进行自适应图像阈值分割的算法。该类方法将待分割的图像看作由一组不连续的目标或部分组合而成，其形态学梯度由环绕暗的内部区域的亮的外环组成，通过求解图像的分水线或流域分界线来找到图像的流域分界线，从而分割图像区域。

此外，图像分割算法可通过结合特定的工具来提高分割的效率。小波变换作为近年来广泛应用的数学工具，在时间域和频域上具有较高的局部化性质，且其多尺度特性能够帮助综合各尺度的边缘信息得到理想的图像区域分割结果。遗传算法是一种借鉴生物界自然选择和自然遗传机制的随机化搜索算法，通过模拟由基因串控制的生物群体的进化过程，利用实用性信息在全局范围内快速搜索，从而得到对应的图像处理结果。

现在随着算力的增加以及深度学习的不断发展，部分传统的分割方法在效果上已经无法与基于深度学习的分割方法相比。

以二分类分割任务为例，交叉熵（Cross Enropy，CE）函数为常用的损失函数：$CE(p, \hat{p}) = -(p\log\hat{p}) + (1-p)\log(1-\hat{p})$。$p$ 为像素点的真实类别，$\hat{p}$ 为预测像素点属于类别 1 的概率，所有样本的对数损失表示为每个样本对数损失的平均值，理想的完美分类器对数损失为 0。但该函数同等地关注每一个类别，易受类别不均的影响，因此后续出现了加权交叉熵函数、平衡交叉熵函数和焦点损失函数等。实际应用时，根据红外遥感图像内容场景的区别，组合地使用损失函数完成图像分割任务较为常见。

全卷积网络（FCN）是最初在图像分割中应用神经网络的一种基于深度学习的方法，主要思路是将卷积神经网络改成全卷积神经网络，用卷积层和池化层替代了分类网络中的全连接层，使得网络结构可以适应像素级的稠密估计任务，基于卷积层的编码器和解码器构造一个端到端的方式，直接得到每个像素的类别。

而红外遥感图像具有丰富的热红外特征信息，多光谱融合网络（MFNet）结构充分考虑了热力学图像和可见光图像信息间的互补关系，能够很好地完成红外图像的分割任务。MFNet 使用两个单独的编码器分别提取可见光图像和红外图像的特征信息，在译码器部分上采样操作前融合两种模态信息，输出图像分割结果（图 11-16）。

（a）可见光图像　　　　　　（b）红外图像　　　　　　（c）图像分割结果

图 11-16　MFNet 分割红外遥感图像

◎ **思考题**

　　1. 红外遥感图像解译有哪些适用场景？
　　2. 红外遥感图像解译用到的基本原理是什么？
　　3. 红外图像相较于可见光图像有哪些优势和劣势？
　　4. 举例说明卫星红外遥感图像解译流程。
　　5. 举例说明航空红外遥感图像解译流程。

◎ **本章参考文献**

［1］Wan M，Gu G，Qian W，et al. Particle swarm optimization-based local entropy weighted histogram equalization for infrared image enhancement［J］. Infrared Physics & Technology，2018，91：164-181.

［2］罗兴潮，黄文骞，程益锋．大范围近海船舰近红外遥感检测方法［J］．船舰电子工程，2019，39（10）：216-219，236.

［3］王文秀．红外遥感图像船舰目标在线检测关键技术研究［D］．上海：中国科学院上海技术物理研究所，2019.

［4］张继荣．基于无人机热红外遥感的地面人员检测模型研究［D］．成都：电子科技大学，2020.

第 12 章　夜光遥感图像解译

夜光遥感提供了一个从空中直接观察人类活动的独特方案(余柏菠等，2021)。李德仁院士对夜光遥感的定义是：在夜间无云情况下，遥感传感器获取陆地/水体可见光源的过程，即称之为夜光遥感(李德仁，李熙，2015)。城市灯光、舰船灯光和油井燃烧发光均和人类活动有关，而这些可见光源均可以被夜光遥感卫星观测到(Henderson et al.，2003)。这使得许多应用成为可能，包括绘制城市地图、估算人口和 GDP、监测灾害和其他突发事件。近年来，夜光遥感数据已用于了解光排放(光污染)的环境影响，包括对人类健康的影响(舒松等，2011)。

本章介绍了夜光传感器的历史发展到现在最先进的传感器，分析了夜光遥感图像的特点和解译过程，突出了夜光遥感的各种应用，讨论了与夜光遥感相关的特殊挑战。本章主要侧重卫星遥感，也讨论了用于天文和生态光污染研究以及卫星数据校准和验证的夜间亮度地面遥感。夜光传感器的发展落后于日间传感器，该领域正处于快速发展阶段。

12.1　夜光遥感图像解译需求

人类社会对地球的改造巨大，从太空监测人类活动主要是为了绘制土地覆盖和土地利用变化(Land Cover and Land Use Change，LCLUC)，例如森林砍伐。人造光遥感提供了人类活动的直接特征。人造光通常与财富和现代社会有关，更亮的灯光与公众意识中的安全性增强密切相关。因此，在过去的几个世纪里，安装的照明设备总量迅速增加，并且近年来大多数国家仍持续增加。图 12-1 展示了最近几年的照明变化。当物体或区域第一次被照亮或者当照明技术发生变化时，夜景会发生变化。因此，经济发展与照明同步发展(Levin et al.，2020)。

表 12-1 总结了多种新型夜光传感器。

图 12-1　2010 年 12 月 24 日(上)和 2015 年 11 月 28 日(下)之间，阿尔伯塔省卡尔加里(加拿大)的照明变化(左边的街区已经从高压钠灯转换为白色 LED 灯，而右边的公路则是新的钠灯照明。该地区的范围大约是 7.5km×3km。图片基于宇航员拍摄的照片 ISS026-E-12438 和 ISS045-E-155029)

表 12-1　　　　　　　　现有夜光空间传感器比较(按空间分辨率由高到低排序)

传感器	空间分辨率(m)	运营年限	时间分辨率	产品	光谱波段
DMSP/OLS	3000	可获取 1992—2003 年间的数字存档	全球范围内可每 24 小时获取	稳定灯光，辐射校正，平均 DN 值	全色 400~1100nm
VIIRS/DNB	740	2011 年 10 月发射	可下载每日影像	从 2012 年 4 月起每月提供无云复合材料，辐射单位为 $nW \cdot cm^{-2} \cdot sr^{-1}$。每日修正产品 VNP46A1 自 2019 年年中可获取	全色 505~890nm
Aerocube 4	500	实验立方体卫星，2014 年	不定时	N\A	RGB
SAC-C HSTC	300	2000 年 11 月发射	不定时	N\A	全色 450~850nm
SAC-D HSC	200~300	2011 年 6 月发射	不定时	N\A	全色 450~900nm

续表

传感器	空间分辨率(m)	运营年限	时间分辨率	产品	光谱波段
国际空间站(ISS)宇航员照片	5~200	从 2003 年起(ISS006 任务)	不规则的照片	可从 http://eol.jsc.nasa.gov/搜索并下载	RGB
CUMULOS	150	实验立方体卫星，2018 年	不定时	N\A	全色
珞珈一号01 星	130	2018 年 6 月发射	重返周期为 15 天	免费获取	全色 460~980nm
Aerocube 5	124	实验立方体卫星，2015 年	不定时	N\A	RGB
Landsat 8	15~30	2013 年发射	不规则获取夜间图像	免费获取	7 波段
吉林一号(JL1-3B)	0.9	2017 年 1 月发射	商业卫星，按需获取图像	N\A	430~512nm(蓝色)、489~585nm(绿色)和 580~720nm(红色)
JL1-07/08	<1	2018 年 1 月发射	商业卫星，按需获取图像	N\A	全色与多光谱(蓝，绿，红，红边与近红外波段)
EROS-B	0.7	从 2013 年中提供夜光图像	商业卫星，按需获取图像	N\A	全色

12.2 夜光遥感数据及其特性

常用的夜光遥感数据包括 DMSP/OLS、NPP/VIIRS、商业卫星和立方体卫星、珞珈一号 01 星、航空夜光遥感数据和低空无人机夜光遥感数据等，本节分别介绍其特性。

12.2.1 DMSP/OLS 夜光遥感数据及其特性

20 世纪 60 年代发射的第一批美国地球观测卫星，其目的是进行天气监测(TIROS-1，1960 年 4 月 1 日发射)或军事侦察——Corona 计划。国防气象卫星计划(The Defense Meteorological Satellite Program，DMSP)始于 20 世纪 60 年代中期，是美国国防部的气象计划，目的是收集全球云层的日夜数据。1971 年，随着 DMSP 计划飞行的传感器航天器电子组件(Sensor Aerospace vehicle electronics Package，SAP)仪器的发射，全球卫星灯光观测的时代开始了。第二代低光成像仪，即可操作线扫描系统(Operational Linescan System，OLS)，搭载在 DMSP Block 5D 卫星上，于 1976 年首次发射。该系列的 19 个 OLS 仪器已经使用，数据收集持续到现在(2019年)。然而，过轨时间各不相同，有些卫星在黎明-黄昏轨道上，有些在昼夜轨道上。虽然1972年DMSP系统就存在，但直到20世纪90年代，遥感界对地球夜间图像的使用都非常有限，这主要是因为直到1992年，DMSP/OLS图像都是写在胶片上的，没有数字形式。尽管如此，使用DMSP/OLS从太空观测人造光的早期科学论文在20世纪70年代就已发表，涉及天文光污染和监测各种人类活动的能力，如城市的灯光、废气燃烧、农业火灾和使用灯光的渔船。Sullivan(1989)通过对手工选择的DMSP图像进行镶嵌，制作了第一张全球DMSP夜间灯光图(图12-2)。相比之下，Corona卫星计划及其相关照片的解密时间比DMSP计划晚得多，是在1995年，此后允许开发各种应用。

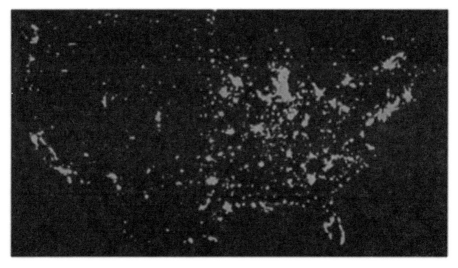

图12-2　美国华盛顿大学 Woody Sullivan 制作的第一张 DMSP 夜间灯光全球地图(部分)

20世纪70年代末，美国国家海洋与大气局(National Oceanic and Atmospheric Administration，NOAA)高级甚高分辨率辐射计(Advanced Very-High-Resolution Radiometer，AVHRR)气象卫星的发射，使监测植被、地表温度和土地覆盖变化的全球1km产品得以发展。同样，1992年在NOAA国家地球物理资料中心建立了DMSP数据的数字档案。运行中的DMSP数据收集的主要缺点之一是明亮的城市核心区的信号饱和。部分原因是，随着月球亮度的下降，可见光波段的增益被逐渐调高。为了产生一个没有饱和度的全球夜间灯光产品，NOAA与空军合作，安排降低增益的OLS数据。根据飞行前的OLS校准，在1996年至2010年的7年间生成了全球夜间灯光产品。DMSP数据的另一个缺点是图像模糊，这是由大气中的散射造成的。DMSP图像的另一个限制是，由于大气条件的差异、传感器设置的变化和传感器的退化，不同年份获得的数据不能直接比较。

Christopher Elvidge 和他的团队 NOAA-NGDC 领导开发了 DMSP/OLS 的各种年度产品(涵盖1992年至2013年)，这些产品已被广泛使用，并可在网上免费访问(https://ngdc. noaa. gov/eog/dmsp/downloadV4composites. html)。随着时间的推移，研究者还从

DMSP/OLS 数据中开发了大量其他产品，包括全球辐射度校准的夜间灯光、全球不透水表面积、全球气体火炬时间序列等。通过提供全球夜间灯光的时间序列，已经发表了许多论文，利用这一独特的来源来研究城市化、社会经济变化和对生物多样性的威胁。事实证明，不同年份的 DMSP 稳定光的假彩色合成是一种有效的方法，可以直观地看到人工照明的变化，并跟踪城市化的模式、道路网络的扩张、经济的扩张或衰退以及武装冲突对基础设施的破坏情况。

12.2.2　NPP/VIIRS 夜光遥感数据及其特性

Terra 和 Aqua 卫星上的两个中分辨率成像光谱仪（Moderate-Resolution Imaging Spectroradiometer，MODIS）传感器（分别于 1999 年和 2002 年发射），拥有 36 个波段，已经开发了几十套不同空间分辨率和时间分辨率的全球产品，用于监测植被、雪、火灾、地表温度等。为了 MODIS 的连续性，美国国家极轨业务环境卫星系统（National Polar-Orbiting Partnership，NPP）上的可见光红外成像辐射仪（Visible Infrared Imaging Radiometer Suite，VIIRS）传感器于 2011 年 10 月发射，并配备了一个专门用于测量夜光的全色传感器——昼夜波段（Day and Night Band，DNB）。NPP/VIIRS 与 DMSP/OLS 传感器相比，在数据可用性（每天免费提供图像）、更高的空间分辨率（740m，而不是 DMSP 的约 3km）、提供对较低光照水平敏感的辐射校准数据和在城市地区不饱和的数据以及减少溢出等方面，都有很大改进。因此，全球夜间灯光产品的生成在 2012 年从 DMSP 转向 VIIRS 数据，最后一个 DMSP 年度产品是在 2013 年生成的。第一批基于 NPP/VIIRS 数据的产品从 2012 年 4 月开始提供全球月度夜间灯光合成（https://eogdata.mines.edu/download_dnb_composites.html），这已经使我们能够推进对各种主题的理解，如夜间亮度的季节性变化，以及检测军事冲突的负面影响。原始 NPP/VIIRS 图像也可以在夜间免费下载，这使得我们能够深入了解人工灯光的各向异性特征。2019 年发布的一个新产品，是 NASA 的 Black Marble 夜间灯光产品套件（VNP46A1），空间分辨率为 500m。该产品提供无云的、大气的、地形的、植被的、雪的、月球的和杂散光校正的辐射度，用于估计每日夜光，从而能够精细跟踪受冲突影响的流离失所人口，灾害后对电网的破坏，以及识别人们聚集的时间和地点的事件。

12.2.3　商业卫星和立方体卫星夜光遥感数据及其特性

1999 年，随着 IKONOS——世界上第一颗高空间分辨率的商业卫星——的发射，从太空观测地球进入了一个新的阶段，也是第一个从太空提供 1m 全色波段的卫星。从那时起，更多的公司加入进来，目前最先进的地球观测商业卫星是 Digital Globe 的 WorldView-3 和 WorldView-4（分别于 2014 年和 2016 年发射），提供 31cm 的全色波段和 28 个额外的光谱波段，空间分辨率为 1.24m、3.7m 和 30m。第一颗具有高空间分辨率夜间能力（0.7m）的商业卫星是以色列的 EROS-B 卫星，它于 2006 年发射，但在 2013 年才开始公开提供夜间采集。第一颗提供多光谱（红、绿、蓝）夜光图像（0.92m）的商业卫星于 2017 年发射——中国吉林一号视频 3 星（JL1-3B）卫星。这种高空间分辨率的卫星能够更精细地研究城市土地利用，并可能开始对照明源进行分类。

吉林一号视频3星(JL1-3B)于2017年1月成功发射，是中国自主研制、发射和运营的具有夜间灯光探测能力的卫星，其携带的传感器可机动灵活地获取夜间灯光遥感数据，支持单次成像过程中多次机动，一次成像可以基本覆盖一个中型城市的空间范围。与DMSP/OLS、NPP/VIIRS夜光遥感数据相比，吉林一号视频3星夜光遥感数据具有较高的空间分辨率(0.92m)，而且其成像仪具有红(580~723nm)、绿(489~585nm)、蓝(437~512nm)3个可见光波段，具有通过光谱曲线分辨地表光源类型的能力。

12.2.4 珞珈一号01星夜光遥感数据及其特性

最近发射的立方体卫星的一个例子是珞珈一号01星(LJ1-01)，它公开提供地球上许多地区的夜间全球图像(图12-3)。这颗名为珞珈一号的卫星由武汉大学建造，于2018年6月发射，提供130m的夜间图像(图像可从 http://59.175.109.173：8888/app/login_en.html 免费下载)，每张图像覆盖约250km×250km。到目前为止，所获取的珞珈一号图像(截至2019年5月)完整而频繁地覆盖了我国，以及一些额外的地区，如东南亚和欧洲。最近的研究表明，珞珈一号图像能够准确地绘制城市范围，并以中等空间分辨率监测基础设施的建设情况。2019年3月22日，中国遥感应用协会五届三次常务理事会公布了2018年度中国遥感十大事件，武汉大学"珞珈一号01星成功发射"入选其中。

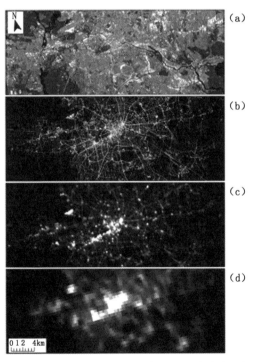

图12-3 白天和晚上的柏林[(a)Landsat 8 OLI，2017年4月，真彩色日间合成图；(b)国际空间站的宇航员摄影，ISS047-E-29989，2016年3月；(c)LJ1-01夜间图像，2018年8月25日；(d)VIIRS/DNB每月合成，2016年10月]

吉林一号视频 3 星和珞珈一号 01 星先后发射，标志着我国的夜光卫星研究进入了快速发展阶段，其较高空间分辨率的夜光遥感影像为城市发展研究带来了新的契机。

12.2.5　航空夜光遥感数据及其特性

长期以来，重访周期长、成本高和云量大一直是卫星遥感的主要限制，传统的机载和卫星遥感平台通常很昂贵，缺乏操作的灵活性，通用性有限，而且时间分辨率不足，给许多应用带来了挑战。近年来，一些商业项目试图解决这些难题。例如，Planet Labs 设计和制造许多廉价的微型卫星，以提供一个完整的地球图像(图 12-4)，重访周期短。

图 12-4　来自 Flightradar24 真实客机(GS7581)在中国天津上空飞行的模拟三维视图

民航飞机由于具有高重访率、密集覆盖和低成本特性，成为遥感数据获取的理想候选观测平台。对此，深圳大学地理空间信息研究团队汪驰升研究员课题组借助此平台提出一种新型的遥感数据采集方式(Wang et al.，2021)，被形象地称为"志愿者民航客机遥感(Volunteered Passenger Aircraft Remote Sensing，VPARS)"。该方法基于手持摄像机从靠窗座位拍摄的地球观测图像，通过计算机视觉处理算法生成正射影像，可以满足许多常见的地球观测任务的要求，它具有低成本、高重访、密集覆盖和部分反云等多种优势，可以很好地补充传统遥感数据。

在夜光光污染监测应用研究方面，以长沙市为例，利用民航客机遥感获取高分辨率数据，结合 POI 数据，对光污染来源及特征进行分析，探索了 VPARS 方法的应用，结果表明民航客机遥感可以有效获取高精度夜光遥感数据，在光污染监测方面具备很大潜力。

民航客机作为一种新型的遥感平台具有巨大的潜力。根据其具备的显著优势可以补充传统遥感卫星的不足。在未来自动成像的应用被开发出后，可以使得民航客机成像的应用更加普遍。

12.2.6　低空无人机夜光遥感数据及其特性

利用无人机也可以获取并监测夜光遥感数据。武汉大学李熙团队采用了无人机来监测位于武汉市一个研究区域的城市灯光(图 12-5)，时间为 2019 年 4 月 15 日晚 8：08 至

2019 年 4 月 16 日凌晨 5：08，时间分辨率为每小时。

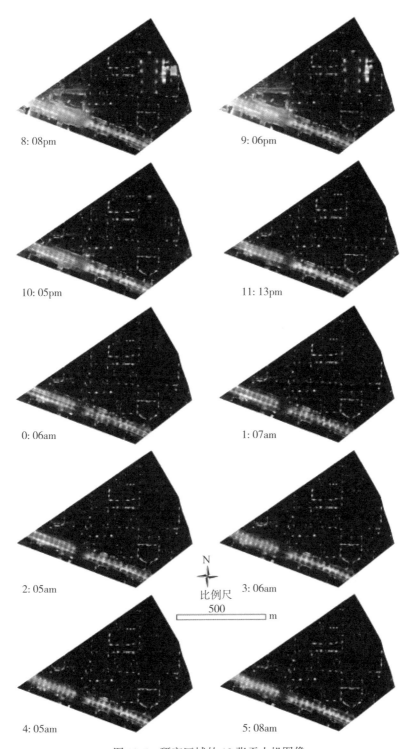

图 12-5　研究区域的 10 张无人机图像

通过使用三个地面天空质量仪（Sky Quality Meter，SQM），发现无人机记录的光照亮度与 SQM 测量的地面光照强度在空间维度（$R^2 = 0.72$）和时间维度（$R^2 > 0.94$）上一致，城市平均光照亮度与天空亮度在时间维度上一致（$R^2 = 0.98$），表明无人机图像可以有效监测城市的夜间亮度。时间分析表明，不同地点的夜间亮度有不同的时间变化规律，这意味着两种不同过路时间的卫星图像的相互校准将是一个挑战。结合 18 个等级的城市功能图和每小时的无人机图像，发现城市功能在时间上的光线动态是不同的（图 12-6）。例如，室外运动场在晚上 8：08—凌晨 4：05 之间失去了 97.28% 的测量亮度，而一栋行政大楼只失去了 4.56% 的测量亮度，整个研究区域失去了 61.86% 的总亮度。在研究区域内，晚上 9：06—10：05 之间是光损失量最大的时期。图 12-7 展示了不同地物亮度随时间的变化特征。光谱分析表明，在一些城市功能区，城市光的颜色是不同的，主要道路在晚上 8：08 是最红的区域，在凌晨 4：05 变得更红。这项初步研究表明，无人机是调查城市夜间光线的良好工具，城市光线在时间和空间维度上都非常复杂，需要使用更先进的无人机技术进行全面调查，并强调了夜间光线传感器对地球静止平台的需求。

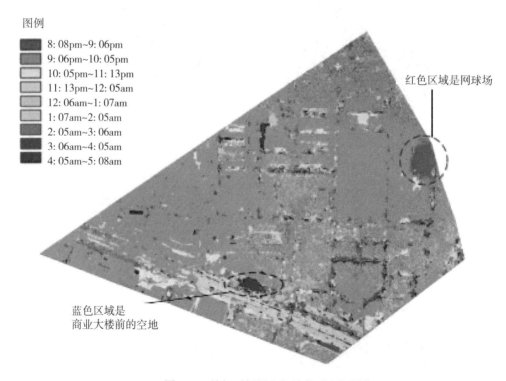

图 12-6　熄灯时间图和相关的无人机图像

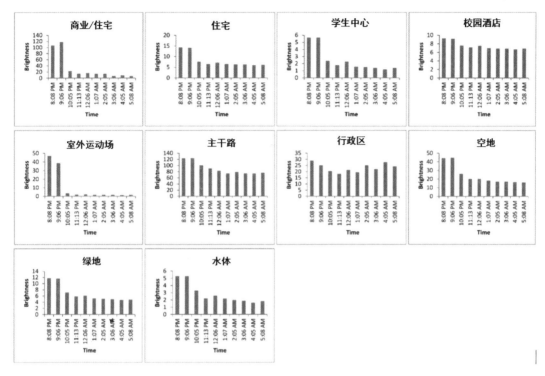

图 12-7　不同地物亮度(Brightness)随时间(Time)的变化特征

12.3　夜光遥感图像解译流程

夜光遥感图像的解译主要在于数据阈值的确定,即数据灯光亮度值的确定。其主要解译流程如图 12-8 所示。

12.3.1　夜光遥感数据预处理

夜光遥感数据的预处理可在遥感软件 ENVI 中进行,主要包含以下几个步骤:

(1)几何定位(珞珈一号数据已经过集合校正)。

(2)辐射定标。

根据以下辐亮度转换公式进行定标:

$$L = DN^{3/2} \times 10^{-10} \tag{12-1}$$

(3)量纲转换。NPP/VIIRS 数据单位为 $nW \cdot cm^{-2} \cdot sr^{-1}$,该数据量级非常小,为避免数值显示不完全问题,可通过量纲转换扩大其单位。

(4)伪彩色显示。为使夜光遥感数据显示效果更好,可将其进行伪彩色显示。

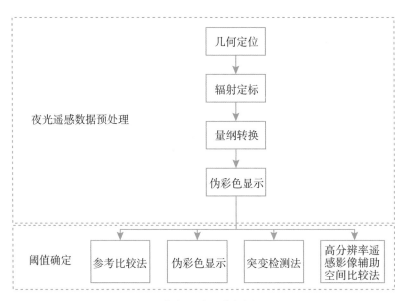

图 12-8　夜光遥感图像解译流程图

12.3.2　阈值确定

1. 参考比较法

通过设定一系列灯光阈值，将基于该灯光阈值提取出的城市建成区面积与政府发布的统计数据中建成区面积进行对比，把误差最小时的阈值作为最佳阈值。有两个基本假设：①由政府发布的统计数据能较为准确反映城市建成区的真实面积；②在上一个时期 DMSP/OLS 遥感图像中的城市建成区斑块能在下一个时期的图像上得到保留。因此使用此方法时需要确保统计数据的正确性，如果数据有错误，那么对结果会有很大影响。

2. 经验阈值法

直接采用与自己研究区域相关的其他学者的研究成果中确定的阈值。

3. 突变检测法

该方法由 Imhoff 等（1997）提出，他们认为真实的城市区域应该保持其几何形状的完整性，灯光值越大，此地被探测到的频率越高，属于城市区域的概率也就越大；在逐渐增大分割阈值的过程中，代表城市建成区的多边形斑块沿着边缘逐渐缩小，当分割阈值达到某一个点时，多边形斑块区域不再沿着边缘缩小，而是从内部破碎，分裂为很多较小的多边形斑块，代表着城市建成区的多边形周长会突然增加，这个点即为提取该城市建成区的阈值点。但是此方法忽略了城市发展过程中不同区域间的差异性，并不能作为阈值设定的通用标准。

4. 高分辨率的遥感影像辅助空间比较法

该方法由 Henderson 等(2003)提出,是使用分辨率较高的遥感影像(例如 30m 高分辨率的 TM 影像)作为辅助数据,来实现对夜间灯光图像中城市建成区的提取。此方法比较有效,但是在一般情况下这种高分辨率的遥感图像比较难获取。

12.4　卫星夜光遥感图像解译

在夜间,大多数被动遥感应用都集中在热或微波光谱区域,测量与热辐射相关的辐射。以下将详细介绍各种卫星夜光遥感传感器和平台以及卫星夜光遥感图像的解译特点、应用。

1. 绘制城市化进程

近几十年来,世界一直在迅速城市化。截至 2014 年,全球有超过 54%的人口生活在城市地区,到 2100 年,70%~90%的世界人口将生活在城市地区,预计还将增加 30 亿人。现在全世界的城市建成区面积只占全球陆地表面的 2%左右,却产生了全球国内生产总值(GDP)的 90%以上,消耗了 70%以上的可用能源,并造成 71%以上人为温室气体的排放。因此,迫切需要关于城市地区范围的及时和可靠的信息,以支持可持续的城市发展和管理。最近的研究强调了夜光时间序列数据与白天的土地传感器和统计数据一起阐明城市化特征的重要方面,并确定基础设施不足的日益增长的非正规住宅区的范围。这两种能力对于监测《2030 年议程》下的两个联合国可持续发展目标的进展特别有用:目标 7.1(确保普遍获得负担得起的、可靠的现代能源服务)和目标 11.1(确保所有人都能获得充足、安全和负担得起的住房和基本服务并改造贫民窟)。

由于城市在夜间有明亮的灯光,城市地区可以在夜间灯光遥感数据中很容易被识别。事实上,DMSP/OLS 的夜光数据最早的用途之一就是划定城市范围,DMSP/OLS 数据是最早用于绘制这个正在城市化的星球的数据集之一,并被证明对跟踪农村地区的电气化率也很有用。DMSP/OLS 数据的全色性首先鼓励研究人员找到一个最佳阈值,将城市地区与背景分开。然而,事实证明,要找到一个能同时准确划分大城市和小城市的最佳阈值并不简单。较大的阈值可能有利于划定大城市,但往往会忽略小城镇;而较小的阈值可以带回小城镇,但会导致高估大城市的范围。由于 DMSP/OLS 中的泛光效应,以及不同国家使用不同类型的照明和不同的街道照明标准,这种情况变得更加复杂。最佳的阈值在不同的空间是不同的,大规模和时间性的动态城市范围制图需要一个动态阈值方案。

由于城市地区内 DMSP/OLS 的饱和现象,这些图像缺乏纹理信息,因此很难绘制城市内的城市模式。然而,随着 NPP/VIIRS 辐射性能的提高,新的方法正在开发中。较新的 NPP/VIIRS 夜光数据在绘制城市范围方面也优于 DMSP/OLS 数据,而且人们已经注意到可以利用辅助信息确定绘制的动态阈值。最近,研究人员开始研究将 DMSP/OLS 与 MODIS 整合的潜力或 Landsat 在更细的空间分辨率下的潜力,以提高区域和全球城市范围制图的准确性和性能,开发光谱指数,如植被调整的夜光城市指数(VANUI)。

DMSP/OLS 夜光数据的长期历史档案不仅可以绘制静态的城市范围图，而且在描述区域和全球尺度的城市范围动态方面也有很大潜力。

2. GDP 估算与贫困图绘制

人工照明和城市地区之间的联系，促使许多研究人员研究使用夜光数据作为经济活动指标的可能性。人们发现，在不同的空间尺度上，夜间灯光与国内生产总值（GDP）或地区生产总值（GRP）呈正相关。然而，在 GDP 相近的国家，观察到的人均光照排放也有相当大的差异。因此，将夜间灯光数据纳入经济分析的优势在于：①以比官方统计更精细的空间分辨率估计 GDP；②以高时间频率估计 GDP 变化（而不是水平）；③估计报告不佳或无报告地区的 GDP。

3. 灾害监测

灾害可以通过破坏和中断电力设施服务来影响夜光排放，相关的停电可以利用夜间灯光从空间探测到。例如，热带风暴和飓风、导致闪电或长期流域性洪水的暴雨、破坏性的直线风或龙卷风、大范围的冰风暴、火灾和地震，经常中断公用事业服务，时间长短不一。维护不善或损坏的基础设施、工业事故或地区冲突也会造成停电。对于小的、孤立的事件，中断的时间可能是几小时，而对于特别强烈或持久的影响，如重大飓风或地震，中断的时间可能是几天、几周，甚至几个月。对于气象事件，挥之不去的云层会影响检测自然灾害后的变化的能力。因此，对夜间灯光的监测特别适合于在较长的时间范围内评估重大事件的影响，或对非气象事件（如失败的基础设施、地震）的影响。

12.5　航空夜光遥感图像解译

早在第一次世界大战时，就开始使用白天的航空照片进行地形测绘。人类所知的第一张空中夜景照片是在第二次世界大战期间拍摄的，显示了防空探照灯、炸弹爆炸和燃烧弹的火光。除了基于空间的观测外，还可以从飞机、无人机和基于气球的平台上完成对夜灯的远程观测。然而，从空中平台对城市灯光进行适当的成像开始得更晚。这种平台允许更高的空间分辨率，并且不需要在空间使用密集测试。虽然有一些研究使用机载传感器，如高光谱 AVIRIS、全色相机，或使用多光谱相机，以精细的空间分辨率绘制城市夜间灯光，但专门的航空活动不能提供城市地区的连续全球监测。2014 年在柏林上空进行了另一次带多光谱相机的飞行，但数据的辐射校准还没有完成。在飞机平台上经常拍摄夜间图像，但较少发表。例如，在伦敦、阿姆斯特丹、弗里斯兰和德文特（http：//nachtscan.nl/）上空的飞行已经产生了夜间图像，但没有发表、出版。在某些情况下，获取夜光图像主要是为了艺术目的，而在其他情况下，没有足够的信息可以进行辐射测量校准。

◎ 思考题

1. 如何解决或削弱云层污染、季节性植被造成的不确定性对夜光遥感图像解译的影响？

2. 如何应对长期不稳定的光源(如体育场、发电厂等)给夜光遥感图像解译带来的挑战?

3. 传统的光学遥感中，卫星图像经过大气校正以得出其反射值，但在夜光图像中应该使用哪些量值单位并不清楚。如何克服这一难题?

◎ 本章参考文献

[1] Henderson M, Yeh E T, Gong P, et al. Validation of urban boundaries derived from global night-time satellite imagery[J]. International Journal of Remote Sensing, 2003, 24(3): 595-609.

[2] Imhoff M L, Lawrence W T, Stutzer D C, et al. A technique for using composite DMSP/OLS "city lights" satellite data to map urban area[J]. Remote Sensing of Environment, 1997, 61(3): 361-370.

[3] Levin N, Kyba C C M, Zhang Q, et al. Remote sensing of night lights: A review and an outlook for the future[J]. Remote Sensing of Environment, 2020, 237: 111443.

[4] Li X, Levin N, Xie J, et al. Monitoring hourly night-time light by an unmanned aerial vehicle and its implications to satellite remote sensing[J]. Remote Sensing of Environment, 2020, 247: 111942.

[5] Milesi C, Elvidge C D, Nemani R R, et al. Assessing the impact of urban land development on net primary productivity in the southeastern United States[J]. Remote Sensing of Environment, 2003, 86(3): 401-410.

[6] Wang C, Wang Y, Wang L, et al. Volunteered remote sensing data generation with air passengers as sensors[J]. International Journal of Digital Earth, 2021, 14(2): 158-180.

[7] Whitehead Ken, Chris H. Hugenholtz. Remote sensing of the environment with small Unmanned Aircraft Systems(UASs), Part 1: A review of progress and challenges[J]. Journal of Unmanned Vehicle Systems, 2014, 2(3): 69-85.

[8] 李德仁, 李熙. 论夜光遥感数据挖掘[J]. 测绘学报, 2015, 44(6): 591-601.

[9] 舒松, 余柏蒗, 吴健平, 等. 基于夜间灯光数据的城市建成区提取方法评价与应用[J]. 遥感技术与应用, 2011, 26(2): 169-176.

[10] 余柏蒗, 王丛笑, 宫文康, 等. 夜间灯光遥感与城市问题研究: 数据、方法、应用和展望[J]. 遥感学报, 2021, 25(1): 342-364.

第13章　农业遥感图像解译

13.1　农业遥感图像解译需求

我国作为一个农业大国，农业在国民经济体系中是支柱性产业，及时、准确、客观地获得作物估产、农业管理、灾害情况等信息，对于我国农业决策、农业规划与管理等具有十分重要的意义。我国的农业遥感起步于 20 世纪 80 年代，相对国外较晚。长期以来，国家政府部门主要依靠农业部门和统计部门的地面抽样调查获得农业情况。但我国幅员辽阔、气候多变、灾情频繁发生，农作物的类别、品种复杂且耕作制度差异较大，农业生产具有周期性、季节性、地域性、分散性等特点，加之集成程度不高、行业特点不强、灾难具有突发性，仅靠以地面调查等为主的传统方法难以准确获取相关数据，通过常规技术并不能对农业信息做到有效的掌握与控制。在农业生产过程中对农业环境、农业生产资源、农业自然灾害等的及时、准确监控可以正确引导农业生产，提高农业整体生产能力，具有重要的经济效益和社会效益。兴起于 20 世纪 60 年代的遥感对地观测技术以其经济性、动态性和时效性等优势提供了一种新的监测手段，这在一定程度上弥补了传统农业监测技术的不足，在农业生态环境监测、农作物估产、病虫害监测等方面，取得明显成效。特别是关于粮食安全的全局性重大战略问题，发挥农业遥感技术的优势，及时、客观、准确地获取作物面积、长势、产量等信息在我国显得尤为重要。因此，迫切需要大力发展基于农业遥感的图像解译相关技术，开展大面积、快速、动态的农业监测。

农业遥感图像解译是指：将与农业生产与管理等相关的信息作为遥感图像解译的对象，使用遥感技术对一幅或多幅图像进行处理和信息提取，以数据或专题图等方式直接或间接地输出与农业有关的信息，便于生产者或相关部门对农业生产进行有效的决策、规划与管理。

利用遥感图像数据可以监测农田、水域、林业、草场、设施等资源动态变化；进行农作物种类识别、面积调查、长势分析、产量估算等；对农作物品质、病虫害、干旱、洪涝、冷冻、雪灾等方面农情进行遥感监测；对反照率、地表温度、蒸散量等农田基本参数的定量反演；对土壤侵蚀、农业污染进行遥感反演，对农业生态环境等进行遥感监测；在精准农业中起到了关键作用。

具体来说，农业遥感图像解译需求主要分为五个方向：农业资源调查及动态监测、农作物长势监测和估产、农作物灾情监测和预报、农业生态与环境监测、精准农业。

1. 农业资源调查及动态监测

农业资源调查包括农田基础设施调查、耕地资源调查和种植类型调查(土壤、地形、植被、表层地质、气候、水文和地下水等各种农业自然要素);动态监测包括对耕地面积、种植面积、土地利用等进行实时监测。

2. 农作物长势监测及估产

在农情遥感监测方面,主要以作物长势、作物产量(单产和种植面积)和种植结构等为基本内容。其中作物长势主要利用 NDVI、LAI 等遥感参数从实时监测和过程监测两个方面综合反映作物长势;作物单产主要通过构建作物单产估算的农业气象模型、遥感模型和机理模型来实现;作物种植面积主要是将抽样技术与遥感监测技术相结合进行估算;作物种植结构主要通过地面调查或利用作物精细分类得到。

3. 农作物灾情监测和预报

在农作物灾情和预报方面,主要包括干旱、洪涝、雪灾、冷冻和病虫害等方面的遥感应用。例如,通过监测地温、土壤湿度,对旱灾的面积和危害程度进行准确监测和预报;结合陆地卫星与气象卫星遥感资料,利用当时的卫星影像与往年卫星影像进行对比,获得有关洪水泛滥成灾面积和灾情程度较准确的结果;利用卫星云图监测热带风暴、冰雹、暴雪和暴雨等灾害性天气;利用植被光谱或指数的变化对病虫害和野生动物活动情况进行评估和监测。

4. 农业生态与环境监测

在农业生态与环境监测方面,使用遥感技术在反照率、地表温度和蒸散量等农田基本参数的定量反演,在土壤侵蚀、农业污染反演等方面应用广泛。环境卫星遥感监测是农业环境管理的重要手段之一,连续监测、定时监测和严格的管理相结合,能准确地反映农业环境质量状况,有针对性地加强监督管理。

5. 精准农业

精准农业是目前世界农业技术研究重点之一,它是在现代信息技术、生物技术与工程技术等一系列高新技术最新成就的基础上,发展起来的一种重要的现代农业生产形式,是实现农业低耗、高效、优质与安全的重要途径。而利用遥感技术实时获取农作物种植面积、长势等信息,是精准农业的核心问题,并成为管理部门进行宏观经济决策的重要依据(Liu et al., 2021)。

13.2 农业遥感图像解译数据源和解译对象

20 世纪 20 年代航空遥感逐渐被应用于农业土地调查,多光谱遥感应用于农业后,人们根据各种植物和土壤的光谱反射特性,建立了丰富的地物波谱与遥感图像解译标志,在农业资源调查与动态监测、生物产量估计、农业灾害预报与灾后评估等方面，取得了丰硕的成果。

农业是遥感较早投入应用和收益显著的领域。特别是近年来，各国先后发射了各类民用卫星平台和传感器，从光学资源卫星为主向高光谱、高空间分辨率、高时间分辨率的方向发展，高光谱成像仪技术相继取得了很大的研究进展，如 ASTER、Hyperion 等卫星图像数据。美国 NOAA 等气象卫星资料全球公开，在天气气候、环境生态和防灾减灾中均发挥着作用。2008 年，我国也发射了环境一号卫星，该卫星上搭载了一个有 115 个波段的高光谱成像仪 HSI，其数据可应用于农业灾害和资源调查。同时，诸如 QuickBird，GeoEye-1，WorldView-2，Pleiades-1 等商用化亚米级光学卫星，可与航片媲美，且成本低、精度高、更新周期短，对精确农业的发展是极大的机遇。另外，Landsat 卫星数据的应用面非常广，在国土资源调查、旱涝灾情监测、农作物估产、林业资源调查和环境污染监测等众多领域发挥了积极作用。美国地球观测系统的中分辨率成像光谱仪 MODIS，从可见光、近红外到热红外设置有 36 个通道，覆盖周期为 1~2 天，并提供标准的植被指数、地表温度、生物量等数据产品，为全球各地进行大面积农作物的周期性监测提供了重要的数据支撑。目前，不断有各类新型的遥感数据或遥感平台的出现，如雷达卫星数据(ASAR，Radarsat-2 等)，每 2~3 天覆盖全球一次的微波遥感数据，各种灵活多样的无人机平台等，都为现代农业遥感技术的发展提供了新的机遇。

农业遥感图像解译的研究对象包括动植物、土地、农田、森林、草原、灌溉水、空气、光、热及施用于农田的肥料、农药和农业机具等。农业遥感图像解译就是通过遥感手段研究农业对象的时空分布规律、发展变化等的一门科学技术。

一般来说，人们对于农业的遥感解译研究对象更多地关注主要农业粮食和经济作物，如水稻、小麦、棉花、玉米等。

13.3　农业遥感图像解译原理

地物在电磁波作用下，会在某些特定波段形成反映物质成分和结构信息的光谱吸收与反射特征，这种对不同波段光谱的响应特性通常称为光谱特性。地球表面各类地物如土壤、植被、水体、积雪等光谱特性的差异是卫星遥感解译的理论基础。

不同的作物或同一作物在不同的环境条件、不同的生产管理措施、不同生育期，以及作物营养状况不同和长势不同时都会表现出不同的光谱反射特征。作物光谱特征分析在作物识别、作物估产、作物长势监测、作物营养诊断及作物生产管理等方面都有重要作用。农作物遥感的理论基础是绿色植被的光谱特征，植物的光谱特征是植被在生长过程中与环境因子(包括生物因子和非生物因子)相互作用的综合光谱信息。因此，植被的光谱特征主要与植被的叶片和冠层密切相关，其次还与植被的生长环境有关(胡莹瑾，崔海明，2014)。

农业遥感图像解译主要以作物、土壤为监测对象，这两类地物的典型反射光谱曲线如图 13-1 所示。植被本身的光谱特征受到植物内部所含的色素、水分及结构等的控制。植被在生长发育的不同阶段(发芽—生长—衰老)，从其内部成分结构到外部形态特征均会发生一系列周期性的变化，称之为植物季相节律。这种变化从植物细胞的微观结构到植物群体的宏观结构上均有反映。同时，作物在可见光-近红外光谱波段中，反射率主要受到作物色素、细胞结构和含水率的影响，特别是在可见光红光波段有很强的吸收特性，在近红外波段有很强的反射特性，这是植被所特有的光谱特性，可以用来进行作物长势、作物品质、作物病虫害等方面的监测。土壤的可见光-近红外光谱总体反射率相对较低，在可见光谱波段主要受到土壤有机质、氧化铁等赋色成分的影响。

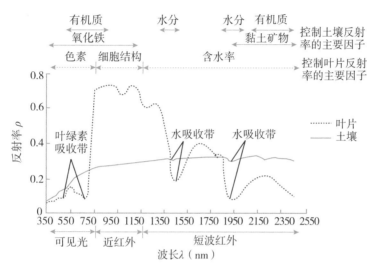

图 13-1 作物和土壤在可见光-近红外反射光谱特征

1. 绿色植被的光谱特征

具体来说，绿色植物的光谱响应特性、植物叶片光谱特征的形成是由于植物叶片中化学组分分子结构中的化学键在一定辐射水平的照射下，吸收特定波长的辐射能，产生了不同的光谱反射率的结果。因此特征波长处光谱反射率的变化对叶片化学组分的多少非常敏感，称为敏感光谱。植物的反射光谱，随着叶片中叶肉细胞、叶绿素、水分含量、氮素含量以及其他生物化学成分的不同，在不同波段会呈现出不同形态和特征的反射光谱曲线（图 13-2）。绿色植物的反射光谱曲线明显不同于其他非绿色物体的这一特征是区分绿色植物与土壤、水体和山石等的客观依据。

图 13-2 中，0.4~0.7μm（可见光）是植物叶片的强吸收波段，反射和透射都很低。由于植物叶绿素、胡萝卜素等吸收，特别是叶绿素 a、叶绿素 b 的强吸收，在可见光波段形成两个吸收谷（0.45μm 蓝光和 0.66μm 红光附近）和一个反射峰（0.55μm 绿光处），呈现出其独特的光谱特征，即"蓝边""绿峰""黄边"和"红谷"等区别于土壤、岩石和水体的独特光谱特征。

0.7~0.8μm 波段是叶绿素在红波段的强吸收到近红外波段多次散射形成的高反射平台的过渡波段，又称为植被反射率"红边"。红边是植被营养、长势、水分和叶面积等的

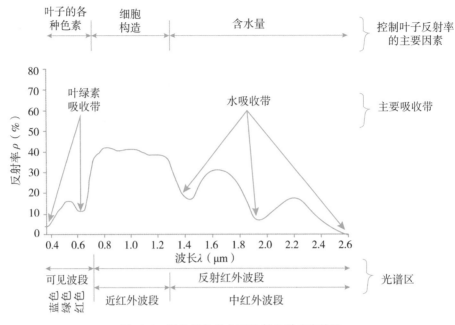

图 13-2　绿色植物的主要反射光谱响应特性

指示性特征，得到了广泛的应用与证实。当植被生物量大、色素含量高、生长旺盛时，红边会向长波方向移动(红移)，而当病虫害、污染、叶片老化等情况发生时，红边则会向短波方向移动(蓝移)。

　　总的来说，健康植物的波谱曲线有如下明显的特点：在可见光的 $0.55\mu m$ 附近有一个反射率为 10%~20% 的小反射峰，在 $0.45\mu m$ 和 $0.66\mu m$ 附近有两个明显的吸收谷。该特征是由于叶绿素的影响，叶绿素对蓝光和红光吸收作用强，而对绿光反射作用强。在 $0.68~0.78\mu m$ 有一个反射"陡坡"，反射率急剧增加，被称为"红边波段"。在近红外波段 $0.8~1.3\mu m$ 形成一个高的，反射率可达 40% 或更大的反射峰，这是由于植被叶细胞结构的影响而形成的高反射率。在 $1.3~2.5\mu m$ 中红外波段受到绿色植物含水量的影响，吸收率大增，反射率大大下降，特别以 $1.45\mu m$、$1.95\mu m$ 和 $2.6~2.7\mu m$ 为中心是水的吸收带，形成三个吸收谷。

2. 植被的光谱识别

　　植被的光谱特性由其组织结构、生物化学成分和形态学特征决定，不同作物类型、不同植株营养状态虽具有相似的光谱变化趋势，但是其光谱反射率大小是有差异的。植物叶片及冠层的形状、大小以及与群体结构(涉及多次散射、间隙率和阴影等)都会对冠层光谱反射率产生很大影响，并随着作物的种类、生长阶段等的变化而改变。因此，研究作物的冠层光谱特性受冠层结构、生长状况、土壤背景以及天气状况等因素影响程度及其机理，是实现作物长势、种类识别等指标遥感解译的基础。

　　植物光谱反射特性还受到生长发育阶段和物候期的影响。不同植物由于叶子的组织结构和所含色素不同,具有不同的光谱特征,可以利用植物的物候期差异来区分植物,也可以根据植物生态条件区别植物类型。当绿色植物处于健壮的生长期,叶片中的叶绿素占压倒优势,其他附加色素微不足道;而当植物进入衰老或休眠期,绿叶转变为黄叶、红叶或枯萎凋零,则上述绿色植物所特有的波谱特征都会发生变化。不同种类的植物,或不同环境下的植物,其反射率差异也较明显。图 13-3 为几种健康植被的反射光谱曲线。

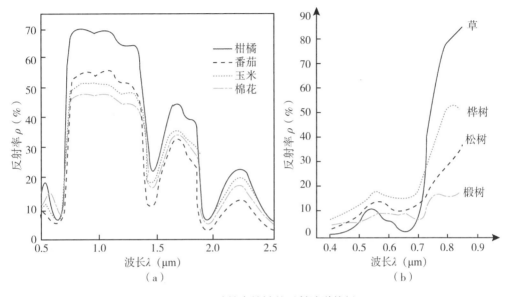

图 13-3　几种健康植被的反射波谱特征

另外,健康状况不同的植物具有不同的反射率。例如,健康的榕树在可见光波段内,其反射率稍低于有病虫害的榕树,在近红外部分则高于病虫害榕树(图 13-4)。

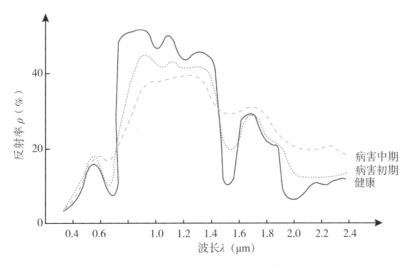

图 13-4　榕树不同健康程度的反射特性

3. 红边位移

红边是指红光区外叶绿素吸收减少部位到近红外高反射肩之间，健康植物的光谱响应陡然增加的这一窄条带区（0.68~0.78μm）。红边是植物敏感的特征光谱段，它的移动反映了叶绿素含量、物候期、健康状况及类别等多种信息。研究说明：作物从生长发育到成熟期，其光谱红边会发生红移（向长波方向偏移）；而植物受地球化学元素异常的影响（如受金属毒害作用等）或病虫害发生时，其光谱红边则发生蓝移（向短波方向偏移）。

目前除了高光谱传感器带有红边波段，越来越多的多光谱遥感卫星也设计了红边波段，例如：德国 Rapid Eye 是全球首个提供 0.710μm 红边波段的多光谱商业卫星；美国 WorldView-2/3 携带 0.725μm 红边波段；欧空局 Sentinel-2 搭载 0.705μm、0.740μm、0.783μm 3 个红边波段；2018 年 6 月我国发射的高分六号卫星成为国内首个提供红边波段（0.710μm 和 0.750μm）用于精准农业观测的高空间分辨率卫星。

13.4　农作物遥感参数

本节基于农业作物遥感的几种植被指数，分别介绍比值植被指数、归一化植被指数、差值植被指数、土壤调整植被指数、绿度植被指数和垂直植被指数。

农业遥感解译是通过遥感数据得到与农作物信息相关的参数。植被指数（Vegetation Index，VI）是遥感领域中用来表征地表植被覆盖、生长状况的简单有效的度量参数。随着遥感技术的发展，在农业领域，植被指数广泛应用于农作物分布及长势监测、产量估算、农田灾害监测及预警、区域环境评价以及各种生物参数的提取。随着人们对于全球变化研究的深入，以遥感信息推算区域尺度乃至全球尺度的植被指数成为令人关注的问题。

遥感图像上的植被信息，主要通过绿色植物叶子和植被冠层的光谱特性及其差异反映出来。不同波段的植被信息与植被的不同要素或特征状态有着不同的相关性。例如，绿光对区分植物类别敏感，红光对植被覆盖度、植物生长状况敏感等。因此，可以选用多个特征波段的遥感数据，经线性或非线性组合运算，产生某些对植被长势、生物量等有一定指示意义的专题数值——植被指数。健康植被，在近红外波段（0.7~1.1μm）通常反射40%~50%的能量，而在可见光范围内（0.4~0.7μm）只能反射 10%~20%的能量（多数被叶绿素吸收）。枯萎及干死植被中叶绿素含量大量减少，则可见光的反射率比健康植被高，但近红外反射率比健康植被低。裸露土壤的反射率通常在可见光波段，高于健康植被，但低于干死及枯萎植被；在近红外波段，则明显低于健康植被（图 13-5）。

因此，在植被指数的计算中，通常选用对绿色植被强吸收（由叶绿素吸收引起）的可见光红波段 R（0.6~0.74μm）和对绿色植物高反射（由叶肉组织强反射引起）、高透射的近红外波段 NIR（0.7~1.1μm）。这两个波段不仅是植物光谱、光合作用中最重要的波段，而且它们对同一生物物理现象的光谱响应截然相反，形成明显反差。这种反差随着叶冠结构、植被覆盖度变化而变化，因此可以对它们用比值、差分、线性等多种组合来增强或揭示隐含的植物信息。由于植被光谱受到植被本身、环境条件、大气状况等多种因素的影响，因此植被指数往往具有明显的地域性和时效性。

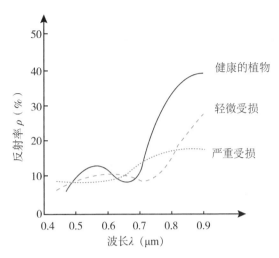

图 13-5 植物遭受不同程度损害的反射光谱曲线

常用植被指数包括以下几种。

1. 比值植被指数(Ratio Vegetation Index，RVI)

由于可见光红波段(R)与近红外波段(NIR)对绿色植物的光谱响应不同，两者简单的数值比能充分表达两反射率之间的差异。比值植被指数可表示为

$$RVI = \frac{NIR}{R} \tag{13-1}$$

绿色植被叶绿素引起的红光吸收和叶肉组织引起的近红外强反射，使其 R 与 NIR 值有较大的差异，使 RVI 值高。而对于无植被的地面包括裸土、人工特征物、水体以及枯死或受胁迫植被，因不显示这种特殊的光谱响应，则 RVI 值低。因此，比值植被指数能增强植被与土壤背景之间的辐射差异。

土壤一般有近于 1 的 RVI 值，而植被则会表现出高于 2 的 RVI 值。可见，比值植被指数可提供植被反射的重要信息，是植被长势、丰度的度量方法之一。同理，可见光绿波段(叶绿素引起的反射)与红波段之比 G/R，也是有效的。研究表明，在植被高密度覆盖情况下，RVI 对植被十分敏感，与生物量的相关性最好。但当植被覆盖度小于 50%时，它的分辨能力显著下降。

2. 归一化差分植被指数(Normalized Difference Vegetation Index，NDVI)

对浓密植被，因红光反射很小，RVI 值将"无限增长"。NDVI 是简单比值植被指数 RVI 经非线性的归一化处理后，使所得的比值限定在[-1，1]。其表达式见式(5-10)。

在植被遥感中，NDVI 的应用最为广泛，原因在于以下三方面。

(1)NDVI 是植被生长状态及植被覆盖度的最佳指示因子。研究表明：NDVI 与叶面积指数 LAI、绿色生物量、植被覆盖度、光合作用等植被参数有关，如 NDVI 与光合有效辐射 FAPAR 呈近线性关系，而与 LAI 呈非线性相关；NDVI 的时间变化曲线可反映季节和人为活动的变化；甚至整个生长期的 NDVI 对半干旱区的降水量、对大气 CO_2 浓度随季节和纬度变化均敏感。因此，NDVI 被认为是监测地区或全球植被和生态环境变化的有效指标。

（2）NDVI 经比值处理，可部分消除与太阳高度角、卫星观测角、地形、大气层辐射（云/阴影和大气条件有关的辐照度条件变化）等的影响。同时 NDVI 的归一化处理，使因传感器标定衰退的影响降低（对单波段从 10% ~ 30% 降到对 NDVI 的 0 ~ 6%），并使地表双向反射和大气效应造成的角度影响减小。因此，NDVI 增强了对植被的响应能力。

（3）对于陆地表面主要覆盖而言，云、水、雪的 $R>NIR$，则 NDVI<0；岩石、裸土等的 $R \approx NIR$，则 NDVI≈0；植被的 $R<NIR$，则 NDVI>0，且随着植被覆盖度的增大而增大。几种典型的地面覆盖类型在大尺度 NDVI 图像上区分鲜明，植被得到有效的突出。因此，NDVI 特别适用于全球或各大陆等大尺度的植被动态监测。但对宽视域传感器数据（如 MODIS、AVHRR、SPOT4-Vegetation、SeaWIFS 等），应考虑方向辐射的角度效应和大气效应的影响，进行双向反射分布函数（BRDF）的大气校正。

但是，NDVI 的一个缺陷是对土壤背景的变化较为敏感。实验证明，当植被覆盖度小于 15% 时，植被的 NDVI 值高于裸土的 NDVI 值，植被可以被检测出来，但因植被覆盖度很低，如干旱、半干旱地区，其 NDVI 很难指示区域的植物生物量，而对观测与照明却反应敏感；当植被覆盖度由 25% 向 80% 增加时，其 NDVI 值随植物量的增加呈线性迅速增大；当植被覆盖度大于 80% 时，其 NDVI 值增加延缓而呈现饱和状态，对植被检测灵敏度下降。实验表明，作物生长初期 NDVI 将过高估计植被覆盖度，而在作物生长的结束季节，NDVI 值则偏低。因此，NDVI 更适用于植被发育中期或中等覆盖度的植被检测。

3. 差值植被指数（Difference Vegetation Index，DVI）

差值植被指数的表示形式为

$$DVI = NIR - R \tag{13-2}$$

差值植被指数对土壤背景的变化极为敏感，有利于对植被生态环境的监测。当植被覆盖浓密（覆盖度>80%）时，DVI 对植被的灵敏度下降，适用于植被发育早中期，或低中覆盖度的植被检测。

4. 土壤调整植被指数（Soil-Adjusted Vegetation Index，SAVI）

NDVI、DVI 等植被指数均受土壤背景的影响大，且这种影响是相当复杂的，它随波长、土壤特征（含水量、有机质含量、表面粗糙度等）及植被覆盖度、作物排列方向等的变化而变化。常规植被指数主要由红光（R）和近红外光（NIR）波段组成。对叶片红光主要表现为吸收，而透射、反射均很小；作为植被背景的土壤则对红光的反射较强，因此在植被非完全覆盖的情况下，冠层的红光反射辐射中，土壤背景的影响较大，且随着覆盖度的变化而变化。叶片对近红外光的反射、透射均高（约各占 50%），吸收极少，土壤对近红外光的反射明显小于叶片的反射，但仍较强，再加上叶片透射作用，因而在植被非完全覆盖的情况下，冠层的近红外反射辐射中，叶层的多次反射及与土壤的相互作用是复杂的，土壤背景的影响仍较大。

Huete 等(1988)为修正 NDVI 对土壤背景的敏感，提出了可适当描述土壤-植被系统的简单模型，即土壤调整植被指数 SAVI，其表达式为

$$SAVI = \left[\frac{NIR-R}{NIR+R+L}\right](1+L) \qquad (13-3)$$

其中，L 是一个土壤调节系数，取值范围为 0~1，它是由实际区域条件所决定的常量，用来减小植被指数对不同土壤反射变化的敏感性。当 L 为 0 时，SAVI 就是 NDVI，对于中等植被盖度区，L 一般接近于 0.5，因子 $(1+L)$ 主要用来保证最后的 SAVI 值与 NDVI 值一样介于–1 和 1 之间。试验证明：①SAVI 降低了土壤背景的影响，改善了植被指数与 LAI 的关系，但可能丢失部分植被信息，使植被指数偏低；②L 随植被覆盖度不同而变化，$L=0$ 时，表示植被覆盖度为零，$L=1$ 时，土壤的影响几乎消失；③对较高密度植被，最佳调节系数 $L=0.75$。因此可根据植被覆盖度，选择纠正系数。一般 $L=0.5$ 时，对较宽幅度的 LAI 值，具有较好地降低土壤噪声的作用。

在 SAVI 的基础上，人们又进一步发展了转换型土壤调整指数(TSAVI)：

$$TSAVI = \frac{a(NIR-aR-b)}{R+aNIR-ab} \qquad (13-4)$$

式中，a，b 分别为土壤背景线的截距和斜率。

为了进一步减少 SAVI 中裸土的影响，又发展了修改型土壤调整植被指数(MSAVI)：

$$MSAVI = (2NIR+1) - \frac{1}{2}\left(\sqrt{(2NIR+1)^2 - 8(NIR-R)}\right) \qquad (13-5)$$

此外，针对不同的区域特点和不同的植被类型，人们又发展了不同的归一化差分植被指数。如用于检验植被不同生长活力的归一化差分绿度指数(NDGI)：

$$NDGI = \frac{G-R}{G+R} \qquad (13-6)$$

式中，G 为绿光波段反射率。

用于建立光谱反射率与棉花作物残余物的表面覆盖率关系的归一化差分指数(NDI)：

$$NDI = \frac{NIR-MIR}{NIR+MIR} \qquad (13-7)$$

式中，MIR 为中红外波段反射率。

5. 缨帽变化(TC)和绿度植被指数(Greed Vegetation Index，GVI)

为了排除或减弱土壤背景值对植物光谱或植被指数的影响，除了前述出现一些调整、修正土壤亮度的植被指数(如 SAVI、TSAVI、MSAVI 等)外，人们还广泛采用了光谱数值的缨帽变换技术(Tasseled Cap，即 TC 变换)。该技术是由 K. J. Kauth 和 G. S. Thomas 首先提出，故又称之为 K-T 变换。

缨帽变换(TC)是指在多维光谱空间中，通过线性变换、多维空间的旋转，将植物、土壤信息投影到多维空间的一个平面上，在这个平面上使植被生长状况的时间轨迹(光谱图形)和土壤亮度轴相互垂直。也就是，通过坐标变换使植被与土壤特征分离。植被生长

过程的光谱图形呈现"缨帽"图形；而土壤光谱则构成一条土壤亮度线，有关土壤特征(含水量、有机质含量、粒度大小、土壤矿物成分、土壤表面粗糙度等)和光谱变化都沿土壤亮度线方向产生。

K-T 变换后得到的第一个分量表示土壤亮度，第二个分量表示绿度，第三个分量随传感器不同而表达不同的含义。例如，Landsat MSS 的第三个分量表示黄度，没有确定的意义；TM 的第三个分量表示湿度。第一、二分量集中了大于95%的信息，这两个分量构成的二位图可以很好地反映出植被和土壤光谱特征的差异。GVI 是各波段辐射亮度值的加权和，而辐射亮度是大气辐射、太阳辐射、环境辐射的综合结果，所以 GVI 受外界条件影响大。

6. 垂直植被指数(Perpendicular Vegetation Index，PVI)

垂直植被指数(PVI)是在 R、NIR 二维数据中对绿度植被指数 GVI 的模拟，两者物理意义相似。在 R、NIR 的二维坐标系内，土壤的光谱响应表现为一条斜线，即土壤亮度线。土壤在 R 与 NIR 波段均显示较高的光谱响应，随着土壤特性的变化，其亮度值沿土壤线上下移动。而植被一般在红波段响应低，而在近红外波段光谱响应高。因此在这二维坐标系内植被多位于土壤线的左上方。

PVI 是一种简单的欧几里得(Euclidean)距离：

$$\text{PVI} = \sqrt{(S_R - V_R)^2 - (S_{\text{NIR}} - V_{\text{NIR}})^2} \tag{13-8}$$

式中，S 为土壤反射率；V 为植被反射率；PVI 表示在土壤背景上存在的植被的生物量，距离越大，生物量越大。

PVI 的显著特点是较好地滤除了土壤背景的影响，且对大气效应的敏感程度也小于其他植被指数。正因为它减弱和消除了大气、土壤的干扰，所以被广泛应用于大面积农作物估产。

13.5　农作物遥感参数解译流程

农作物遥感参数解译以信息提取为主，其流程可遵循获取实测数据、获取多源遥感影像、建立反演模型、参数反演成图等步骤进行，图 13-6 为农业作物遥感参数解译流程图。

下面分别以作物叶面积指数估算、作物覆盖度提取、作物地表生态环境估算为例，展开农作物遥感参数解译介绍。

13.5.1　作物叶面积指数估算

叶面积指数 LAI 是指每单位土壤表面积与叶面面积的比例，它对研究植物光合作用和能量传输具有重要意义。绿色植物的叶片是进行光合作用的基本器官，叶片的叶绿素在光照条件下发生光合作用，产生植物干物质积累，并使叶面积增大。叶面积越大，则光合作用越强，而光合作用越强，又使植物群体的叶面积越大，植物干物质积累越多，生物量越大。同时，植物群体的叶面积越大，植物群体的反射辐射增强。研究表明：当农作物群体 LAI 大于 3 时，其反射率可达太阳总辐射的 20%；当正常稻出 LAI 为 4 时，能量透过率为太阳总辐射的 23% 或低于 20%；对草本植物而言，叶片倾角较大，光很容易透过冠层直

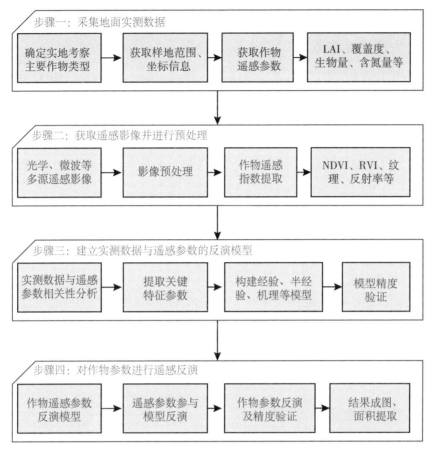

图 13-6　农作物遥感参数解译流程图

达底部，直至土壤，则当 LAI 高达 7.5 时，有 5% 的入射光可到达土壤表面。可见，叶面积指数 LAI，是利用遥感技术监测植被长势和估算产量的关键参数。

　　然而，叶面积指数 LAI 往往是难以直接从遥感仪器获得，但是它与植被指数间有密切的关系，它是联系植被指数与植物光合作用的一个主要的植冠形态参数。叶面积指数一般大于 1，小于 10，在光谱曲线中，近红外波段的反射率随叶面积指数增加而增加。因而可以通过大量的理论和实验研究，建立植被指数与 LAI 之间的各种相关的理论和经验统计模型。

　　外表面覆盖面积随时间发生变化，是植物和地面其他大多数地物（特别是那些与气候无关的）相区别的标志。植被指数 NDVI 或 RVI 与叶面积指数 LAI 的相关系数很高，且与 LAI 呈非线性函数关系。

$$\text{NDVI} = A[1 - B\exp(-C \cdot \text{LAI})] \tag{13-9}$$

$$\text{RVI} = A'[1 - B'\exp(-C' \cdot \text{LAI})] \tag{13-10}$$

式中的 A，B，C 及 A'、B'、C'，均为经验系数，可通过模拟试验获得。其中，A、A' 值是由植物本身的光谱反射确定的，不同的叶形、叶倾角及散射系数造成不同的 A 值及 A' 值。B、B' 值与叶倾角、观测角有关，当叶片呈水平状，则线性关系明显；当叶片呈非水平状，随着 LAI 的增大，植被指数增大速率较慢，两者呈余弦关系，基本是线性的。C、

C' 值取决于叶片对辐射的衰减,这种衰减是呈非线性的指数函数变化。

13.5.2　作物覆盖度提取

作物覆盖度指作物冠层的垂直投影面积与土壤总面积之比,即植土比(KW)。传感器所测得的反射辐射 R 可表示为

$$R = RV \cdot C + RS(1 - C) \tag{13-11}$$

式中,RV 为植被的总反射辐射;RS 为土壤的总反射辐射;C 为植被覆盖度,则:

$$C_1 = \frac{R - RS}{RV - RS} \tag{13-12}$$

$$C_2 = \frac{\rho - \rho_S}{\rho_V - \rho_S} \tag{13-13}$$

式中,ρ 为植被与土壤混合光谱反射率;ρ_V、ρ_S 分别为纯植被和纯土壤宽波段反射率。

据理论推导,RVI、NDVI 与植土比分别呈指数和幂函数关系,当 LAI 较小时,它们与植土比的变化反应不敏感。PVI 与植土比呈直线性相关,其对植土比的感应能力也随 LAI 减小而降低。就作物估测而言,PVI 较为优越,但应选 LAI 较大的时期。实际上,植土比和叶面积指数同时随空间变化而变化,因此,需综合考虑植被指数与两者的关系。

对同一地区来说,作物品种特性差异较小,作物长势越好,叶面积指数越大,作物产量就越高。因此,可以将一个地区的平均叶面积指数(LAI)与该地区植土比(KW)的乘积(LK)作为该地区作物总产量的线性相关因子。

13.5.3　作物地表生态环境参数估算

植被指数,如 NDVI 常被认为是气候、地形、植被/生态系统和土壤/水文变量的函数。从概念上讲,可以用这些环境因子建立 NDVI 模型:

$$NDVI = F(C \cdot V \cdot P \cdot S) + E \tag{13-14}$$

式中,C 为气候子模型;V 为植被/生态子模型;P 为地形子模型;S 为土壤/水文子模型。

这些子模型又可表示为各自主因子的数:

$$C = F_1(\text{降水、气温、日照}) + E_1 \tag{13-15}$$

$$V = F_2(\text{生态系统类型、植被类型}) + E_2 \tag{13-16}$$

$$P = F_3(\text{高程、坡度、坡向}) + E_3 \tag{13-17}$$

$$S = F_4(\text{土壤持水性、肥料、透水性、地表水、地下水}) + E_4 \tag{13-18}$$

上述的 E_1、E_2、E_3、E_4 为由未考虑的环境变量或潜在的测量误差引起的模型误差。

由这几个公式可以看出,上述模型涉及的因子很多,许多因子也难以具体化。但是由于其中一些环境变量并非完全独立,具有相关性,如日照与气温常高度相关,土壤持水性与透水性呈负相关。因此,模型可以被简化,有些变量可以由其他变量描述,则用有限的环境变量建立 NDVI 模型是可能的。

很显然,描述 NDVI 的这些环境变量均随时间/空间变化,则可以认为 NDVI 是一个三维变量。但是对于一个特定的地理位置和一定时间尺度(如 10 年),地形子模型可认为是常量,植被/生态系统子模型及土壤/水文子模型也变化不大或基本倾向于常量。即变化较大的是气候子模型,或者说,对一个具体时间(t),一个具体地点的 NDVI 主要成为相关

气候变量的函数：

$$\text{NDVI} = F(\text{气候变量}) + E \tag{13-19}$$

13.6 农作物遥感图像解译实例

本章列举了几种常见经济作物(水稻、玉米及棉花)，通过介绍它们的物候、光谱曲线等信息，描述了农作物遥感图像解译过程中的相关实例。

13.6.1 水稻遥感解译实例

水稻是一种重要的粮食作物，是全球的三大主粮之一，世界上接近一半的人口以大米为主食。中国是世界上水稻产量和消费量最大的国家，因此，水稻的监测和估产一直是我国粮食安全的重要基石。水稻属于草本稻属科，是一年生的禾本科植物，单子叶，性喜温湿，成熟时大约有1m高，叶子细长，有50~100cm长，宽2~2.5cm。水稻的花非常小，在开花时，花枝会呈现拱形，在枝头往下30~50mm间开小花，大部分的水稻是自花授粉并结种子，种子就是稻穗。一般的稻穗大小为5~12mm，厚度在2~3mm。图13-7显示了2021年7月14日湖北省仙桃市郭河镇的水稻实际照片、哨兵2号对应位置卫星影像及平均冠层光谱反射曲线。

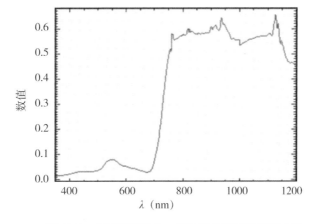

图 13-7　水稻实际照片、卫星影像及冠层光谱曲线

表 13-1 显示了湖北省不同品种水稻的物候信息。

表 13-1　　　　　　　　　　　　　湖北省不同品种水稻物候期

作物	4月上旬	4月中旬	4月下旬	5月上旬	5月中旬	5月下旬	6月上旬	6月中旬	6月下旬	7月上旬	7月中旬	7月下旬	8月上旬	8月中旬	8月下旬	9月上旬	9月中旬	9月下旬	10月上旬	10月中旬	10月下旬	11月上旬	11月中旬	11月下旬
双季早稻	播种	三叶		移栽	返青	分蘖	孕穗	抽穗开花	灌浆			成熟收获												
直播中稻				播种	苗期	分蘖			拔节		孕穗	抽穗开花		灌浆		蜡熟收获								
移栽中稻				播种		三叶		移栽	分蘖	拔节期		孕穗	抽穗开花		灌浆期		蜡熟收获							
晚稻								播种	三叶	移栽	分蘖	拔节孕穗		抽穗开花		灌浆		成熟收获						

水稻在孕穗期达最大叶面积指数，通过表 13-1 可以看出，对于双季早稻来说，6 月的遥感影像最易识别；对于中稻来说，7—8 月的遥感影像容易识别；对于晚稻来说，9 月的遥感影像容易识别。

13.6.2　玉米遥感解译实例

玉米属于一年生草本植物，玉米的秆呈直立状，通常不分枝，叶鞘具横脉，叶舌有质，叶片扁平宽大，线状披针形，基部圆形呈耳状，无毛或具有一点柔毛，中脉比较粗壮。颖果呈球形或扁球形，成熟后会露出颖片和稃片，而且玉米的大小会随生长条件的不同而产生差异。图 13-8 显示了 2021 年 7 月 31 日湖北省荆州市农科院的玉米实际照片及平均冠层光谱反射曲线。

表 13-2 显示了湖北省玉米的物候信息。

玉米在抽穗开花期达到最大叶面积指数，通过表 13-2 可以看出，8 月的遥感影像容易识别玉米。

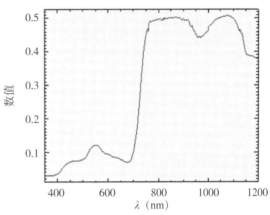

图 13-8　玉米实际照片及冠层光谱曲线

表 13-2

湖北省玉米物候期

作物	4 月			5 月			6 月			7 月			8 月			9 月			10 月	
	上旬	中旬	下旬	上旬	中旬	下旬	上旬	中旬	下旬	上旬	中旬	下旬	上旬	中旬	下旬	上旬	中旬	下旬	上旬	中旬	下旬
玉米							播种	出苗	拔节			抽穗	开花	灌浆			蜡熟收获		

13.6.3　棉花遥感解译实例

棉花，是锦葵科棉属植物的种籽纤维，原产于亚热带。棉的植株为灌木状，在热带地区栽培可长到 6m 高，一般为 1~2m。花朵乳白色，开花后不久转成深红色，然后凋谢，留下绿色小型的蒴果，称为棉铃。棉铃内有棉籽，棉籽上的茸毛从棉籽表皮长出，塞满棉铃内部，棉铃成熟时裂开，露出柔软的纤维。纤维呈白色或白中带黄，长 2~4cm，含纤维素 87%~90%、水 5%~8%、其他物质 4%~6%。8 月，棉花进入花铃期，棉株冠层颜色变为深绿色，其可分离性较高。图 13-9 显示了 2021 年 8 月 1 日湖北省荆门市北港村棉花种植基地的棉株实际照片及平均冠层光谱反射曲线。

表 13-3 显示了湖北省棉花的物候信息。

棉花在花铃期达到最大叶面积指数，通过表 13-3 可以看出，7—8 月的遥感影像容易识别棉花。

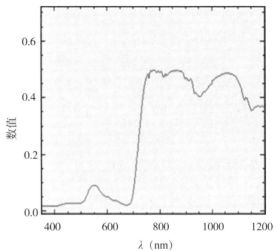

图 13-9　棉株实际照片及冠层光谱曲线

表 13-3 湖北省棉花物候期

作物	4 月			5 月			6 月			7 月			8 月			9 月			10 月			11 月		
	上旬	中旬	下旬	上旬	中旬	下旬	上旬	中旬	下旬	上旬	中旬	下旬	上旬	中旬	下旬	上旬	中旬	下旬	上旬	中旬	下旬	上旬	中旬	下旬
棉花		播种	苗期		移栽	三叶	五叶		现蕾	开花		花铃期				裂铃吐絮期				停止生长	拔秆			

13.7　农业遥感图像解译应用

本节将从农业资源调查及动态监测、农作物长势监测和估产、农作物灾情监测和预报、农业生态与环境监测、精准农业和应用展望六个方面介绍农业遥感图像解译应用。

13.7.1　农业资源调查及动态监测

耕地是农业生产的基本保障,耕地资源的应用、面积和质量变化等对粮食安全和生态环境都有十分重要的影响。特别是我国的人均耕地面积还不到世界人均耕地面积的一半,为此必须对全国耕地实行严格的保护制度。由于遥感监测覆盖面积广、重访周期短等优势，使其成为我国当前耕地资源监测的重要手段。

1. 农业资源土地利用遥感调查

1）选择遥感数据源

通常在土地利用/土地覆盖信息获取中主要使用空间分辨率为 0.01~1km 的可见光及近红外波段遥感数据。这些遥感信息源包括航空遥感像片、陆地卫星遥感图像、气象卫星图像，如 Landsat 卫星的 MSS、TM、ETM＋数据，中巴卫星数据，环境减灾卫星数据，SPOT 卫星的 HRV 数据，MODIS 产品数据以及 NOAA 卫星的 AVHRR 等数据。

2）选择遥感数据的波段

对于多光谱和高光谱遥感影像来讲，应用时需要选择遥感影像中反映地物的敏感波段进行组合识别地物。例如，在植被、农作物、土地利用和湿地分析的遥感应用中，近红外、红、绿波段标准假彩色合成是最常用的波段组合，在这种组合中，植被都显示为红色。

3）遥感图像预处理

遥感图像预处理过程包括：辐射校正、几何校正、波段合成、增强处理、图像的裁剪与拼接等。一般可以使用 ENVI 软件进行遥感图像的预处理工作。

4）土地利用分类系统的确定

在土地利用分类系统中，耕地属于一级类型，指种植农作物的土地，包括：熟耕地、新开荒地、休料地、草田轮作地等；以种植农作物为主的农果、农桑、农林用地；耕种三年以上的滩地和滩涂。

水田为二级类型，指有水源保证和灌溉设施，在一般年景能正常灌溉，用以种植水稻、莲藕等水生农作物的耕地，包括实行水稻和旱地作物轮种的耕地。

旱地为二级类型，指无灌溉水源及设施，靠天然降水生长作物的耕地；有水源和浇灌设施，在一般年景下能正常灌溉的旱作物耕地；以种菜为主的耕地，正常轮作的休耕地和轮歇地。

5）建立解译标志

在路线调查中，一般选择一至几条穿过不同地貌单元、不同土地利用方式和土地类型的具有代表性的路线，对照遥感影像随时定位，仔细观察土地类型、土地利用类型、地貌、植被等地物与影像之间的相互对应关系，并对照其他图件资料，建立影像标志，内容包括：色调、形状、大小、图形等，这也就是建立的典型"样块"，应尽可能详尽、准确，为室内判读提供依据。

6）土地利用信息提取

土地利用信息提取一般有两种方法：目视解译和计算机自动分类。

目视解译是通过直接观察或借助辅助判读仪器在遥感图像上获取特定目标地物信息的过程，即利用图像的影像特征空间特征(形状、大小、阴影、纹理、图型、资料相结合)，运用生物地学相关规律，对地表事务进行综合分析和逻辑推理的思维过程。具体的土地利用分类的目视解译方法是利用地图数字化软件(ArcGIS、ENVI 等)以遥感图像为底图进行时数字化，提取矢量格式的土地利用数据。

遥感图像计算机分类的依据是遥感图像像素的相似度，常使用距离和相关系数来衡量相似度。采用距离衡量相似度时，距离越小，相似度越大；采用相关系数衡量相似度时，相关程度越大，相似度越大。计算机进行土地利用分类的常用方法有：监督分类、非监督分类、面向对象分类、混合分类、神经网络分类等。计算机进行土地监督分类的基本过程是：选择具有代表性的典型实验区或训练区，用训练区中已知地面各类地物样本的光谱特性来"训练"计算机，获取识别各类地物的判别函数或模式，并以此对未知地区的像元进行分类处理，分别归入已知的土地类别中。

7）解译精度分析

精度评价多在图像的部分像元中进行，常用的方法是：首先通过随机采样的方法，在分类图上随机地选择一定数量的像元，再比较这些像元的类别和其他（或实际）类别之间的一致性。当图像中某些类占的数量很小时，随机采样往往会丢掉这些类别。为了保证每个类别都能在采样中出现，也可以用分层采样，即分别对每个类别进行随机采样，然后使用混淆矩阵的方法对分类结果进行精度评价。

8）结果输出

输出分类结果，根据遥感图像像元大小及目标作物分类结果像元个数，即可得到作物种植面积，将结果以图或表格的形式展示。

2. 农业资源土地利用动态变化检测

农业资源土地利用动态变化检测，根据不同的目的和用途一般可以分为以下五种方法。

1）多时相图像叠合方法

对多时相遥感图像（RGB）进行彩色合成，在同一软件窗口中通过目视定性分析变化情况。对于不要求输出定量的变化结果时，可以采用该方法。

2）图像代数运算法

通过对多时相差值或比值图像（植被指数）的阈值变化图（分布、大小）进行分析。或者对通过主成分分析的多时相主成分分量合成图像的变化分类图像（分布、大小）进行分析。通过遥感图像中的信息变化，实现快速动态监测。

3）光谱分类法

基于不同时相遥感图像的光谱分类，并对分类结果作进一步的比较，确定变化的特征。各单时相图像分类，多个分类图像的逐个像元比较确定变化的类型分布、大小等；多时相、多波段合成图像进行自动分类产生分类图像，从而确定变化的类型、分布、大小等。

4）光谱变化向量分析法

基于不同时间图像之间的辐射变化，着重对各波段的差异进行分析，计算每个像元在每个波段的变化量与方向，制作变化类型彩色编码图对变化进行分析。

5）遥感与 GIS 的结合

遥感分类图与 GIS 专题图叠合直接检测变化图斑，产生变化分类图像（类型、分布、大小）；基于知识的变化检测系统、解译规则与自动检测算法生成变化图像（类型、分布、大小)。

13.7.2 农作物长势监测和估产

农作物长势信息反映作物生长的状况和趋势，是农情信息的重要组成部分。在特定时期遥感图像上不同作物的发育期不同、长势不同，因而它们的光谱反射率也有差异。根据吴炳方等(2004)的研究，在红波段和近红外波段，作物的反射特征与作物长势和产量具有明显的相关关系。因此，基于两个波段计算得到的植被指数，包括归一化差分植被指数(NDVI)、差值植被指数(DVI)、比值植被指数(RVI)和增强植被指数(EVI)等遥感植被指数能够直接反映作物生长过程、覆盖度和季相变化，被广泛应用于农作物长势监测，其中NDVI是最常用的指标。

1. 农作物长势遥感监测

1)农作物长势监测遥感数据源

农作物长势监测遥感数据源有多光谱遥感数据、高光谱遥感数据、微波遥感数据等。其中，多光谱数据应用最为广泛，多光谱遥感数据通常利用可见光和近红外波段构建植被指数，来直接或间接反映作物的长势信息，但是反演精度有待提高；高光谱数据与多光谱遥感相比，具有波段多、连续及分辨率高等特点，可以记录地物多个窄波段反射率，但容易产生数据冗余的问题；与可见光、近红外遥感相比，微波遥感如合成孔径雷达数据的突出优点是不受云、雨、雾的影响，可在夜间工作，并能透过植被、冰雪和干沙土，具有全天候获得近地面信息的能力，但是在植被覆盖度较大的区域容易饱和。

2)农作物长势监测指标

作物长势受到光、温、土壤、水、气(CO_2)、肥、病虫害、灾害性天气管理措施等诸多因素影响，是多因素综合作用的结果。在作物生长早期，主要反映了作物的苗情好坏；在作物生长发育中后期，则主反映了作物植株发育形势及其在产量丰欠方面的指定性特征。尽管作物的生长状况受多种因素的影响，其生长过程又是一个极其复杂的生理生态过程，但其生长状况可以用些能够反映其生长特征并且与该生长特征密切相关的因子进行表征。在作物长势监测过程中，监测模型是专家决策过程和人们习惯认知的抽象表达，而监测指标则是监测模型生成长势信息最终结论的主要，甚至是唯一的依据。

常用的表征作物长势的因子有叶面积指数、植被指数、生物量等，详见本章13.3节。

3)农作物长势遥感监测方法

一般从两个方面进行作物长势监测：一是作物生长的实时监测，主要是通过对比年际遥感影像所反映的作物生长状况信息，同时综合物候和农业气象等辅助数据来提取作物长势监测分级图，达到获取作物长势状况空间分布变化的目的；二是作物生长趋势分析，主要以时序遥感影像生成作物生长过程曲线，通过比较当年与典型年曲线间的相似和差异，作出对当年作物长势的评价。

虽然遥感信息能够反映农作物的种类和状态，但是由于受多种因素的影响，完全依靠遥感信息不能准确地获得监测结果，还要利用地面监测予以补充。将地面信息与遥感监测信息进行对照，从而获得农作物长势的准确信息。此外，气象条件与农业生产关系密切，加强农业气象分析也有利于辅助解释遥感监测结果。

4）农作物长势遥感监测模型

农作物长势遥感监测模型一般有评估模型和诊断模型两类。其中，评估模型分为逐年比较模型和等级模型。逐年比较模型以当地的苗情为基准，今年与去年同期长势相比。在逐年比较模型中，引入 ΔNDVI 作为年际作物长势比较的特征参数，定义为

$$\Delta \text{NDVI} = \frac{\text{NDVI}_2 - \text{NDVI}_1}{\overline{\text{NDVI}}} \qquad (13\text{-}20)$$

式中，NDVI_2 为今年旬值；NDVI_1 为去年同期值；$\overline{\text{NDVI}}$ 为多年平均值。根据 ΔNDVI 与零的关系来初步判断当年的长势与前一年相比是好还是差，或者与前年长势相当。逐年比较模型优点是便于各地的田间监测，但是比较难以分等定级。等级模型是用当年的 NDVI 值与多年的均值比较或与当地极值比较后分级，前者为距平模型，后者为极值模型。

距平模型定义为

$$\Delta \overline{\text{NDVI}} = \frac{\text{NDVI} - \overline{\text{NDVI}}}{\overline{\text{NDVI}}} \qquad (13\text{-}21)$$

式中，$\overline{\text{NDVI}}$ 为多年平均值；NDVI 为当年值。

极值模型（VCI）定义为

$$\text{VCI} = \frac{\text{NDVI} - \text{NDVI}_{\min}}{\text{NDVI}_{\max} - \text{NDVI}_{\min}} \qquad (13\text{-}22)$$

式中，$\text{NDVI}_{\max}$、$\text{NDVI}_{\min}$ 分别为同一像元多年的 NDVI 的极大值与极小值；NDVI 为当年同一时间同一像元的 NDVI。

农作物长势遥感监测的诊断模型是指从农作物生长的条件和环境等影响作物长势的因素出发，对作物的长势进行评价。通过可见光红外、微波、热红外等多源遥感信息，综合分析包括作物生长的物候、肥料亏缺、水分胁迫、病虫害蔓延、杂草发展等各方面生长及环境信息，评价作物长势。

2. 农作物遥感估产

目前农作物遥感估产主要开展的对象有：小麦、水稻、玉米、棉花、大豆、甜菜等。农作物估产在方法上可分为传统的作物估产和遥感估产两类。传统的作物估产研究基本上是农学模式和气象模式，如农学-气象产量预测模型、作物-生长模拟模型、经验统计模型等。它们把作物生长与主要制约和影响产量的农学因子或气候因子之间用统计分析的方式建立起关系。这类模式计算繁杂、方法速度慢、工作量大、成本高，某些因子种类往往难以定量化，不易推广应用。

遥感估产则是建立作物光谱与产量之间联系的一种技术，是把遥感信息作为输入变量，建立遥感估产模型，探讨植物光合作用与作物光谱特征间的内在联系，以及作物的生物学特性与产量的复杂关系。遥感估产基于作物特有的波谱反射特征，利用遥感手段对作物产量进行监测预报的一种技术。利用遥感图像的光谱信息可以反演作物的生长信息（如 LAI、生物量），通过建立生长信息与产量间的关联模型（可结合一些农学模型和气象模型），

便可获得作物产量信息。在实际工作中，常用植被指数(由多光谱数据经线性或非线性组合而成的能反映作物生长信息的数学指数)作为评价作物生长状况的标准(图 13-10)。

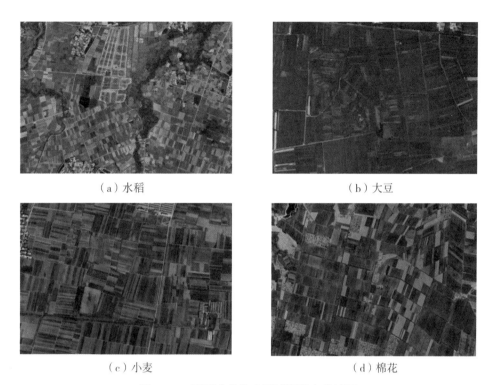

（a）水稻　　　　　　　　　　　　　　　　（b）大豆

（c）小麦　　　　　　　　　　　　　　　　（d）棉花

图 13-10　不同农作物在遥感影像上的特征

目前农作物遥感估产主要模型有：农学模型、统计预模型、数值模拟模型、遥感模型和遥感-数值模拟模型。

1）农学模型

农学模型主要是在作物生长状况与作物产量构成要素之间建立关系，进而现预测农作物产量，其中作物产量构成要素因作物类型的不同而不同，如冬小麦的产量构成要素是有效穗数、每穗粒数和千粒重。

2）统计预报模型

统计预报模型以概率论和统计学理论为基础，不考虑作物产量形成的复杂过程，直接把众多影响作物产量的因子(如温度、水分、日照等)，与产量之间做相关分析，建立多因子统计回归关系。该方法的优点是将产量与气象因子直接挂钩，便于定量分析气候变化对农作物产量的影响；缺点是模型过于简单，难以反映作物的生长发育过程，而且随着相关因子的增多，寻求稳定的统计规律就越难，甚至有些因子是无法用数值确切表达的。

3）数值模拟模型

作物数值模拟是以相似性原理依据，以分析作物生长发育的物理过程、物理机制和环境条件为手段，设法将作物生长发育、产量形成的规律表述为有关的物理学定律，并用数学语言将这些有关的物理学定律写成数学模型，在一定假设条件下，确定边界条件，简化模型，寻求合适的数学解法，通过模拟实验调整参数，最后建立作物估产的数值模拟模型。

4) 遥感模型

遥感估产的方法通过建立光谱参数与产量间的统计关系，考虑作物生长的全过程，将光谱的遥感机理与作物生理过程统一起来，建立基于成因分析的遥感估产模型。结合地面已知样地的实测数据，建立起各种不同条件下单位面积产量与植被指数间的数量关系，即单产模型，包括统计模型、半经验模型和物理模型。

3. 农作物遥感估产技术流程

大面积农作物估产主要涉及三方面内容：作物识别、作物面积提取和作物长势分析。在这三方面内容综合的基础上，建立不同条件的多种估产模型，进行作物的遥感估产。

1) 遥感数据的采集与预处理

针对农作物的遥感产量估算，需要根据目标作物的区域分布、作物类别、物候期等特点，选择空间分辨率、波谱分辨率、时间分辨率对应的遥感数据。

2) 农作物专题信息的提取

应用植被指数法提取植物专题信息(农作物长势和面积等)。例如，NDVI 与作物覆盖度关系密切，可以有效地提取面积信息；RVI 反映作物长势，可以提取生物量信息；PVI 可以有效地滤去土壤背景及大气的干扰等。此外，运用多种图像增强处理技术，进行作物专题信息提取，如主成分分析、缨帽变换、图像分类、混合像元分解等。

3) 农作物面积提取

结合遥感图像数据和地面样方，进行监督分类、面向对象分类、神经网络分类等操作，对碎小图斑进行归并处理，最终获得分类图，自动提取作物信息及面积数据。

4) 农作物长势分析及估产

结合遥感图像和作物的生物节律，以植被指数作为评价作物生长状态的定量标准，建立作物长势监测模型。某一时刻的植被指数(绿度)是该时刻作物长势和面积的函数。因此，当面积相对稳定的情况下，植被指数的变化主要与作物长势有关，可直接建立绿度与作物长势的关系。结合地面已知样地的实测数据，建立起各种不同条件下单位面积产量与植被指数间的数量关系模型，即单产模型。在此基础上，就可得到总产量：总产量=种植面积×单产。

13.7.3　农作物灾情监测和预报

我国是传统的农业大国，也是世界上农业灾害最严重的国家之一，严重的农业灾害不但会造成农作物大幅减产，致使农业经济运行混乱，还有可能会威胁到人民的生产、生活质量和生命财产的安全。

农业灾害的传统监测方法主要是田间定点监测和随机调查。传统方法在具体操作上较为精准，但如果进行大范围监测，则非常费时、费力且效率低下。而且有些农业灾害(如病虫害等)在发生早期并不能靠肉眼识别，尤其在大范围监测时，采用传统监测方法容易造成较大的误差。

遥感数据具有信息量丰富、覆盖面大、实时性强、获取速度快的特征。目前，遥感技术在旱灾、洪涝灾害、病虫灾害、雪灾及冷冻灾害监测中应用较多。但遥感监测并不能完全取代地面调查，二者在实际操作中可相互补充、相互论证，使监测结果更加准确。

农业灾害遥感监测内容主要包括以下几个方面：一是搜集国内外的多源卫星遥感影像，采用多传感器、多时相、多分辨率数据相结合的监测方式，对灾前灾后的情况进行对比分析；二是根据卫星影像，结合历史资料和实地调查信息，确定受灾的范围，包括识别受灾对象、提取作物分布地块、计算受灾面积，同时和土地确权数据匹配，确定不同经营主体的种植区域受灾情况；三是结合环境、土壤和气象等信息，分析致灾因素，模拟和预测灾情发展趋势；四是计算灾损程度，例如通过对灾后作物长势进行评估，推算产量损失率；五是对救灾工作和灾后重建提出生产经营建议，例如根据某保险客户受灾地块的气候条件，判断某种作物是否适合种植投保。

1. 干旱遥感监测

干旱监测最初是利用稀疏的气象站点的气象数据。基于站点网络的干旱检测方法具有局限性，较难获取准确、及时的农业旱灾发生与发展的时空信息。遥感干旱监测能及时、准确、全面地获得农情信息，为各级政府与农业生产部门提供决策依据。目前遥感干旱监测的方法可归纳为基于时序植被指数方法、基于植被指数-地表温度关系的方法、热惯量法和微波遥感方法等。

1）基于时序植被指数方法

有研究证明，归一化差分植被指数（NDVI）与土壤湿度相关性较好，与绿色植物的密度和活力关系密切，能够描述地面上的生物量状态，而且 NDVI 和降雨之间也有显著的相关性。利用同季相像元的 NDVI 多年时间序列资料进行比较，有利于消除植被季节变化的影响，同时相同植被覆盖条件的 NDVI 值也更具有可比性。因此，利用多年同时相 NDVI 时间序列数据在作物长势和作物估产及旱情监测等方面都有广泛的应用。

基于时序植被指数监测旱情的方法主要采用距平植被指数（AVI）和植被状态指数（VCI）。这两种方法适用于年际相对干旱程度的监测，某一研究区域内某一时期的相对干旱程度及范围。

距平植被指数计算式如下：

$$AVI = NDVI_i - \overline{NDVI} \tag{13-23}$$

式中，$NDVI_i$ 为某特定年某个时段某像元的 NDVI 值；$\overline{NDVI}$ 为该像元该时段的多年平均值，可以近似反映土壤供水的平均状况。因此，NDVI 资料的时间序列，计算得到的平均值代表性才会越好；AVI 可以看作植被指数正负距平值，反映植被年际变化，正距表示植被生长较一般年好，负距则反之。

植被状态指数计算式如下：

$$VCI = \frac{NDVI_i - NDVI_{min}}{NDVI_{max} - NDVI_{min}} \tag{13-24}$$

式中，NDVI$_i$、NDVI$_{min}$、NDVI$_{max}$分别为某特定年某个时段某像元的 NDVI 值、该像元该时段多年内的最小和最大 NDVI 值。

2）基于植被指数-地表温度关系的方法

地表温度(T)综合了大气土壤植被系统内水分和能量交换的结果，可反映土表含水量的变化。同时，地表温度的高低还可用来间接判断地表水分蒸散状况：当作物受到干旱胁迫时，为减少蒸腾引起的水分散失，叶片气孔自卫性关闭，导致潜热通量减少，根据能量平衡原理，显热通量必然增加，因而叶面温度会上升。

国内外学者对各种空间尺度和时间分辨率的地表温度和植被指数的关系进行了大量研究。研究发现，地表温度与植被指数之间存在密切的负相关关系。目前，常用的植被指数有：植被供水指数（VSWI）、温度植被干旱指数（TVDI）、作物缺水指数（CWSI）、水分亏缺指数（WDI）等。

3）热惯量方法

热惯量是地物阻止其温度变化幅度的一种特性，是度量地物热惰性大小的物理量。由于热传导系数和比热容都随土壤水分增加而增加，在土壤含水量高的情况下，土壤热惯量大，土壤阻碍温度升高或降低的能力强，昼夜温差小；相反，在土壤含水量低的条件下，土壤热惯量小，昼夜温差大。热惯量与土壤水分之间存在很好的相关关系，可以从土壤表面温度昼夜变化的幅度来推求土壤含水量，进行干旱监测。热惯量的计算公式为

$$P = \sqrt{\lambda \rho c} \qquad (13-25)$$

式中，P 为热惯量；λ 为热导率；ρ 为土壤密度；c 为比热容。这三个参数无法直接从遥感数据获取。在实际应用中，常用表观热惯量 ATI 代替热惯量 P，表观热惯量 ATI 计算公式为

$$ATI = \frac{B(1-\text{Albedo})}{\Delta T} \qquad (13-26)$$

式中，Albedo 为反照率；ΔT 为地物昼夜温差；B 为常数，计算表观热惯量时，首先获取白天/夜间两景遥感数据的亮温/地温，然后通过白天和夜间的温差获得地表温度日较差。求出热惯量之后，可以通过统计方法建立表现热惯量和土壤湿度之间的经验模型（主要有线性模型和幂指数模型），然后根据遥感反演的土壤湿度分布图进行干旱监测。但热惯量方法仅适用于裸地或低植被覆盖区，因为如果植被覆盖度较高，那么植被蒸腾会影响土壤水分传输平衡及热量分配，进而影响土壤温度，这必然会影响土壤热惯量计算的准确性。

4）微波遥感方法

与其他遥感波段相比，微波具有穿透力强、全天候、全天时的特点。光学和热红外遥感只能获得土壤表面信息，微波遥感可以不受天气的影响，且可穿透土壤到达一定深度，这种利用微波技术监测旱情的发展前景是不可忽视的。

农业旱灾监测中微波遥感进行土壤水分反演的物理基础是：干土和水之间介电常数存在显著的差别，随着土壤水分增加，土壤介电常数将相应增大。主动微遥感测量雷达的后向散射系数，而后向散射系数主要由介电常数和土壤粗糙度决定。土壤水分主动微波遥感主要采用统计方法建立土壤含水量与后向散射系数之间的经验关系，其中以线性关系最为常用。被动微波土壤水分反演利用微波辐射计观测亮度温度，土壤亮度温度主要由土壤介

电常数和土壤温度决定，而介电常数和温度均与水分有关，主要采用统计分析方法分析土壤水分与辐射亮度温度的关系。主动微波遥感具有数据分辨率高的优点，但数据量大、处理数据复杂，适合小尺度土壤水分反演；被动微波遥感具有重复观测频率高、数据量低、数据处理简单的优点，但分辨率较低。被动微波传感器在大尺度监测土壤水分方面具有最大的潜力。在实际工作中经常采取主动、被动微波遥感相结合以实现两者优势互补。

2. 洪涝遥感监测

农业洪涝灾害遥感监测方法可分为光学遥感和微波遥感两种。其中，光学遥感主要采用较高分辨率的光学卫星数据，以及较粗分辨率的气象卫星数据，如 MOAA/AVHRR，微波遥感主要利用主动成像的雷达遥感方法进行洪涝灾害监测。

1) 基于光学遥感的洪涝灾害监测

在可见光短波红外波段，水体具有独特的光谱特征：在蓝绿波段反射率略高，随着波长增加，反射率逐渐降低，到了近红外、中红外部分几乎吸收全部的入射能量。利用在整个可见光短波红外波段水体相对于土壤或者植被而言，反射率较低的特性，可以把水体识别出来。水体的光谱特征是光学遥感监测洪涝灾害的理论基础。根据水体与其他地物的光谱特征差异，采用合适的遥感光学波段，通过目视解译或者设定合适的阈值即可提取出洪涝淹没范围。

2) 基于微波遥感的洪涝灾害监测

洪涝灾害发生时往往有云层遮挡，光学遥感受到很大限制。雷达遥感具有全天时、全天候的数据获取能力，成为洪涝灾害最有效的遥感技术之一。在雷达遥感影像上，水体由于镜面反射回波强度较小，呈现出暗色或者黑色，而陆地回波强度大，呈现灰色。微波数据多使用星载或机载合成孔径雷达(SAR)数据，机载 SAR 具有灵活、方便、高分辨率等特点，但是费用高昂，主要用于紧急情况下重要灾情的监测。

3) 洪涝灾害遥感评估

利用遥感图像识别地面水体，结合洪灾前的背景水体，将洪水期间水体与常水位水体影像进行叠加运算，就可以确定因发生洪涝灾害而引起的新增区，特别是可以判定河流、湖泊、水库的水域是否变宽、变大，从而最终确定洪没区，淹没面积可以直接在遥感影像上进行量算。

严重的洪涝灾害常伴有淹没农田现象，农作物的减产估算是洪灾损失评的重要部分。作物受到洪涝灾害影响后，其正常生长过程受到抑制，在形态学上表现出叶子发黄、萎蔫等现象而区别于正常生长的作物。可以采用洪涝灾害前后的 NDVI 进行对比分析，得出受洪涝影响的作物分布情况；对洪涝影响后的 NDVI 遥感图像进行横向对比分析，通过对受灾作物的 NDVI 进行分类，可以进一步获得同一次洪涝灾害对作物危害程度的信息。

3. 雪灾遥感监测

雪灾是中国畜牧业地区常见的、危害大、范围广的自然灾害，积雪覆盖草场，造成家畜采食困难，导致大批家畜因饥饿、寒冷而死亡，是制约牧区畜牧业稳定、持续发展的主要气象灾害之一。而南方地区也时常受到雪灾的影响，对生活生产造成很大的影响。例如，2008 年初我国南方遭遇历史罕见的特大雪灾，黄河以南出现连续 4 次高强度降雨降雪，对整个国家经济社会发展和人民生命安全造成重大损失。

如图 13-11 所示，积雪在可见光区间有很高的反射率，基本都在 80% 以上。在蓝光波段有一个反射峰，然后反射率随着波长的增加而降低，进入近红外区间之后反射率急剧下降。积雪在光学波段的反射率明显高于裸地、植被等地物，而在热红外波段的辐射值却低于裸地、植被等地物。利用积雪的这种光谱特征可以有效地将积雪与其他地物区分开来。而在 $1.55 \sim 1.75 \mu m$ 和 $2.11 \sim 2.14 \mu m$ 的短波红外波段上，云和雪的反射率有较大的差异，在这一光谱范围内云反射来自太阳的辐射，表现出较高的反射率，而积雪吸收太阳辐射，表现出很低的反射率，可以利用这一特性区分云和雪(蒋玲梅等，2020)。

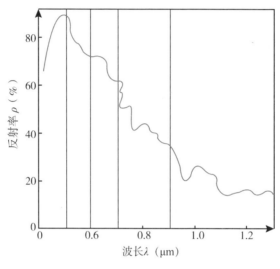

图 13-11　积雪光谱特征

4. 冷冻灾害监测

冷冻灾害是北方冬小麦和水稻的重大灾害之一，主要发生在越冬休眠期和早春萌动期。作物冷冻害遥感监测的技术方法一般可分为两种，地面温度监测和植被指数差异分析。其中，地面温度监测是利用遥感技术监测地面温度，尤其是最低气温，通常要求监测温度的精度小于 $1℃$。这是因为作物发生冻害与否，直接与温度的高低有关，$1℃$ 的气温差别往往会带来两种不同的危害结果。

作物遭受冷冻害后作物植株保持过冷却状态，体内叶绿素活性会减弱，对近红外光和红光的敏感度下降会导致植被指数发生变化。因此植被指数差异分析主要是通过对比受灾前后植被指数的差值来判断受灾情况，其生物学意义较为明显。在实际应用中，植被指数(NDVI)并不能及时反映农作物冷冻害，往往在发生一段时间后才有所察觉，具有一定的延迟性。因此，要想取得理想的监测效果，就需要将 NDVI 监测与农作物地表温度反演有机地结合起来。

5. 病虫害遥感监测

农作物病虫害是农业生产上的重要生物灾害，是制约高产、优质、高效益农业可持续发展的一个关键因素。病虫害对农作物生长造成的影响主要有两种表现形式，即农作物外部形态的和内部生理的变化。外部形态变化包括落叶、卷叶、叶片幼芽被吞噬、枝条枯萎等，导致冠层形状发生变化。内部生理变化则表现于叶绿素组织遭受破坏，光合作用和养分水分吸收、运输、转化等机能衰退。无论是形态的(生物物理参数)或生理的(生物化学参数)变化，都会导致作物光谱特征的变化，特别是红光和近红外光谱特征的变化(宋勇等，2021)。

正常农作物具有典型的植被光谱反射特征，在蓝光和红光波段强吸收(红谷)，绿光有一小的反射峰(绿峰)，进入近红外区间之后反射率急剧上升，形成极鲜明的反射，即近红外陡坡效应(红边)。当农作物遭受病虫害时，叶片会出现颜色改变、结构变坏或外形改观等病态，从而引起光谱曲线形态的变化。近红外区间的反射率明显降低，红光波段反射率反而升高，近红外陡坡效应明显削弱乃至消失，此外绿波段反射率也显著降低(Xavier et al.，2019)。

病虫害遥感监测主要有以下 4 种方法。

1)基于光谱位置变量的方法

光谱位置变量指在光谱曲线上具有一定特征的点(最高点、最低点、拐点等)的波长位置，其中最常用的是红边位置。红边位置是反映植被生长状况的一个很好的指示器，如病虫害、缺氮、干旱等各种环境胁迫均会使作物的反射特性发生改变，从而改变红边位置。当植物叶绿素含量高、生长旺盛时，红边会向红外方向移动；当植物由于感染病虫害或因污染或物候变化失绿时，红边则向蓝光方向移动。

2)导数光谱方法

导数光谱是高光谱遥感数据最主要的分析方法之一。导数光谱技术能够有效消除两个波长中任何相似的背景信号，压缩土壤等低频背景噪声对目标信号的影响并部分消除大气效应的影响，可提高对作物病虫害监测的精度。目前，研究已证明原始光谱数据的一阶、二阶微分能很好地监测农作物病虫害的危害程度。

3)光谱特征指数法

根据植被的反射光谱特征，通常是用植被红光、近红外波段的反射率和其他光谱特征指数法因子及其组合所获得的植被指数来提取植被信息。植被指数是对地表植被状况简单、有效和经验的度量。农作物受病虫害危害后，其生物物理和生物化学方面往往会发生很大变化，必然导致生物量变化，从而反映在植被指数的变化上。许多研究已经表明利用NDVI 植被指数等光谱特征指数的变化来监测病虫害是可行的。除了常规的 NDVI、RVI 等植被指数之外，根据高光谱遥感窄波段数据建立的光谱指数在病虫害遥感监测中具有更理想的效果。

4）遥感影像分析方法

Gram-Schmidt 变换、主成分变换、缨帽变换、变化矢量分析、光谱混合分解等图像处理方法是在病虫害遥感监测中用到的遥感图像处理方法。虽然这些方法应用于病虫害监测仍然存在较多困难，但是可以从大尺度上分析作物病虫害发生发展状况，若是能够与地面非成像光谱数据处理方法相结合，将大大提高监测的实效性和普适性。

6. 蝗灾遥感监测

蝗灾遥感监测是农业病虫害监测的重要内容。蝗灾是危害农业生产和人民生活的重大自然灾害之一，除了南极洲之外，各大洲均有蝗灾发生，尤其以非洲和亚洲一些国家发生得最频繁，危害也最严重。我国史书上曾把蝗灾、水灾和旱灾并称为三大自然灾害。现代遥感技术的快速发展为蝗灾监测提供了新的手段。国外从 20 世纪 70 年代就开始探索利用卫星遥感数据监测蝗灾，并得到快速的发展（张凝等，2021）。

蝗虫个体小，不能从遥感图像上直接予以识别，但蝗虫的生长发育与生境密不可分。因此，可根据蝗虫的不同生长发育阶段以及与生境之间的相互关系，通过遥感技术监测蝗虫所依赖的生境，对蝗虫发生、发展及危害过程进行监测和预测，确定蝗灾范围、蝗灾程度、灭蝗的最佳时段等。植物是蝗虫食物的直接来源，植被的类型、组成和生长状况直接影响到蝗虫的发生与分布。此外，土壤、气象气候条件也是影响蝗虫分布、消长与活动的重要因素。利用遥感数据提取地表植被覆盖度、土壤水分等参数，结合气象观测数据可以对蝗虫生境进行有效研究，为准确预报和防治蝗灾提供重要的参考资料。此外，根据遥感提取的植被信息（如 NDVI、生物量）还能够对蝗灾造成的危害进行评估，确定蝗灾的程度和范围，并绘出蝗灾分布图，直观地对其灾害的轻重程度和分布状况作出估计，进而计算出灾害的经济损失价值。

如对全世界的蝗虫主要源地，利用陆地卫星监测蝗虫生长状况，利用航空雷达追踪飞蝗路径，利用气象卫星确定风向界面，加以围堵歼灭。综合应用遥感技术防治病虫害，对我国西部经济开发、东部湿地保护，都是大有作为的应用新领域。追踪害虫群集密集、飞行状况、生活习性及迁移等，通过分析处理，制作出农作物病虫害发生图、分布图及可能蔓延区图，为防虫治害提供及时、准确、直观的决策依据。

2020 年大面积沙漠蝗灾爆发，引起了世界的广泛关注，给非洲和亚洲人民的粮食安全和生计造成了严重破坏。遥感技术可以对蝗灾提供间接反馈，有助于快速、实时地监测蝗灾的发生发展，对保障国家和地区粮食安全与稳定具有重要意义。通过利用 HMM 从遥感数据中提取的时间序列动态变化特征来预测农田蝗灾的严重程度，同时，通过比较覆盖子区域的两个时相的高光谱图像提取蝗灾前后的作物光谱信息，使用变化检测方法评估农田的损害，并利用地面真值数据评估，证明了基于 HMM 的方法使用遥感时间序列数据预测蝗灾并评估其危害的有效性，农田变化检测的结果表明，蝗虫的危害可以利用高光谱图像进行定量评估（图 13-12）。

基于高光谱影像的子研究区域变化检测揭示了蝗灾对农作物的定量影响，农田面积大幅减少。遥感时序数据为大规模蝗灾监测和预报提供了可靠、丰富的信息。研究利用高光

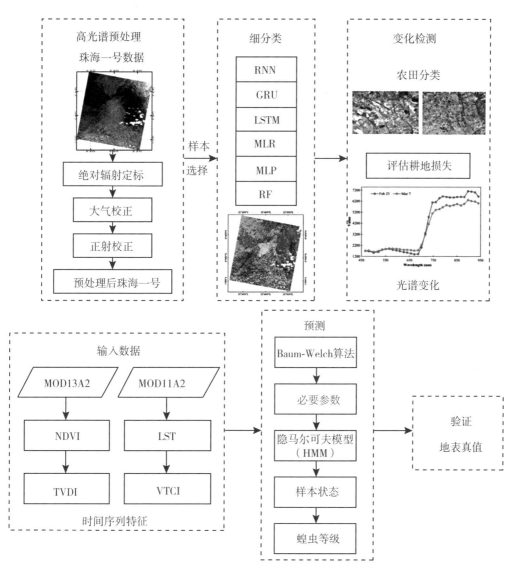

图 13-12 预测和评估研究区蝗虫严重程度流程图

谱影像提供丰富的地物光谱信息，对农田进行细粒度的变化检测，提高了蝗虫评估的准确性(图 13-13)。

13.7.4 农业生态与环境监测

1. 农田地表参数遥感反演

农田地表参数遥感反演主要包括地表反照率、地表温度及蒸散量等的反演。

地表反照率(Albedo)是地表辐射场中的一个重要参数，是影响地表能量收支平衡的决

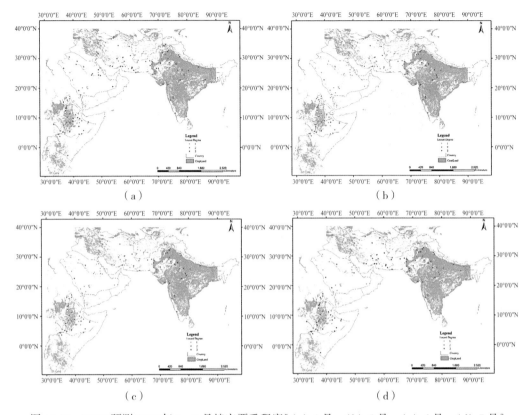

图 13-13　HMM 预测 2020 年 4—7 月蝗灾严重程度 [（a）4 月、（b）5 月、（c）6 月、（d）7 月]

定性因素，也是影响大气运动的最重要的因素之一。它是一个广泛应用于地表能量平衡、中长期天气预测和全球变化研究的重要参数。反照率是对某表面总的反射辐射通量与入射辐射通量之比，一般应用中是指一个宽带，如太阳光谱段（0.3～4.0μm）对多波段遥感的某个谱段而言，称为光谱反照率（Spectral Albedo），这都是指向整个半球的反射。某波段向一定方向的反射，则称为反射率（Reflectance）。地表反照率的影响因子众多，且错综复杂。遥感方法是获取大区域乃至全球地表反射率唯一可行的方法。地表反照率遥感反演过程通常包括遥感图像的大气校正，由校正后的地表反射率反演窄波段反照率和由窄波段反照率求解宽波段反照率等几个步骤。

农田地表温度是农作物生长发育过程中的一个重要参数，是农业旱灾监测模型和农作物估产模型的关键因子。在地表温度反演算法中，分裂窗算法因其原理清晰、计算简单得到广泛的应用。其基本原理是利用大气窗口内，相邻通道对大气不同的吸收作用，通过两个或两个以上相邻通道获取的星上亮温的线性组合或二次多项式组合反演地表温度。

对参考作物蒸散量（ET_0）的深入研究有助于规划区域农业生产和安排种植制度，科学评价农业水分资源，合理制定农田灌溉方案，防灾减灾，提高生产力，对区域社会经济科学发展有着重要意义。传统的蒸散量数据多是基于站点获取的气象数据计算获得，无法满足区域尺度的要求，而遥感技术为区域尺度蒸散量的估算提供了一个新的途径。目前较为成熟且应用广泛的遥感蒸散量反演模型包括：简化经验模型、SEBAL 模型、S-SEBI 模型、SEBS 模型等。其中，SEBAL 模型因为物理概念清晰、需要较少的地面参数、不需要准确的大气校正等优点而被广泛应用于蒸散量研究。

2. 农业面源污染遥感监测

农业面源污染是指在农业生产活动中，氮、磷等物质以有机或者无机物质的形式，通过地表径流和地下渗漏形成的水环境污染，主要包括农药化肥污染、农膜污染、养殖业污染、固体废弃物污染等。遥感在农业面源污染监测中的应用主要体现在利用遥感对农业面源污染进行调查，对农田水体污染和农田土壤污染进行监测。农业面源污染是导致水体污染的主要原因之一，是导致地表水水质恶化的重要原因。利用遥感对水环境进行监测和评价主要是根据水体及其污染物的光谱特性不同，遥感对农田的地表光谱进行观测，能够了解农田土壤污染的来源、性状和程度。

例如，各种化学品、农药和化肥被广泛使用，以重金属为代表的污染物进入农田生态系统，使耕地质量持续下降。在进行农田重金属预测和风险评价的研究中，传统的方法有光学检测、电化学检测和生物学检测等方法，这些都属于异位监测，要求野外样本采集和实验室化学分析相结合，虽在小尺度测量中具有精确度高的优势，但不适用于大尺度农田重金属监测。高光谱遥感基于地物高光谱和高空成像技术，具有波段多、连续及分辨率高等特点，可以记录地物多个窄波段反射率，进行更详细的土壤重金属分布制图。目前农田重金属的遥感监测方法有两种：一是通过农田土壤光谱信息监测土壤重金属的含量；二是通过植被的光谱数据反演土壤重金属的特征。因土壤中重金属含量较低，直接研究重金属的特征光谱很难，而土壤中有机质、黏土矿物和铁锰氧化物等主要组分可以对不同类型重金属进行吸附，进而影响这些重金属的特征光谱。目前，重金属反演研究主要是通过吸附物与重金属之间的相关性，结合重金属吸附物的光谱特征，间接反演土壤重金属的含量。

13.7.5 精准农业

精准农业（Precision Agriculture，PA）也叫作精细农业、精确农业或数字农业，它是指综合应用 3S 技术（遥感技术 RS、地理信息系统 GIS、全球定位系统 GPS）、计算机辅助决策技术、农业工程技术等现代高新科技，以获得农田"高产、高效、高质、高级和低害"的现代化农业生产管理模式和技术体系。精准农业技术是按照田间每一操作单元的环境条件和作物产量的时空差异性，在合适的地点，合适的时间，施用适量的水、肥、药、种子等，从而精准地进行施肥、播种、灌溉、杀虫、除草、收获等工作，以期达到较小的投入来获取较高的收益，并给环境带来的污染降低到最低程度的农业耕作技术。

在基于遥感的精准农业中，利用高分辨率遥感图像，获取小区域长势与背景的差异，从而提供精准农业实施定位处方农作所需的信息。精准农业遥感信息模型，如热扩散系数遥感信息模型、土壤含水量遥感信息模型、作物旱灾估算遥感信息模型、土壤侵蚀量遥感信息模型、土地生产潜力遥感信息模型等，在小麦及水稻估产、农田病虫害监测、作物种类识别、田间墒情诊断、田间小气候测定、大面积作物种植结构规划、作物产量预测及国家农业区划等众多领域广泛应用。在精准农业中遥感技术主要有以下作用（张伟，2021）。

1. 对农田现状进行精准制图

精准制图主要包括农田基础设施以及地块分布制图两个方面,从而为后续作业提供基础服务。其中,农业基础设施主要针对农田道路、水利设施等,使用遥感技术可以在较大范围内实现农业基础设施的快速调查与精准制图;地块分布制图则可以将农田内部不同类型的信息都集中在一起,然后再合并在图中,可以更好地提升农田种植的效率。常用的遥感影像耕地地块与基础设施信息提取主要有以下 3 种方法:人机交互模式下的人工解译提取技术,基于像元尺度的影像自动分类技术及自动识别跟踪方法。基于高分辨率遥感影像的耕地地块边界和空间信息提取,时效性强、精度高,符合我国农村高度分散条件下的精准农业的实施。

另外,精准农业的变量管理技术需要将农田分割为相对均一的管理单元来实现精耕细作。目前农田管理分区经常采用地面传感器和遥感采集信息相结合的方法来表征农田中产量肥力因子和限制因子的差异性,然后采用各种聚类方法进行分区研究。

2. 农田精准化施肥

农田变量施肥即根据土壤养分含量和作物养分胁迫的空间分布来精准地调整肥料的投入量,以获取最大的经济效益和环境效益。实现这一目标就需要土壤和作物养分两方面的信息,通过近地和卫星遥感技术对作物生化参数(氮、磷、钾)和长势进行监测可以提供作物养分和生长状况信息,同时在地理信息系统、专家系统和决策支持系统的支持下,生成作物不同生育阶段生长状况"诊断图"(Diagnosismaps),为指导合理精准施肥提供可靠依据。

作物氮素营养和生长动态的监测与诊断是作物栽培调控和生产管理的核心内容,是农业技术指导部门和生产者制定管理决策的主要依据,为精准农业的现代化管理提供必需的基础信息。在卫星遥感应用方面,主要利用高光谱数据或高空间分辨率遥感的植被指数,通过植被指数的变化对作物中的氮素含量以及生长过程进行监测,根据相关数据进行相应的分析与决策,可以精确分析出农作物肥料的含量,在此基础上进行施肥,有利于作物生长。

3. 农田精准化灌溉

精准灌溉指在 3S 技术及其相关技术或自动检测控制技术条件下的精准灌溉工程技术(如喷灌、微灌和渗灌等),根据不同作物的不同生长发育期间的土壤墒情和作物需水量,实施的实时精量灌溉。

明确农田小尺度的土壤含水量分布状况是实现精准灌溉的前提。目前,基于中低分辨率的光学遥感和被动微波遥感的土壤含水量监测方法只适用于全球或区域大尺度,并不适用于农田或田块小尺度下的土壤水分监测。然而随着高空间分辨率卫星数据的不断发展,使得田块小尺度下的农田蒸散量估算和土壤含水量监测成为可能,并指导精准灌溉实践。

农作物的种类不同,含水量也不同,要想农作物吸取适量水分,就要分析土壤含水量、农田蒸发量,从而进行精确灌溉。随着新兴的根区局部灌溉技术的发展,根据根区

（0～50cm）土壤墒情状况定时、定量实施灌溉成为当前节水灌溉的新思路，因而充分了解田间土壤在垂直方向上尤其是根层方向上的含水率分布状况，是实现精准灌溉的关键。目前，利用遥感数据反演土壤含水率存在深度较浅的问题，0～20cm 的土壤含水率与遥感资料相关性较好，反演精度较高；而 30cm 土层深度往下，遥感反演土壤水分精度越来越差，因而利用表层土壤水分反演深层土壤水分具有重要的使用价值。

13.8 农业遥感解译方法展望

13.8.1 新一代农业无人机技术应用

无人机作为一种由动力驱动、机上无人驾驶、可重复使用的新型遥感平台，具有优于其他遥感平台的灵活性、实时性、移动性等特点。特别是随着可见-近红外航空成像光谱仪、航空 CCD 数码相机的小型化，使得随时获取厘米级空间分辨率的可见-近红外图像成为可能，所以无人机遥感系统目前在环保、农业、救灾等应用领域得到了迅速的拓展（Gao et al.，2020）。

农业卫星遥感技术受到天气、轨道周期、空间分辨率等的影响，对田间尺度的农情监测还存在很多不足，往往很难及时提供高质量的遥感数据，无人机遥感可以与大面积卫星遥感相互配合，形成多尺度的农情信息监测网。无人机遥感可以发挥在农田精细尺度和动态连续监测的优势，应用于农田地块边界和面积调查、农作物种类识别和统计、农作物长势分析、农作物养分和土壤水分监测等，特别在农业灾后快速评估方面，无人机遥感技术将发挥独特的作用。

13.8.2 农业地面传感网与遥感技术相结合

目前，基于有线和无线传感器的各类地基观测技术和组网建设逐步发展和完善，为卫星遥感的地表参量反演、模型同化和耦合、精度验证等工作提供了重要的真实性信息。在农业领域，基于现代物联网技术的农业地面传感网在智能温室与大田精准作业管理方面得到快速应用。特别是各类自动采集作物叶面到冠层、土壤表层到剖面理化的信息，以及农田气温、湿度、光照等环境信息的传感器不断出现，加上无线传输网和智能控制系统，使得农田信息地面采集的便捷性、精确性、时效性得到显著的提高。显然，各类地面传感网与农业遥感相结合可以提高农业遥感的监测精度，加强农业信息的实时服务能力。但是由于卫星、航空、地面等传感器系统在观测模式、成像机理、应用目的和处理方式等方面存在很大的不同，加上水、土、气、生等农业资源要素的时空异质性，因此目前实现农业地面传感网与遥感技术的充分融合或进行协同观测还存在很多困难。

13.8.2 农业专业模型与遥感技术的耦合

遥感技术优势在于多尺度、多角度、多波段、多时相地提供大范围的对地观测数据，能够及时获取地表特征信息，如植被指数、亮度指数和地表辐射温度等，并通过定量反演，进一步获取地表特征参数，如地表反射率、叶面积指数、叶绿素含量、土壤水分含量等。但是农业遥感，特别是农作物遥感监测，作物高度、叶面积、生物量等关键属性在生长发育期是连续变化的动态过程，单靠遥感数据很难保证观测的连续性。因此，大量的研究是将各种农业专业模型如作物生长模型、地表能量平衡模型等与遥感数据进行耦合或同化，来弥补遥感观测时间分辨率的缺陷。

◎ **思考题**

1. 当前遥感解译应用于农业的哪些方面？请作简略描述。
2. 植被的典型光谱反射曲线有什么显著特点？
3. 举例说明一种作物长势评估的植被指数方法。
4. 农业遥感解译中关于农业灾害监测有哪些方面？请作简略描述。
5. 结合本章的内容方法，思考还有哪些方法能用于作物分布提取？

◎ **本章参考文献**

[1]白淑英，徐永明. 农业遥感[M]. 北京：科学出版社，2013.

[2]胡莹瑾，崔海明. 基于 RS 和 GIS 的农作物估产方法研究进展[J]. 国土资源遥感，2014，26(4)：1-7.

[3]蒋玲梅，崔慧珍，王功雪，等. 积雪、土壤冻融与土壤水分遥感监测研究进展[J]. 遥感技术与应用，2020，35(6)：1237-1262.

[4]宋勇，陈兵，王琼，等. 无人机遥感监测作物病虫害研究进展[J]. 棉花学报，2021，33(3)：291-306.

[5]张凝，杨贵军，赵春江，等. 作物病虫害高光谱遥感进展与展望[J]. 遥感学报，25(1)：20.

[6]张伟. 遥感技术在农业信息化中的应用探析[J]. 南方农业，2021，15(2)：223-224.

[7]Gao D，Sun Q，Hu B，et al. A Framework for agricultural pest and disease monitoring based on internet-of-things and unmanned aerial vehicles[J]. Sensors，2020，20(5)：1487.

[8]Liu L W，Ma X M，Wang Y M，et al. Using artificial intelligence algorithms to predict rice (*Oryza sativa* L.) growth rate for precision agriculture[J]. Computers and Electronics in Agriculture，2021，187：106286.

[9]Xavier T，Souto R N V，Statella T，et al. Identification of ramularia leaf blight cotton disease infection levels by multispectral，multiscale UAV imagery[J]. Drones，2019，3(2)：33.

第 14 章　森林遥感图像解译

随着遥感技术的发展，现阶段森林遥感技术在生产上的应用开始由以航空影像和地面调查为主的工作模式向以空-天-地多平台、多源遥感影像相结合的工作模式发展。森林遥感从定性走向定量，从静态估测到动态估算。森林遥感已涉及森林生产各个环节，利用航空摄影相片观测和认识森林环境，了解森林工作中实际情况，从而采取有针对性的措施，解决了许多原来人力不能解决的问题。森林资源信息是森林工作决策的基础数据，需要通过森林资源调查获得。而现代森林资源调查只有应用遥感手段，才能迅速获得准确、可靠的森林资源数据。

森林在各种陆地生态系统中碳吸收潜力最大，时间最长，可通过生物质和土壤的固碳作用减少大气 CO_2 浓度的增加。植被卫星遥感在土地覆盖分类、植被结构(叶面积指数，聚集度指数，树高，生物量)、生化参数(叶绿素含量，叶氮含量)和功能(叶绿素荧光，最大羧化率，光能利用率)等参数有重要进展，为陆地生态系统碳循环研究提供了关键的数据。森林遥感图像解译能够进行树种区分、林分尺度的分布信息提取，满足准确估算和预测森林碳汇的需求。

森林在遥感图像上有哪些特征？如何开展针对森林的遥感图像解译？如何判断森林是否健康？如何判断森林出现了病虫害或生物量减少？本章将围绕这些问题进行介绍。

14.1　森林特征遥感解译需求

森林，包括乔木林、竹林和国家特别规定灌木林地，按用途可以分为防护林、特种用途林、用材林、经济林和能源林(原薪炭林)。森林是以木本植物为主体的生物群落，是集中的乔木与其他植物、动物、微生物和土壤之间相互依存、相互制约，并与环境相互影响，从而形成的一个生态系统的总体。森林具有丰富的物种，复杂的结构，多种多样的功能，被誉为"地球之肺"。研究报告称卫星数据显示地球植被叶面积正在扩大，其中新增植被叶面积中有 42% 是森林，32% 是农业用地(Chen et al.，2019)。

森林是地球上最大的陆地生态系统，是全球生物圈中重要的一环。它是地球上的基因库、碳储库、蓄水库和能源库，对维系整个地球的生态平衡起着至关重要的作用，是人类赖以生存和发展的资源和环境。森林遥感的特点是由森林和遥感本身的特点所决定的，森林遥感技术主要应用于资源清查与监测、病虫害监测、生物量评估、火灾监测预报等方面。

(1)森林资源的辽阔性，决定了森林资源调查工作的艰巨性和复杂性。抽样技术的建立和进步，要求森林遥感具有不同高度的遥感平台，以获取多层次遥感资料，配合多阶抽样技术，提高资源调查的速度和精度。

（2）森林资源的再生性和周期性，决定了遥感技术必须连续地提供森林资源信息，包括年内的季相变化——多时相遥感，和一定年间的资源变化——动态遥感。通过对覆盖同一区域的两期或多期遥感影像进行分析，运用一定算法或人工解译可以获取森林资源信息和变化信息，确定森林和非森林之间、森林内部之间的变化类型，测算森林变化区域、范围、面积等变化程度，实现森林资源的定性监测。

（3）森林资源包括森林用地面积、森林蓄积量及其动态变化，这些状况都需要定量数据并具有一定的精度。所以森林遥感强调定量分析，以适应森林资源调查和管理。

（4）森林环境取决于地理环境，反过来又作用于周围的地理环境。这就要求森林遥感具有各种类型的传感器，接受和记录各种属性的地物，为合理规划、发展森林生产提供科学依据。

掌握资源的动态变化、及时作出决策，对森林资源的开发、利用和保护来说尤为重要。采用国内外低、中、高分辨率卫星影像实现森林类型、森林定量信息、病虫害及火灾损失等方面的全局监测，同时可采用航空和无人机航拍影像补充关键区域，进行重点监测（李增元等，2018）。

森林资源监测主要流程：遥感影像处理、本底数据库建立、变化信息提取、变化结果分析与展示、数据库更新，具体流程如图 14-1 所示。

（1）对遥感影像进行辐射校正、影像匹配、归一化、几何校正以及数据融合等处理。

（2）采用合适的模型方法对变化区域进行识别，然后提取变化的几何、纹理等信息，进行分类及综合处理。

（3）对结果进行精度验证，分析其变化性质，并对变化产生的影响进行分析和评估。

根据解译目的、遥感数据质量、影像处理等，选择适合的变化信息解译提取的方法。变化解译提取方法包括：图像直接比较法、变化矢量分析法、分类后比较法以及混合法。

（1）图像直接比较分析法通常是先检测同一地区不同时相的影像特征，然后通过数学变换方式生成相关特征差异影像，再对差异影像进行阈值化处理，从而确定变化区域。根据数学变换方式的不同，这类方法包含很多子方法，主要可以从像素级、特征级以及可视化 3 个方面展开。总体来说，直接比较分析法通过变换能深入体现遥感影像某一特征值的变化，有效识别变化区域的信息特征；但是变化阈值往往难以确定，需要专家经验以及不断测试。

（2）分类后比较法则是通过前后时期的遥感影像进行分类，获取影像像素或者像斑的类别，再通过比较不同时期影像上对应部分的类别判定是否发生变化。分类过程中常用的算法包括最大似然法、支持向量机、神经网络法、面向对象的分类方法、模糊分类等，其关键在于如何获取准确的影像分类结果。

（3）基于单个像元波谱值变化的遥感变化解译提取方法和基于影像分类的遥感变化解译提取方法（基于像元的分类法和面向对象的分类法）。

森林资源多处于山区、荒漠区、农牧业交错区，空间分布错综复杂，引起变化的原因既有自然因素，也有人为因素。在变化监测中，遥感数据固有不确定性以及林地变化时空复杂性，会引起两期或多期遥感数据中变化的不确定性。

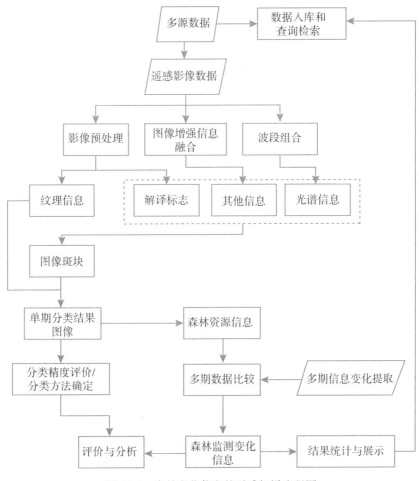

图 14-1　森林变化信息的遥感解译流程图

14.2　森林参数遥感解译

随着航天技术的不断发展，卫星遥感技术因其低成本和易获得等特点受到越来越多的科研工作者的青睐。目前，大多数森林参数的获取工作是在多物种森林内的单木尺度上进行的，因此需要更高的空间分辨率、光谱分辨率和时间分辨率的遥感数据进行多尺度的森林参数获取。

14.2.1　基于高分辨率遥感图像的森林覆盖度解译

由于高空间分辨率数据具有丰富的空间信息，地物几何结构和纹理信息更加明显，更便于认知地物目标的属性特征、监测地表覆盖变化等。森林覆盖度是指森林(包括叶、茎和树枝)在整个统计区域中的垂直投影面积占比，是气候、天气和二氧化碳、能量交换等

273

建模时必不可少的重要地表参数。

森林覆盖度变化既包含森林与其他地物类型间的转化，又包括不同森林种类间的转化。这些变化监测方法可以归纳为两大类型：一类是通过对不同时间的遥感数据进行分类后，比较不同时间各森林类型的分布变化来监测森林覆盖的变化(图 14-2)；另一类是通过计算能反映森林植被变化的相关指数后进行判别。

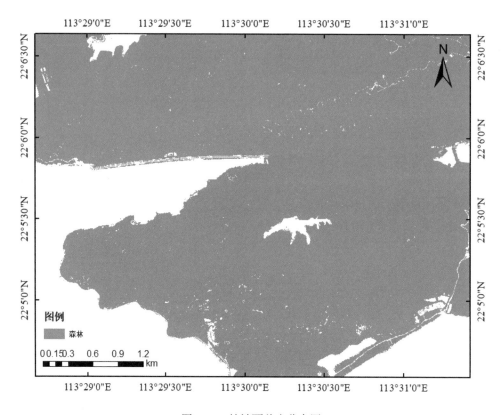

图 14-2　植被覆盖度分布图

14.2.2　基于 LiDAR 点云数据的树高参数解译

树高是评价森林立地质量和林木生长状况、划分林层的重要依据，是反映林分结构特征的重要因子之一，是森林资源调查的一项重要指标。

单木树高的测量方法主要分为传统地面测量和遥感估测两种方法。传统地面测量方法是森林调查工作中最为常用的方法，主要包括目测法或借助经纬仪、全站仪等工具对活立木单木进行树高测定。利用无人机搭载的 LiDAR 传感器通常经过影像后处理所得的点云数据为基础数据源，分别利用不同方法构建研究区林分的冠层高度模型，进而估测树高(图 14-3)。

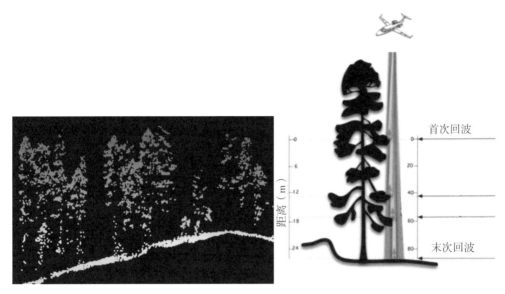

图 14-3　利用 LiDAR 测量树高

14.2.3　基于多光谱遥感图像的森林空间分布解译

　　森林资源是一个全球性的资源，无论是哪个国家，森林资源的利用都是与国家、民生是息息相关的，是国家实行可持续发展的重要组成部分。森林资源的清查工作包含一类清查和二类清查。采用 MODIS、TM、CBERS、SPOT-5、QuickBird 等多源遥感数据，结合社会经济调查方法，实施多期连续动态监测，掌握森林植被分布状况。目前高分影像和遥感技术已成为森林资源调查与监测的重要技术手段，多光谱遥感数据能够通过光谱特征对森林开展有效的监测，图 14-4 为森林在多光谱影像上的标准真彩色显示结果。

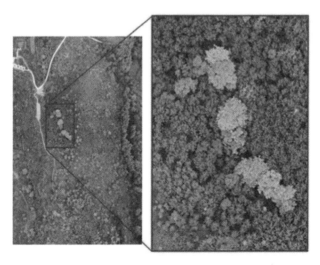

图 14-4　基于多光谱的植被分布提取

14.2.4　基于高光谱遥感图像的森林树种解译

森林作为地球上可再生自然资源及陆地生态系统的主体，它为人类的生存和发展提供了丰富的物质资源，在维持生态过程和生态平衡中发挥着重要的作用。正确地识别森林树种是利用和保护森林资源的基础和依据。

由于多光谱遥感光谱分辨率的局限性，对于光谱曲线相近的树种很难进行识别，只能将其划分为植被、非植被，或者简单地将森林区分为针叶、阔叶两大类，难以满足实际生产需求。

这由两个因素决定：一是由于缺少高光谱分辨率和大量的光谱波段，因为不同的树种经常有极为相似的光谱特性(通常称为"异物同谱"现象)，它们细微的光谱差异用宽波段遥感数据是无法探测的；二是由于光学遥感所依赖的光照条件无常，可能引起相同的树种具有显著不同的光谱特性(即"同物异谱"现象)。高光谱遥感突破了光谱分辨率这一瓶颈因子，在光谱空间上大大抑制了其他干扰因素的影响，能够准确地探测到具有细微光谱差异的各种地物类型，极大地提高了森林树种的识别精度，为获得更准确的森林树种分布提供了最强有力的工具。

高光谱遥感最大的优势在于利用有限细分的光谱波段，可以再现地物的光谱曲线，这样利用整个光谱曲线进行森林树种匹配识别。光谱匹配模型通过对地物光谱与参考光谱的匹配或地物光谱与数据库的比较，求算它们之间的相似性或差异性，突出特征谱段，有效地提取光谱维信息，以便对地物特性进行详细分析，从而提高识别精度。

高光谱遥感的识别作为高光谱遥感森林树种识别的关键环节而备受关注。由于高光谱数据同时具有波段多、数据量大、图谱合一等特点，因此需要发展更有效的识别算法才能使其发挥更大的作用。经过 20 多年的积累，在传统识别分类算法的基础上已经形成了一系列面向高光谱图像特点的识别算法，初步可归纳为 3 个方面，即基于光谱特征、基于光谱匹配和基于统计分析方法。在具体的地面高光谱数据采集过程中，可通过使用地物光谱仪 ASD FieldSpec 3\4 采集典型植被的冠层或叶片特征光谱曲线，如图 14-5 所示。

高光谱遥感最大的特点是成像技术与光谱探测技术结合，在对目标的空间特征成像的同时，对每个空间像元经过色散形成几十个乃至几百个窄波段以进行连续的光谱覆盖。影像中图像信息可以反映地物的大小、形状、缺陷等外部特征，而光谱信息能充分反映地物内部的物理结构和化学成分(图 14-5)。这些特点使得高光谱遥感技术在提高树种识别精度方面具有独特的优势。

14.2.5　基于多时相遥感图像的森林物候特征解译

随着气候、水文、土壤变化，植被在一年内各个生长阶段发生规律性更替的现象，称之为植被物候。植被物候作为自然环境变化的指标，忠实记录周围环境变化的信息，能够提供气候、地形、土壤等因子影响的所有信息。

植被在生长发育的不同阶段，从内部成分、结构到外部形态特征均会发生一系列周期性的变化，这种植物的物候变化特征，一方面使植物光谱特性出现更多的变化而混淆类型，同时，也为植物识别提供更多的机会和视角。植被在不同的波段，具有不同的吸收和反射光谱特征，如图 14-6 所示。

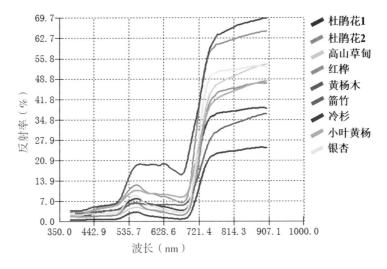

图 14-5　不同树种的高光谱光谱曲线

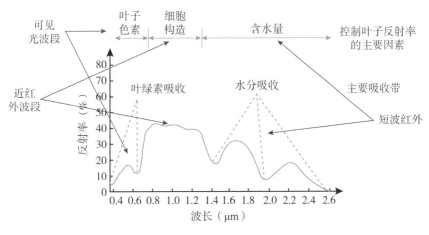

图 14-6　植被光谱反射特征图

利用遥感多时相图像数据，可以对植被的物候特征及其生长过程进行解译和分析，根据作物的生长规律，选择恰当时期的影像进行分析，图 14-7 展示了一年中植被物候的变化。

在植物绿度变化中，由于各种植物自身结构及对气候响应的方式不同，使其萌芽期长短、生长速率、生长幅度有所变化，相应植物绿度也产生差异。成熟期植物的 NDVI 差异要大于萌芽期，而在生长期的变化更加显著(图 14-8)。

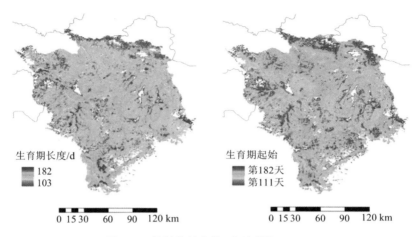

图 14-7　植被物候变化(李丹利等，2019)

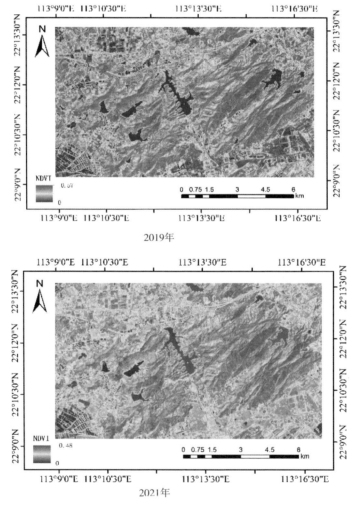

图 14-8　不同时期植被 NDVI 变化分布图

14.3 森林生物量遥感解译

遥感技术由于其宏观动态实时多源的特点，已在森林地上生物量（Zhang et al.，2015）以及其他植被参数（Latifi et al.，2010）的估测研究中蓬勃开展。随着多尺度、多传感器类型、多/高光谱等遥感技术的发展，为地上生物量监测提供了强有力的工具。从遥感技术的应用和发展来看，地上生物量监测也是遥感应用最为广泛的领域之一，为确定一些植被与生物物理、生态学参量之间的关联性提供了一种便捷方法。

1. 传统测量方法

传统的测量方法是采用地面监测的技术。破坏性采样是获取生物量样地数据最直接和最精确的方法（如图14-9所示，显示了破坏性采样的形式），该方法得到的生物量值通常连同其他实测参数，如植被的湿重、干重、树木的胸径、树高和/或木材密度等实测参数（Chave et al.，2014）。该方法对植被造成了毁坏，并且消耗大量的时间和人力成本，因此仅适用于小面积研究区的样本数据收集。但地面监测技术目前仍是非常重要的，因为其结果可以提供详细情况。许多生态结构与功能的变化只能通过在野外进行监测。地面监测能验证并提高遥感数据的精确性并有助于对数据的解释（Fassnacht et al.，2014）。尽管遥感技术能够提供有关土地覆盖和利用情况变化及一些地表特征（如温度、化学组成）等综合性信息，但这些信息需要更细致的地面监测来补充。

图 14-9　野外采样

2. 地面手持设备

高光谱遥感数据具有多、高、大等特点，即波段多（几十个到几百个）、光谱分辨率高(纳米数量级)、数据量大(每次处理数据一般都在千兆以上)。因此如何快速、准确地从这些数据中提取植被的生物化学和物理信息,识别不同的植被,揭示目标的本质,则需要依据实际应用的具体要求选择最佳波段进行处理和解译。另外,高光谱的出现,使植物化学成分的遥感估测成为可能,建立各种从高光谱遥感数据中提取各种生物物理参数(例如,LAI、生物量、植被种类等参数)分析技术(Ke et al.,2016),在植被生态系统研究中是十分重要的内容。在实际的野外光谱数据采集工作中,我们探讨了光谱数据采集的技术方法选择,以 ASD FieldSpec FR 全波段野外光谱仪所测数据为例进行分析。

3. 航空航天遥感技术

利用卫星收集环境的电磁波信息对远离的环境目标进行监测识别环境质量状况的技术,它是一种先进的环境信息获取技术,在获取大面积同步和动态环境信息方面"快"而"全",监测天气、农作物生长状况、森林病虫害、空气和地表水的污染情况等已经普及。卫星监测最大的优点是覆盖面宽,可以获得人工难以到达的高山、丛林资料。

由于目前资料来源增加,费用相对降低。这种监测对地面的细微变化难以捕捉,因此地面监测、空中监测和卫星监测相互配合才能获得完整的资料,如图 14-10 所示。

图 14-10　航天遥感和无人机遥感采集植被参数

植物叶面在可见光的红光波段有很强的吸收特性,在近红外波段有很强的反射特性,这是植被遥感监测的物理基础,蓝光、红光和近红外通道的组合可大大消除大气中气溶胶对植被指数的干扰,通过不同波段测值的不同组合可得到各类植被指数。地面植物具有明显的光谱反射特征,不同于土壤、水体和其他的典型地物,植被对电磁波的响应是由其化学特征和形态学特征决定的,这种特征与植被的发育、健康状况以及生长条件密切相关。在可见光波段与近红外波段之间,即大约 0.76μm 附近,反射率急剧上升,形成"红边"现象，这是植物曲线的最为明显的特征，是研究的重点光谱区域。许多种类的植物在可见光波段差异小，但近红外波段的反射率差异明显。

植被指数是对地表植被活动简单、有效和经验的度量，它可以有效地反映植被健康与覆盖信息，已作为一种有效的遥感数据处理手段，被广泛应用于土地覆盖变化检测、植被类型识别和生物量估测等方面。反演模型通常包括多元逐步线性回归(SLR)、K 最近邻(KNN)、支持向量机(SVM)、BP 神经网络(BPNN)、随机森林(RF)以及深度学习(DL)等，其中深度学习模型选用的是栈式稀疏自编码网络模型(SSAE)。随机森林算法(RF)是一种机器学习算法，其实质是对决策树算法的一种改进，在以决策树构建 Bagging 集成的基础上，在训练过程中加入随机属性选择。采用随机森林算法构建模型，利用植被指数进行模型的训练学习。

交叉验证是一种可以用来估计机器学习算法性能的方法，其方差小于单个训练测试集分割的方差。利用决定系数(R^2)、均方根误差(RMSE)两个指标进行反演模型的精度评价。生物量反演基本流程如图 14-11 所示。

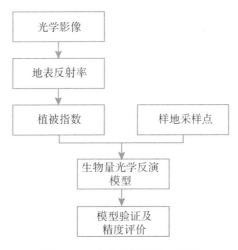

图 14-11　生物量反演基本流程

以随机森林模型为例，作为新型分类和预测算法，随机森林模型采用自助法重采样技术，从容量为 N 的训练集中有放回地随机抽取样本，产生新的训练样本集，独立进行 K 次抽样，产生互相独立的自助样本集 K 个，从而产生的 K 个分类树构成随机森林。该方法实质是一种改进的决策树算法。

给定一个影像，如图 14-12 所示，具体实现流程如图 14-11 所示，通过 RF 反演模型得到结果，其中 R^2 为 0.705，RMSE 为 27.46Mg·ha^{-1}，生物量分布专题图如图 14-13 所示。

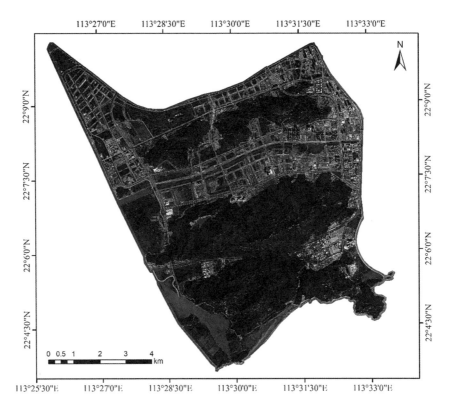

图 14-12　珠海横琴多光谱影像示例

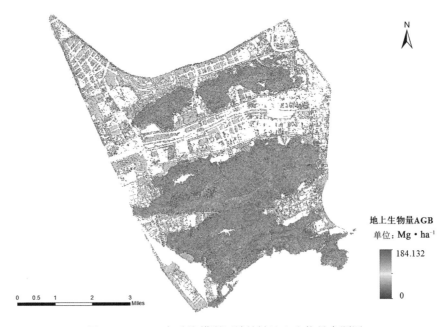

图 14-13　2018 年珠海横琴区域植被地上生物量专题图

14.4 森林火灾损失遥感解译

早在 20 世纪 50 年代，森林行业就利用航空遥感开展了森林火灾监测。80 年代初，美国的 Landsat TM、NOAA 气象卫星等卫星数据逐步被我国专家学者应用于森林火灾监测方法研究中，并在 1987 年大兴安岭特大森林火灾（"八七"特大森林火灾）监测中发挥了重要作用。

森林火灾是生态系统中影响土地覆盖变化的重要干扰因素。现在人们普遍认识到全球森林受到火灾的影响较大。在气候变化条件下，火灾是生态系统中一个重要的干扰因素，会引起土地覆盖的改变和变化。森林火灾会增加大气中的二氧化碳含量，导致温室效应和气候变化，图 14-14 展示了火灾前后空气的变化情况。

在整个光合作用过程中，森林在吸收二氧化碳（CO_2）方面也发挥着重要作用。这个阶段产生有机物质；储存在树木不同部位的碳基成分，称为地上生物量。因此，对生物量和碳储量的评价研究非常重要。

图 14-14　森林火灾发生前后天气对比

生物质燃烧是指由自然原因（例如雷击引起的森林火灾）或人为火灾（例如由于森林砍伐导致的雨林燃烧）对植被的燃烧。众所周知，火灾会通过直接燃烧和树木死亡来减少森林生物量，生物质燃烧增加了大气中的温室气体量。

泰国森林火灾每年发生在 12 月至 5 月的旱季，2—3 月为火灾高发期。清迈每年都发生森林火灾，3 月最高。本例应用地理信息学和遥感技术分析清迈土井茵他侬国家公园森林火灾破坏区的生物量损失。由于 Sentinel-2 卫星图像数据具有中高等空间分辨率和 5 天的重访周期，因此使用 Sentinel-2 卫星数据来分析和监测森林烧毁面积。从泰国森林火灾报告中可以发现，泰国每年都会因森林火灾而出现问题，其影响是毁灭性的，特别是在泰国北部。近几十年来，森林大火发生的频率趋于增加，在旱季大部分火灾发生是从 1 月至 5 月开始，在 3 月达到高峰。根据 2016—2019 年泰国森林火灾发生的统计数据（表 14-1），该结果显示超过 $11538.4272km^2$ 的受灾燃烧面积。森林火灾对森林的养分循环、生物多样性结构和生境结构有重大影响。然而，如果它无法控制地发生，可能会对环境造成严重的破坏。

表 14-1   **2017—2019 年保护区森林火灾发生情况统计(DNP,2019)(km²)**

区域	2017 年		2018 年		2019 年	
	火点数量	破坏面积	火点数量	破坏面积	火点数量	破坏面积
Chiang Mai	1408	22055.2	1223	15055.1	2536	36744.9
Mae Hong Son	298	3703.0	367	3730.1	500	7711.8
Lampang	374	5686.0	232	4303.0	361	6585.0
Lamphun	278	6398.0	243	5995.0	368	13070.0
Chiang Rai	86	831.8	43	281.6	347	7775.9
Phayao	59	802.0	30	250.0	203	3241.0
Phrae	78	726.0	54	525.0	135	2449.0
Nan	127	2240.3	69	1133.7	230	3877.0
Uttaradit	46	485.0	39	403.0	57	607.3
总计	2754	42927	2300	31677	4737	82062

遥感方法用于评估森林火灾损害区域在全球范围内广泛应用,例如使用 Active 火灾和热点传感器,如甚高分辨率辐射计(AVHRR)和中分辨率成像光谱仪(MODIS)(FIRMS,2019)。目前,世界上许多地区都使用高分辨率卫星图像来监测火灾。通过对泰国以往森林火灾破坏区域的研究,我们发现 Landsat 卫星图像是检测森林火灾烧毁面积、土地利用变化和环境影响估算的主要数据。目前,欧洲航天局(ESA)发射了 Sentinel-2 卫星(Malenovský,2012),其多光谱仪器(MSI)传感器在红边波段记录信息,具有检测叶绿素含量的能力。Sentinel-2 和 Landsat 卫星都是免费的,可以在网站上下载数据。然而,Landsat 8 卫星数据的空间分辨率和 16 天的时间分辨率均低于 Sentinel-2 卫星。因此,为了更快地评估受火灾影响的区域,更准确、可靠地监测植被损失,研究利用 Sentinel-2 卫星影像,结合资源管理火灾信息系统(Fire Information for Resource Management System,FIRMS)、网站上的主动火灾热点和相关政府部门的参考信息。

一般来说,泰国的烧伤严重程度制图是由基于 Landsat 卫星图像创建的归一化烧伤比(NBR),将近红外和短波红外波长应用于归一化烧伤比(NBR)计算(Key,Benson,2006)。这个公式最适合于检测烧伤严重程度。此外,2014 年一个新的索引为陆地卫星开发燃烧程度,也被称为相对燃烧率(RBR),在美国西部和测试后强烈建议将其作为一个强有力的替代检测燃烧和分类烧伤严重程度的指数。2018 年,我们开发了新的 Sentinel-2 燃烧面积指数(BAIS2),利用空间分辨率为 20m 的卫星图像检测燃烧面积(Filipponi,2018),用于火灾后制图。利用 Sentinel-2 卫星图像提取焦化面积,并与 dNBR、RBR 和 BAIS2 指数进行比较。

在烧伤区,短波红外波段代表高反射率,近红外波段代表低反射率。在健康植被中,近红外波段代表高反射率,短波红外波段代表低反射率;未燃烧区域的值通常接近于零。

归一化烧伤比(NBR)是针对烧伤面积生成的一个指数,它形成了类似于 NDVI 指数的方程。这个方程用短波红外波段代替了 NDVI 中的红波段(Escuin et al., 2008)。利用差分归一化烧伤比(Difference Normalized Burn Ratio, dNBR)分析火灾前和火灾后 NBR 的差异,并分析近期烧伤区域,并将其与裸地和其他非植被区区分开来。但在火灾前植被覆盖度较低的地区,dNBR 能够检测出,而 NBR 在火灾前和火灾后的变化中表现出的差异较小,烧伤严重程度变化更适合应用于这些情况。因此,研究将采用相对燃烧率(RBR)。

　　Sentinel-2 卫星影像的燃烧面积指数 BAIS2 和 dBAIS2,由 Filipponi(2018)开发,用于燃烧面积分析。该公式是 Sentinel-2 卫星图像最新开发的,用于评估火灾发生前和发生后 20m 空间分辨率的燃烧面积,绘制地图,并于 2017 年在意大利的许多地区进行测试。结果表明,该方法具有良好的燃烧面积检测性能。BAIS2 索引如表 14-2 和图 14-15 所示。

表 14-2   光 谱 指 数

光谱指数	基于 S2 波段的计算公式
归一化烧伤比 Normalized Burn Ratio(NBR)	$\dfrac{B8-B12}{B8+B12}$
差分归一化烧伤比 Difference Normalized Burn Ratio(dNBR)	Prefire NBR-PostfireNBR
相对燃烧率 Relativized Burn Ratio(RBR)	$\dfrac{PrefireNBR-PostfireNBR}{PrefireNBR+1.001}$
哨兵二号燃烧面积指数 Burned area index for Sentinel-2(BAIS2)	$1-\sqrt{\dfrac{B6\times B7\times B8A}{B4}}\times\left(\dfrac{B12-B8A}{\sqrt{B12+B8A}}+1\right)$
归一化差分水体指数 Normalized Difference Water Index(NDWI)	$\dfrac{B3-B8}{B3+B8}$
归一化差分植被指数 Normalized Difference vegetation Index(NDVI)	$\dfrac{B8-B4}{B8+B4}$
红边归一化差分植被指数 Red-edge2 Normalized Difference vegetation Index(RENDVI)	$\dfrac{B8-B6}{B8+B6}$
红边植被指数 Red-edge2 Ratio Vegetation Index(RERVI)	$\dfrac{B8}{B6}$
绿度归一化差分植被指数 Green Normalized Difference Vegetation Index(GNDVI)	$\dfrac{B8-B3}{B8+B3}$

　　RBR 值为-2.05~0.99。低值是健康植被区,高值是烧毁区。在 MODIS 和 VIIRS 中发现了活跃的火热运动,如图 14-16 所示的燃烧区域中分别有 29 个和 184 个。

　　燃烧面积约为 48.91km², 如表 14-3 所示。2019 年生成的 BAIS2 地图如图 14-17 所示。MODIS 和 VIIRS 的活跃火灾热点分别有 22 个点和 135 个点。

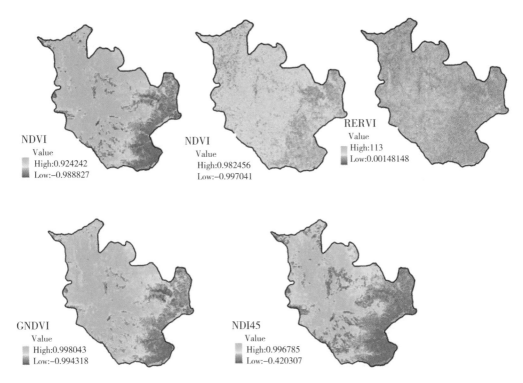

图 14-15　使用 Sentinel-2 光学卫星图像的植被指数（VI）

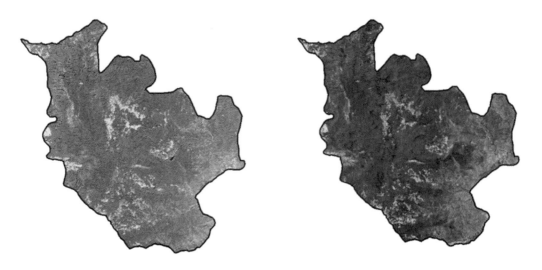

图 14-16　2018 年 12 月 26 日的火灾前事件和 2019 年 3 月 31 日的火灾后的图像

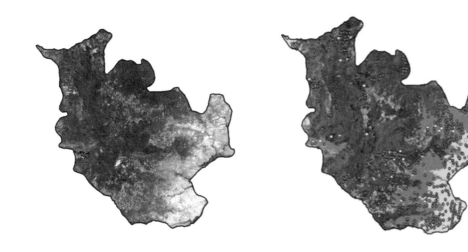

图 14-17 火迹点分布

表 14-3   燃烧区域和未燃烧区域的分类(BAIS2)

类别	面积(km^2)
未燃烧区域	417. 54
燃烧区域	48. 91
总计	466. 45

结果表明，在研究中，RBR 是评估烧伤面积的最佳性能。RBR 指数结果与参考数据总体呈现出相似的趋势，准确度高于 BAIS 和 dNBR 指数。同样，BAIS2 指数的性能也相当不错，是新开发的 Sentinel-2 卫星影像指数。此外，BAIS2 指数能够通过使用火灾后的唯一图像来分析预计将被烧毁的区域。然而，方程比上面提到的指数更复杂。dNBR 指数显示的结果与参考数据完全不同。差异可能来自非常重要的火灾事件前后卫星图像的时间。此外，结合火灾信息资源管理系统(FIRMS)进行的活动火灾热点分析，对燃烧区域图的分类结果进行了分析。分析结果表明，燃烧区域的热点数量会高于未燃烧区域。

因此，Sentinel-2 卫星图像可用于评估燃烧区域或被火灾损坏的区域。由于 Sentinel-2 卫星图像具有高空间分辨率(10m，20m) 和短时间分辨率，这些卫星图像还可以比 Landsat 卫星图像更快地监测火灾。这项研究表明，在遥感中应用新技术和方法可以提高信息分析的准确性。

机器学习模型中的随机森林(RF) 和支持向量机(SVM) 用于通过更复杂的算法提高卫

星图像分析的准确性。本节采用 RBR 指数的烧毁面积来评估地上生物量的损失，结果发现大部分烧毁区域上为落叶林。植被指数(VIs)结合森林库存参数用于估计森林火灾破坏区域的地上生物量损失，并使用机器学习方法(RF、SVM)比较生物量模型的准确性(图 14-18、图 14-19)。

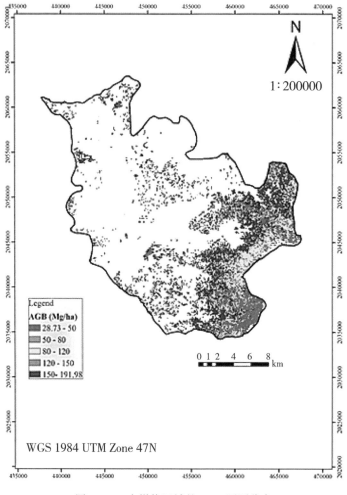

图 14-18　在燃烧区域的 AGB 预测分布

　　我们考虑了 47 个样地和 5 个植被指数来计算地上生物量的损失。6 折交叉验证用于评估模型有效性。这些分析的结果表明，RF 模型是预测和观察到的 AGB(Ws+Wl+Wb)、AGB(WL)和最高决定系数的最低均方根误差，RF 模型是用于估计该研究区域中 AGB 的最准确模型。这些结果表明，Sentinel-2 卫星图像数据是火灾事件后监测器的宝贵信息来源，也适用于评估植被、森林、农业等领域的变化，监测结果可用作规划以防止森林被破坏，以及可持续森林管理的指南。

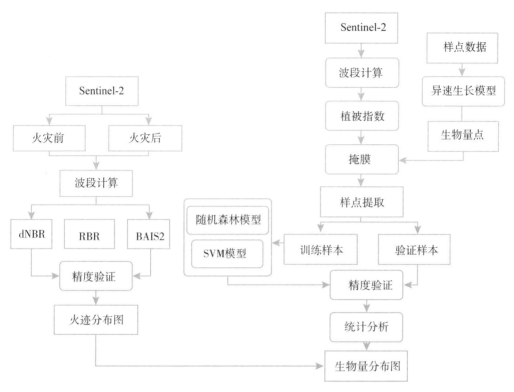

图 14-19　研究方法流程图

◎ 思考题

1. 作为对地观测系统，在森林遥感监测过程中遥感与常规手段相比有什么特点？
2. 森林地物的特征识别有哪些？并简要说明。
3. 如何运用形状特征、纹理特征和地物空间位置来提高植被的提取精度？
4. 结合本章的内容方法，思考还有哪些方法能用于地上生物量反演？

◎ 本章参考文献

[1] Chave J, Réjou-Méchain M, Búrquez A, et al. Improved allometric models to estimate the aboveground biomass of tropical trees [J]. Global Change Biology, 2014, 20（10）: 3177-3190.

[2] Chen C, Park T, Wang X, et al. China and India lead in greening of the world through land-use management[J]. Nature Sustainability, 2019, 2(2): 122-129.

[3] Derwin J M, Thomas V A, Wynne R H, et al. Estimating tree canopy cover using harmonic regression coefficients derived from multitemporal Landsat data[J]. International Journal of Applied Earth Observation and Geoinformation, 2020, 86: 101985.

[4] DNP. The statistics of forest fire occurrences in Thailand from 1998-2019[EB/OL]. [2019].

http：//www. dnp. go. th/ForestFire/web/frame/statistic_all. html.

［5］Escuin S，Navarro R，Fernández P. Fire severity assessment by using NBR（Normalized Burn Ratio）and NDVI（Normalized Difference Vegetation Index）derived from LANDSAT TM/ETM images［J］. International Journal of Remote Sensing，2008，29（4）：1053-1073.

［6］Fassnacht F E，Hartig F，Latifi H，et al. Importance of sample size，data type and prediction method for remote sensing-based estimations of aboveground forest biomass［J］. Remote Sensing of Environment，2014，154：102-114.

［7］FIRMS. Active fire data［EB/OL］. ［2019］. https：//firms. modaps. eosdis. nasa. gov/active _fire/#firms-shapefile.

［8］Filipponi F. BAIS2：Burned Area Index for Sentinel-2［C］//2nd International Electronic Conference，2018.

［9］Ke L I U，Zhou Q，Wu W，et al. Estimating the crop leaf area index using hyperspectral remote sensing［J］. Journal of Integrative Agriculture，2016，15（2）：475-491.

［10］Latifi H，Nothdurft A，Koch B. Non-parametric prediction and mapping of standing timber volume and biomass in a temperate forest：application of multiple optical/LiDAR-derived predictors［J］. Forestry，2010，83（4）：395-407.

［11］Malenovský Z，Rott H，Cihlar J，et al. Sentinels for science：Potential of Sentinel-1，-2，and -3 missions for scientific observations of ocean，cryosphere，and land. Remote Sensing of Environment，2012，120：91-101.

［12］Qin Y，Xiao X，Wigneron J P，et al. Carbon loss from forest degradation exceeds that from deforestation in the Brazilian Amazon［J］. Nature Climate Change，2021，11（5）：442-448.

［13］Suresh Babu. Roy A，Aggarwal R. Mapping of forest fire burned severity using the sentinel datasets［C］//ISPRS International Archives of the Photogrammetry，Remote Sensing and Spatial Information Sciences，XLII-5，469-474.

［14］Zhang L J，Shao Z F，Diao C Y. Synergistic retrieval model of forest biomass using theintegration of optical and microwave remote sensing［J］. Journal of Applied Remote Sensing，2015，9（1）：096069.

［15］李丹利，李龙国，贺宇欣，等. 基于遥感数据的若尔盖地区 2001—2015 年植被生育期特征及其对气候变化的响应分析［J］. 工程科学与技术，2019，51（1）：165-172.

［16］李增元，陈尔学. 中国森林遥感发展历程［J］. 遥感学报，2021，25（1）：292-301.

［17］李增元，覃先林，高志海，等. 高分遥感森林应用研究［J］. 卫星应用，2018（11）：61-65.

第15章 草原遥感图像解译

草地资源是全球陆地绿色植物资源中面积最大的一类再生性自然资源，总面积达 $6.717\times10^9\text{hm}^2$，占世界陆地总面积的 52.17%（于海达等，2012）。我国是世界上第二大草地资源国，天然草地面积达 $4\times10^8\text{hm}^2$，约占国土总面积的 41%，是农田面积的 4 倍，其中牧区草原 $3\times10^8\text{hm}^2$，南、北方草山草坡 $0.8\times10^8\text{hm}^2$，滩涂草地约 $0.13\times10^8\text{hm}^2$，零星草地约 $0.07\times10^8\text{hm}^2$。大面积的天然草原主要分布在东北、内蒙古、新疆、青海、西藏、甘肃、宁夏、四川等省（自治区）。

草地资源是陆地生态系统的重要组成部分，还是发展畜牧业的物质基础，在生态环境中起着举足轻重的作用。草地的生态意义在于它特殊的生物地球化学作用，在草原的黑钙土、栗钙土腐殖质层与冻原泥炭层中储藏了巨量碳素，使草地、森林和海洋并称为地球的三大碳库，在碳循环中起着重要作用；它还有助于调节气候、净化空气、防风固沙、保持土壤水分和肥力，减少水土流失，促进生态平衡（Li et al.，2019）。因此，草地在全球变化中占有重要地位。

草原在遥感图像上有哪些特征？如何开展针对草原的遥感图像解译？如何判断草原是否健康？本章将围绕这些问题进行介绍。

15.1 草原遥感图像解译需求

草原是地球的"皮肤"，是重要的生态屏障，占据着关键性的自然生态位，影响动植物资源的丰富度以及生态平衡。承担着防风固沙、保持水土、调节气候、维护生物多样性等重要生态功能。在生态、经济、社会体现着重要的价值，是不可代替的战略资源。

典型草原受自然与人为因素的影响，草原植被空间分布不均匀性、复杂程度及变异性十分明显（Wang et al.，2017）。草原植被空间异质性与草原土壤状况有密切关系，典型草原土壤结构主要由栗钙土层组成，约占 63%，栗钙土层厚度仅 100~400mm，下伏疏松风沙层（张超等，2021）。现在，我国可利用天然草原都存在不同程度的退化（图 15-1），其中天然草原退化面积约占 90%；有 $2.6\times10^8\text{hm}^2$ 土地面积出现荒漠化，其中近 80% 发生在草原牧区，退化表现最为突出的草地的面积超过 $1\times10^8\text{hm}^2$，占草原面积的 70.7%，使草原成为荒漠化的主体和沙尘暴主要发源地之一（Lyu et al.，2020）。

根据国家制定的天然草原退化标准《天然草地退化、沙化、盐渍化的分级指标》（GB 19377—2003），确定草原退化样方等级简化标准如表 15-1 所示。

图 15-1　土壤风蚀实拍图

表 15-1　　　　　　　　　　　　　　　　**草原退化分级标准**

退化等级	植物种类组成	地上生物量与盖度	地被物与地表状况	土壤状况	可恢复程度
Ⅰ 轻度退化	原生群落组成无重要变化,优势种个体数量减少,适口性好物种减少或消失	下降 20%~35%	地被物明显减少	无明显变化,硬度稍有增加	围封后自然恢复较快
Ⅱ 中度退化	建群种与优势种发生明显更替,但仍保留大部分原生物种	下降 35%~60%	地被物消失	土壤硬度增大 1 倍,地表有侵蚀痕迹。低湿地段,土壤含盐量增加	围封后可自然恢复
Ⅲ 重度退化	原生种类大半消失,种类组成单纯化。低矮、耐践踏的杂草占优势	下降 60%~85%	地表裸露	硬度,增加 2 倍上下,有机质明显降低,表土粗粒增加或明显盐碱化,出现碱斑	自然恢复困难,需加改良措施

　　在实际遥感监测过程中,并不是所有能表现草原退化环境存在的指征都可以被利用,往往是需要根据具体的情况制定特征解译指征。研究组于 2006—2008 年在研究区进行四次土壤厚度测试试验过程中,根据 CBERS02/02B 遥感卫星的过境(研究区)时间,通过记录本、数码相机等工具记录不同草原退化样方的地形、色调、形状、边缘特征及地物特征等,并对可以获取的原始 CBERS 影像数据进行预处理与几何校正,标注内蒙古自治区西乌旗生态办监测的草原退化样方的位置,建立实地拍摄草原退化样方区域与同一区域的 CBERS 遥感数据对应关系,如表 15-2 所示。

表 15-2   研究区域草原退化等级与遥感图像对比

试验序号	植被盖度(%)	草原等级	拍摄照片	卫片位置
1	48 以上	无明显退化		
2	36~38	轻度退化		
3	12~36	中度退化		
4	0~12	重度退化		

草原退化遥感监测过程中，最主要的问题是使各草原退化程度的遥感特征标志具有代表性和可操作性。所谓特征指标，就是一个与草原退化过程的环境条件紧密联系的现象或统计量，它们的出现指示着环境条件的存在，是一些诊断性要素。

草原区域环境质量持续恶化，不仅制约着草原畜牧业的发展，而且直接威胁到国家生态安全(乌尼图，2021)。草原保护与建设亟待加强，需要采取有效措施遏制草原退化趋势，促进草原可持续利用，实现草原生态良性循环，保证经济社会和生态环境的协调发展(图 15-2)。

草原植被监测分为地面监测和遥感监测两种方法。

(1)地面监测主要通过对草原植被的高度、盖度、产量及牧草发育期的测定来确定草原植被长势。地面监测草原植被长势费时、费力，因此当前较少利用地面法监测植被长势。

(2)遥感监测由于省时、省力且可以大面积、多时间段地进行监测，已成为目前草原植被长势监测的主要方法。

草原植被长势遥感监测利用了地面遥感信息与草原植被状况密切相关的特点，对不同时期的遥感信息进行处理，从而间接反映出草原植被的生长状况、分布状况。

图 15-2　乌拉盖沙化草地生态治理

15.2　草原遥感图像解译流程

草原遥感图像的判读原理与其他再生资源一样，是利用其光谱特征、生态环境及季相规律等在遥感影像上的反映，通过地学、气候、植被、社会经济等各种因素的综合分析，来分辨判断遥感图像的地物光谱特征。包括地面测定的主样地、辅样地及观测样地在内的野外调查数据是遥感判读的主要依据，专家经验及历史资料是重要的参考信息，地面信息与遥感影像特征之间建立的有效判读标志是草原遥感调查编制各类型草原专业图的关键环节。

在遥感影像上，不同的地物有不同的特征，这些影像特征是判读识别各种地物的依据，这些都成为判读或解译标志。解译标志包括直接解译标志和间接解译标志，直接判读标志包括形状、大小、颜色和色调、阴影、位置、结构（图案）、纹理、分辨率、立体外貌；间接判读标志包括水系、地貌、土质、植被、气候、人文活动（宝力杰，2021）。草原遥感解译标志如表 15-3 所示。

表 15-3　　　　　　　　　　　　　　　草原遥感解译标志

草原类别	解译标志
草甸草原	平坦开阔，形状不规则，无明显图案，红色或黑红色，色调均匀
典型草原	平坦开阔，形状不规则，无明显图案，蓝绿色或灰蓝色，色调均匀
荒漠草原	平坦开阔，形状不规则，无明显图案，浅蓝或灰色，色调均匀
草原化荒漠类	浅灰或灰色或黄灰色
低地草甸	红色，有灰白斑块状，沿湖呈环状，有时呈不规则条带状、片状

草地类型是在一定时空范围内，反映草地发生和演替规律，具有一定自然特征和经济特征的草地单元(Zhou et al.，2015)。草地类型的形成受草地植被环境条件和人类活动的综合影响。因世界各地自然条件、生产力水平和科学技术条件的差异，各国学者提出了各自草地类型划分的方法和系统，大致可分为植物群落学分类法，土地-植物学分类法；植物地形学分类法；气候-植物学分类法；农业经营分类法；植被-生境分类法；气候-土地-植物综合顺序分类法。

中国草地类型的划分多采用以下三种分类法。

1. 植物群落学分类法及划分的草地类型

此分类法是按照草地植物群落特征划分草地类型。在吴征镒主编的《中国植被》(1980)中，将中国主要草地植被划分为草原(包括草甸草原、典型草原、荒漠草原、高寒草原)，稀树草原，草甸(包括典型草甸、高寒草甸、沼泽化草甸、盐生草甸)，草本沼泽，灌草丛(包括温性灌草丛、暖性灌草丛)，荒漠(包括灌木荒漠、半灌木、小半灌木荒漠、垫状小半灌木荒漠)等植被型。

2. 气候-土地-植被综合顺序分类法及划分的草地类型

这是由甘肃农业大学任继周等提出的划分方法。以量化的气候指标——热量级和湿润度为依据，将具有同一地带性农业生物气候特征的草地划分为类，类是基本分类单位。若干类依据湿润度归并为类组；类以下，以土壤、地形特征划分亚类；亚类以下，以植被特征划分为型，同一型表示其植被具有一致的饲用价值及经营管理措施。此分类法将我国草地划分为37个类，归并为10个类组。

3. 植被-生境学分类法及划分的草地类型

此分类法由以北京农业大学贾慎修等的依据草地植被特征和生境因素(气候、地形、土壤等)相结合作为草地类型划分的标准为基础演变而来，几经实践、修改和补充被确定为《中国草地类型的划分标准和中国草地类型分类系统》(1988)，用于全国草地资源调查内业总结中。该法分类、组、型3级单位。根据这一标准，我国草地划分为18类；第二级是组，是草地经营的基本单位；第三级是型，是分类的基本单位。

草原遥感图像解译流程如图15-3所示。

(1)遥感影像的预处理。以草原地表物分类为目的，对图像进行预处理操作，主要包括影像的条带处理、亮线处理、降噪处理、图像滤波及图像增强等。

(2)遥感影像的最佳波段选取。在选取研究区域后按照影像地表物分为草地、林地、耕地、水体、居民用地，充分考虑影像的亮度值及颜色组合，通过计算波段标准差，波段间的相关系数，选取标准差与相关系数相结合的OIF最优波段组合方法，将影像7、4、3波段进行RGB假彩色组合。

(3)遥感影像的分类处理。通过对比不同的分类方法对草原进行分类处理，包括非监督分类中的ISODATA分类方法、K-Means分类方法，以及监督分类中的最小距离分类方法和最大似然分类方法(包宝小等，2015)；对分类结果进行分类后处理，包括主要/次要

295

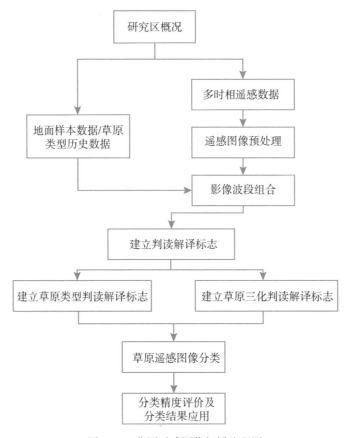

图 15-3　草原遥感图像解译流程图

分析、聚类类别、类别合并、设置类别颜色等。

(4)分类精度评价及分类结果应用。使用混淆矩阵评价方法对分类结果进行精度评价，并根据分类结果对土地利用情况进行分析。

15.3　草原遥感解译方法

在图 15-3 所示的草原遥感解译流程中，选择遥感解译方法非常重要，目前常用的遥感解译方法有监督分类、非监督分类和深度学习方法等。

1. 监督分类

监督分类，又称训练分类法，用被确认类别的样本像元去识别其他未知类别像元的过程。它就是在分类之前通过目视判读和野外调查，对遥感图像上某些样区中影像地物的类别属性有了先验知识，对每一种类别选取一定数量的训练样本，由计算机计算每种训练样区的统计或其他信息，同时用这些种子类别对判决函数进行训练，使其符合对各种子类别分类的要求，而后用训练好的判决函数去对其他待分数据进行分类。对每个像元和训练样本作比较，按不同的规则将其划分到和其最相似的样本类，以此完成对整个图像的分类。

遥感影像的监督分类一般包括以下 6 个步骤，如图 15-4 所示。

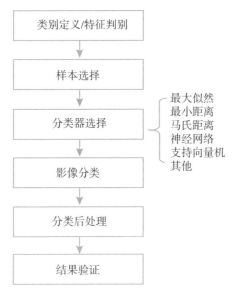

图 15-4　监督分类实现步骤

目前监督分类主要分为以下三类：基于传统统计分析学的，包括平行六面体、最小距离、马氏距离、最大似然；基于神经网络的；基于模式识别的，包括支持向量机、模糊分类等，针对高光谱影像则有波谱角（SAM）、光谱信息散度、二进制编码。SVM 分类结果如图15-5所示。

2. 非监督分类

非监督分类在分类与非分类过程的常规步骤，首先是识别输入波段，就是选择可分离性质最大的波段。非分类过程首先是创建聚类，从统计学观点来看，聚类是从数据中自然产生的分组。在非分类过程中，类的评估并编辑类或聚类，我们可以使用树状图或编辑特征工具来实现。最后是执行分类，使用最大似然法分类或类别概率工具，类别概率工具并非根据输出栅格的最高概率将像元分配到某个类别，而是以每个输入类或聚类一个波段的方式输出概率图层。最大似然法分类结果如图 15-6 所示。

3. 深度学习

一些研究表明，深度学习的隐藏层输出值自动地由低层次到高层次学习到不同的特征，而每层的卷积核则会被训练成如何提取这些特征的算子。采用深度结构的神经网络模型为当前使用的深度学习。深度学习网络既可以是线性的，也可以加入非线性的层或参数

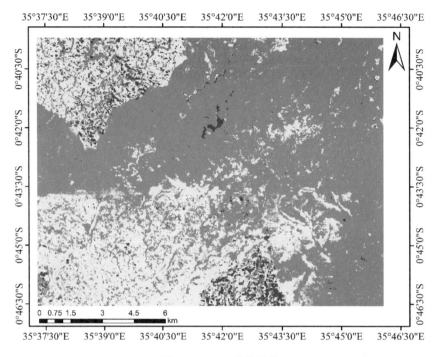

图 15-5　SVM 分类结果

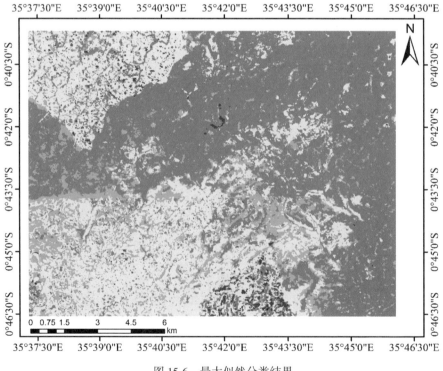

图 15-6　最大似然分类结果

非线性的，分类结果如图 15-7 所示。

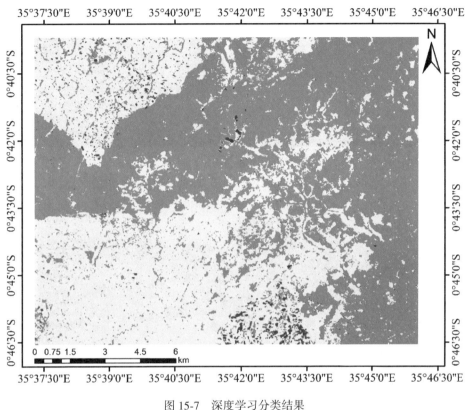

图 15-7　深度学习分类结果

15.4　草原遥感解译实践

世界草原主要分布在欧亚大陆，我国草原位于欧亚大陆的东翼，草原分为典型草原、草甸草原、荒漠草原、寒生草原、盐湿草原。在我国保存最完整的典型草原分布在锡林郭勒盟乌珠穆沁草原。

乌珠穆沁典型草原（图 15-8）位于内蒙古高原东部，大兴安岭西北麓，面积约 $7.2 \times 10^4 \mathrm{km}^2$。近年来由于气象因子变幅大以及过度放牧等原因，草场呈退化趋势，牧草平均高度已由 20 世纪 70 年代的 0.7m 下降到现在的 0.25m，盖度为 20%~45%，一部分草原近 5 年内栗钙土层厚度已被风蚀掉 40~60mm 之多，不少地区呈现明显沙化现象（图 15-9）。

内蒙古典型草原地处广袤坦荡的蒙古高原，冬春气候受蒙古高气压气团控制，大量土壤被风吹蚀，由于草原植被盖度下降，植物根系固沙能力减少，地面凋落层变薄，甚至出现裸地。受自然因素与过度放牧等超阈干扰，乌珠穆沁典型草原的原生结构与生态过程都在发生改变，土壤硬度增加，表土粗粒化，有机质降低，盐碱化或沙化加重，部分地区草原生态系统彻底解体，成为裸地。

图 15-8　乌珠穆沁典型草原

图 15-9　草原退化过程示意图

以乌珠穆沁典型草原 400km² 、不同地形地貌的草原为实验区，在 3S 集成技术平台上对多源、多时相遥感图像，基于多种遥感图像动态转移数据矩阵变换的解析方法，定量显示土壤植被的时空格局，建立典型草原土壤植被空间格局大尺度、快速、动态的监控系统。表达典型草原景观异质性，探索植被与土壤的时空变异，为草原保护与合理利用提供基础数据和预警机制。

15.4.1　典型草原土壤与植被空间格局监测系统

设立典型草原遥感影像判读样本库，完善典型草原遥感解析处理规范与标准，建立典型草原植被与土壤空间格局大尺度、快速、动态的监测系统和预警机制，在 3S 集成技术平台上直观、形象地表达典型草原栗钙土层与植被的分布状态及空间变异，绘制典型草原不同植物种群及其生态状况的专题图，绘制风蚀斑块与草地之间演变的动态分类专题图，为典型草原生态保护提供监控工具，为典型草原合理利用与国家沙源治理工程提供基础数据(图15-10)。

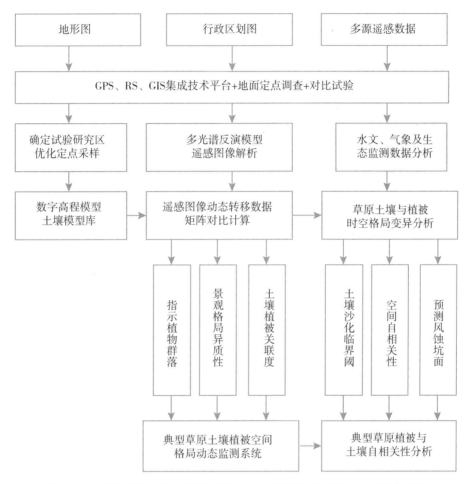

图15-10 典型草原土壤与植被空间格局动态监测及自相关性分析技术路线

15.4.2 典型草原土壤与植被自相关性及土壤沙化临界阈研究

通过多变量空间自相关性研究与土壤沙化临界阈实验，定量表达植被与土壤的内在联系及其相互作用，确定土壤沙化临界阈值及植被退化梯度，揭示典型草原土壤沙化的临界阈现象(图15-11)，度量评价典型草原退化区域的发生及发展过程，根据区域化变量理论预测风蚀坑面可能发生及其扩展的范围，提供草原土地利用及植被退化动态图，寻找典型草原抵抗风蚀能力较弱的区域，将这些区域作为重点保护区域。为草原自然恢复与科学管理提供科学依据，为实施国家沙源治理工程提供技术支持。

针对典型草原土壤沙化现象日趋严重的现象，需要定量分析典型草原土壤风蚀的环境效应，探讨土壤—植被之间的内在联系和相互作用，对典型草原植被状况与土壤特性的关

图 15-11　选点测量栗钙土层厚度

系进行地学与生态学评价。根据区域化变量理论确定典型草原风蚀退化进程的阶段性表征,从而对典型草原风蚀进程进行综合诊断与安全决策分析(图 15-12)。

　　结合遥感数据判读解译不同植被区域的变化,进行土壤植被多变量自相关性研究与土壤沙化的临界阈实验,搞清楚草原土壤环境与植被状况的相关关系,计算自相关系数,进行自相关显著性检验,定量描述典型草原退化过程及其对邻域的影响程度,评价典型草原退化区域的发生及发展过程。

　　利用高密度布点取得的大量实验数据(图 15-13),分析研究土壤沙化的临界阈现象,检测土壤中沙化的比例,分析土壤沙化的渐进程度,确定典型草原土壤沙化的临界阈值以及植被退化的梯度,作趋势面分析(图 15-14)。

15.5　草原遥感解译的应用

　　典型草原的土壤结构主要由栗钙土层组成,约占 63%,而栗钙土层厚度仅 100~400mm,栗钙土层下伏疏松风沙层,植被一旦破坏,沙蚀面扩大,就会迅速沙化,生态几乎无法恢复(图 15-15)。风沙层裸露地表的比例增加,为风力侵蚀创造了条件,而风蚀又加剧了草地荒漠化进程,形成恶性循环,继而发展为流动沙地(臧琛,2016)。

　　根据地形、地貌特征,选择具有波状高平原、坡地和低山丘陵地形地貌的 3 个实验样地(图 15-16),通过 GPS 定位,对其每个样方进行连续三年测量。选取植被的盖度、植物平均高度、栗钙土层厚度、植物生物量、土壤含水量作为影响草原空间格局演变的主要因子。利用单因子方差分析(ANOVA)对三类不同地貌的所有演变因子进行显著性检验。

　　通过 Tukey IISD 和 LSD 方法对三种地形地貌的草原进行多重比较:

　　(1)选取植被盖度、植物平均高度、植物生物量为植被变化的驱动因子;

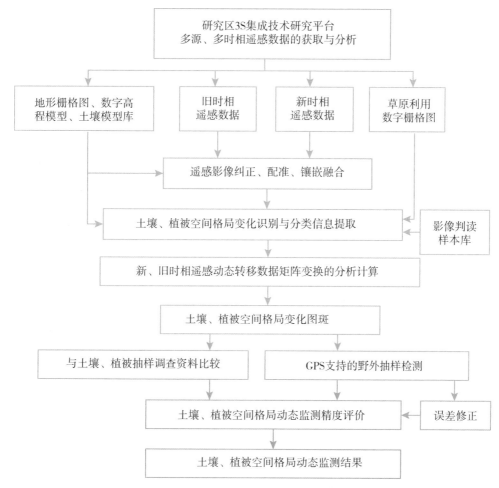

图 15-12 典型草原土壤植被空间格局动态监测系统技术路线图

(2)选取栗钙土层厚度、土壤含水量为土壤变化的驱动因子，利用 Pearson（皮尔逊）算法针对不同的地貌进行相关分析；

(3)确定植被盖度与土壤的相互关联程度，然后以植被盖度为目标函数进行回归分析，确定最优模型。

应用遥感对草原进行大尺度研究，能比较方便地计算出植被的盖度，所以进行植被的盖度与典型草原演变其他因子的回归分析就显得尤为重要。选取波状高平原、坡地、低山丘陵三类不同地貌的样地，获取 2011—2013 年所有数据，以植被盖度为目标函数，在 SPSS 软件中利用逐步进入法对其进行线性回归分析。

于 2011—2013 年对研究区所有样地的所有因子进行三次测试试验，根据 Landsat 遥感卫星的过境（研究区）时间，通过数码相机、记录本等工具记录不同草原退化样方的地形、色调、形状、边缘特征及地物特征等，建立 Landsat 遥感数据与实地拍摄草原退化样方区域与植被盖度的对应关系。利用克里金插值法对 2011—2013 年获得的植被盖度所有数据

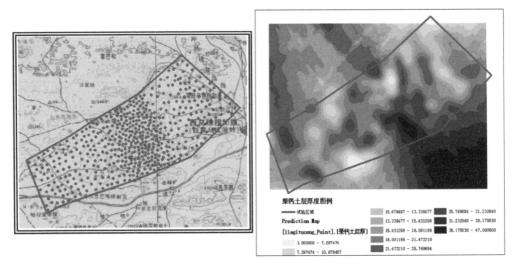

图 15-13　研究区采样分布图

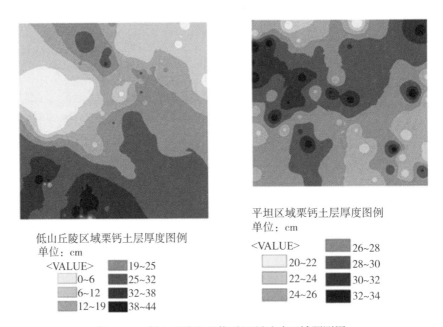

低山丘陵区域栗钙土层厚度图例
单位：cm

平坦区域栗钙土层厚度图例
单位：cm

图 15-14　低山丘陵和地势平坦预试验区域预测图

进行插值，得到不同地貌的植被盖度的分布图(图 15-17~图 15-19)。

　　基于 Landsat 影像通过归一化指数进行植被盖度的计算，为了便于在影像图上表达得清楚、明显，对植被盖度分不同阶段定了颜色标准，同时定义图 15-16 中(a)为波状高平原地貌样地(001)，(b)为坡地地貌样地(002)，(c)为低山丘陵地貌样地(003)，其计算结果如图 15-20~图 15-22 所示。

图 15-15   土壤沙化示意图

（a）波状高平原地貌   （b）坡地地貌   （c）低山丘陵地貌

图 15-16   不同类型地貌示意图

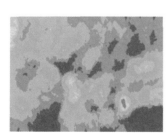
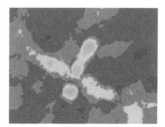

2011 年插值结果   2012 年插值结果   2013 年插值结果

图 15-17   2011—2013 年波状高平原地貌植被盖度插值图

从以上分析可以看到，2011—2013 年三类不同地貌植被盖度的插值结果和计算结果的相似率很高，都达到 90% 以上，这表明通过遥感图像直接计算植被的结果和实验

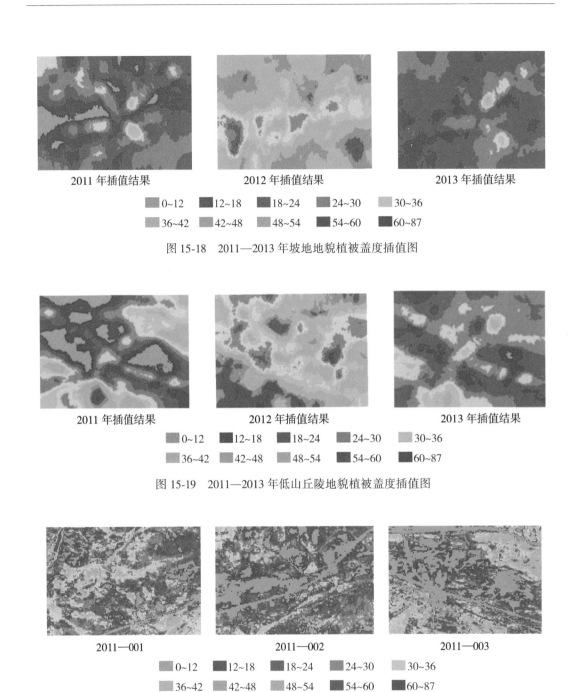

2011 年插值结果   2012 年插值结果   2013 年插值结果

■ 0~12   ■ 12~18   ■ 18~24   ■ 24~30   ■ 30~36
■ 36~42 ■ 42~48   ■ 48~54   ■ 54~60   ■ 60~87

图 15-18   2011—2013 年坡地地貌植被盖度插值图

2011 年插值结果   2012 年插值结果   2013 年插值结果

■ 0~12   ■ 12~18   ■ 18~24   ■ 24~30   ■ 30~36
■ 36~42 ■ 42~48   ■ 48~54   ■ 54~60   ■ 60~87

图 15-19   2011—2013 年低山丘陵地貌植被盖度插值图

2011—001   2011—002   2011—003

■ 0~12   ■ 12~18   ■ 18~24   ■ 24~30   ■ 30~36
■ 36~42 ■ 42~48   ■ 48~54   ■ 54~60   ■ 60~87

图 15-20   2011 年三类不同地貌基于 Landsat 植被盖度计算结果

插值结果具有一致性，从而为我们提供了基于遥感图像计算来推演草原植被盖度变化的依据。

近年来，出现了无人机多光谱草原解译和地面高光谱解译相结合的应用(图 15-23)。

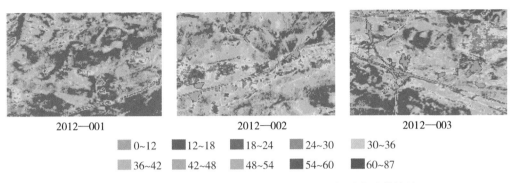

图 15-21　2012 年三类不同地貌基于 Landsat 植被盖度计算结果

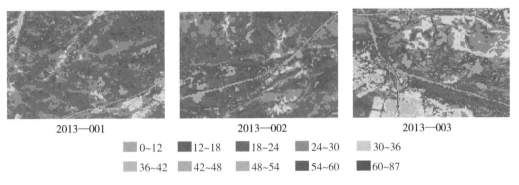

图 15-22　2013 年三类不同地貌基于 Landsat 植被盖度计算结果

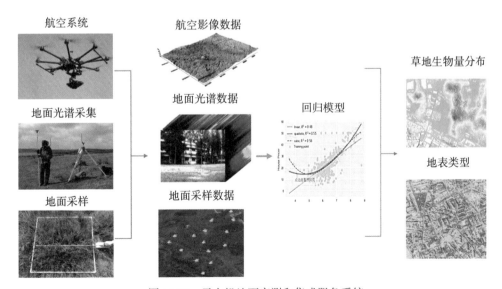

图 15-23　无人机地面实测和集成服务系统

◎ 思考题

　　1. 草原遥感图像解译与森林遥感图像解译有什么不同？
　　2. 在野外采样时，如何根据研究区的特点考虑样方的设计和分布？

◎ 本章参考文献

［1］Li S，Yan C，Wang T，et al. Monitoring grassland reclamation in the Mu Us Desert using remote sensing from 2010 to 2015［J］. Environmental Earth Sciences，2019，78（10）：1-9.

［2］Lyu X，Li X，Gong J，et al. Comprehensive grassland degradation monitoring by remote sensing in Xilinhot，Inner Mongolia，China［J］. Sustainability，2020，12（9）：3682.

［3］Wang Z，Deng X，Song W，et al. What is the main cause of grassland degradation？A case study of grassland ecosystem service in the middle-south Inner Mongolia［J］. Catena，2017，150：100-107.

［4］Zhou Y，Guo B，Wang S X，et al. An estimation method of soil wind erosion in Inner Mongolia of China based on geographic information system and remote sensing［J］. Journal of Arid Land，2015，7（3）：304-317.

［5］包宝小，潘新，马玉宝，等. 典型温性草原遥感图像地表物分类方法的研究［J］. 内蒙古农业大学学报（自然科学版），2015，36（3）：147-152.

［6］宝力杰，姚姝娟，石建军，等. 遥感影像在内蒙古典型自然景观地图制作中的应用［J］. 测绘地理信息，2021，46（1）：114-117.

［7］齐文强. 西部典型草地土壤质量与生态环境效应评价研究［D］. 西安：西安理工大学，2020.

［8］内蒙古遥感中心，陕西遥感应用中心. 毛乌素沙地治理遥感动态监测与预警研究［R］. 呼和浩特：内蒙古计算机应用研究院，2008：21-30.

［9］乌尼图. 锡林郭勒草地资源变化信息遥感快速识别与驱动力分析［D］. 北京：中国农业科学院，2021.

［10］于海达，杨秀春，徐斌，等. 草原植被长势遥感监测研究进展［J］. 地理科学进展，2012，31（7）：885-894.

［11］朱晓昱，徐大伟，辛晓平，等. 1992—2015 年呼伦贝尔草原区不同草地类型分布时空变化遥感分析［J］. 中国农业科学，2020，53（13）：2715-2727.

［12］臧琛. 基于栗钙土层厚度变化的典型草原退化动态监测与沙化风险研究［D］. 呼和浩特：内蒙古农业大学，2016.

［13］张超，闫瑞瑞，梁庆伟，等. 不同利用方式下草地土壤理化性质及碳、氮固持研究［J］. 草业学报，2021，30（4）：90-98.

第 16 章　城市遥感图像解译

城市作为人类寄居的主要栖息地，承载着绝大部分的经济活动，其典型地物主要包括人造地物和自然地物两大类，其中人造地物以道路、建筑物、硬质铺装等不透水面为主，自然地物以植被、裸土等透水面和水体为主。城市化是当今世界上土地利用和土地覆盖变化的最主要的原因之一，城市建造导致透水面和水体向不透水面转化，自然景观和气候环境都产生了变化，日益突出的城市环境问题逐步影响着城市的可持续发展。因此，及时掌握城市土地地物信息，保持地理空间信息的现势性，有效地监测城市地表环境，使用遥感技术深入了解、提取城市地物信息，有着重要的现实意义。

本章以道路和建筑物这两类代表性人造地物为例，进行遥感图像解释，展示城市地物的图像解译过程。

16.1　城市遥感图像解译需求

本节从城市遥感图像解译的需求与方法出发，首先介绍城市遥感图像解译的常见目标地物，并简述当前城市遥感图像解译常用的软件和主要遥感数据源，以展现当前图像解译领域的实用需求和发展方向。

16.1.1　城市遥感图像解译下垫面类型构建

土地覆盖(下垫面)是自然营造物和人工建筑物所覆盖的地表诸要素的综合体，包括地表植被、土壤、湖泊、沼泽湿地及各种建筑物(如道路等)，具有特定的时间和空间属性，其形态和状态可在多种时空尺度上变化。在进行遥感图像解译之前，需要确定土地覆盖类型及各类地物的解译标准，按照类别构建土地覆盖分类准则，建立每个类型的分类特征。

结合遥感图像的空间分辨率和波段数量，常见的土地覆盖类型可归纳为以下六类(图16-1)。

(a)水体：图像中的水体光谱表现为黑色。湖泊的形状较为规则，由于深度、拍摄角度等原因，湖泊各区域的光谱显示有所差异。溪流由于季节和流量原因，在图像上表现为间歇性出现。

(b)植被：在图像上的光谱表现为绿色，面积较大，并且多为成片分布，林地的内部纹理较为粗糙，草地或耕地的内部纹理较为平滑。

(c)裸地：在图像上的光谱特征表现为灰黑色，面积较大，多为植被与水体之间的过渡地块。

<table>
<tr><td>（a）水体</td><td>（b）植被</td><td>（c）裸地</td></tr>
<tr><td>（d）道路</td><td>（e）建筑</td><td>（f）硬质铺装</td></tr>
</table>

图 16-1　遥感图像土地覆盖类型

（d）道路：光谱呈灰褐色，图像显示密度大，形状多为长条形。由于周围建筑物和树木的影响，有些道路边界变得模糊。

（e）建筑：分布相对集中。在图像中，光谱特征主要以高亮度、多白色或浅红色为特征，并且通常以更规则的形状分布。

（f）硬质铺装：包括停车场、户外铺装(广场，校园等)景观和在建工地等，光谱特征表现为高亮度、多白色。

16.1.2　城市遥感图像解译软件

遥感图像信息处理的主要技术之一是计算机数字图像处理，它与光学处理、目视判读相结合，可以完成各种目的的图像解译工作。目前市场上常见的商业遥感图像处理软件，主要包括 eCognition、ERDAS、ENVI 和 PCI Geomatica。

1. 基于易康软件 eCognition 的城市遥感图像解译

eCognition 是由德国 Definiens Imaging 公司开发的智能化影像分析软件，是目前所有商用遥感软件中第一个基于目标信息的遥感图像解译软件。它采用决策专家系统支持的模糊分类算法，突破了传统商业遥感软件单纯基于光谱信息进行影像分类的局限性，提出革命性的分类技术——面向对象的分类方法，充分利用了对象信息(色调、形状、纹理、层次)、类间信息(与邻近对象、子对象、父对象的相关特征)等，大大提高了高空间分辨率数据的自动识别精度，有效地满足了科研和工程应用的需求(图 16-2)。

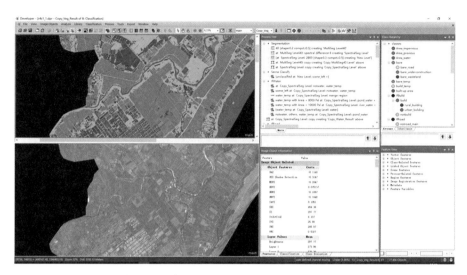

图 16-2 使用 eCognition 进行不透水面解译

2. 基于 ERDAS 软件平台的城市遥感图像解译

ERDAS IMAGINE 是美国 ERDAS 公司开发的遥感图像处理系统，它以先进的图像处理技术，友好灵活的用户界面和操作方式，面向广阔应用领域的产品模块，服务于不同层次用户的模型开发工具以及高度的 RS/GIS 集成功能，为遥感及相关应用领域的用户提供了内容丰富而功能强大的图像处理工具，代表了遥感图像处理系统未来的发展趋势(图16-3)。

3. 基于 ENVI 软件平台的城市遥感图像解译

ENVI 是一个完整的遥感图像处理平台，流程化图像处理工具可以快速提升图像处理的效率，其软件处理技术覆盖了图像数据的输入/输出、图像定标、图像增强、纠正、正射校正、镶嵌、数据融合以及各种变换、图像解译、图像分类、基于知识的决策树分类、与 GIS 的整合、DEM 及地形图像解译、雷达数据处理、三维立体显示分析。除此之外，ENVI 采用交互式数据语言 IDL 可以帮助用户轻松地添加和扩展功能，是快速、便捷、准确地从影像中提取信息的首屈一指的软件解决方案(图 16-4)。

4. 基于 PCI Geomatica 软件平台的城市遥感图像解译

PCI Geomatica 软件是地理空间信息领域世界级的专业公司加拿大 PCI 公司的旗帜产品，目前已经集成了遥感影像处理、专业雷达数据分析、GIS 空间分析、制图和桌面数字摄影测量系统，是目前所有图像处理软件中正射处理效果最好、精确度最高的遥感图像处

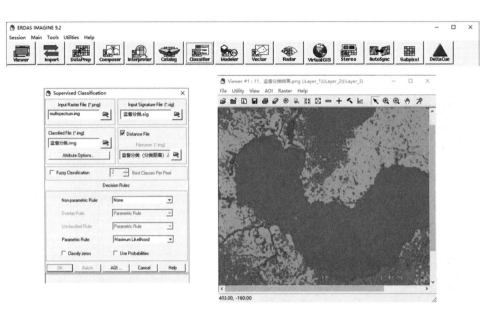

图 16-3　使用 ERDAS 监督分类方法进行城市遥感信息解译

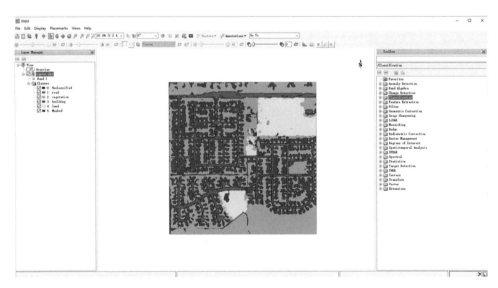

图 16-4　使用 ENVI 进行基于规则的城市遥感地物分类

理软件，能获得高精度的正射校正结果（图 16-5）。PCI Geomatica 软件具有强大的解决方案产品，软件模块面向应用、界面友好，为开发与扩展海量遥感影像处理应用系统带来了极方便的基本系统和客户化的基础。

与此同时，近年来国内也开始出现一批拥有自主知识产权的，面向不同主题要素的城市图像解译软件。

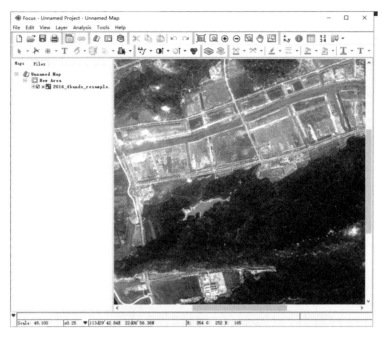

图 16-5　PCI Geomatica 工具栏及 Focus 模块影像显示

5. DPGrid 数字摄影测量网格

数字摄影测量网格(DPGrid)系统是将计算机网络技术、并行处理技术、高性能计算技术与数字摄影测量处理技术相结合而研制的新一代摄影测量处理平台。针对不同传感器类型，DPGrid 系统分为：航空摄影测量分系统(框幅式影像)、低空摄影测量分系统(框幅式影像)、正射影像快速更新分系统(基于航空影像和卫星影像)和机载三线阵 ADS 分系统。

DPGrid 系统由高性能遥感影像自动处理系统 DPGrid. cor 和基于网络的测图系统 DPGrid. SLM 两大部分组成，整个系统是一个集成的、相互协调、基于图幅的无缝测图系统。它不仅包括快速、自动化的数字高程模型和正射影像生产系统，而且包括等高线、地物的测绘，因此是一个"完整的、综合的解决方案"。

6. JX4 软件平台 PixelGrid

高分辨率遥感影像一体化测图系统 PixelGrid 是以全数字化摄影测量和遥感技术理论为基础，针对目前高分辨率遥感影像的特点和现有数据处理软件及系统中仍然存在的困难和不足，采用基于 RFM 通用成像模型的遥感影像稀少控制区域网平差、基于多基线多重匹配特征的高精度数字高程模型自动匹配、高精度影像地图制作与拼接等技术开发的新一代遥感影像数据处理软件。

PixelGrid 系统以其先进的摄影测量、并行分布式处理等技术，强大的自动化、业务化处理能力，高效可靠的作业调度管理方法，友好、灵活的用户界面和操作方式，全面实现了卫星影像和航空影像（包括低空无人机影像数据）的快速处理，可以完成遥感影像从空中三角测量到各种国家标准比例尺的 DLG、DEM/DSM、DOM 等测绘产品的生产任务。

7. PIE 遥感图像处理软件

PIE（Pixel Information Expert）是航天宏图自主研发的一款专业的遥感图像处理软件，在对遥感应用客户进行充分调研，认真分析国内外优秀遥感图像处理软件优缺点的基础上研制开发。PIE 提供了面向多源、多载荷（光学、雷达、高光谱）的遥感图像处理、辅助解译及图像解译功能，是一套高度自动化、简单易用的遥感工程化应用平台（图 16-6）。

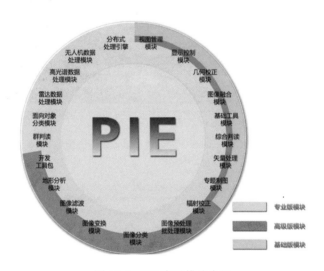

图 16-6　PIE 产品模块介绍

PIE 采用多核 CPU 并行计算技术，大幅提高了软件运行效率，能更好地适应大数据量的处理需要；采用组件化设计，可根据用户具体需求对软件进行灵活定制，具有高度的灵活性和可扩展性，能更好地适应用户的实际需求和业务流程。PIE 已广泛应用于气象、海洋、水利、农业、林业、国土、减灾、环保等领域。

8. FeatureStation GeoEX 地理国情要素智能解译与提取系统

FeatureStation 地理国情要素智能解译与提取系统是中国测绘科学研究院设计研发的多源遥感影像智能解译的一体化测图系统，建立了以航空影像、卫星影像、无人机影像、SAR 影像等为主要数据源的要素采集编辑、影像解译分类系统。FeatureStation 凭借其工程化的测图管理、多源数据的测图支持、快速分割与特征提取、面向对象智能解译分类、海量影像数据漫游、灵活丰富的交互方式、一体化的采编工具、美观清晰的用户界面等方面的独特优势，可以出色地完成地理国情普查的作业生产任务。

9. 城市不透水面遥感监测系统

本软件基于 MFC 平台，使用 C++和 Python 编写，通过遥感图像解译城市不透水面信息。它可以实现遥感图像的可视化和管理，完成基于像素级不透水面信息的监测，为城市遥感影像不透水面监测提供一个交互式的可视化分析平台(图 16-7)。

主要功能包括：不透水面提取工程管理、数据显示、样本选取、不透水面信息遥感监测、精度评价和不透水面信息后处理。

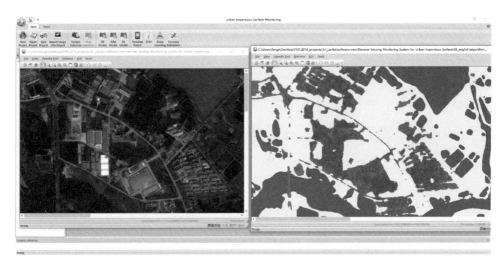

图 16-7　使用深度学习进行遥感影像不透水面解译

除此以外，原地质矿产部三联公司开发的 RSIES(区域地质调查的简单遥感解译)、国家遥感应用技术研究中心开发的 IRSA(常规的图像处理工作)、中国林业科学院与北京大学遥感与地理信息研究所联合开发的 SAR INFORS(针对成像雷达开发)和中国测绘科学研究院与四维公司联合开发的 CASM ImageInfo(定量化智能化遥感数据处理)等国产遥感图像处理软件，也在以其独特的本土化优势，冲击着遥感图像处理软件市场。

16.1.3　国内外城市图像解译主要遥感数据源

近年来，世界各国越来越重视卫星遥感的发展，开始建立自主可控的对地观测系统。与此同时，商业卫星市场不断发展壮大，遥感卫星的观测形式越来越多元化、观测对象越来越丰富。可以预见未来高分辨率遥感卫星的主要发展趋势，主要体现在单星性能不断提升、从单星观测到多星组网、从对地观测卫星到对地观测脑三个层面。

遥感卫星数量众多，本章列出部分国外遥感数据获取方式，供读者参考：

(1)美国地质勘探局(USGS)：https://glovis. usgs. gov/。

(2)美国国家航空航天局(NASA)：https://ladsweb. modaps. eosdis. nasa. gov/。

(3)欧洲航天局(ESA)：https://scihub. copernicus. eu/。

(4)巴西国家空间研究院：http://www. dgi. inpe. br/CDSR/。

(5)DigitalGlobe 公司：http://www.digitalglobe.com/product-samples。

(6)HICO：http://hico.coas.oregonstate.edu/。

本章列出部分国内遥感数据获取方式，供读者参考：

(1)中国资源卫星应用中心：http://www.cresda.com/CN/。

(2)中国遥感数据网：http://rs.ceode.ac.cn。

(3)地理空间数据云：http://www.gscloud.cn/。

(4)遥感集市数据中心：http://4-www.rscloudmart.com/dataProduct/datacenter StandardData。

(5)国家综合地球观测数据共享平台：http://chinageoss.org/dsp/home/index.jsp。

(6)珞珈一号：http://59.175.109.173：8888/app/login.html。

(7)吉林一号：https://www.cgsatellite.com/。

(8)珠海一号：https://www.myorbita.net/。

(9)高分系列卫星参数引自高分应用综合信息服务共享平台：http://gaofenplatform.com/channels/44.html。

16.2　城市道路遥感图像解译

近年来，随着卫星传感器和航空摄影测量技术的不断突破与日益成熟，遥感卫星实现了对地表特征和地理现象的全覆盖、全天候监测，数据呈现出信息丰富、质量提高、获取方便的特点，适合大范围、现势性强的基础地理信息数据的生产与更新。道路作为典型的人工线状目标，道路信息是城市建设重要的基础地理信息，广泛应用于交通管理、城市规划、土地利用分析等领域。随着遥感技术的日趋成熟，高分辨率遥感影像，尤其是米级分辨率的国产遥感数据，其市场需求不断扩大和升级，如何快速、准确、高效地从高分辨率遥感影像上提取道路及道路相关信息，成为国内外学者广泛研究的一个热点。

16.2.1　城市道路特征及解译难点

从遥感图像中解译道路有关的信息，主要包括两类任务：道路和道路中心线。道路解译可以生成像素级的面状结果，道路中心线解译用于提取线状道路骨架。高分辨率遥感图像中城市道路主要包括城市主干道和由此分支的地块内部道路(图 16-8)。利用遥感图像进行道路的识别与解译任务，有一定的独特性和困难性，具体表现在以下几个方面。

(1)几何特征：道路一般被描述为具有一定的稳定的长度、宽度且边缘显著狭长的近似平行区域，具有明显的线状几何特征。在遥感图像中，道路所占据的画幅宽度普遍偏小，但长度跨度较大，即长宽比大。

(2)辐射特征：与植被、土壤、水体等相比，道路具有鲜明对比的光谱特征，但容易和停车场等人造结构混淆。道路内部灰度变化均匀，一般表现为黑、白、灰的颜色特征，但是由于城市路面上车辆、行人众多，会产生噪声干扰。道路特征也会因传感器类型、光谱和空间分辨率、地面特征等的不同而发生变化。

(3)拓扑特征：城市道路承担着城市交通责任，相互连通、放射交叉，单一道路通过并行、交叉、连接等形成整体连通域，组成道路网。城市道路规划设计过于复杂，无法简单地用数学公式或抽象的结构模型来建模。

（4）三维结构：建筑物、立交桥、行道树、景观设计、市政设施等现代城市复杂的三维结构形成的投射阴影也会对相邻的道路产生遮盖，形成干扰阴影，从而使解译过程复杂化。

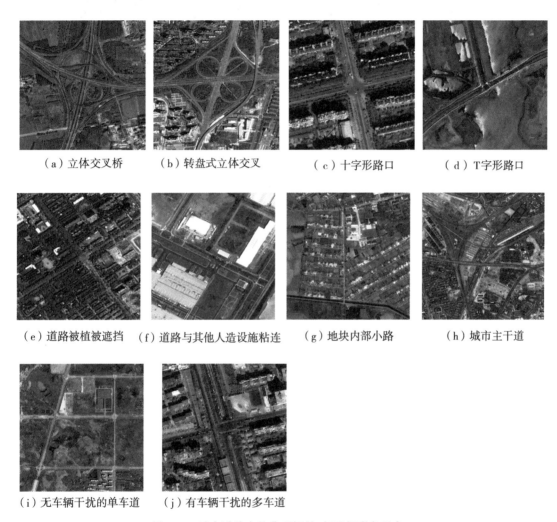

（a）立体交叉桥　　　（b）转盘式立体交叉　　　（c）十字形路口　　　（d）T字形路口

（e）道路被植被遮挡　（f）道路与其他人造设施粘连　　（g）地块内部小路　　（h）城市主干道

（i）无车辆干扰的单车道　　（j）有车辆干扰的多车道

图 16-8　城市道路中的典型场景(标准假彩色组合)

高分辨率遥感图像中城市道路中心线解译，研究方法主要侧重得到线状道路骨架结果，表现为平滑、完整的单像素宽度的道路提取结果对称线。在遥感图像上，道路呈几何结构的对称分布，道路中心线则是道路路线几何设计中的重要特征线(图 16-9)，存在交叉、相连、并排等现象，其特征包括连接性、拓扑性、细化性、中轴性、快速性。

从遥感图像中提取道路会受到传感器类型、光谱和空间分辨率、天气、光照变化和地面特征等多种复杂因素的影响。本节从遥感图像道路解译的现实意义出发，在此基础上总

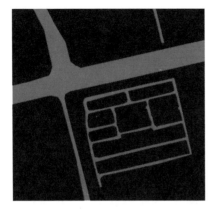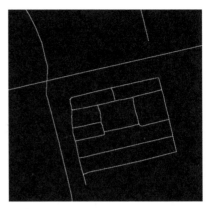

图 16-9 道路中心线示例

结了目前城市遥感道路解译领域亟待解决的问题及研究难点,主要包括以下三个方面。

(1)现代城市包含多种类型的道路,场景复杂、宽度不一,现有的大部分道路数据集在理想条件下无法为道路解译任务提供更多的可能性。优秀的道路数据集应该尽可能地涵盖各种复杂城市场景的道路图像,如立交桥、环形路、直道、Y 形、十字路口等。

(2)由于遥感图像视角特殊,在图像上道路容易被建筑物、行道树、立交桥等地物及其阴影遮挡,导致道路解译结果中容易出现缺失、不连续、提取不完整的情况,特别是狭窄细长区域。此外,道路中心线表现为平滑、完整的单像素宽度的对称线,容易出现断裂、像素堆积的情况。

(3)现有的研究大多是分别处理道路和道路中心线这两项,图像信息没有得到充分的利用,尤其是道路中心线解译任务,其背景与目标极度不平衡,任务噪声严重,单独进行模型训练较困难,往往要花费大量的时间来区分有用特征,才能找到正确的梯度下降方向。

16.2.2 城市道路解译流程

遥感图像道路及道路中心线解译一直是遥感图像分类和地物解译领域具有挑战性的课题。目前基于深度学习进行遥感图像道路解译研究是热点,然而利用深度学习模型从高分辨率遥感图像上进行道路和道路中心线解译时,现有的遥感图像道路数据集场景清晰、背景干净、条件理想,其结果已经饱和,这在很大程度上限制了算法的发展。同时,模型精度不高、道路结构提取不完整的情况难以解决,尤其对于正负样本极度不平衡的道路中心线解译问题,网络训练难以取得好的效果,泛化能力极差,精度不高。

深度学习取得的巨大成功的主要原因之一就在于海量的训练数据。考虑到现有数据集的多样性和丰富性,为克服现有基准数据集场景限制、模型性能饱和的问题,为高分系列数据提供更多深度学习实验的可能性,在充分分析高分辨率遥感图像道路和道路中心线特征的前提下,Shao 等(2021)从高分二号影像上采集了城市典型复杂场景下高分辨率遥感图像,通过对原始影像进行标注,获得大量带有标签的、精准的样本数据集(图16-10)。

数据集原始图像背景复杂，能够更好地代表目前城市复杂场景下的典型城市道路情况，具有一定的现实应用价值，可以为复杂城市道路场景下遥感图像道路解译和道路中心线解译提供数据支持。

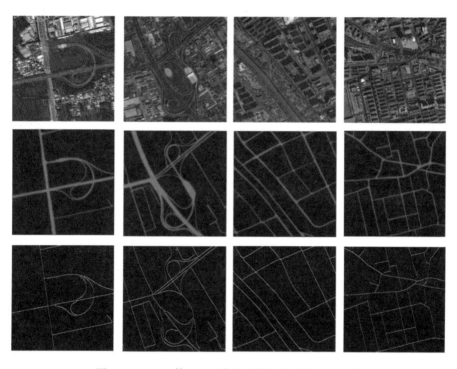

图 16-10　Shao 等(2021)提出的数据集中代表性影像

现在的高分辨率遥感图像道路信息的自动解译主要存在以下两个方面的问题。一方面，现有的模型大多是基于监督或半监督的深度学习框架，在道路解译方面取得了不错的效果，但是数据集限制了深度学习研究的进一步发展，现有可供选择的道路数据集较少，且由于数据源本身的限制，无法为道路解译及迁移学习提供更多的可能性。另一方面，现有的工作大多是分别处理道路和道路中心线这两个任务，图像信息和单个提取结果没有得到充分的利用，尤其是中心线解译模型，存在样本信息不足、背景与目标失衡的问题，难以取得较好的解译精度。

针对数据集性能限制及模型训练困难这两点问题，为了更好地解决高分辨率遥感图像中道路及道路中心线解译问题，我们提出一个双任务、端到端的卷积神经网络模型，在编码器中利用空洞卷积扩展特征提取的感受野，残差模块有效地扩大特征提取的感受野，获取丰富的上下文语义信息和空间拓扑信息。在编码器和解码器的结尾加入金字塔池化模块，聚合了多尺度多层次的特征，可以充分获取道路与其环境背景之间的关系特征，从而获得丰富的上下文信息。通过任务之间的信息传输和参数共享，将道路提取的特征和结果通过级联操作输入道路中心线网络，有助于模型将注意力集中在有用特征上，即健壮的、相关性强的、完整的语义特征，弥补了道路中心线样本不足的潜在问题。本节提出的网络架构如图 16-11 所示。

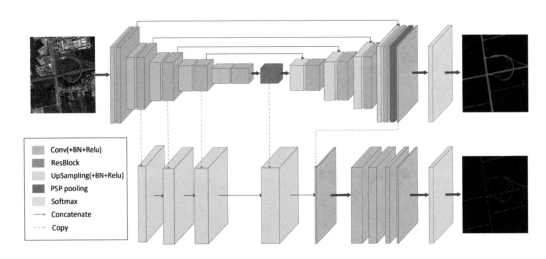

图 16-11　本节提出的多任务网络结构示意图

在多任务学习的基础上提出端到端、双任务的卷积神经网络，特点在于：①局部连接性：每个神经元只与对应输入的部分相邻特征相连接，空间相邻点间联系更加紧密，只需要在局部感受野内进行特征响应。②层次化特征：人类视觉系统对物体的认知是一个从低级到高级的多层级过程。③空间不变性：对平移、旋转、尺度等空间变换具有不变性。④权值共享：相似任务学习过程中的特征图共享，极大减少了网络的参数量。⑤任务驱动：以实际应用为背景，以解决问题为导向。

为了评估提出的道路和道路中心线数据集，并且进一步验证提出双任务卷积神经网络的有效性，分别比较了 FCN、U-Net、SegNet 网络和提出的网络，在道路数据集上进行了多组对比实验，从定性比较和定量比较两种角度出发，充分说明基于不同网络模型进行对比实验的结果，作为该数据集的参考评估结果。

图 16-12 显示了本研究方法与 FCN、U-Net、SegNet 网络进行对比的视觉效果。从预测结果上来看，各类方法均存在道路主体结构解译不完整的情况，但是从道路完整性方面来说，提出的网络得到了更完整的效果。表 16-1 记录了本节提出的方法与 FCN、U-Net、SegNet 网络进行对比的定量结果，从实验指标上来看，本节提出的方法得到的精度比U-Net稍低，但是在 Recall、F1-score 和 IoU 这三项指标上都取得了比其他方法更高的分数。

本节选取了测试数据集中的一些典型道路场景，尤其重点观察环行路和交叉口区域的道路解译情况。可以从细节中看到各个方法的效果，大致反映整体测试情况。具体来说，本节涉及的四种方法，均能够有效地提取出道路的基本结构，但是各个方法的效果有所不同。一方面，对于笔直、清晰、容易提取的直段道路，本节的方法提取出的道路边缘更加清晰、笔直，误提取的情况明显较少，能够很好地保持道路的完整性。另一方面，对于提取难度较大的弯道和交叉口道路，各个方法都出现了不同程度的道路断裂情况，其中FCN 出现断裂和误提取的情况最为严重，提取精度也明显下降。相比于其他方法，本节提出的网络表现得更优秀，能够有效地显示出道路的主体结构，即使在一些容易引起误会的地区，细节也更加符合真实世界的情况。

表 16-1　　　　　　　　　　不同网络模型的道路解译精度

方法	Precision	Recall	F1-Score	IoU
FCN	0. 7097	0. 6455	0. 6761	0. 5107
SegNet	0. 7447	0. 6650	0. 7025	0. 5415
U-Net	0. 7591	0. 6688	0. 7111	0. 5517
本节网络	0. 7554	0. 6771	0. 7141	0. 5553

图 16-13 显示了四种深度学习模型在双任务思想下解译道路中心线进行对比的视觉效果。由于人工标注的样本存在一定的误差，为了反映中心线解译结果的科学性和严谨性，本节给提取结果增加了一个宽度为 ρ 的缓冲宽度。从预测结果上来看，各类方法均保持了和道路提取结果相似的骨架结构，其错误表现在单像素中心线结果断裂、不连续。从完整性方面来说，能够明显对比到本节提出的网络提取的中心线结果更加连续，相对来说断点更少，能够在大部分交叉口处保持连通性。表 16-2 计算得出了不同 ρ 值下本节提出的方法与 FCN、U-Net、SegNet 网络进行对比的定量结果，从实验指标上来看，单像素的中心线在整张影像中占比非常小，但是在各个不同缓冲宽度下，本节提出的网络在各个指标上都取得了比其他方法更高的分数。

表 16-2　　　　　　　　不同网络架构道路中心线解译的实验结果

缓冲区宽度	方法	Precision	Recall	F1-Score	IoU
$\rho=1$	FCN	0. 6488	0. 5727	0. 6084	0. 4372
	SegNet	0. 7004	0. 5911	0. 6411	0. 4718
	U-Net	0. 7091	0. 6164	0. 6595	0. 4920
	本节网络	0. 7180	0. 6160	0. 6631	0. 4960
$\rho=3$	FCN	0. 6820	0. 6184	0. 6486	0. 4800
	SegNet	0. 7250	0. 6258	0. 6718	0. 5057
	U-Net	0. 7321	0. 6354	0. 6803	0. 5155
	本节网络	0. 7406	0. 6377	0. 6853	0. 5213
$\rho=5$	FCN	0. 7118	0. 6379	0. 6728	0. 5070
	SegNet	0. 7365	0. 6465	0. 6886	0. 5251
	U-Net	0. 7427	0. 6571	0. 6973	0. 5353
	本节网络	0. 7516	0. 6566	0. 7009	0. 5395

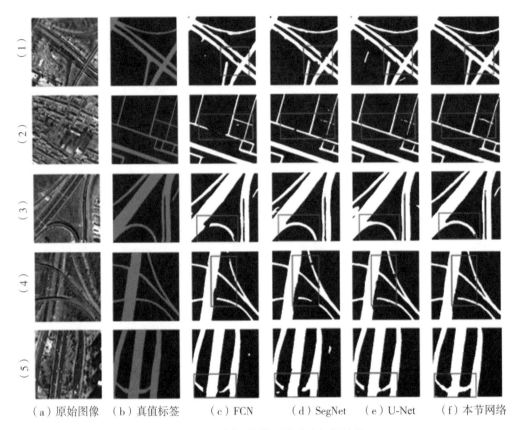

（1）　（2）　（3）　（4）　（5）

（a）原始图像　（b）真值标签　（c）FCN　（d）SegNet　（e）U-Net　（f）本节网络

图 16-12　不同网络模型的道路解译结果

结合具体的网络结构对上述实验结果进行分析。传统的全卷积神经网络在网络中使用池化层降低图像尺寸，使得感受野扩大，从而在不改变卷积中心位置的情况下提取到更大范围的信息。但是这样的池化操作不能充分地获取较大幅宽的道路位置信息，反而会在图像尺寸大幅减少的过程中，造成原始图像中像素丰富的空间位置信息严重丢失，导致最后分类精度降低。本节提出的网络使用残差模块取代了池化层，并行的空洞卷积分支能够大幅度地扩大感受野范围，使其能够尽可能地包含完整宽度的道路及其周边地物，有利于上下文信息和地物关联信息的解译，提高神经网络在多个尺度下提取目标特征的能力，并通过金字塔池化模块更好地对提取的信息进行融合，使得网络能够更快地进行收敛。

本节研究内容及创新点体现在以下两个方面。

（1）从高分二号影像上采集了城市典型复杂场景下高分辨率遥感图像，并且手工标注了精准的道路和道路中心线提取参考图。为避免非道路区域过多、样本不均衡导致的模型泛化能力差、过拟合等问题，样本着重选取道路集中区域和典型区域，以实现背景多样化。

（2）提出了一个双任务、端到端的卷积神经网络模型，通过任务间的信息传递和参数共享，将道路提取的特征作为中心线提取的条件，弥补道路中心线样本少的问题，同时完

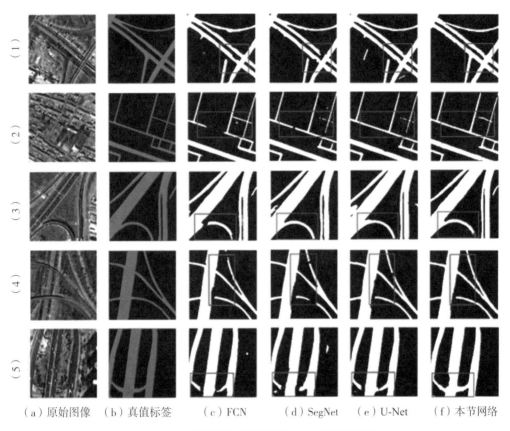

（a）原始图像　　（b）真值标签　　（c）FCN　　　（d）SegNet　　（e）U-Net　　（f）本节网络

图 16-13　不同网络模型的道路中心线解译结果

成道路和道路中心线解译任务，更好地解决道路解译不完整、不连续的问题，具有局部连接、特征层次、空间不变、权值共享、任务驱动的特点。通过对比实验，充分展示了本节提出的网络的创新性，满足高分影像道路及中心线同时解译的需求，实现像素级的道路解译。

16.3　城市建筑物的遥感图像解译

随着成像传感器技术的不断发展，遥感图像的成像质量在不断提高，高空间分辨率遥感图像的获取也越来越方便。建筑物是地物类型的重要组成部分之一，有着典型的边缘特征和相对一致的纹理特征，在高分辨率遥感图像上特征明显。从高分辨率遥感图像中进行建筑物自动解译，对城市建成区监测和违章建筑查处、乡镇发展监测和新型城镇化规划、新农村的建设，都具有十分重要的作用。

16.3.1　城市建筑物特征及解译难点

从遥感图像中解译建筑物有关的信息，主要是解译建筑物屋顶。相对于乡村建筑物，高分辨率遥感图像中的城市建筑物特征具体表现在以下几个方面。①光谱特征方面，高分辨率遥感图像中存在大量同物异谱和同谱异物的现象，城市建筑物与城市道路，在光谱特征和纹理特征方面都十分相似。②遥感图像中，一般建筑物屋顶的亮度值较均匀，但是由于屋顶材质的多样性，以及建筑物屋顶上太阳能电热板和天窗的存在，会导致屋顶呈现不同的光谱特征。③形状特征方面，城市建筑物分布集中，形状和大小复杂多变，但在同一小区或者城市、村落中建筑物大多有相同的走向和分布规则。④此外，城市空间布局紧凑，低层建筑物容易被城市绿化和高层建筑物所遮挡，导致在遥感图像上难以辨认。

然而，由于遥感图像比较复杂，存在同物异谱和异物同谱的情况，比如同一建筑物的色调和纹理不一致，以及建筑物和亮裸地光谱相似等，这些因素都给建筑物自动解译带来了很大的挑战。遥感图像空间分辨率的提高使得地物的信息更为丰富，但这也给建筑物解译带来了更大的挑战，例如建筑物的色调和纹理差异加大，加重了建筑物解译不完整的问题。另一方面，高分辨率图像上建筑物的边缘细节更为复杂，加剧了建筑物边缘解译不够准确的问题。

16.3.2　城市建筑物解译流程

从高分辨率遥感图像上快速、准确地进行建筑物解译的研究方法主要分为两大类：传统的人工设计特征的方法和深度学习的方法。传统的人工设计特征的方法需要专家根据遥感图像建筑物的特点设计特征，最后依据人工设计好的特征进行建筑物的解译。这种方法需要耗费大量的人力和时间成本，另外由于遥感图像的成像时间、角度等不同以及建筑物本身种类繁多，用传统的方法需要为不同场景下的建筑物分别设计不同的特征而难以设计出较为通用的特征，这更加重了建筑物解译的难度。

近年来，随着深度学习的快速发展，许多研究者也尝试将深度学习的方法应用于遥感图像建筑物的解译任务，其中较为常用的方法为基于全卷积神经网络的建筑物解译方法。与传统人工设计特征的方法相比，使用深度学习的方法能实现端到端的建筑物解译，省去了人为设计特征的过程。然而这些深度学习的方法也存在一些问题，随着图像分辨率的提高，地物的特征变得更加复杂，相对于低分率遥感图像，建筑物的尺寸也增大了，传统的全卷积神经网络局部感受野较小，并不足以覆盖大型建筑物和周围的背景，这使得建筑物的解译往往出现部分缺失、解译不完整的问题。而对于边缘复杂的建筑物，使用传统的全卷积神经网络得到的建筑物边缘与真实建筑物的边缘差异较大，边缘的解译精度不高。

针对传统的全卷积神经网络应用于高分遥感图像的建筑物解译时存在的建筑物解译不完整以及边缘解译不准确的问题，Shao 等（2020）提出了一个新的全卷积神经网络，名为建筑物残差修正网络（下文简称 BRRNet），BRRNet 由预测模型和残差修正模型两部分组成（图 16-14）。预测模型是一个编码器-解码器的结构，它的特色是通过不同空洞率的空洞卷积来逐步增加特征解译时的感受野，从而解译到更为全局的特征，预测模型最终输出的是输入图像的建筑物的初步提取结果。残差修正模型将预测模型的输出结果作为输入，从而进一步修正预测模型的结果与真实结果之间的残差，进一步提高建筑物解译的精度。

使用 Massachusetts 建筑物数据集来验证 BRRNet 的性能，使用 Dice loss 作为损失函数，为了进一步验证本节提出的方法的有效性，实验中将本节提出的方法与 SegNet、

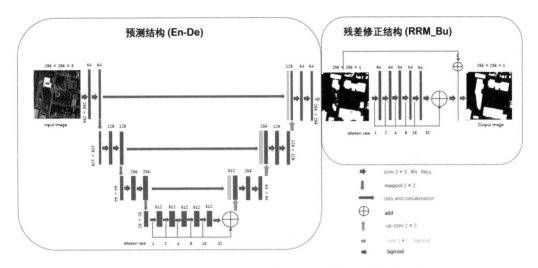

图 16-14 Shao 等(2020)提出的建筑物残差修正网络结构示意图

Bayesian-SegNet、RefineNet、PSPNet 以及 DeepLabv3+五种方法进行了对比实验。由表16-3 可以看出,从定量的角度进行比较,本节提出的方法在 IoU 和 F1-Score 两个衡量指标上都明显优于其他方法。

表 16-3   不同网络模型的建筑物解译精度

方法	IoU	F1-Score
PSPNet	0. 5847	0. 7379
DeepLabv3+	0. 5913	0. 7431
RefineNet	0. 5949	0. 7460
SegNet	0. 6798	0. 8094
Bayesian-SegNet	0. 7003	0. 8237
本节网络	0. 7446	0. 8536

从定性的角度进行分析,图 16-15 展示了本节提出的方法与其他方法的典型建筑物的解译结果。第 1、2 行影像中的建筑物为典型的色调和纹理不一致的建筑物,使用本节提出的方法进行建筑物提取时得到的结果与真实结果基本相同,而使用其他 5 种方法得到的建筑物提取结果中都存在较明显的建筑物部分缺失的问题,显示建筑物中间存在较多小空洞或者提取的建筑物边缘存在明显的锯齿状、边缘不准确的问题。第 3、4 行影像展现的是典型的形状较为复杂的建筑物,使用其他方法得到的结果中建筑物的边缘与真实的结果差异较大,得到的建筑物的边缘细节没有凸显出来,存在明显的锯齿状。而使用本节的方法得到的结果中建筑物边缘准确度较高,边缘的细节部分与真实结果最为接近。因此,

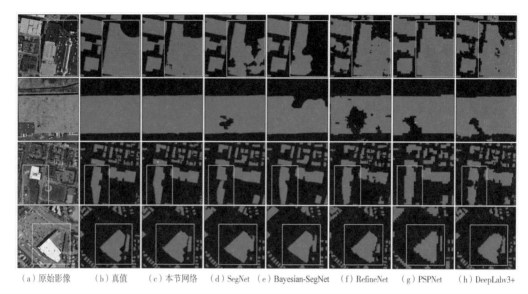

（a）原始影像　　（b）真值　　（c）本节网络　　（d）SegNet　（e）Bayesian-SegNet　（f）RefineNet　（g）PSPNet　　（h）DeepLabv3+

图 16-15　不同网络模型的建筑物解译结果

本节的方法能有效解决建筑物解译不完整以及形状复杂的建筑物边缘解译不准确的问题。

深入分析产生上述结果的原因，一方面，高分辨率遥感图像中存在许多色调和纹理不一致以及形状复杂的大型建筑物，这类建筑物所占的像素数较多，因此使用少量的池化层来扩大感受野的方式并不能包含整个建筑物和周围的背景，只能提取到该类建筑物的局部特征而没有提取到更加全局的特征，导致这类建筑物的解译存在提取不完整的情况，对于形状复杂的建筑物边缘解译的精确度也较低。另一方面，本节将预测模型输出的概率图作为本节提出的残差修正模型的输入，使得本节网络能够进一步学习预测模型的输出与真实结果之间的残差，当预测模型得到的建筑物与真实标签相差很大时，本节网络会进一步修正残差，从而能够得到更完整的建筑物以及更加精确的建筑物边缘。此外，建筑物解译任务中建筑物和背景的数据不平衡的问题会使得解译结果偏向背景，会加剧建筑物解译不完整的问题。而本节使用 Dice loss 作为训练的损失函数，能在一定程度上解决数据不平衡的问题，提高建筑物解译的精度。

本节研究内容及创新点体现在以下两个方面。

（1）本节提出了一种新的网络结构 BRRNet 以更好地解决建筑物解译不完整以及形状复杂的建筑物边缘解译不准确的问题。BRRNet 由预测模型和残差修正模型两部分组成。预测模型是一个编码器-解码器结构，它通过引入不同空洞率的空洞卷积来逐步增加特征提取时的感受野，从而提取到更为全局的特征，测模型最终输出的是输入图像的建筑物的初步解译结果。残差修正模型将预测模型的输出结果作为输入，从而进一步修正预测模型的结果与真实结果之间的残差，进一步提高建筑物解译的精度。

（2）本节将 BRRNet 与其他方法进行了对比。实验使用美国 Massachusetts 建筑物数据集来验证 BRRNet 的性能，并将 BRRNet 与 U-Net 以及其他方法进行了对比。实验结果表明，相对于其他方法本节提出的网络对建筑物的解译完整度以及复杂建筑物边缘的准确度都有明显提升。

◎ 思考题

1. 目前城市遥感信息提取与图像解译相关的专项计划已经开展了很多，请列举出相关的全球土地利用/覆盖数据产品。

2. 道路和建筑物作为典型的城市地物类型，在解译方法上有哪些相同点和不同点？

3. 如何将深度学习技术广泛地应用到城市遥感图像解译上？请谈谈你个人的思考。

◎ 本章参考文献

[1]李德仁，王密，沈欣，等．从对地观测卫星到对地观测脑[J]．武汉大学学报(信息科学版)，2017，42(2)：143-149.

[2]邵振峰，张源，黄昕，等．基于多源高分辨率遥感影像的2m不透水面一张图提取[J]．武汉大学学报(信息科学版)，2018，43(12)：1909-1915.

[3]Shao Z F, Tang P H, Wang Z Y, et al. BRRNet：A fully convolutional neural network for automatic building extraction from high-resolution remote sensing images[J]. Remote Sens. , 2020，12(6)：1050.

[4]Shao Z F, Zhou Z F, Huang X, et al. MRENet：Simultaneous extraction of road surface and road centerline in complex urban scenes from very high-resolution images[J]. Remote Sens. , 2021，13(2)：239.

第17章 湿地遥感图像解译

17.1 湿地遥感图像解译需求

湿地(Wetlands)指天然或人工、长久或暂时性的沼泽地、泥炭地或水域地带，带有静止或流动的淡水、半咸水及咸水体，包括低潮时水深不超过6m的海域(《关于特别是作为水禽栖息地的国际重要湿地公约》，以下简称《湿地公约》)。作为陆生生态系统和水生生态系统的过渡地带，湿地蕴含丰富多样的自然资源，具有不可替代的生态功能，对全球生态系统的健康及人类经济可持续发展具有重要的意义，是保障区域生态安全和经济社会可持续发展的重要战略资源与稀缺资源。由于气候变化和人类活动的影响，湿地生态系统退化严重，过去一个世纪中全球湿地面积减少了50%，远超过其他陆地生态系统退化和丧失的速度。全球范围内，实施湿地保护工程和建立湿地保护区是最常用的湿地管理与保护措施(何兴元等，2017)。自1992年加入《湿地公约》以来，我国湿地保护相关项目不断涌现，"十三五"期间，我国统筹推进湿地保护与修复，增强湿地生态功能，维护湿地生物多样性，全面提升湿地保护与修复水平，新增湿地面积300多万公顷，湿地保护率达到50%以上，湿地恢复、保护利用工作颇有成效。

我国的湿地面积共计$5.36 \times 10^7 hm^2$(第二次全国湿地资源调查，2015)，具有面积大、分布广、类型多样、动态性强、区域差异显著、生物多样性丰富的特点。对如此广阔、庞大且脆弱的生态系统采取传统的定时定点的人工实地监测方法，存在资金高、周期长效率低、非全面系统、可达性差和时效性差等局限。而遥感观测技术以其经济性、动态性和时效性好等优势，在20世纪末逐渐成为湿地变化研究的主要手段，为湿地资源的动态监测提供有效的数据源和技术支持。通过对一幅或多幅遥感影像的处理和信息提取，以数据和专题图等方式直接或者间接呈现湿地信息，从而明晰湿地演变特征和过程，能更好地掌握湿地演变规律，为湿地生态系统的恢复和保护、湿地保护工程成效评价、保护政策的合理性分析、湿地资源利用、生物多样性调查、生态环境与社会经济协调发展等提供重要参考依据。需要注意的是，由于遥感影像存在异质同谱和同质异谱的现象，因此利用遥感方法对湿地开展监测同时存在优势与挑战。利用遥感技术开展湿地监测时需要结合湿地光谱特征，同时，也要考虑不同湿地类型的环境差异等特点进行地学分析，建立相应的湿地遥感监测方案。图17-1为广东省湛江市安铺河口红树林湿地的高分二号遥感影像，该湿地包括半咸水和咸水沼泽、草本和木本沼泽。

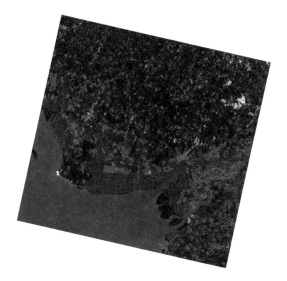

图 17-1　广东省湛江市安铺河口红树林湿地的高分二号遥感影像

17.2　湿地遥感解译内容

　　湿地水体、湿地植被和水饱和土壤是识别湿地生态系统和界定湿地范围的三个基本要素，其中，湿地水体是形成湿地的必要要素，同时也是形成湿地植被和湿地土壤的前提（付波霖，2017）。由于地区内水文情势的周期性或异常的波动会使得湿地植物和土壤发生相应变化，同时，不同生长阶段的植物对水和土壤的需求及反馈不同，长势也发生变化。不同时段湿地要素阈值组合存在差异，表现为湿地范围的时空尺度动态变化。利用多时相的遥感图像和数据对湿地水体、湿地植被等湿地要素进行长时间动态监测，能更好地掌握湿地范围的变化规律。

17.2.1　湿地遥感图像解译数据源

　　湿地遥感（Remote Sensing of Wetlands）是指利用遥感技术进行湿地资源调查、生物多样性调查、湿地范围动态监测、湿地生态环境监测、湿地植被类型分布分析等湿地研究应用的综合技术。它以遥感技术作为获得湿地数据的重要手段，提供大量湿地时空变化信息，对湿地调查、保护与发展有着不可替代的作用。

　　在卫星遥感技术出现早期，由于航空摄影技术在空间分辨率、成本和时间效率方面比传统的实地调查具有极大的优势，被广泛应用于划定湿地边界、绘制湿地植被图、划分湿地类型以及评估植被生长和水质等。

　　在湿地研究中所使用的遥感信息源包括航空摄影和多光谱遥感数据、中分辨率光学卫星数据、高空间分辨率遥感、高分辨率光学数据、机载高光谱数据和雷达遥感数据。应用于湿地信息提取的低空间分辨率卫星影像主要是中分辨率成像光谱仪（MODIS），具有时间分辨率高、覆盖范围广的特点，可以在低空间分辨率下监测湿地动态。中等分辨率卫星遥感数据是指分辨率在 10 ~ 30m 范围内的卫星影像，主要有 Landsat 系列，SPOT-4，Sentinel-2 等。Landsat 卫星数据分辨率适中，获取容易，是当前利用遥感技术进行湿地资源调查或研究中应用最广泛的遥感数据源。更高的空间分辨率能提供更丰富的细节信息，为湿地内部地物类型的区分提供了有利条件。目前，用于沼泽湿地信息提取的高分辨率遥感数据主要有高分一号、高分二号、QuickBird、GeoEye、WorldView-2 等。

　　光学影像虽然是最主要的遥感数据源，但由于受到云、雨等天气的影响，容易形成无效观测，在一定程度上影响地物识别的精度。云污染对重访周期较长的卫星影像数据影响更为显著，对于大尺度区域和阴雨天气较多的南方地区更易造成数据缺失。基于微波的合成孔径雷达(SAR)弥补了光学影像的不足，其对云层具有很强的穿透能力，可以不受天气影响，对地表进行全天候观测。雷达后向散射系数对地物的介电特性敏感，对植被含水量和土壤含水量以及地表的几何特性(如粗糙度等)具有不同的响应，可以提供不同于光学影像的独特信息。

　　近年来，欧空局先后发射了 12 天重访周期(双星协同可达 6 天)的 Sentinel-1 合成孔径雷达(SAR)卫星和 10 天重访周期(双星协同可达 5 天)的 Sentinel-2 多光谱卫星。这为全球湿地监测提供了前所未有的机会，高重访周期有效地减轻了云污染的影响。并且，Sentinel-2 是目前唯一一颗在红边区域(670 ~ 760nm)内设置了三个波段的卫星，红边波段与植被生化参数(如叶绿素含量)、生物物理参数(如叶面积指数)和植被生物量有很好的相关性，是反映绿色植被生长状态的敏感波段。

　　在湿地监测中将两种甚至多种数据源结合使用已成为一种必然趋势，多源数据的融合可以发挥各种数据源的优势，获得比单一数据源更丰富的信息量，提高影像的空间分解力和清晰度，增加空间信息，提高平面测图精度、分类精度与可靠性，增强动态监测能力，有效地提高了遥感数据的利用率。

17.2.2　湿地遥感图像解译对象和解译内容

　　湿地遥感图像解译的研究对象包括海洋、河流、湖泊、水库、林地、草地、土壤含水量、居民点、工程设施等，一般来说，人们对于湿地的遥感解译研究对象更多地关注湿地植被和水域的面积及分布。

　　湿地遥感图像解译是指：把影响湿地时空分布的相关信息作为遥感图像解译的对象，使用遥感手段将遥感图像信息转变为地物数据信息，为湿地生态系统的调查、保护及发展对策的制定提供重要参考。在过去的 50 年里，遥感技术被用于许多湿地研究领域，通过对遥感图像的解译可以监测湿地水位、水体浑浊程度、水体范围、植被状态、植被类型分布、土地覆盖等要素的动态变化，研究湿地环境中的碳循环和气候变暖、泥炭地火灾释放的碳、湿地水文过程，进行湿地生态评价等。

　　一般来说，湿地遥感图像解译主要应用在湿地资源调查及动态监测、湿地分类以及湿地保护工程成效评估等方面。

1. 湿地资源调查及动态监测

遥感技术可以提供有关湿地资源的海量数据，为大尺度的湿地资源调查提供极大的便利。遥感影像经处理分析后可反映湿地内部的环境状况，可以深入研究湿地情况与周边气候、地形地貌、土地利用、植被变化、湿地生物多样性以及湿地与社会经济发展情况的关系；可以对湿地资源的分布、面积及其湿地生物资源的分布、生长状况和空间格局演变等进行估测。

湿地动态遥感监测是以多时相遥感数据为主要信息源，辅以必要的专题信息，如地质图、地形图、DEM 数据等，结合适当的野外调查，综合利用遥感、地理信息系统和全球定位系统等技术，监测不同时期湿地状况和某个时间段内湿地的变化特征，包括对淹水水位、植被覆盖面积等进行动态监测。其中，对红树林湿地监测研究最为广泛。

2. 湿地分类

综合利用影像的多种光谱和空间特征，同时结合各种遥感指数，如水体指数、植被指数、建筑指数、湿度指数、形状指数、纹理分析等，实现湿地植被的精细分类，联系其他湿地要素定义湿地类型，从而形成较为系统、全面的湿地分类目录。

3. 湿地保护工程成效评估

保护成效评估是基于保护目标，针对主要保护对象的保护效果进行的评估（何兴元等，2017）。通过遥感技术对保护区进行动态监测，建立保护成效评价体系并挖掘破坏湿地生态环境的主要因素，对保护区的生态保护和建设工程产生重要作用。

17. 3 湿地遥感图像解译原理

湿地是水体、植被和土壤的自然综合体，所以利用传统基于像元统计特征的监督分类方法提取的图斑比较破碎，分类结果很难满足应用需要。经过对影像特征进一步分析发现，作为水体、植被和土壤综合体的湿地总体色调明显偏暗，且水体和草地交互出现构成了特殊的纹理结构，因此湿地图像解译需要综合分析各种地物的空间位置和光谱特征。

地物的光谱特征是指自然界中任何地物都具有其自身的电磁辐射规律，如某些地物具有反射、吸收紫外线、可见光、红外线和微波的某些波段的特性，它们又都具有发射某些红外线、微波的特性，这种特性称为地物的光谱特性。光谱特征包括波段均值、亮度值、亮度级差和标准差，通过对光谱特征统计量的计算来获取地物信息，是遥感图像解译的基础。对植被和水体的光谱特征进行观察分析，是湿地解译的主要研究内容。

由于植被不同于水体、建筑等其他地物，具有"红边"现象，即在光谱小于 700nm 附近表现出强吸收，而在大于 700nm 附近呈现高反射的现象，因此将可见光和近红外波段的反射率进行组合，可以增强植被信息，形成各种植被指数。植被指数常被用于监测植被状况，目前归一化差分植被指数（NDVI）是应用最广泛的植被指数之一，其计算公式见式（5-10）。

NDVI 的理论取值范围是 −1~1，NDVI 值大于 0. 1 认为有植被覆盖，值越大表示覆盖情况越好，一般绿色植被的 NDVI 值为 0. 2~0. 8。

水体指数的原理与植被指数类似，同样是根据水体的光谱特征选取相关波段构建水体指数模型来突出水体信息，目前应用最广泛的水体指数是归一化差分水体指数（NDWI），其计算公式见式(5-11)。

　　由于植被和土壤在近红外波段具有较高的反射率，而水体的反射率从绿波段到中红外波段逐渐降低，因此利用绿波段和近红外波段构建水体指数能在增强水体的同时，最大程度地抑制植被、土壤等其他干扰地物的信息。

17.4　湿地遥感解译方法

　　遥感图像的解译从遥感图像的影像特征出发，对预处理后的遥感影像特征进行光谱、形状、纹理及其他分析以区别地物，再进入分类阶段。分类是遥感解译的重点，主要分为监督分类和非监督分类。对于湿地遥感图像的解译，常采用基于随机森林算法的面向对象分类方法。

17.4.1　面向对象分类方法

　　面向对象法是指通过对影像的分割，使同质像元组成对象（陈云浩等，2006），以像元为基本分类和处理单元的局限性，以含有更多语义信息相邻像元组成的对象为处理单元，实现较高层次的遥感图像分类（曹宝等，2006）。湿地遥感信息的提取常采用基于计算机自动分类的面向对象分类方法。

　　面向对象的分类技术突破了传统的基于像元的分类方法，该方法将对象作为分类的单元，通过图像分割的方式，将影像分割为由同质像元组成的大小不一的对象，根据目标地物相关特征属性建立模糊判别规则，对比对象的光谱、形状、纹理等特征对同质性对象进行图像的分类和信息的提取，因此应用在湿地遥感解译中可以很好地将湿地植被与其他地物信息如陆生植物、池塘、农田、建筑等分割开来。

　　面向对象分类方法包括基于样本的分类方法和基于规则模式的分类方法。基于样本的分类有常见的最近邻分类法，基于规则模式则可以通过自定义规则或者机器算法自动提取规则以进行对象的特征分析。利用机器算法提取规则是指选择各类别的样本后，通过机器算法寻找规则并进行分类，面向对象分类程序中一般嵌入支持向量机、决策树、随机森林等常用算法，这些算法在影像分类中结果较好，且有各自的优势（付发群，2020）。

17.4.2　随机森林算法

　　随机森林算法是基于决策树分类器的算法，即指基于决策树的一种集成算法，由多棵决策树构成随机森林，输入待分类样本后，使用集成学习算法进行训练，每个决策树通过投票的方式输出结果（付发群，2020）。

　　随机森林算法的原理是从原始样本数据中，选择 2/3 作为训练样本，每次有放回地从中抽取 N 个样本，每个样本 M 个特征，构建 n 棵决策树，从 M 个特征中随机抽取一个子集，使用基尼指数或信息熵等选择一个最优节点特征来建树，对 n 棵决策树进行投票，选择最优树得到结果。随机森林算法如图 17-2 所示。

　　在湿地遥感图像解译研究中，将随机森林算法应用到面向对象分类中，可以发挥随机

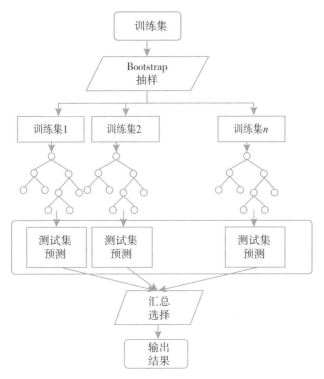

图 17-2　随机森林算法原理(张志禹等，2018)

森林算法的准确率高、可忽略数据值间的差异和无需归一化等优势，能有效评估各个特征在分类问题上的重要性。根据特征的重要性分析各类数据对分类的贡献，可以筛除冗余的特征，选择出最优特征集组合。

17.5　湿地遥感图像解译流程

单时相湿地遥感图像解译是指对某特定时间的单幅湿地遥感图像进行解译和信息提取，计算湿地范围、湿地的要素组成和阈值大小，可以调查湿地资源种类、分布和丰富程度，通过对特征要素的信息提取及综合对比可以确定湿地类型。湿地遥感图像解译一般流程如图 17-3 所示。

1. 选择遥感数据源

湿地监测对遥感影像的空间分辨率有一定的要求。一方面由于湿地范围较小且浑浊度大，另一方面低空间分辨率遥感影像表征地物的可解译性较差，因此很少将其用于湿地监测。尽管中等分辨率的遥感影像的空间分辨率不高，但对于大区域的、宏观的湿地监测相当实用，再结合地面调查和各种参考资料，分类精度基本能满足要求(李建平，2007)。目前，用于沼泽湿地信息提取的中分辨率遥感数据主要有 Landsat 系列、SPOT-4、

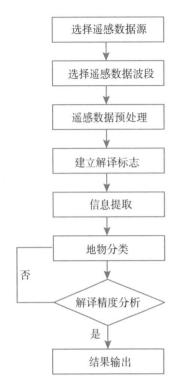

图 17-3　湿地遥感图像解译一般流程

Sentinel-2 等，这类卫星遥感数据的空间分辨率在 10～30m 范围内。

2. 选择遥感数据波段

对于多光谱和高光谱遥感影像来说，应用时需要选择遥感影像中反映地物的敏感波段并进行组合识别地物。如近红外、红、绿波段标准假彩色合成，在植被、土地利用和湿地分析的遥感应用方面，是最常用的波段组合，在这种组合中，植被都显示为红色。

3. 遥感数据预处理

遥感图像预处理过程主要包括：辐射校正、几何校正、波段合成、增强处理、重分类、图像的裁剪与拼接等。一般使用 ENVI 软件进行遥感图像的预处理工作。

4. 建立解译标志

解译标志指遥感图像解译的目标地物，根据遥感图像的色彩、色调、纹理、形状、位置、大小、阴影等因素，结合解译需求和相应的背景资料（如《湿地分类》（GB/T 24708—2009）国家标准等）。按照确定的分类系统对图像进行初判，再与野外调查资料或其他资料进行对比、修正和补充判读结果，最终确定可靠、准确的解译标志。湿地图像的解译一般注重观察植被和水体的影像特征。

5. 信息提取

遥感图像信息提取一般有两种方法：目视解译和计算机自动分类。湿地类型多样，影像特征复杂，有些湿地类型可以通过自动方法提取，而有些湿地类型需要目视判别，所以一般采用自动提取与人机交互解译相结合的方法来提取湿地现状信息。

在信息提取过程中，需要提取地物的空间特征，作为地物分类的标准，在分类过程中也可分为两大类特征：第一类是影像对象特征，即通过对象本身获取的能反映其信息的特征，如光谱、纹理、形状特征等；第二类是相关特征，即一个类别与其他类别间的关联。在空间提取的过程中，需要找到合适的光谱特征以及合适的分类规则为后续的研究奠定基础。

对湿地信息的提取需要综合考虑湿地类型、湿地地域环境及解译需求进行选择。湿地信息提取的一般流程为：首先，由于水体对近红外波段有明显的吸收性，是区分水体与非水体的有效特征，生成影像对象中较大的两种地物；然后，进一步区分水体类别中的天然水体、水田、水库、坑塘、水渠，尤其是水田中水生植被、盐碱沼泽和水体共存的现象，剩余未分类的水体即为天然水体；最后，区分非水体中的建设用地、盐碱沼泽、沼泽湿地、湖滩沼泽、林地及旱地等，由于建设用地有人工修建痕迹，光谱、形状、纹理等特征明显区别于其他地物，可采用标准最近邻法建立合适的特征空间进行提取，其他地物可以根据光谱特征、形状特征和纹理特征进行区分。

6. 地物分类

遥感影像的分类方法主要分为监督分类和非监督分类，在湿地遥感图像解译中常用面向对象分类方法对影像进行多尺度分割后确定分类规则，结合对象的特征信息进行影像分类。

7. 解译精度评价

混淆矩阵是遥感领域中广泛应用的精度评定方法，将实际情况与统计抽样理论结合在一起产生抽样调查方案。基于混淆矩阵遥感影像分类结果的精度评定需要选取具有典型性及准确性的样本数据，并进一步建立混淆矩阵，获取分类结果的总体分类精度、用户精度、生产者精度及 Kappa 系数等精度评价指标，以判断分类结果的准确性（辛秀文，2018）。若解译精度较低，需要返回分类阶段，检查分割因子的设置是否合理。

8. 结果输出

由遥感图像像元大小和目标地物分类结果像元个数可得到各类地物面积，结果将以图或表格的形式展示，还可以进行可视化处理，能更清晰地反映地物的分布状况。

17.6 基于长时间序列遥感图像的湿地范围动态变化监测

目前，遥感信息的分类和提取，主要是利用数理统计与人工解译相结合的方法，但由于其自身的缺陷、遥感图像分辨率的限制及同物异谱、异物同谱现象的存在，往往出现错分或漏分现象，导致分类精度不高。尤其在夏季，地面多为绿色植被所覆盖，湿地植被与其他植被类型之间的界线模糊，导致不同湿地类型重叠的内部界线更不清楚。同时，由于湿地光谱信息往往是湿地植被、水文和土壤等光谱特性的综合反映，而水文、植被、土壤状况又具有季节性变化的特征，因此，仅利用单时相遥感影像监测湿地只能产生时间上的单点信息，难以捕捉到湿地的季节性变化特征中的关键特征，不利于高精度的湿地信息提取。

针对这两种情况，采用多时相遥感影像组合分类方法对湿地进行动态监测，通过利用湿地光谱特征的时间效应，根据湿地植被生境与季相的差异，复合不同时相的遥感图像来提取湿地信息，能取得更好地解译效果，并且可以反映湿地变化特征与过程。

需要注意的是，在选择多时相遥感数据进行变化检测时需要考虑三个时间条件（赵英时，2003）：

（1）应尽可能选择每天同一时刻或者相近时刻的遥感图像，以消除因太阳高度角不同引起的图像反射特性的差异。

（2）应尽可能选择不同年份同一时刻或时期的遥感数据，以减少或消除季节性太阳高度角不同和植物物候差异的影响。

（3）应尽可能选择目标变化最大的对应时间段，以获得更为丰富的变化信息，可通过对不同时间间隔数据的比较分析，确定研究目标的最小或最佳时间分辨率。

根据不同的目的和用途，湿地范围的动态变化检测应用的方法有以下几种。

1. 光谱特征分析法

1）多时相图像叠合

多时相图像叠合法是指在图像处理过程中，将不同时相遥感图像的各波段数据分别以 RGB 图像存储，从而对出现相对变化的区域进行显示增强与识别，便于目视解译，但是无法定量提供变化的类型和面积大小。

2）图像代数运算法

图像代数运算是指对两幅或两幅以上的输入图像的对应像元逐个地进行和、差、积、商的四则运算，以产生有增强效果的图像。图像代数运算是一种比较简单和有效的增强处理，是遥感图像增强处理中常用的一种方法。通过对多时相差值或比值图像的阈值变化图进行分析，实现快速动态监测。

3）多光谱变换

由于多光谱图像存在一定程度上的相关性和数据冗余，对多时相、多光谱图像的线性变换，产生一组新的组分图像，将原多波段中的有用信息集中到尽可能少的新组分中，以突出和提取变化信息，并对分类结果作进一步的比较，可以确定变化的特征。

2. 光谱变化向量分析法

光谱变化向量分析法是基于不同时相图像之间的辐射变化，在相对辐射归一化校正的基础上进行的，着重对各波段的差异进行分析，计算与确定变化的强度和方向特征，是一种特征向量空间变化检测方法。通过对两个不同时间遥感图像的光谱进行测量与计算，来描述从第一时间到第二时间的光谱变化的方向和数量。

3. 时间序列分析法

通过对一个区域进行一定时间段内的连续遥感观测，提取图像有关特征，并分析其变化过程与发展规模。采用这个方法的前提是需要根据检测对象的时相变化特点来确定遥感监测的周期，从而选择合适的遥感数据，且要求遥感监测数据有一定的时间积累，才能得出有价值的连续变化结果。

4. 基于 GIS 的变化检测

通过对遥感分类图与 GIS 专题图的叠合，可以直接检测变化图斑，生成变化分类图像；也可以基于知识的变化检测系统、解译规则与自动检测算法生成变化图像。

17.7　基于高光谱遥感图像的湿地生物多样性解译

17.7.1　常用的星载高光谱影像

1. EO-1 Hyperion

地球观测卫星-1(Earth Observing-1，EO-1)是美国国家航空航天局新千年计划地球探测部分中第一颗对地观测卫星，Hyperion 为全球第一台星载民用和唯一可公开数据的高光谱成像光谱仪，包含 242 个波段，其中包括 35 个可见光波段、35 个近红外波段和 172 个短波红外波段，成像波谱范围为 356~2577nm，波谱分辨率为 10nm，空间分辨率 30m，扫描宽度 7.7km，传感器重访周期 16 天，星下点回归周期为 200 天，影像灰度量化等级为 12bit。

2. 珠海一号 OHS 高光谱卫星

珠海一号卫星星座是由我国发射并运营的商业遥感卫星星座，由 34 颗卫星共同组成，其中，OHS(Orbita Hyper Spectral)高光谱卫星搭载多个 OHS 互补金属氧化物半导体传感器，空间分辨率为 10m，成像范围为 150km×2500km，在 400~1000nm 波段范围内共有 256 个谱段，其中可任选 32 个作为最终产品中的波段信息。常被用于自然资源监测、环保监测、海洋监测、农作物面积统计及估产、城市规划等领域。

3. 高分五号卫星(GF-5)

高分五号卫星是我国"高分辨率对地观测系统重大专项"中 7 颗民用卫星内唯一——颗高光谱卫星，也是这一重大科技专项中搭载载荷最多、光谱分辨率最高的卫星，同时是世界首颗实现对大气和陆地综合观测的全谱段高光谱卫星。搭载了 6 台载荷，可对大气气溶胶、二氧化硫、二氧化氮、二氧化碳、甲烷等气体物质，以及水华、水质、核电厂温排水、陆地植被、秸秆焚烧、城市热岛等多个地表环境要素进行实时监测。其中，AHSI 共具有 330 个波段，光谱范围覆盖 400nm 至 2500nm 波长区域，包括 150 个 V-NIR 波段(光谱分辨率为 5nm)与 180 个 SWIR 波段(光谱分辨率为 10nm)；空间分辨率为 30m。

17.7.2　高光谱遥感的应用

随着高光谱遥感的快速发展，这项技术已经被普遍应用在许多领域：在林业监测中，高光谱技术可服务于森林资源调查；在环境探测中，主要用于生境评估及其变化；在土地资源研究中，广泛用于矿产探测、森林资源调查、土地分类、城市规划、土地沙漠化和土壤退化速度调查等工作；在农业监测中，适用于农作物生长状况和产量评估、作物识别和病虫害观测等研究。

湿地蕴藏着丰富的自然资源，对气候环境起调节作用，是人类赖以生存的重要生态环境。随着近年来湿地保护政策及规划的落实，全国各地的湿地生态环境恢复工作颇有成效，生物多样性是湿地生态系统健康评价的重要标准，而湿地植被是湿地生态系统中的重要组成部分，是湿地生态系统监测的重点，也是衡量湿地生物多样性的重要指标。

20 世纪 80 年代以来出现的高光谱数据，克服了传统遥感技术无法实现对地物精细分类的缺点，极大地改善了地物识别特征和分类精度。在湿地遥感中，高光谱技术常应用于湿地土壤、水体和植被信息提取，湖泊边界区分及水位线划分等方面，此外，也常用于湿地植被监测、植被群落精细分类、植被生物量估算等方面（张飞，2019）。

基于高光谱遥感影像衡量湿地内生物多样性的丰富程度，首先要经过对湿地遥感图像的解译，将地物进行明确的分类，以达到生物多样性指数计算的精确性。数据处理技术仍然是影响湿地植被识别的重要因素，针对高光谱影像的特点及局限性，提出以下数据处理办法。

1. 光谱增强

高光谱影像包含非常多的波段，每个波段相对普通多光谱遥感影像而言是窄的，且波段之间是连续的，这样能够更好地记录地物的光谱特征，并且能较好地描述地物之间的波谱差异性。但是当对高光谱遥感影像进行精细分类时，有些地物的光谱特征相似性仍然较高，需要通过光谱特征增强来扩大差异。

遥感图像上的每个像元覆盖了不同的植被个体种、植被群落结构及不同的土壤类型等，这些不同的生态系统属性或要素的亮度值变化很大，影响到整个像元的光谱反射率，对于物种丰富、植被间光谱差异大、地物光谱反射率存在较大差异的研究区域，一般采用光谱增强的方法对湿地影像进行处理并分析。

1）一阶光谱微分分析

光谱微分技术可以确定反射和吸收参数，主要是通过微分值的计算，显示出光谱极值点，进而提取出上述两个参数。有相关研究表明，大气的吸收和散射作用会对光谱产生一定程度的影响，而光谱微分技术可以减弱这些影响，克服低频背景光谱对目标光谱的干扰，从而突出目标光谱。其计算公式如下：

$$\rho'(\lambda_i) = \frac{d\rho(\lambda_i)}{d\lambda} = \frac{\rho(\lambda_i) - \rho(\lambda_{i-1})}{\Delta\lambda} \tag{17-1}$$

式中，λ_i 指波长；$\rho(\lambda_i)$ 是波长 λ_i 处的反射率值；$\rho'(\lambda_i)$ 代表波长 λ_i 反射率的一阶微分值；$\Delta\lambda$ 为波长 λ_{i-1} 到波长 λ_i 之间的间隔。

一阶微分变换后，体现的主要是原始光谱曲线的变化速率，根据变化速率的不同，在一阶微分光谱曲线上表现为不同的极值点，从而为不同湿地地类的识别提供特征波段的参考。但需要注意的是，一阶微分在处理直接从影像中获取的光谱时，放大了高频噪声对光谱的干扰，因此，是否将一阶微分处理后的影响用作地物分类还需考虑实际情况。

2）对数光谱分析

对光谱反射率值进行对数变换后，可以增强波段间光谱差异。对影像的对数变换的公式如下：

$$\log[\rho(\lambda_i)] \tag{17-2}$$

式中，λ_i 为高光谱数据波长；$\rho(\lambda_i)$ 为高光数据在波长 λ_i 处的反射率值。与原始光谱对比，经过对数光谱分析后的地物光谱斜率增大，差异性增强，能更好地识别分类地物。

2. 高光谱数据的降维

高光谱图像的波段非常多，有助于识别地物，但也正是因为它的数据量巨大容易造成信息冗余，致使在数据处理时计算量大，进而导致分类耗时和精度降低。为了提高分类精度，同时又能保证分类效率，通常需要对高光谱影像数据进行降维处理，使波段维数在减少到某个数量时，分类精度能够与原始影像相当。对湿地高光谱影像进行降维处理后信息量较大，有利于增强湿地植被的可分性。

1) 主成分分析

主成分分析(PCA)是最基本的高光谱数据降维方法，高光谱影像经过主成分分析后，信息量是随分量编号的增加而依次减少的，即分量编号越大，所含有的信息量越少，变换以后编号排序在前的几个分量中包含了原来影像的绝大多数信息。

2) 独立成分分析

独立成分分析(ICA)变换是一种信号处理分解技术，这种技术是研究非高斯源信号的，可以将隐含的独立信号从混合信号中分离出来。这种方法也是基于数据之间统计信息，但该统计信息属于高阶统计信息，能更好地消除信号之间的关联性，在取得高压缩率的同时也能很好地保持数据的普特性。ICA方法在感兴趣信号不明显的情况下占有优势，常用于对感兴趣信号进行特征提取。

3) 最小噪声分离

最小噪声分离(MNF)也是一种常用的高光谱降维方法，它可以使波段间相互独立，并且将主要信息集中在少数的几个波段上，起到压缩数据的作用，是以分离数据中噪声为特点的高光谱影像降维方法。最小噪声分离变换的实质是进行了两次主成分分析变换。经过最小噪声分离变换后，各分量的信息量随着所含噪声的增多而逐渐减少，即噪声是升序排列，而信息量是降序排列的。

3. 混合像元分解方法

由于高光谱遥感影像空间分辨率较低，使得影像中的像元内可能有多种地物类型，导致像元光谱信息由多种地物光谱混合而成。同时由于成像过程中可能存在较为复杂的光谱反射或散射情况，引起非线性光谱混合现象。

混合像元是指一个像元中包含多种地物，像元光谱信号的组成成分即为端元，解混的最终目标是将高光谱数据中像元光谱分解为基本组分光谱(即端元)和对应的组分比例(即丰度)。高光谱解混结果所提供的亚像元级信息能有效提升精细地物分类、目标检测和目标识别等任务的精度，对发挥高光谱遥感图像的应用潜力具有重要意义。高光谱混合像元分解主要依赖3种混合模型，即线性模型、非线性模型以及正态组分模型。其中，线性模型提出得最早，且在大部分场景下能够很好地反映光散射机理，具有易于理解、实施简单且适应性高的特点，也是应用最广泛的模型。在湿地遥感图像解译过程中采用混合像元分解的方法，能有效提高解译精度，确保湿地植被识别的精确性，从而更好地衡量湿地生物多样性。

17.8　湛江湿地红树林解译实践

红树林是生长于热带与亚热带海岸潮间带滩涂上的常绿阔叶林,受海水周期性浸淹,是一种特殊森林类型,同时是最具生命力的四大海洋自然生态系统之一(邓国芳,2002)。红树林在防风御浪、保护海堤、固碳、改善海湾环境和维持沿海湿地生物多样性等方面都有着不可替代的重要作用,对全球环境、气候变化具有重要的指示意义,也为周围居民提供宝贵的森林生态产品和丰富的经济价值。

红树林分布于潮间带浅滩,由于潮起潮落,浅滩可达性较差,实地调查费时、费力,效率低且不能获得完整的红树林空间分布信息。通过遥感实时监测红树林发展状况并获得红树林信息是红树林研究的主要方法。

总的来说,目前红树林遥感发展趋势分为以下三点(李春干,2013)。

(1)中分辨率遥感数据(如 Landsat、SPOT 等)在探究红树林空间分布中得到广泛应用。

(2)高空间分辨率图像(VHR)、偏振合成孔径雷达(PoLSAR)、激光雷达(LiDAR)、干涉合成孔径雷达(InSAR)、高光谱等遥感数据,和面向对象的图像分析、空间图像分析(如图像纹理)、机器学习算法等在红树林种类、叶面积、高度、群落生物量详细特征提取中的应用越来越广泛。

(3)现有 Hyperion 高光谱传感器和现有陆地森林遥感方法的应用,以及 ALOS-PRISM、ALOS-PALSAR、Radarsat-2、WorldView-2 和 GeoEye-1 等新型传感器将成为新的研究方向。

红树林遥感图像解译是指将红树林作为遥感图像解译的对象,通过遥感技术,提取红树林数据和图像信息对红树林湿地地物进行分类和研究。位于潮间海域的红树林是湿地重要组成部分,红树林面积和种类的变化等为生态环境与社会经济协调发展提供重要依据和决策参考。

本节基于中空间分辨率遥感数据进行图像解译,提取单时相的红树林分布范围,并监测近年来红树林湿地范围的动态变化。

17.8.1　研究区域及内容

广东省湛江红树林国家自然保护区作为我国现存红树林面积最大的自然保护区,在控制海岸侵蚀、抗御台风、减缓潮水流速、促淤造陆、保护堤岸、吸收转化污染物、净化海水等方面发挥着极重要的生态作用。保护区呈带状散式分布在广东省西南部的雷州半岛沿海滩涂上。在以往的研究中发现,当红树林面积过小时,红树林的分类精度会受到影响而降低,而湛江市高桥地区的红树林面积范围广,树种丰富多样,因此,本节将湛江西北部高桥红树林保护区作为研究区,位于 109°43′47″—109°48′26″E, 21°28′08″—21°36′26″N,辖区面积 76km²,靠山面海,属热带和亚热带季风气候,年平均气温 21.9℃,年均降雨量为 1756mm,全年无霜期一般长达 350 天以上。

本节以广东省湛江红树林国家级保护区高桥地区的红树林生态系统为例,将卫星影像中的中分辨率遥感数据作为数据基础,采取不同的波段组合,并进行空间增强和光谱增强等预处理，采用面向对象的分类方法和随机森林算法，全面对比地物的图像表征，综合运用多种对比分析的方法，减少解译误差，提高解译精度。

17.8.2 数据源及其处理

1. 数据源

欧空局于 2014 年和 2016 年分别发射了 Sentinel-1 和 Sentinel-2 两种卫星，前者为雷达卫星，后者为光学遥感卫星，可用于陆地监测，可提供植被、水体覆盖、海岸区域等图像。Sentinel-2 卫星携带一枚多光谱成像仪（MSI），包括了两颗卫星极地轨道相位成 180° 的多光谱高分辨率光学卫星，即 Sentinel-2A 与 Sentinel-2B。Sentinel-2 作为中等空间分辨率影像，较好地兼顾了空间分辨率与光谱分辨率，同时，特别的空间分辨率与宽视场和高光谱分布范围的结合，使其与其他多光谱影像相比迈进了一大步，成为提取植被最好的数据源，也是近年来研究提取红树林分布范围、进行红树林动态监测的热门数据源之一。Sentinel-2 各级别数据简介如表 17-1 所示。

表 17-1 **Sentinel-2 各级别数据介绍**

数据格式	数据介绍
Level-0（L0）	由卫星传送的原始数据，以压缩数据格式存在，含有 Level-1A 数据信息
Level-1A（L1A）	解压 Level-0 后的数据，包含的波段中短波红外经过顺序重排
Level-1B（L1B）	基于 Level-1A 格式，经过辐射校正，地面控制点集合精校准操作的数据
Level-1C（L1C）	基于 Level-1B 格式，完成图像的重采样，正摄校正以及大气表现反射率计算过程，包含辐射定标数据，云、陆地、水体掩膜数据
Level-2A（L2A）	基于 Level-1C，经过大气底层反射校正后的数据格式，包括水汽和云层分布图等
Level-3（L3）	采用神经网络方法，由训练样本得到所需的光学和水质参数，可通过 SNAP 的大气校正模块处理

本节基于 2016—2021 年的 Sentinel-2 数据，对湛江市高桥地区的红树林影像进行提取。其中，数据级别有 L1C 和 L2A 两种，共获取了 37 幅无云或少云的影像数据，影像分辨率为 10m。为了研究红树林的动态变化特征，本节从 37 幅影像中选取了 2016—2020 年冬季共 5 幅影像进行红树林面积及分布范围的提取，其中，获取的 2020 年 12 月 8 日遥感影像如图 17-4 所示。

除了直接从欧空局处下载遥感数据的方法外，还可以通过 Google Earth Engine 平台调用 Sentinel-2 数据，并在平台上进行完整的数据预处理、数据处理、监督分类、精度验证等过程。Google Earth Engine（简称"GEE"）是 Google 提供的对大量全球尺度地球科学资料进行在线可视化计算和分析处理的云平台，能够存取卫星图像和其他地球观测数据库中的资料并具备运算能力对这些数据进行处理。其运行步骤主要为代码编写、API 请求、计算服务器操作和结果输出。图 17-5 为数据调用代码。

图 17-4　2020 年 12 月 8 日 Sentinel-2 L2A 数据（假彩色合成）

```
1   var IC2020 = ee.ImageCollection('COPERNICUS/S2_SR')
2                   .filterDate('2020-12-01', '2020-12-31')
3                   .filter(ee.Filter.lt('CLOUDY_PIXEL_PERCENTAGE',20))
4                   .filterBounds(roi)
5                   .map(maskS2clouds);
6   print('IC2020',IC2020);
```

图 17-5　数据调用代码

其中，第 1 行为调用 Sentinel-2 的 SR 数据，第 2 行为日期选择，第 3 行为筛选云量小于 20 的影像，第 4 行为筛选 ROI 内的图像。选取 2021 年 1 月影像如图 17-6 所示。

2. 数据预处理

Sentinel-2 数据包含 L1C 与 L2A 两个数据级别，其中 L1C 级别数据已完成几何精校正与正射校正的数据预处理过程，可在欧空局上直接下载。L2A 级别的数据需要利用 SNAP 软件的 Sen2cor 插件，使用 Windows 命令配置调用插件，利用插件进行辐射定标与大气校正等预处理，本节需要经过数据裁剪、大气校正、辐射定标、重采样、波段融合等数据预处理过程。

1）数据采集与裁剪

由于下载的 Sentinel-2 图像数据数量较大，因此在下载前需要对影像进行筛选与裁剪，选择符合研究区域的范围后进行后续处理，明确研究的范围，提高图像的质量。

2）大气校正

为了消除大气和光照等大气因子对地物反射的影响，实现对地物的真实反演，需要对所获得的图像进行大气校正，保证传感器接收地物光谱的真实性。使用 SNAP 软件中的插件 Sen2cor 进行大气校正。

3）辐射定标

为了减少地形地势、传感器系统、传感器观察角度等因素对图像数据精度的影响，需要对数据进行辐射定标。利用 SNAP 软件中的插件 Sen2cor 进行辐射定标，以减少结果误差。经过大气校正和辐射定标后的图像数据级别达 L2A 级别。

4）重采样

经过辐射定标和大气校正的图像数据，并不能在 ENVI 上识别，同时，由于原始像元并不是均匀分布的，这导致了不同波段的像元分辨率也不相同，针对这些问题，需要在 SNAP 软件上对大气校正后的 10m 分辨率数据进行重采样。在多种重采样的方法中，最近邻方法具有运算量小，简单、快捷，且获得的像元保持着原始的像元值的特点。结合研究需要，使用最近邻方法进行图像重采样，并在最后的结果输出处转换成 ENVI 可识别的数据格式，如图 17-7 所示。

图 17-6　2021 年 1 月图像

图 17-7　重采样后的图像数据

5）波段融合

经过重采样后的图像数据尚未达到研究的要求，还需要把空间分辨率、光谱分辨率以及时间分辨率相异的数据统一成一个整体，利用对方的互补信息消除冗余数据，使最终遥感数据更丰富、更清晰。本研究使用 ENVI 软件对重采样后的图像数据进行波段融合，最终得到 10m 分辨率的多光谱图像，如图 17-8 所示。

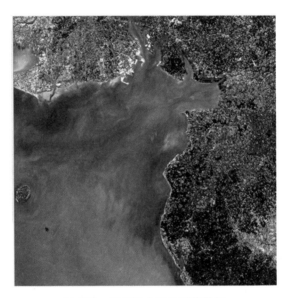

图 17-8　波段融合后的图像数据

除了可以利用 Sen2cor 插件进行数据预处理外，还可以通过 GEE 直接调用存储在平台中的遥感数据并在平台中进行预处理。

本节调用的是 GEE 中 Sentinel-2 的 SR 数据，在 GEE 中的 SR 数据是已经过大气校正的地表反射数据，因此只需要进行去云处理即可。去云的原理是利用 Sentinel-2 自带的质量波段 QA60，通过按位运算去除云或者云阴影。QA60 波段如图 17-9 所示，去云处理的主要代码编写如图 17-10 所示。

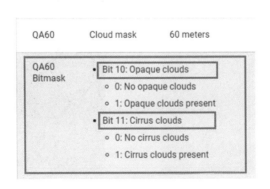

图 17-9　QA60 波段信息

```
function maskS2clouds(image) {
  var qa = image.select('QA60');
  var cloudBitMask = 1 << 10;
  var cirrusBitMask = 1 << 11;
  var mask = qa.bitwiseAnd(cloudBitMask).eq(0)
      .and(qa.bitwiseAnd(cirrusBitMask).eq(0));
  return image.updateMask(mask).divide(1);
}
```

图 17-10　去云处理主要代码

其中，qa. bitwiseAnd(cloudBitMask). eq(0) 表示选择不透明云，按位运算，并且让 bit10 位置的值等于 0，生成云掩膜；qa. bitwiseAnd(cirrusBitMask). eq(0) 表示选择卷云，按位运算，并且让 bit11 位置等于 0，生成卷云掩膜。使用 and 将两个掩膜合并加起来生成云和卷云的共同的整个掩膜 mask；使用 . updateMask(mask) 更新掩膜。图 17-11 对比了研究区去云处理前、后的遥感图像。

（a）去云前　　　　　　　　　　（b）去云后

图 17-11　去云前、后效果对比

3. 数据处理

面向对象的遥感图像分割针对高分辨率遥感图像。与基于像元的传统分类方法不同，

345

该方法基于图像的光谱、纹理和形状等特征将图像划分为多个对象，最小的单元不再是像元，而是单个对象。通过对图像进行分割，可将具有相同或相似特征的像元组合成一个对象。由于单个对象是由多个邻近像元组合而成，除了可以计算光谱、纹理和形状特征外，还可以建立起对象之间的邻接拓扑或上下层间的隶属关系，从而更全面地描述对象以达到提取地物特征的目的。

1）影像分割

作为面向对象分类方法的重要一环，图像分割的结果直接关系到图像分析。图像分割指根据某些特征或特征集的相似性原则，将某一差异较小但同质性较大的不重叠像元区域合并为一个对象，需要选用合适的分割算法设置最优参数，将像元合并为对象后再基于对象进行分类。分割后每个对象区域内的像元之间具有良好的相似性，这种相似性常指光谱、形状、纹理等特征；同时每个对象区域之间存在较大的异质性。

图像分割方法分为两种：一种是自上而下的方法，即根据待分割图像的知识规则与先验模型进行分割；另一种是自下而上的方法，即直接根据自身的特征进行分割，大多数的遥感图像分割都属于后者。eCognition 软件采用分型网演变技术（Fractal Net Evolution Approach，FNEA）对图像进行分割，其主要的分割算法有棋盘分割、四叉树分割、多阈值分割和多尺度分割，其中多尺度分割算法是目前应用最广泛的一种算法，也是采用面向对象分割技术对图像进行分析的基础及核心。

本节结合研究区的图像情况，基于 eCognition 9.0 软件对预处理后的图像数据采用多尺度分割算法进行图像分割。多尺度分割算法属一种自下而上的算法，首先基于像元按异质性最小原则合并成较小的对象，再根据对象之间的异质性合并成较大的对象，在特定的分割尺度下，达到设置的最小异质性时完成分割，这是不断合并的过程，也需要通过设置参数来改变分割的结果。

（1）分割参数设置。多尺度分割是指通过对光谱参数、形状参数以及分割尺度等进行设置，将同质性较大的相邻像素合并成对象，以这个对象为基础，不断地合并与重复，直至对象异质性超过所设的阈值，最终实现对象内部同质性最大化的过程。

多尺度分割方法主要需要设置四个参数：分割尺度、波段权重、形状因子以及紧致因子。要寻找适合的参数并达到理想的分割效果，需要不断地实验与尝试。

分割尺度：是多尺度分割中重要的参数，通过参数的设置来影响分割的效果，分割尺度的大小影响异质性对象区域内的像元点的数量，分割尺度设置越大，形成的对象区域也越大，过大或过小的分类参数都不利于对象的分类，从而影响分类的结果。过大的分割尺度容易混合像元，过小的分割尺度易将生成对象分得细碎，相邻的同种地物没有合并为一个对象。

波段权重：是用来对影像的各个波段参与分割的权重进行描述，由于部分波段会对影像的分割产生作用，而个别波段又会干扰图像的分割，波段权重的设置对结果影响较大。因此常对包含信息较多且对地物区分作用较大的波段设置较大的权重，一般设置为 1，对作用较小或无关波段设置小的权重，或设置为 0，即不参与分割。

形状参数和紧致度参数：异质性由光谱异质性和形状异质性组成，两者权重之和为1。其中，形状异质性又由平滑度和紧致度来表示，两者的权重也为 1，因此只需在

eCognition 9.0 软件中设置形状参数与紧致度参数即可。

在设置分割参数时，由于光谱特征包含了大部分信息，因此光谱因子一般设置较大，但又不宜过高，合适的形状因子会使分割对象边界几何形状变好。通常将形状因子设置在 0.2 左右，而光谱因子则为 0.8。形状因子由紧致度和平滑度表示，紧致度描述的是分割对象整体的紧致程度，对建设用地、道路等形状规则地物较有利；而平滑度表示对象的边缘的平滑程度，对水体等设置效果较好。本节将紧致度设为 0.5，平滑度设为 0.1。详细的分割参数设置过程，需要不断地实验与摸索，通过固定某一参数，依次更改另一参数，比较分割的结果，最终选择最优的参数结果。

（2）最优分割尺度选择。目前大部分的研究常采用试错法获取分割尺度大小，同时结合目视解译进行判读，在分割的过程中需要不断尝试，观察分割结果，选择最合适的分割尺度，这个过程往往需要花费大量的时间，并且修改过程只能是手动修改，特别是在面对数据量大的情况，尝试过程就显得十分困难与缓慢。

本节基于 eCognition 9.0 平台借助 ESP2 尺度评价工具寻找最佳分割尺度，ESP 工具的原理是选用局部方差法确定最优分割尺度，在运行工具得到的结果图中局部变化率的峰值处，即影像中各种地物的最优分割尺度。

首先固定分割的光谱因子和形状因子，再设置起始尺度与增加步长，处理得到的局部变化图。需要注意的是，在调节光谱因子与形状因子时，光谱因子中的形状指数不宜过大。在 eCognition 软件中，本节所用到的 ESP2 工具参数设置如图 17-12 所示。

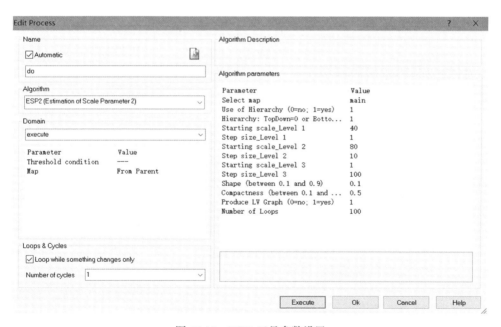

图 17-12　ESP2 工具参数设置

局部变化率结果如图 17-13 所示。在得到结果图并找到峰值以后，可直接选用峰值对应的分割尺度做多尺度分割实验，寻找每种地物对应的最优尺度。在本节中，ESP2 计算结果初步得到 4 个备选最优分割尺度，分别为 44、51、68 和 82，综合考虑地物类型及分布特点，适当调整了分割参数并进行人工判读，最终确定 51 为最优分割尺度。

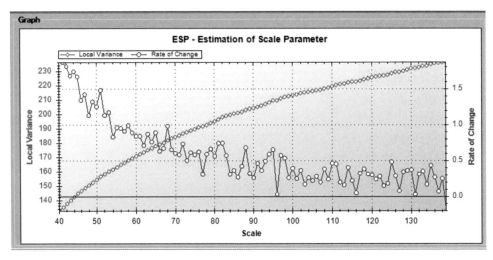

图 17-13　局部变化率

（3）多尺度分割与光谱差异分割的结合：能够将亮度值较为接近的对象进行合并，减少分割对象的数量，这种方式较适合在第一步执行多尺度分割时，将尺度参数设置得较小，实现对影像的过分割。第二步采用光谱差异分割，对过分割现象进行一定的改善。应用这样的分割组合方式与建立多个分割层或手工逐次试验以期找到最佳分割参数设置相比，具有较高的普适性与可推广性。

但是光谱差异分割不能基于像素层来创建新的分割层，它仅是一种分割优化手段，需要在其他分割算法得到的分割结果基础上，通过分析相邻分割对象的亮度差异是否满足给定的阈值，来决定是否将对象进行合并。

2）空间特征提取

空间特征的提取是指在面向对象分类的过程中，有助于地物分类的各类特征，如光谱、形状、纹理特征等，主要分为图像对象特征和相关特征。在空间提取的过程中，需要找到合适的光谱特征以及合适的分类规则为后续的研究奠定基础。本节基于 eCognition 软件选取了光谱特征、形状特征、纹理特征和自定义特征，并利用随机森林算法评估特征的重要性，将特征优选后的最优特征集参与分类后的结果作为最终结果。

（1）光谱特征：是指影像包含的光谱信息，其作为最有效且最常用的特征，遥感图像的信息提取大部分依靠光谱特征，其蕴含了大量地物信息，面向对象的光谱特征是基于对象提取得到的，在特征选择模块中，可选择波段的均值、方差等。本节提取的光谱特征包括波段均值（Mean）、亮度值（Brightness）、亮度级差（Max. diff）和标准差（Standard Deviation），具体含义如表 17-2 所示。

表 17-2 各特征值及其含义

特征名称	特征描述
均值	单波段对象中所有像素灰度的平均值
亮度	对象内所有波段亮度的平均值
亮度级差	对象内所有波段中最大像元值与最小像元值之差与对象亮度的比值
标准差	对象内所有波段亮度值的标准差值

（2）形状特征：形状信息作为地物本身的形状的一个标识，在遥感的目视解译阶段，形状信息是地物分类的主要信息，形状特征作为面向对象的一个重要的描述对象的几何特征，它的存在更有利于识别与提取规则形状的地物，主要形状特征及其描述如表 17-3 所示。本节选取的形状特征包括紧致度（Compactness）、边界指数（Roundness）、密度（Density）、面积（Area）、长宽比（Length/Width）、长度（Length）、宽度（Width）、边界长度（Border length）、形状指数（Shape Index）、椭圆拟合度（Elliptic Fit），对提取湿地上的红树林有重要的积极作用。

表 17-3 形状特征及其描述

特征名称	特征描述
面积	对象所包含的像素数
长度	与对象具有等价二阶矩的椭圆的长轴长度
宽度	与对象具有等价二阶矩的椭圆的短轴长度
长宽比	长度与宽度的比值，描述对象的狭长程度
边界长度	对象与其他对象共享的边缘和/或整幅影像的部分边缘和
紧致度	对象扩展度的倒数
形状指数	描述对象表面平滑度，表面越光滑，其值越低
边界指数	描述对象的边界复杂度，边界越复杂，其值越大
椭圆拟合度	描述对象在大小与比例相似的椭圆中的拟合度，0 表示不匹配，1 表示匹配
密度	描述对象在像素空间中的分布

（3）纹理特征：作为一个全局部性特征，其刻画了图像中重复出现的局部模式与它们的排列规则，主要用来描述地物对象内部的特征，需要基于对象尺度进行计算。纹理特征的分析在高分辨率图像信息中有着广泛的运用，纹理特征的提取有灰度共生矩阵、灰度差分统计、局部灰度统计等方法。最为广泛使用的是灰度共生矩阵法，其具有易于实现、方法简单的特点，通过统计不同灰度值对的共现频率得到灰度共生矩阵，基于矩阵可计算出 14 种统计量，这也是本节运用的纹理特征提取方法。灰度差分矢量（GLDV）是在灰度共生矩阵基础上产生的，它反映灰度分度情况和纹理的粗细程度。

本节选取的纹理特征包括灰度共生矩阵的同质性(Homogeneity)、反差(Contrast)、差异性(Dissimilarity)、熵(Entropy)、角二阶矩(Angular Second Moment)、均值(Mean)、标准差(Std Dev)和相关性(Correlation),以及灰度差分矢量(GLDV)的熵、均值和反差,统计量特征描述如表 17-4 所示,移动方向取 0°、45°、90°、135° 及全方位(all dir.)。

表 17-4 纹理特征及其描述

特征名称	统计量特征描述
同质性	度量图像纹理的局部变化,其值越大,说明纹理区域间变化不显著;其值越小,说明纹理区域变化显著
反差	描述图像的清晰度与纹理沟纹深浅的程度,其值越大,纹理沟纹越深,视觉效果越清晰;反之亦然
差异性	度量与反差相类似,但以线性增长,局部对比度越高,则差异性也越高;反之亦然
熵	描述图像包含信息量的随机性度量,表示纹理的规则程度或非均匀程度,越有序越均匀,熵越小;反之亦然
角二阶矩	体现图像灰度分布的平均水平与纹理粗细程度
均值	反映纹理的规则程度,纹理杂乱且难以描述,其值越小;反之亦然
标准差	反映像元值与均值的偏差程度,图像灰度变化越大,标准差越大;反之亦然
相关性	描述元素之间的相似程度,其值越大,说明元素间相似性越强

(4)自定义特征:由于高分辨率图像普遍存在同物异谱和异物同谱的现象,若仅利用原始的光谱信息进行地物的识别,是难以取得良好效果的。因此,本节利用一些辅助的指数来提高分类精度。常用辅助指数有:归一化差分植被指数(NDVI)、归一化差分水体指数(NDWI)、归一化差分建筑指数(NDBI)、比值植被指数(RVI)、植被水分指数(NDMI)等,具体公式如表 17-5 所示。本节结合研究区域特点,选用了归一化差分植被指数、比值植被指数、植被水分指数、地表水分指数、改良土壤调查植被指数、归一化差分水体指数、改进归一化差分水体指数、归一化差分建筑指数。

考虑到该研究区位于北部湾沿海湿地,而红树林主要分布在平均潮位线与平均大潮高潮位线之间的潮间带区域,潮间红树林如图 17-14 所示,为了提取涵盖受潮汐作用的影响而被淹没的潮间红树林,我们增加了潮间红树林指数(NIMI)、淹没红树林指数(IMFI)与海岸带盐沼植被指数(CSMVI),公式如表 17-5 所示。

表 17-5 中,V_6 代表 Sentinel-2 中 6 波段的反射率,V_7 代表 Sentinel-2 中 7 波段的反射率。

在 GEE 平台中,光谱特征可以通过后台自动计算,但对于一些自定义特征需要进行代码编写,本节基于 GEE 平台的部分自定义特征计算代码如图 17-15 所示。

表 17-5 各指数简称及计算公式

指数全称	简称	计算公式
归一化差分植被指数	NDVI	$(NIR-R)/(NIR+R)$
比值植被指数	RVI	NIR/R
植被水分指数	NDMI	$(NIR-SWIR_2)/(NIR+SWIR_2)$
地表水分指数	LSWI	$(NIR-SWIR_1)/(NIR+SWIR_1)$
改良土壤调整植被指数	MSAVI	$0.5\times\{(2\times NIR+1)-sqrt[(2\times NIR+1)^2-8\times(NIR-R)]\}$
归一化差分水体指数	NDWI	$(G-NIR)/(G+NIR)$
改进归一化差分水体指数	MNDWI	$(G-SWIR)/(G+SWIR)$
归一化差分建筑指数	NDBI	$(SWIR-NIR)/(SWIR+NIR)$
潮间红树林指数	NIMI	$(3\times R-(V_6+V_7+NIR))/(3\times R+V_6+V_7+NIR)$
淹没红树林指数	IMFI	$(B+G-2\times NIR)/(B+G+2\times NIR)$
海岸带盐沼植被指数	CSMVI	$\frac{NIR-(2\times R-B)}{NIR+(2\times R-B)}\times\left(\frac{3}{2}+\frac{1}{2}\times\frac{G-NIR}{G+NIR}\right)$

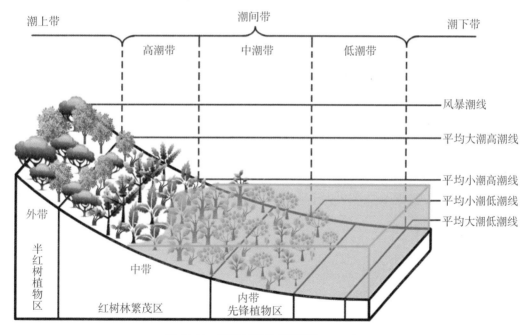

图 17-14 潮间红树林(贾明明, 2014)

3)特征优选

在大多数情况下,一个数据往往集中大量特征,为了提高面向对象分类方法的分类精度,可选择多种特征参与分类。但对于某些研究来说,过多的特征参与分类也可能导致数

```
function NDVI(image) {
  var ndvi = image.expression("ndvi = (NIR - R) / (NIR + R)", {
    NIR: image.select("B8"),
    R: image.select("B4")
  });
  return image.addBands(ndvi);
}


function MNDWI(image) {
  var mndwi = image.expression("mndwi = (GREEN - SWIR1) / (GREEN + SWIR1)", {
    GREEN: image.select("B3"),
    SWIR1: image.select("B11")
  });
  return image.addBands(mndwi);
}


function CSMVI(image) {
  var csmvi = image.expression("csmvi = ((NIR-(2*R-B))/(NIR+(2*R-B)))*((3/2)+(1/2)*((G-NIR)/(G+NIR)))", {
    NIR: image.select("B8"),
    R: image.select("B4"),
    G: image.select("B3"),
    B: image.select("B2")
  });
  return image.addBands(csmvi);
}
```

图 17-15　部分自定义特征计算代码

据冗余，增加分类的误差，减弱分类的效果。因此，分类特征的选择是一个重要的环节。对于特征较多时，并不是所有特征都对分类有贡献，通过随机森林算法可对各种特征进行重要性的评估，根据评分选择贡献较大的特征，这有利于提高分类的速度，改善分类的结果，减少分类的误差。因此，本节使用 Salford Predictive Modeler(SPM)软件对随机森林的特征重要性得分进行评估，优选出分类特征，再进行分类，由此提高实验的分类精度。

将各特征加载入 SPM 软件中，选择随机森林算法，运行得到特征重要性得分表，同时，根据特征重要性评分从大到小，依次加入特征，得到特征变量个数与分类精度关系图如图 17-16 所示。关系图反映出在加入几种特征时分类结果最佳，得出最优特征组合，如图 17-17 所示。

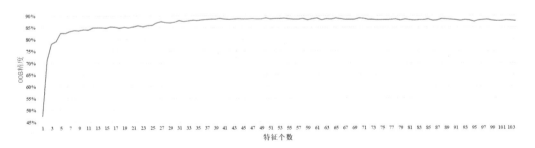

图 17-16　特征变量个数与分类精度关系图

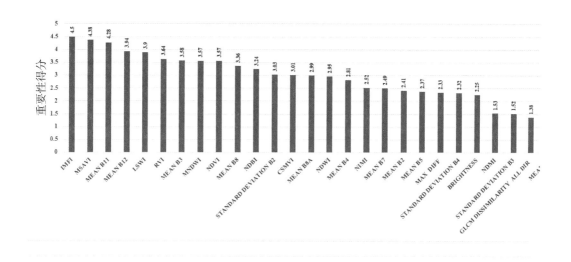

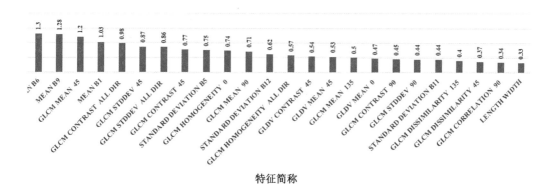

特征简称

图 17-17 最优特征组合

4) 面向对象的随机森林分类

与传统的基于像素的分类技术相比，面向对象的图像分类技术考虑了影像的光谱、空间和纹理等各种信息，有效减少了椒盐现象的产生；随机森林算法是一种通过多棵决策树进行优化的算法。影像经过多尺度分割后，像元被分割为具有物理意义的对象，但是相邻的同质对象没有被合并，需要对图像进行光谱差异分割处理。经过优化处理后，相邻的同质对象被合并，得到的分类结果更具有整体性，避免了异常像素值造成的椒盐现象。

本节利用 eCognition Developer 9.0 软件开展研究。在面向对象的随机森林分类基础上，采用随机森林算法，对红树林所在的湿地进行遥感分类。

5) 精度验证

本节利用混淆矩阵进行计算分析，对比评价各分类方法提取结果的精度。混淆矩阵是由真实值与预测值构成的比较阵列，由混淆矩阵派生的评价指标有：用户精度(UA)、制图精度(PA)、总体精度(OA)和 Kappa 系数。本节选取这 4 个指标对分类结果进行验证。

Kappa 系数值介于 0~1 之间, 对其进行等级划分。当 Kappa 值大于 0.8 时, 说明分类结果较好; 介于 0.6~0.8 之间, 说明分类效果一般; 小于 0.6, 可认为其分类效果较差。

17.8.3 结果分析

1. 分类精度

研究区提取分类的精度验证结果如表 17-6 所示。2016 年总体分类精度为 80%, Kappa 系数为 0.747; 2017 年总体分类精度为 77%, Kappa 系数为 0.718; 2018 年总体分类精度为 81%, Kappa 系数为 0.760; 2019 年总体分类精度为 81%, Kappa 系数为 0.768; 2020 年总体分类精度为 77%, Kappa 系数为 0.716。由于红树林主要分布海岸带地区, 尽管研究所选取的影像皆为低潮日, 但仍在一定程度上受到潮汐的影响, 部分潮下红树林未被完全识别、分类。总的来说, 在提取红树林方面, 基于随机森林算法的面向对象分类方法获得了较好的分类结果。

表 17-6   研究区提取分类的精度验证结果

日期	Kappa 系数	OA	红树林面积(hm^2)
2016-12-09	0.7468943	0.7955556	880.61
2017-12-19	0.718	0.7711111	886.95
2018-11-24	0.7602087	0.8066667	861.01
2019-12-04	0.7684008	0.8133333	890.315
2020-12-08	0.7157296	0.7688889	903.44

2. 红树林分布的动态变化特征

1)红树林分布及面积变化

2020 年研究区红树林面积为 903.44hm^2, 呈狭长带状分布, 从 2016 年到 2020 年, 研究区红树林面积基本稳定。从表 17-7 可以看出, 2017—2019 年红树林面积变化表现为先减少、后增加, 自 2016 年以来, 该地区红树林面积净增加 22.83hm^2, 说明保护区严格执行红树林保护政策并取得了较好的工作成果。

表 17-7   研究区红树林面积变化

年份	红树林变化面积(hm^2)
2016—2017	6.34
2017—2018	−25.94
2018—2019	29.305
2019—2020	13.125

2）红树林周边土地覆盖变化及分析

如研究区 2016—2020 年土地覆盖变化图（图 17-18）所示，红树林周边的土地覆盖在 2016—2020 年并没有发生显著变化。研究区土地总面积为 12000hm²，作为主要土地覆盖类型的林地减少了 4.46%，耕地面积增加了 2.88%，城乡建筑用地规模扩张了 1.24%，靠近红树林的水产养殖面积扩大了 0.27%，除了近海岸陆地水产养殖业的扩展，海上水产养殖区面积也不断扩大。

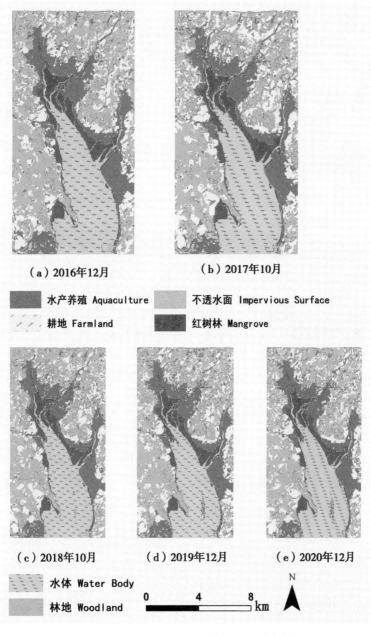

（a）2016年12月　　　　　　（b）2017年10月

■ 水产养殖 Aquaculture　　　　不透水面 Impervious Surface

耕地 Farmland　　　　　　■ 红树林 Mangrove

（c）2018年10月　　　（d）2019年12月　　　（e）2020年12月

水体 Water Body

林地 Woodland

0　　4　　8 km

N

图 17-18　研究区 2016—2020 年土地覆盖变化

从研究区土地覆盖类型转移桑基图(图 17-19)可以看出：2016—2020 年林地和耕地的相互转化率较高，红树林面积基本稳定不变。对比 2016—2020 年红树林与其他土地覆盖类型的交界处，可以发现 2020 年红树林与水产养殖交界处增加了道路，为不透水面，阻挡了红树林向陆地生长，同时也防止了水产养殖向红树林方向扩大。

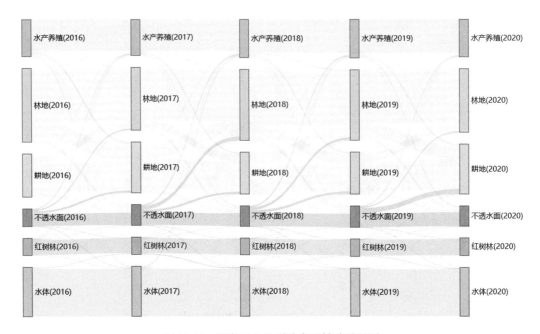

图 17-19　研究区土地覆盖类型转移桑基图

自 2016 年来，研究区城镇化发展带来的建筑用地规模不断扩大，主要体现在居民建筑和道路的增加。研究区位于南亚热带沿海地区，水产养殖业较为发达，但水产养殖业没有以牺牲红树林为代价来实现发展，反而是将陆地水产养殖场扩展到海上水产养殖场，这说明了红树林保护政策的严格实施和保护区的工作取得了良好的成效，同时当地居民也具有良好的红树林保护意识。

红树林周边土地覆盖的变化势必对红树林的发展有潜在影响，在全球气候变化引起的海平面变化以及人类城市化进程不断加快的背景下，需要更加重视红树林面积的动态变化及红树林周边土地覆盖类型的变化，并作出分析，从而及时采取保护性规划和管理措施。

◎ 思考题

1. 当前遥感技术在湿地图像解译中有哪些应用？请简要说明。
2. 请描述湿地遥感图像解译的一般流程。
3. 高光谱图像有哪些特点？请简要说明。

◎ 本章参考文献

[1]曹宝，秦其明，马海建，等．面向对象方法在SPOT5遥感图像分类中的应用——以北京市海淀区为例[J]．地理与地理信息科学，2006(2)：46-49，54．

[2]常文涛．基于哨兵影像特征分析和样本迁移的黑龙江流域沼泽湿地提取与时空变化研究[D]．青岛：山东科技大学，2020．

[3]陈云浩，冯通，史培军，等．基于面向对象和规则的遥感影像分类研究[J]．武汉大学学报(信息科学版)，2006(4)：316-320．

[4]邓国芳．遥感技术在红树林资源调查中的应用[J]．中南林业调查规划，2002(1)：27-28．

[5]付波霖．基于多源遥感的沼泽湿地水文边界界定方法研究[J]．测绘学报，2021，50(5)：709．

[6]付发群．基于Sentinel-1A与Sentinel-2A数据的城市绿地提取研究[D]．金华：浙江师范大学，2020．

[7]何兴元，贾明明，王宗明，等．基于遥感的三江平原湿地保护工程成效初步评估[J]．中国科学院院刊，2017，32(1)：3-10．

[8]贾明明．1973—2013年中国红树林动态变化遥感分析[D]．长春：中国科学院东北地理与农业生态研究所，2014．

[9]贾明明，王宗明，张柏，等．综合环境卫星与MODIS数据的面向对象土地覆盖分类方法[J]．武汉大学学报(信息科学版)，2014，39(3)：305-310．

[10]刘迪．湿地变化遥感诊断[D]．北京：中国科学院遥感与数字地球研究所，2017．

[11]李春干．红树林遥感信息提取与空间演变机理研究[M]．北京：科学出版社，2013．

[12]满卫东，刘明月，王宗明，等．1990—2015年东北地区草地变化遥感监测研究[J]．中国环境科学，2020，40(5)：2246-2253．

[13]毛丽君，李明诗．GEE环境下联合Sentinel主被动遥感数据的国家公园土地覆盖分类[J]．武汉大学学报(信息科学版)，2021(3)：1-19．

[14]蒙良莉．基于哨兵多源遥感数据的红树林信息提取算法研究[D]．南宁：南宁师范大学，2020．

[15]乔雯钰．基于高光谱遥感影像的黄河入海口湿地分类方法研究[D]．青岛：山东科技大学，2020．

[16]孙永军．黄河流域湿地遥感动态监测研究[D]．北京：北京大学，2008．

[17]王乐，时晨，田金炎，等．基于多源遥感的红树林监测[J]．生物多样性，2018，26(8)：838-849．

[18]王乐，王超．影像融合和面向对象技术在湿地分类中的应用[J]．地理空间信息，2017，15(8)：22-26，29，9．

[19]徐芳．基于Sentinel-2的红树林提取及碳储量估算研究[D]．兰州：兰州交通大学，2020．

[20]徐芳，张英，翟亮，等．基于Sentinel-2的潮间红树林提取方法[J]．测绘通报，2020

（2）：49-54.

[21]孙家抦. 遥感原理与应用(第二版)[M]. 武汉：武汉大学出版社，2009.

[22]夏盈，厉恩华，王学雷，等. 基于特征优选的随机森林算法在湿地信息提取中的应用——以湖北洪湖湿地自然保护区为例[J]. 华中师范大学学报（自然科学版），2021，55(4)：639-648，660.

[23]赵英时. 遥感应用分析原理与方法[M]. 北京：科学出版社，2003.

[24]周振超. 基于多源遥感数据的红树林遥感信息识别研究[D]. 长春：吉林大学，2019.

[25]张志禹，吉元元，满蔚仕. 改进随机森林算法的图像分类应用[J]. 计算机系统应用，2018，27(9)：193-198.

[26]Leempoel K，Satyanarayana B，Bourgeois C，et al. Dynamics in mangroves assessed by high-resolution and multi-temporal satellite data：a case study in Zhanjiang Mangrove National Nature Reserve（ZMNNR），P. R. China［J］. Biogeosciences，2013，10：5681-5689.

[27]李建平，张柏，张泠，等. 湿地遥感监测研究现状与展望[J]. 地理科学进展，2007，26(1)：11.

[28]辛秀文. 基于高分二号影像的吉林省镇赉地区湿地信息提取规则集研究[D]. 长春：吉林大学，2018.

[29]张飞. 气候和人类活动影响的湿地植被高光谱研究现状与展望[J]. 新疆大学学报（自然科学版），2019(1)：10.

[30]张蓉，夏春林，贾明明，等. 基于面向对象的大珠三角红树林动态变化分析[J]. 测绘与空间地理信息，2019，42(12)：5.

第18章 遥感地质解译

通过遥感图像解译可以分析地貌、构造、岩性、水系、地质灾害等地质信息，遥感图像解译在地学领域有广泛应用。本章首先介绍遥感地质学的定义和研究对象，然后讲授多源遥感图像的地质解译方法，最后讲述遥感图像解译的实际案例作为示范。

18.1 遥感地质解译概念和研究对象

随着遥感技术的快速发展，遥感技术自身的优势使其成为地质研究和地质勘查必需的技术手段，遥感在地勘领域得到广泛应用，从遥感图像解译的地质信息成为地质调查重要的数据来源。

遥感地质学是指以遥感为手段，通过对地球辐射和反射电磁波遥感影像信息获取，探测研究地球表面和表层地质体、地质现象的电磁辐射特性，以此为依据开展地质应用的技术科学。

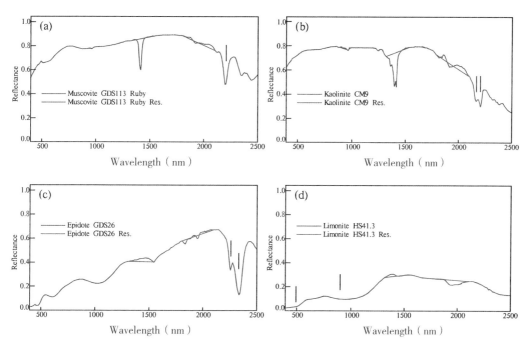

图 18-1 典型矿物的波谱曲线［（a)绢云母的波谱曲线；（b)高岭石的波谱曲线；（c)绿帘石的波谱曲线；（d)褐铁矿的波谱曲线］

遥感地质学主要研究地球表面和表面地质体(矿物、岩石、断层)、地质现象(围岩蚀变、滑坡)的电磁辐射的各种特性。主要的研究内容包括以下三个方面。

(1)对各类地质体的电磁辐射(反射、吸收、发射等)特性进行测试、分析与应用。图18-1 所示即研究的示例,(a)、(b)、(c)、(d)依次为绢云母、高岭石、绿帘石和褐铁矿的波谱曲线。红色为美国地质调查局(United States Geological Survey, USGS)波谱库波谱曲线,蓝色为重采样 Hyperion 高光谱影像后的波谱曲线。

(2)遥感数据资料的地学信息提取原理与方法。基于数字图像处理技术对遥感图像进行信息处理,从而提取需要的地学信息。

(3)遥感图像的地质解译与编图。如图 18-2 所示,基于 ASTER 影像的成矿预测图。

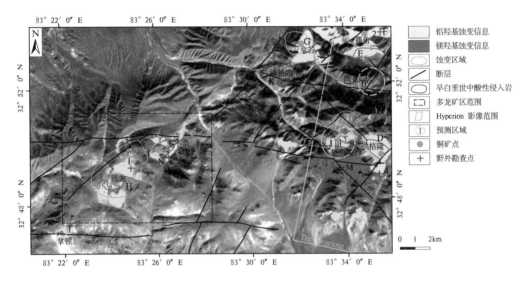

图 18-2　基于 ASTER 图像的成矿预测图

18.2　多源遥感图像的地质解译

18.2.1　多光谱遥感图像的地质解译标志

地质解译是从遥感图像上获取目标地物信息的过程。专业人员通过应用各种解译技术和方法在遥感图像上识别出地质体,分析地质现象的运动特点,测算各类技术指标的过程。

对遥感图像进行解译时首先必须了解并建立不同地物目标的解译标志。解译标志分为直接解译标志和间接解译标志。直接解译标志是指能够直接反映和表现目标地物信息的遥感图像各种特征,解译者利用直接解译标志可以直接识别遥感图像上的目标地物,包括影像中地质体的形状、色彩/色调、纹理、尺度等。间接解译标志是指遥感图像上能够间接反映和表现目标地物的特征,借助间接解译标志可以推断与某地物的属性相关的其他现象，这些特征常以地貌景观、水系格局、植被差异、人类活动等形式展现。地质解译标志是用以识别地质体和地质现象，并能说明其性质和特点以及相互关系的影像特征。

解译标志对于不同的研究区域或研究领域是不相同的，因此需要根据研究区具体地质情况以地质构造的解译为目标，建立研究区的解译标志。

1. 线性构造解译标志的建立

研究区线性构造/断裂发育具有方位、多期次特征。区内多数断裂线性特征清晰，进行解译时主要依据几何形态、色调/色彩、影纹结构、水系特征、地质地貌特征及植被等因素，如图 18-3 和图 18-4 所示。

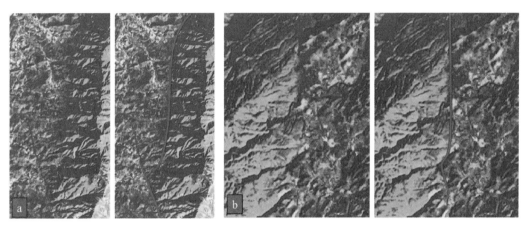

图 18-3　纹理与色调的直线状分界面

图 18-4　线状陡崖

2. 环形构造解译标志的建立

环形构造的解译主要以环形或弧形展布的沟谷或山脊，环状或放射状、向心状水系，色调、地貌、水系、植被等特征为标志。

研究区内环形构造解译标志有：环形或弧形展布的沟谷或山脊；呈圆形或弧形的山体或山间盆地；放射状水系、向心状水系、环状水系等，如图 18-5 所示。本节以斑岩铜矿为例，阐述多光谱遥感影像的地质解释。

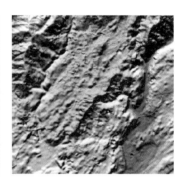

图 18-5 环状水系

斑岩铜矿是成矿作用与花岗岩类侵入体时空关系紧密，矿体产于斑岩体或者斑岩体与围岩的接触带上，呈细脉浸染状产出的铜矿床。控矿岩体主要为石英二长岩和花岗闪长岩类，在时空上与安山岩等钙碱性火山岩共生，具有成因上的联系。成矿岩体地表出露面积一般小于 $1km^2$，通常侵位深度为 2~6km，超浅成侵位深度小于 0.5km。斑岩铜矿赋存于斑岩体内或者斑岩体与围岩的接触带上，矿石结构为细脉浸染状，矿化较均匀，矿石铜品位一般为 0.2%~1.0%。斑岩铜矿约占世界铜资源总储量的 50% 以上，是铜矿床最重要的一种类型。

斑岩铜矿通常具有强烈的围岩蚀变。围岩蚀变是岩体与外界进行能量与物质交换过程中产生的。热液矿床的围岩蚀变具有普遍性，记录着丰富的成矿信息。蚀变作用是整个热液成矿作用的一部分，蚀变矿物的形成与矿石的形成密切相关。成矿岩体在侵位过程中会释放大量的岩浆热液，岩浆热液不仅能够引起围岩发生蚀变现象，而且携带大量的成矿元素，可以形成硫化物沉淀。通常蚀变作用并不局限在成矿岩体周围，还包括热液流经的区域。在围岩蚀变强烈区域中，原岩被蚀变矿物交代，形成以蚀变矿物为主的蚀变岩，地表围岩蚀变强烈通常预示大矿的存在。围岩经过蚀变之后，化学成分与物理性质均会发生变化，并且围岩蚀变分布的范围比矿体的范围要大很多，在找矿过程中容易被发现，所以围岩蚀变长期以来作为一种重要的找矿标志。围岩蚀变可以指示地下矿体的存在，而且可以根据蚀变岩石中组成矿物、分布范围与强度来预测矿体的种类和富集程度。

斑岩铜矿的围岩蚀变通常还有蚀变分带现象，以岩体为中心依次向外为钾硅酸盐化带、绢英岩化带、泥化带和青磐岩化带。钾硅酸盐化带往往位于岩体的中心区域，主要为钾长石化、黑云母化和硅化。绢英岩化带通常位于钾硅酸盐带外围，主要蚀变矿物为绢云母、石英和黄铁矿。泥化带中的蚀变矿物主要为高岭石、明矾石，但我国斑岩铜矿的泥化带通常不发育。青磐岩化带通常位于矿区的外围，蚀变矿物主要为绿泥石和绿帘石。四个蚀变带通常只有一两个蚀变带在矿床中发育。例如，西藏多不杂超大型斑岩铜矿发育钾化带、绢英岩化带和青磐岩化带，斑岩铜矿的矿化主要分布在钾化带和绢英岩化带中。波龙超大型斑岩铜矿只发育钾化带和绢英岩化带，地表蚀变分带现象不明显，地表的绢英岩化可分为强绢英岩化和弱绢英岩化。波龙斑岩铜矿的矿化主要分布在钾化带和绢英岩化带范围内。拿若大型斑岩铜矿只发育钾化带和绢英岩化带，地表蚀变极为强烈。拿若矿区的钾化带分布范围较小，绢英岩化带分布范围广，矿化主要分布在钾化带区域及部分绢英岩化带中。

斑岩铜矿常用的找矿标志如下。

1) 围岩蚀变

斑岩铜矿通常具有强烈的围岩蚀变，地表围岩蚀变强烈一般预示大矿的存在。围岩蚀变分布的范围比矿体的范围大很多，在找矿过程中容易被发现，所以围岩蚀变长期以来作为一种重要的找矿标志，如图 18-6 所示。

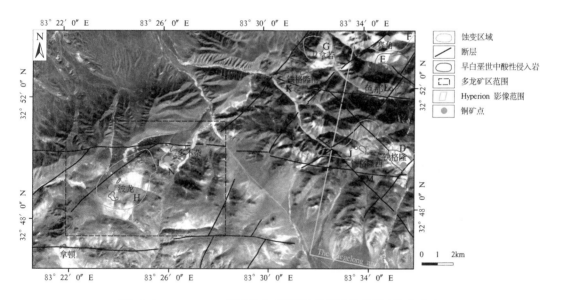

图 18-6　ASTER 631 假彩色合成图像(青磐岩化带呈亮红色分布)

2) 含矿体的影像特征

矿体出露地表的面积较大时，在高分辨率图像上可直接识别。在一般情况下，这些含矿体有独特的图像特征(形态特征和色调特征)。如图 18-7 所示，在高分辨率 WorldView-2 8、4、3 波段合成图像上，铁矿体呈黄绿色色调。

3) 植被的异常

由于成矿地段的地球化学异常，植被或植被群落往往会引起生态异常，主要表现为：①出现特殊的植被种属；②植被生产密度异常；③植被生态异常。

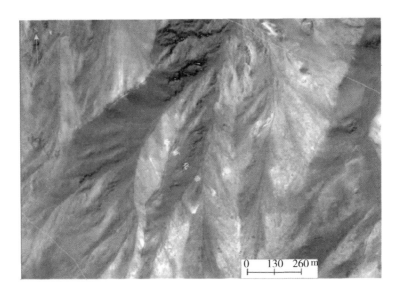

老并-赞坎铁矿铁矿化带 WorldView-2 遥感图像特征（8、4、3 波段组合）

图 18-7　WorldView-2 遥感图像特征

以山东招远金矿区地表植被异常为例，金矿区地表植被均呈黄绿色，而周围背景区植被则呈现青绿色，并且金矿区生长的植物矮小，分叉多，叶面小且粗糙，叶面色斑多。采用 ETM+ 数据获取招远金矿地表植被异常，如图 18-8 所示。

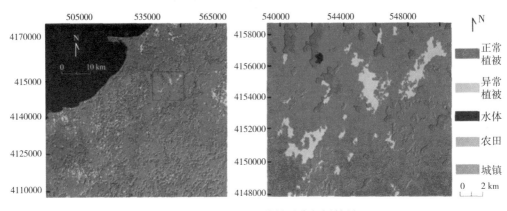

图 18-8　招远金矿区植被异常解译结果

18.2.2　多光谱遥感图像的矿化蚀变信息提取

围岩蚀变是许多矿床的重要成矿判断标志。多光谱遥感数据为使用图像处理来提取矿化蚀变信息提供了有效数据源和一种新的解译手段。TM/ETM+、ASTER 等多光谱遥感图像可用于识别铁的氧化物和羟基矿物。遥感矿化蚀变信息提取方法主要包括：比值法、主成分分析法、光谱角度制图法、混合法。

Sentinel-2A MSI 数据在地质领域的应用相对较少，根据单景 Sentinel-2A MSI 影像提取的蚀变异常会包含由噪声引起的假异常。采用主成分分析法处理三景 Sentinel-2A MSI 影像，最后采用异常叠加选择法获取研究区的羟基蚀变信息与铁染蚀变信息，如图 18-9 所示。

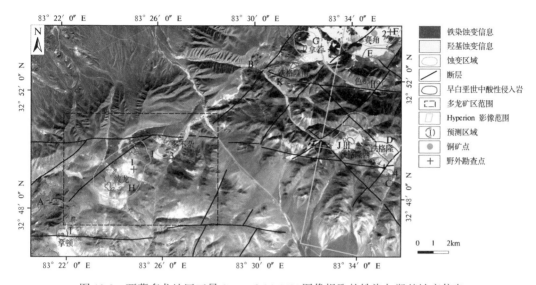

图 18-9　西藏多龙地区三景 Sentinel-2A MSI 图像提取的铁染与羟基蚀变信息

采用随机森林、投票极限学习机和核极限学习机算法从 ASTER SWIR 数据提取蚀变矿物分布信息，并对分类结果定量评价。ASTER 热红外数据能够用于识别镁羟基蚀变矿物，采用投票极限学习机算法处理 ASTER SWIR-TIR 数据能够进一步提升分类精度。

18.2.3　高光谱遥感图像在地质解译中的应用

高光谱遥感在可见光到短波红外波段，其光谱分辨率高达纳米(nm)数量级，通常具有波段多的特点，光谱通道数多达数十个甚至数百个以上，而且各光谱通道间往往是连续的，因此高光谱遥感又通常被称为成像光谱遥感。

高光谱遥感数据用于矿物信息提取的流程通常如图 18-10 所示。采用混合像元分解技术对研究区进行矿物信息提取，参考波谱来自图像本身。HyMap 航空成像光谱仪在东天山的实验结果表明，矿物识别正确率优于 90%，漏识别率小于 13%。如图 18-11 所示。

采用最小噪声分离、纯净像元指数、n 维可视化工具和匹配滤波算法从 Hyperion SWIR 数据中获取训练集与测试集。采用随机森林、投票极限学习机和核极限学习机算法处理 Hyperion SWIR 数据，选择总体精度最高的机器学习算法。将从 Hyperion SWIR 数据获取的训练集与测试集数据导入 AHSI SWIR 数据中生成对应的训练集与测试集。采用随机森林、投票极限学习机和核极限学习机算法处理 AHSI SWIR 数据，选择总体精度最高的机器学习算法。

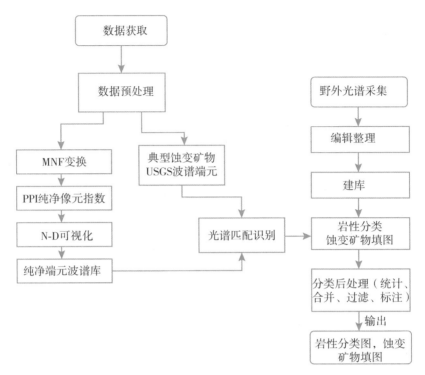

图 18-10　高光谱遥感矿物信息提取流程图

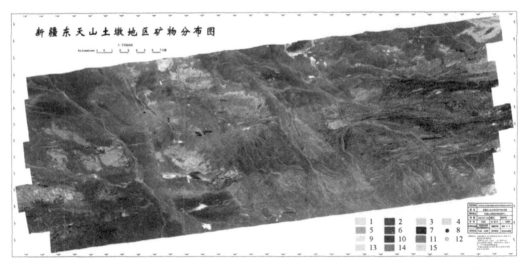

1. 富铝白云母；2. 高岭石；3. 滑石或透闪石；4. 贫铝云母+绿帘石；5. 贫铝白云母；6. 方解石；
7. 蛇纹石；8. 铜镍矿（点）；9. 中铝白云母；10. 褐铁矿化；11. 绿泥石；12. 金矿（点）；13. 中铝
云母+绿帘石；14. 褐铁矿+中铝云母；15. 绿帘石

图 18-11　东天山矿物分布识别图

1. Hyperion 数据提取蚀变矿物

Hyperion 高光谱传感器搭载于美国 2000 年 11 月 21 日发射的 EO-1 卫星上。采用根据最小噪声分离、纯净像元指数、n 维可视化、匹配滤波等算法从 Hyperion SWIR 数据中获取机器学习算法所需的训练集与测试集，如图 18-12 所示。

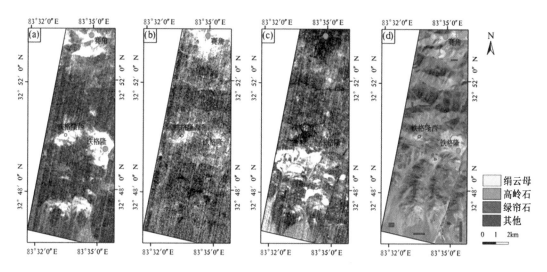

图 18-12 从 Hyperion SWIR 数据中获取训练集与测试集

［(a)］根据 Hyperion 图像提取绢云母的平均波谱曲线获取的绢云母分布信息；(b)根据 Hyperion 图像提取高岭石的平均波谱曲线获取的高岭石分布信息；(c)根据 Hyperion 图像提取绿帘石的平均波谱曲线获取的绿帘石分布信息；(d)机器学习算法测试集的分布信息］

采用投票极限学习机的分类结果能够取得最高的总体精度(OA＝97.31%)，其次是核极限学习机算法(OA＝96.48%)，最后是随机森林算法(OA＝95.52%)，如图 18-13 所示。

2. 高分五号 AHSI 数据提取蚀变矿物

高分五号卫星是高分辨率对地观测系统中唯一的一颗高光谱分辨率的卫星，是中国高光谱遥感的里程碑。高分五号 AHSI 传感器所获取的数据空间分辨率为 30m，幅宽为60km。该数据共有 330 个波段，在可见光近红外区域(390～1029nm)有 150 个波段，光谱分辨率为 5nm，在短波红外区域(1004～2513nm)有 180 个波段，光谱分辨率为 10nm。使用国产软件 PIE-Hyp 6.0 版本对高分五号 AHSI 数据进行预处理，将 Hyperion 数据对应的训练集与测试集导入高分五号 AHSI 数据，如图 18-14 所示。采用核极限学习机的分类结果能够取得最高的总体精度(OA＝90.60%)，其次是投票极限学习机算法(OA＝89.55%)，最后是随机森林算法(OA＝82.26%)，结果如图 18-15 所示。

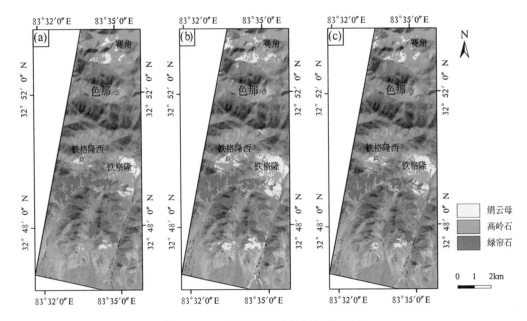

图 18-13 三种方法的蚀变信息提取对比

[（a）根据随机森林算法获取的蚀变矿物分布图；（b）根据投票极限学习机算法获取的蚀变矿物分布图；（c）根据核极限学习机算法获取的蚀变矿物分布图]

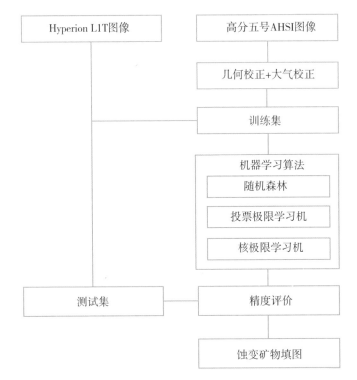

图 18-14 处理流程图

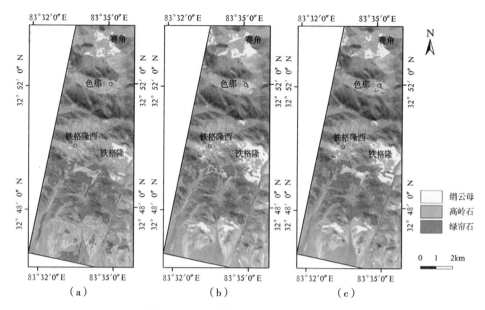

图 18-15　三种方法的蚀变信息提取对比

[(a)根据随机森林算法从 AHSI 数据中获取的蚀变矿物分布图；(b)根据投票极限学习机算法从 AHSI 数据中获取的蚀变矿物分布图；(c)根据核极限学习机算法从 AHSI 数据中获取的蚀变矿物分布图]

18.3　遥感图像解译的地学应用

18.3.1　地质灾害监测

地质灾害是指在自然或者人为因素的作用下形成的，对人类生命财产造成损失、对环境造成破坏的地质作用或地质现象。地质灾害在时间和空间上的分布变化规律，既受制于自然环境，又与人类活动有关，往往是人类与自然界相互作用的结果。地质灾害的种类很多，例如火山、地震、滑坡、泥石流、地面沉降、水土流失、沙漠化、盐碱化等。遥感资料，尤其是卫星影像能大面积、周期性地把地面记录下来，为地质灾害的监测、预报研究提供极为宝贵的资料。对地质灾害的实时监测是地学遥感发展的一个新方向。

地质灾害调查是基于遥感图像，利用人机交互目视解译方式和 GIS 定量计算来获取地质灾害相关信息的技术方法。2008 年以来，在应对和处理"5·12"汶川地震灾害、"6·5"重庆武隆铁矿乡鸡尾山崩塌灾害、"4·14"玉树地震灾害、"6·28"关岭滑坡灾害、"8·7"甘肃舟曲泥石流灾害过程中，地质灾害遥感调查技术起到了非常重要的作用。尤其是"5·12"汶川地震灾区完成的"次生地质灾害航空遥感调查"项目，调查获取的震后首张航空图像和映秀镇—汶川沿线航空图像，被抗震救灾前线指挥部的同志称赞是对抗震救灾的"伟大贡献"；调查成果为指挥抗震救灾、防范次生地质灾害、开展灾后重建等工作提供了重要的科学依据，在救灾与灾后重建决策中发挥了重要作用。

地质灾害遥感调查技术的应用范围包括以下几个方面。

(1)地震次生灾害遥感应急调查和监测。通过遥感图像的数字制图、人机交互目视解译及自动识别等，提取地震灾区房屋毁损、道路破坏、河流堵塞、地质灾害(崩、滑、流)、次生地质灾害及潜在地质灾害等信息，制作灾区遥感图像和地质灾害分布图。

(2)区域及个体崩塌、滑坡、泥石流、塌陷的详细调查。以滑坡为例，在遥感图像上，利用滑坡表现出来的形态、色调、纹理等直接解译标志，以及地形地貌、水系等间接解译标志，结合其他非遥感资料，对已发生的滑坡进行调查，获取滑坡特征信息及其地质环境信息，分析其形成的条件，从而预测、圈定滑坡地质灾害的易发区。

(3)突发性地质灾害应急调查和监测。在突发性地质灾害发生后，利用灾害前后的遥感图像对比分析，通过人机交互目视解译提取灾害的范围、灾害房屋损毁、道路破坏等信息，结合其他资料综合分析与研究，进行突发性地质灾害分析及灾损评估。

(4)土地退化和荒漠化调查与监测(石漠化、水土流失、沙漠化、盐渍化、沼泽化等)。利用遥感图像提取与土地退化和荒漠化特征、范围及与变化等密切相关的影响因素，如地表温度、土地利用类型、地形(坡度、坡向、坡位)、土壤(类型、质地、盐碱含量、含水率)、植被(盖度、分布)及沟壑密度、盐碱斑占地率等，进行区域土地退化和荒漠化分布及程度调查与监测。

1. 地震监测

遥感用于地震监测，是将多源遥感数据和遥感图像解译技术用于地震研究的各个环节中，包括地震监测预报、地震灾害防御和应急救援等方面。可见光、红外、雷达、电磁、高光谱等卫星观测得到的各种信息能大幅度提高地震监测预报能力，全面提升灾害评估的准确度，同时为应急救援提供快速、可靠、精确的数据决策支撑。基于各种空间对地观测技术的地震遥感数据涉及时间、空间、强度三个方面特征，其形态有数字、图形和图像。主要遥感技术包括地震红外遥感、电磁遥感、可见光遥感等。高分辨率卫星遥感等空间对地观测技术具有不受时间和地域限制等优势。随着空间对地观测技术的发展，遥感数据的质量不断地完善和提高，人们对于遥感数据处理的能力和信息提取的能力也在不断深化和发展，这必将推动地震科学研究向新方向发展。

活动断层是地震灾害之源，识别活动断层、研究其活动特征、评价其危险性是做好灾害防御的基础。由于活动断层既有出露地表，也有埋藏于第四系之下(隐伏断层)，规模差别极大，形成机制和构造背景各异，基于遥感图像综合解译已经成为研究活动地层、构造地貌、断层带及断层面的主要途径。在地震发生前，活断层探测已经成为地震监测的重要手段，遥感不仅可以从宏观上展现活动断层的分布形态、几何结构，更能从微观上捕捉断层构造变形微量信息。如图 18-16 所示，红色指示区域即为断层活动差异较大的区域，其在遥感图像上有不同于周围地物的线性差异。在地震发生后，基于高分辨率卫星遥感图像的解译能够获取地震的受灾范围，房屋损毁的状况，以及次生灾害的情况，便于准确、全面地获取灾情信息，综合监测和评价灾情。

地质活动强烈的地区，热红外遥感可以敏感地捕捉地震和火山等地球活动。地震前蕴震区会出现红外辐射异常已经得到人们的共识，这种异常能够通过卫星红外数据监测到。

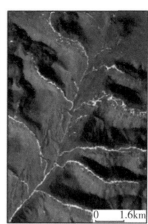

（a）三维遥感影像
（ETM+）

（b）断层左旋错断山脊
和水系（GF-2）

（c）断层多次错动
水系（ETM+）

图 18-16　地震活动断层监测

构造活动伴随着物质和能量的交换，改变地表的红外辐射状态，通过开展构造带红外辐射特征研究，能够推测地震构造的活动情况。红外遥感能够在夜间成像，对于夜间发生的地震，通过分析红外数据可获得第一手灾情资料，为组织地震紧急救援争取宝贵时间。

2. 滑坡灾害监测

滑坡是指斜坡上的土体或者岩体，受河流冲刷、地下水活动、雨水浸泡、地震及人工切坡等因素影响，在重力作用下，沿着一定的软弱面或者软弱带，整体地或者分散地顺坡向下滑动的自然现象。自然界的滑坡由于受到的外界作用力、所处的地形地貌、岩性构造和气候环境等千差万别，所以产生的滑坡形态也是各种各样，这为滑坡灾害的解译增加了不小的难度。为了更好地识别和分析滑坡灾害，地质学者认为一个发育完全的滑坡应该包含以下要素：滑坡体、滑坡床、滑坡面、滑坡壁、滑坡舌、滑坡台阶、滑坡洼地等，实际上并非所有滑坡具有这些要素，但滑坡体、滑坡面和滑坡壁是具备的。

滑坡的直接解译标志主要关注的是滑坡本身在遥感影像上的一些特征信息，如平面形状、色调、纹理等特征。

（1）形状特征：由于滑坡体的下滑，导致滑坡体的左、右、后三个方向的地势略高，整体看起来就像马蹄形、圈椅形、牛角形和舌形等类似形态，后壁开口方向朝向坡底。

（2）色调特征：新发生的滑坡由于表面植被被毁、地表破碎，因此整体呈灰白色或青白色等浅色调，且色调分布不均。滑坡壁由于光谱反射能力较强，因此呈浅色调；而滑坡洼地处由于有时存在积水，因此呈深色调。对于发生时间较早的老滑坡，由于地表植被的恢复致使这些颜色特征不够明显，但仍可与周边色调进行区分。

（3）纹理特征：由于原有的地层整体性被破坏，植被翻倒，土壤裸露，地表破碎，纹理较为粗糙且常有斑块影纹出现。

滑坡的间接解译标志主要关注的是滑坡周围的环境因素，如植被分布、地形地貌、地质构造、水文信息和生态景观等。

(1)植被特征：对于缓慢发生的滑坡或者老滑坡来说，由于滑坡体不断下移和树木向上生长的特性，使得滑坡体上出现较多"马刀树"和"醉汉林"现象，在高分辨率航摄影像上尤为明显。

(2)水文特征：滑坡体上水系分布格局杂乱、坡底的河流流向突然变道、河道突然变窄等现象都可以从侧面推断出滑坡的存在。

(3)地形地貌：地貌连续性较差，时常会出现独特的"陡坡+缓坡"的坡体形态，坡体下方也会因为滑坡体的挤压而出现高低不平的地势。除此之外，还可以用不同时相的遥感影像进行对比分析，来预测滑坡的发展趋势。滑坡灾害发生前后，遥感图像上地貌的地表形态变化显著，如图 18-17 所示。

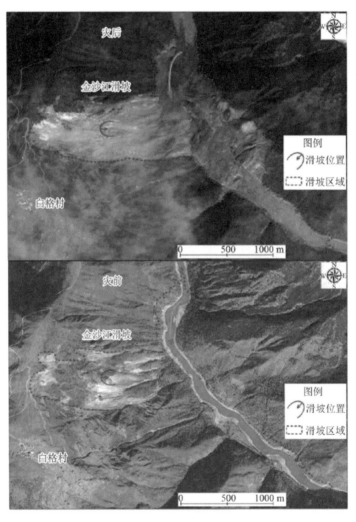

图 18-17　滑坡灾害发生前后遥感图像上差异(北京二号卫星，滑坡灾前
2018 年 1 月 4 日与滑坡灾后 2018 年 10 月 12 日)

3. 石质荒漠化监测

石质荒漠化，又称石化、石山荒漠化，是指由于人为因素造成的植被持续退化乃至消失，导致水土流失、土地生产力下降、基岩大面积裸露于地表（或砾石堆积）的土地退化过程，如图 18-18 所示。它是地质、地貌、气候、土壤和植被等自然背景因素和不合理的人类活动综合作用的结果，石质荒漠化已经成为影响区域可持续发展的主要障碍。石质荒漠化以基岩裸露逐渐增加，植被覆盖逐渐减少为主要特征，遥感图像上的光谱响应会发生显著变化，从而通过光谱特征的变化可以检测荒漠化的范围和发展趋势，如图 18-19 所示。

图 18-18　石质荒漠化的现象

4. 地面沉降监测

地面沉降是由于地下松散地层固结压缩，导致地壳表面标高降低的一种局部的工程地质现象。地面沉降的常规监测手段主要是水准测量、GPS 测量、分层标测量等。这些地面测量手段只能测量地面稀疏点上的沉降信息，空间密度严重不足，很难覆盖大区域，而且成本较高。合成孔径雷达干涉测量（InSAR）技术是国际上公认的开展地面沉降监测的最有效、最先进手段。利用 InSAR 技术进行干涉测量，可以全天时、全天候、近实时地获得大面积地表的三维地形信息，空间分辨率高，对大气和季节的影响不敏感。InSAR 技术通过计算两次过境时 SAR 图像的相位差来获取数字高程模型。差分雷达干涉技术（D-InSAR）则是通过引入外部 DEM 或三轨/四轨差分实现了地面沉降监测，图 18-20 为地面沉降速率监测结果示意图。

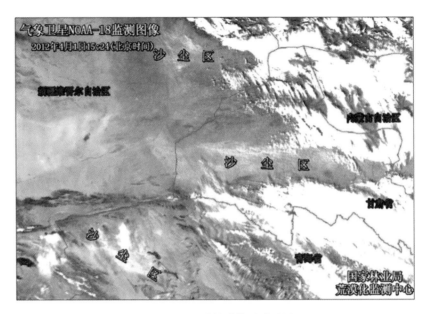

图 18-19　石质荒漠化遥感监测

图 18-20　苏州市地面沉降速率监测结果示意图

18.3.2　区域地质监测环境与评价

　　遥感和航空物探技术在生态环境调查与监测方面具有独特的优势。近年来，利用多种类、多时相航空、航天遥感数据在我国西部地区开展了生态环境调查与监测工作。先后对塔里木河流域土地盐渍化、沙漠化，西南岩溶石漠化现状及发展进行了调查研究；在众多地区开展了矿产资源开发状况动态监测。

利用航空物探资料，对于土壤分类和土壤沙化、盐碱化程度以及地面放射性环境污染进行调查、监测和研究。航空物探测量数据可以快速查明放射性辐射背景水平，为生态环境监测提供依据。

2009 年 5 月 25 日，朝鲜进行了第二次地下核试验，航空物探及时在边境地区开展放射性监测，证明没有放射性污染物飘进我国境内，显示了航空物探测量在核应急测量中是有一种重要手段。

日本地震引发核泄漏事件后，为监测日本核电站爆炸对我国东部沿海地区的环境影响情况，我国及时在江苏省南部等地区上空开展航空放射性应急监测工作，为防灾、减灾提供准确数据。航空物探可以比较准确判别出地下煤火的分布范围，为生态环境监测提供依据。

土壤解译，任务是通过图像的解译，识别和划分出土壤类型，制作土壤图，分析土壤的分布规律，为改良土壤、合理利用土壤服务。在地面植被稀少的情况下，土壤的反射曲线与其机械组成和颜色密切相关，如图 18-21 所示。基于遥感数据的光谱特征，可以探测土壤的有机质、盐分、含水量等信息。

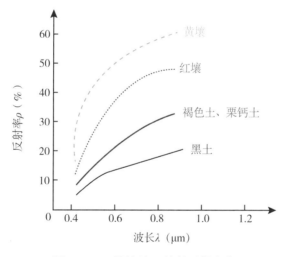

图 18-21　不同颜色土壤的反射光谱

18.3.3　工程地质与水文地质监测

航空物探和遥感技术还被广泛应用于水文地质、工程地质和环境污染调查与监测中。我国的水资源严重短缺，国家每年要投入大量的资金寻找地下的可利用水资源。航空物探和遥感技术是一种快速、可大面积进行地下水资源调查的方法，因此，它很早就在这一领域中发挥着重要的作用。在干旱地区利用航空电磁法寻找地下古河道，在沿海地区寻找地下淡水体以及在盐碱化强烈的地区水质调查等方面具有明显效果。

大型工程和大中城市所在地区的地质稳定性，直接影响着工程的质量、工程寿命和人民生活。航空物探和遥感技术则为国家的大型工程建设和城市规划提供了地质稳定性的决策依据，曾先后为三峡大坝库区、大亚湾核电站、秦山核电站和南水北调隧道工程选址以及北京、上海等大城市的区域稳定性和城市规划提供了重要的资料。

1. 工程地质监测

在工程地质应用上，最重要的是对重要的水坝、隧道、电站、运河、桥梁、码头以及军事工程设施所在地段的工程地质环境条件的遥感调查。在这些工程区域内，地表及隐伏活动断裂等构造是主要监测对象。通过遥感分析来帮助评价工区的工程稳定性。

2. 水文地质监测

在水文地质上，遥感解译帮助人们直观地了解地质体和地质构造以及其他各种与水文地质条件有关的遥感可见地面现象，进而分析其所反映的水文地质过程及其变化(过程如图 18-22 所示)。遥感解译可以获取如浅部地下咸水、淡水的分布及其变化情况，盐渍化土壤的分布与演变，土壤沙化情况及其演变、水土保持现状及其变化，以及地下水的蒸发蒸腾等。

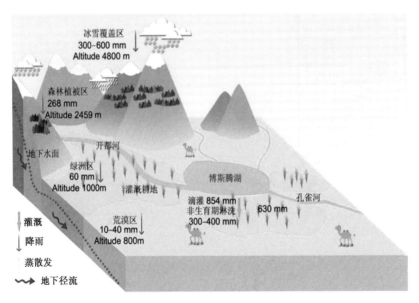

图 18-22　水文地质过程

18.3.4　遥感考古

考古遥感就是基于遥感影像，根据遗址范围内地表现状和光谱成像规律等的相互关系，对影像的色调、纹理、图案及其时空分布规律进行研究，判定遗迹或现象的位置、分布、形状、深度等特征，进行遗址探查、考古测量、古地貌和古遗址复原等，如图 18-23

所示。

图 18-23　遥感发现古遗址(居延大遗址——黑城)

(来源：中国测绘科学研究院网站，www.casm.cn)

18.4　遥感技术在矿产资源勘探应用的实际案例

高光谱遥感数据作为一类非常重要的空间信息源，以其实用性、时效性及丰富的细节特征而广泛应用于地质调查与资源勘查。矿物识别和矿物填图是成像光谱技术最成功的应用领域。

18.4.1　多源遥感数据在青藏高原矿产资源勘探中的应用

"青藏高原地质理论创新与找矿重大突破"项目曾获得 2011 年国家科技进步特等奖，遥感技术可以实现西藏地区矿产资源的快速勘探。通过多源遥感数据，实现了青藏高原空白区 1：25 万地质填图全覆盖。填制了 177 幅数字地质图，面积 $2.2\times10^6 km^2$，获得海量新数据，取得一系列重要科学发现，编制地质图、构造图、矿产图、岩相古地理图等系列图件 85 幅。研发了适合青藏高原野外工作的成套技术组合。成功研制并推广应用了中高山景观区航磁、化探、遥感等快速扫面技术，遥感异常提取、成像光谱矿物填图、化探异常筛选等快速评价技术，成矿-控矿预测方法，基于 3S 技术的野外数字采集系统和 GIS 预测评价系统。

18.4.2　基于多源遥感数据的西藏多龙地区热液蚀变矿物解译

以 Sentinel-2A MSI 数据、ASTER 数据、Hyperion 数据和高分五号 AHSI 数据四种遥感数据为例，选择西藏多龙地区作为示范区，采用主成分分析法、异常叠加选择法、匹配滤波算法、随机森林、投票极限学习机、核极限学习机等多种方法，获取西藏多龙地区的蚀变矿物分布信息，并对遥感蚀变矿物填图进行野外验证，最后根据地层、构造、岩体以及蚀变矿物信息进行成矿预测，划定三个新的成矿远景区。

多龙地区已发现多个与中酸性侵入岩有关的斑岩铜矿床，成矿潜力巨大。斑岩铜矿通常具有热液蚀变区域。Sentinel-2A MSI，Hyperion，ASTER 和 AHSI 数据被联合用于热液蚀变矿物填图。

采用主成分分析法和异常叠加选择法从三景时相的 Sentinel-2A MSI 图像中提取羟基蚀变信息与铁染蚀变信息。这些方法可以去除由干扰引起的假异常。新型的投票极限学习机算法被用于处理 ASTER 短波红外数据。将随机森林和核极限学习机分类器与投票极限学习机分类器对比来评价投票极限学习机算法的性能。采用投票极限学习机的分类结果可以取得最高的总体精度（98.33%），其次是核极限学习机（98.22%）和随机森林（95.18%）对应的结果。当采用投票极限学习机算法处理 ASTER 短波红外波段时，镁羟基蚀变矿物的漏分是主要的错误来源。采用投票极限学习机算法处理 ASTER 热红外波段的结果，表明 ASTER 热红外波段能够识别镁羟基蚀变矿物。与基于 ASTER 短波红外数据的分类结果相比，基于 ASTER 短波红外-热红外数据的分类可以取得更高的总体精度（99.01%）。三种机器学习算法被用于分析 Hyperion 短波红外数据。采用投票极限学习机算法的分类结果可以取得最高的总体精度（97.31%），其次是核极限学习机（96.48%）和随机森林（95.52%）对应的结果。ASTER 数据的结果与 Hyperion 数据的结果具有一致性。三种机器学习算法还被用于分析 AHSI 短波红外数据。采用核极限学习机的分类结果可以取得最高的总体精度（90.60%），其次是投票极限学习机（89.55%）和随机森林（82.26%）对应的结果。

根据 ASTER 数据、Hyperion 数据和高分五号 AHSI 数据遥感数据获取西藏多龙地区的蚀变矿物分布信息，野外调查和光谱反射率测量证实了遥感图像处理结果。最后根据地层、构造、岩体以及蚀变矿物信息进行成矿预测，划定三个新的成矿远景区：拿顿、铁格隆西、色那，结果如前文图 18-2 所示。这些方法与数据可以推广开来，有效探测其他干旱地区斑岩铜矿的矿化。

◎ 思考题

1. 什么是遥感地质学？遥感地质学的研究对象和内容分别是什么？
2. 多光谱和高光谱遥感资料在地质解译上分别有什么应用？
3. 遥感图像解译在地质灾害和工程地质方面分别有哪些应用？
4. 查阅新闻等资料，寻找遥感图像在地质领域的最新发现。

◎ 本章参考文献

[1] Ninomiya Y，Fu B，Cudahy T J. Detecting lithology with Advanced Spaceborne Thermal Emission and Reflection Radiometer（ASTER）multispectral thermal infrared "radiance-at-sensor" data[J]. Remote Sensing of Environment，2005，99(1-2)：127-139.

[2] Bertoldi L，Massironi M，Visonà D，et al. Mapping the Buraburi granite in the Himalaya of

Western Nepal: remote sensing analysis in a collisional belt with vegetation cover and extreme variation of topography[J]. Remote Sensing of Environment, 2011, 115(5): 1129-1144.

[3]Van der Meer F D, Van der Werff H M A, Van Ruitenbeek F J A. Potential of ESA's Sentinel-2 for geological applications[J]. Remote Sensing of Environment, 2014, 148: 124-133.

[4]Liu L, Zhou J, Han L, et al. Mineral mapping and ore prospecting using Landsat TM and Hyperion data, Wushitala, Xinjiang, northwestern China [J]. Ore Geology Reviews, 2017, 81: 280-295.

[5]Rowan L C, Mars J C. Lithologic mapping in the Mountain Pass, California area using advanced spaceborne thermal emission and reflection radiometer(ASTER)data[J]. Remote Sensing of Environment, 2003, 84(3): 350-366.

[6]Rowan L C, Simpson C J, Mars J C. Hyperspectral analysis of the ultramafic complex and adjacent lithologies at Mordor, NT, Australia[J]. Remote Sensing of Environment, 2004, 91(3-4): 419-431.

[7]Rowan L C, Mars J C, Simpson C J. Lithologic mapping of the Mordor, NT, Australia ultramafic complex by using the Advanced Spaceborne Thermal Emission and Reflection Radiometer(ASTER)[J]. Remote Sensing of Environment, 2005, 99(1-2): 105-126.

[8]Rowan L C, Schmidt R G, Mars J C. Distribution of hydrothermally altered rocks in the Reko Diq, Pakistan mineralized area based on spectral analysis of ASTER data[J]. Remote Sensing of Environment, 2006, 104(1): 74-87.

[9]Gabr S, Ghulam A, Kusky T. Detecting areas of high-potential gold mineralization using ASTER data[J]. Ore Geology Reviews, 2010, 38(1-2): 59-69.

[10]Tangestani M H, Jaffari L, Vincent R K, et al. Spectral characterization and ASTER-based lithological mapping of an ophiolite complex: A case study from Neyriz ophiolite, SW Iran[J]. Remote Sensing of Environment, 2011, 115(9): 2243-2254.